Manfred Buhr

Eingriffe – Stellungnahmen – Äußerungen

Manfred Buhr

Eingriffe
Stellungnahmen
Äußerungen

Zur Geschichte und gesellschaftlichen Funktion von Philosophie und Wissenschaft

Akademie-Verlag Berlin
1987

ISBN 3-05-000 027-9

Erschienen im Akademie-Verlag Berlin, DDR - 1086 Berlin, Leipziger Str. 3–4

Lizenznummer: 202 · 100/26/86
Printed in the German Democratic Republic
Gesamtherstellung: VEB Druckerei „Gottfried Wilhelm Leibniz“,
4450 Gräfenhainichen · 6566
Einbandgestaltung: Martina Bubner
LSV 0115
Bestellnummer: 754 567 3 (6950)

02500

Inhalt

V
Zwischen den Welten 223

VI
Wissenschaft braucht Geschichte 301

VII
Pflicht zur Vernunft 369

Nehmt an, was euch nach sorgfältiger und aufrichtiger Prüfung am glaubwürdigsten scheint, es mögen nun Fakta, es mögen Vernunftgründe sein; nur streitet der Vernunft nicht das, was sie zum höchsten Gut auf Erden macht, nämlich das Vorrecht ab, der letzte Probierstein der Wahrheit zu sein.
Immanuel Kant (1724–1804)

Die Revolution ist nicht nur nötig, weil die herrschende Klasse auf keine andre Weise gestürzt werden kann, sondern auch, weil die stürzende Klasse nur in einer Revolution dahin kommen kann, sich den ganzen alten Dreck vom Halse zu schaffen und zu einer neuen Begründung der Gesellschaft befähigt zu werden.
Karl Marx (1818–1883)

Wir können nicht wissen, mit welcher Schnelligkeit und mit welchem Erfolg sich einzelne geschichtliche Bewegungen der jeweiligen Epoche entwickeln werden. Wir können aber wissen und wissen tatsächlich, welche Klasse im Mittelpunkt dieser oder jener Epoche steht und ihren wesentlichen Inhalt, die Hauptrichtung ihrer Entwicklung, die wichtigsten Besonderheiten der geschichtlichen Situation in der jeweiligen Epoche bestimmt.
Wladimir Iljitsch Lenin (1870–1924)

Vorbemerkung

Vorliegende Beiträge, Stellungnahmen und Äußerungen entstanden zwischen 1958 und 1985. Sie stehen als *Eingriffe* unter dem Diktat der *Pflicht zur Vernunft*. Wenn Philosophie/Wissenschaft aus dem „Grundsatz der Gemeinschaft" und dem „Zweck, der dem Menschen seine eigene Vernunft zur Pflicht macht" (Kant) resultieren, dann kann und darf ihre gesellschaftliche Funktion allein auf jenem Wege liegen, der zur „menschlichen Gesellschaft oder gesellschaftlichen Menschheit" (Marx) führt. Dergestalt treten Philosophie/Wissenschaft nur durch das Beharren auf dem Anspruch der Vernunft geschichtlich in Existenz. Dadurch setzen sie aber kein abstraktes Humanum, sondern ein je konkret-historisches, das ist: ein den Gestaltern des Geschichtsprozesses, den im Rahmen gesellschaftlicher Klassen agierenden Menschen, verpflichtetes, dessen Inhalt Wissen als Gewissen ist.

Juli 1985

Manfred Buhr

I

Anspruch der Vernunft

Wenn ich auf meine Vernunft verzichte, habe ich keinen Führer mehr. Ich muß dann blindlings ein sekundäres Prinzip annehmen und das voraussetzen, was in Frage steht.
Denis Diderot (1713–1784)

Die Vernunft ist Eine, und ihre Darstellung in der Sinnenwelt ist auch nur Eine; die Menschheit ist ein einziges organisiertes und organisierendes Ganzes der Vernunft.
Johann Gottlieb Fichte (1762–1814)

Die Vernunft siegt nie von selbst, sie muß erkämpft werden.
Heinrich Mann (1871–1950)

Der Denk-Einsatz der klassischen bürgerlichen deutschen Philosophie

I

Der Prozeß der Entfaltung der klassischen bürgerlichen deutschen Philosophie von Kant zu Hegel und Feuerbach ist Teil, Höhepunkt und Abschluß der Entwicklungsgeschichte der klassischen bürgerlichen Philosophie insgesamt.[1]

Unter klassischer bürgerlicher Philosophie verstehen wir die Entwicklung des philosophischen Denkens von Bacon und Descartes bis auf Hegel und Feuerbach – jene philosophische Bewegung also, welche die Interessen und Forderungen der progressiven Bourgeoisie ausspricht, von diesen vorangetrieben wird, sie im

[1] *Teil,* weil sie in allen ihren Erscheinungsformen Widerspiegelung des Entwicklungsprozesses der *bürgerlichen* Gesellschaft ist und insofern von ihr der *bürgerliche* Spiegel ihres Denkens nirgends gebrochen wird. – *Höhepunkt,* weil ihr Einsatz in eine Zeit fällt, in der – international gesehen – der Prozeß der Herausbildung der bürgerlichen Gesellschaft seinem Kulminationspunkt zustrebt, ihn mit der Französischen Revolution erreicht und mit dem Thermidor überschreitet. Im Unterschied zu dem ihr vorangegangenen bürgerlichen Denken und unter der Bedingung der Aufnahme seiner Resultate ist die klassische bürgerliche deutsche Philosophie deshalb in die Lage versetzt, die bürgerliche Gesellschaft als *Totalität* zu denken. Höhepunkt hat also in unserem Zusammenhang nichts zu tun mit absoluter Überlegenheit. Die einzelnen Systeme, Richtungen, Strömungen der klassischen bürgerlichen Philosophie bezeichnen alle auf ihre Art Stufen der Herausbildung und Formierung bürgerlicher Weltanschauung und bürgerlichen Klassenbewußtseins. Der Fortgang von Stufe zu Stufe war dabei keine jeweilige unbedingte Höherentwicklung. Das ist schon deshalb nicht der Fall gewesen, weil alle vormarxistische Philosophie in sich widerspruchsvoll war, sein mußte, insofern sie Klassenideologie repräsentierte. – *Abschluß,* weil die letzten Aussagen ihrer Vollendung und ihr Ausgang in jene Zeit fällt, in der der welthistorische Gegenspieler der bürgerlichen Klasse, das Proletariat, seine ersten selbständigen sozialen und politischen Aktionen unternimmt, die die Negation der bürgerlichen Gesellschaft bedeuten, und diese Zeit zugleich die Geburtsstunde der wissenschaftlichen Weltanschauung der Arbeiterklasse darstellt, die die Negation und Aufhebung des bürgerlichen Denkens ist.

Kampf gegen die feudal-klerikale Ideologie fixiert und in einer eigenen Weltanschauung zu systematisieren und theoretisch zu begründen versucht.

Im Zentrum der neuen bürgerlichen Weltanschauung steht der *Begriff der Vernunft.* Wie verschiedenartig die Ausgestaltungen der einzelnen Systeme der klassischen bürgerlichen Philosophie auch sein mögen, sie alle gehen auf diese oder jene Weise vom Begriff der Vernunft aus und führen zu ihm hin. „Vernunft" wird dabei als das ursprüngliche kritische Vermögen des Menschen gefaßt, sich vom Überlieferten und Überkommenen zu emanzipieren. Sie erscheint in den Systemen der klassischen bürgerlichen Philosophie als diejenige Kraft, welche die überlieferte Ideologie und die überkommene Gesellschaftsordnung des Feudalabsolutismus im Sinne des bürgerlichen Denkens und einer bürgerlichen gesellschaftlichen Entwicklung umzugestalten vermag.

An der französischen Aufklärungsbewegung des 18. Jahrhunderts, die – besonders in Gestalt des französischen Materialismus – zweifellos den Höhepunkt des klassischen bürgerlichen Denkens vor der Entfaltung der klassischen bürgerlichen deutschen Philosophie darstellt, hob Friedrich Engels hervor: „Die großen Männer, die in Frankreich die Köpfe für die kommende Revolution klärten, traten selbst äußerst revolutionär auf. Sie erkannten keine äußere Autorität an, welcher Art sie auch sei. Religion, Naturanschauung, Gesellschaft, Staatsordnung, alles wurde der schonungslosesten Kritik unterworfen; alles sollte sein Dasein vor dem Richterstuhl der Vernunft rechtfertigen oder aufs Dasein verzichten. Der denkende Verstand wurde als alleiniger Maßstab an alles angelegt." Das „zuerst in dem Sinn, daß der menschliche Kopf und die durch sein Denken gefundnen Sätze den Anspruch machten, als Grundlage aller menschlichen Handlung und Vergesellschaftung zu gelten; dann aber später auch in dem weitern Sinn, daß die Wirklichkeit, die diesen Sätzen widersprach, in der Tat von oben bis unten umgekehrt wurde. Alle bisherigen Gesellschafts- und Staatsformen, alle altüberlieferten Vorstellungen wurden als unvernünftig in die Rumpelkammer geworfen; die Welt hatte sich bisher lediglich von Vorurteilen leiten lassen; alles Vergangne verdiente nur Mitleid und Verachtung. Jetzt erst brach das Tageslicht, das Reich der Vernunft an; von nun an sollte der Aberglaube, das Unrecht, das Privilegium und die Unterdrückung verdrängt werden durch die ewige Wahrheit, die ewige Gerechtigkeit, die in der Natur begründete Gleichheit und die unveräußerlichen Menschenrechte."[2]

Diese Charakterisierung von Engels trifft nicht nur auf die französische Aufklärung zu. Sie wird mehr oder weniger durch die gesamte Entwicklungsgeschichte des klassischen bürgerlichen Denkens bestätigt. Denn die klassische bürgerliche Philosophie steht und fällt mit dem Begriff der Vernunft. Schon bei Hobbes ist zu lesen: „Die wahre Weisheit ist nun aber die Kenntnis der Wahrheit in allen Dingen. Sie entspringt aus der durch feste und bestimmte Namen erweckten Erinnerung an die Dinge und ist nicht das Werk eines heftigen Geistes und einer plötzlichen Aufwallung, sondern das Werk der *rechten Vernunft, d. h. der Philosophie.*"[3] Und Diderot formuliert: „Die Vernunft bedeutet für den *Philosophen,* was die Gnade für den Christen bedeutet. Die Gnade bestimmt den Christen zum Handeln, die Vernunft bestimmt den *Philosophen.*"[4] Die klassische bürgerliche Philosophie identifiziert sich mit dem Begriff der Vernunft. Für sie sind „Vernunft" und „Philosophie" gleichbedeutend.

Auffallend an diesem Vorgang ist, daß sich die klassische bürgerliche Philosophie kaum um eine eindeutige und umfassende Bestimmung des Begriffs der Vernunft bemüht. Sie setzt ihn in allen ihren Bestrebungen einfach voraus. Zwar wird in ihren Systemen sehr viel von der Vernunft gesprochen, doch man begegnet in ihnen keiner wirklich kritischen Reflexion über ihren Begriff; und zwar auch dort nicht, wo es zunächst, wie etwa bei Kant, durchaus den Anschein hat. Darüber dürfen die mannigfaltigen Versuche der klassischen bürgerlichen Philosophie, den Begriff der Vernunft zu bestimmen, nicht hinwegtäuschen. Diese sind jeweils nur *allgemein* auf ein kritisches Denken und – zum Teil – Handeln hin ausgerichtet, die dann mit „Vernunft" umschrieben werden. Insofern ist es durchaus berechtigt, von einem Vernunft*glauben* der klassischen bürgerlichen Philosophie zu sprechen.

2 K. Marx/F. Engels, Werke, Bd. 19, Berlin 1962, S. 189.

3 Th. Hobbes, Grundzüge der Philosophie. Dritter Teil: Lehre vom Bürger, Leipzig 1949, S. 60 (Hervorhebung – M. B.).

4 D. Diderot, Philosophische Schriften, Bd. 1, Berlin 1961, S. 385.

Dieser Sachverhalt ist keineswegs zufällig. Denn was die klassische bürgerliche Philosophie mit „Vernunft“ meint, weist über den Bereich bloßen kritischen Denkens und auch angestrebten Handelns hinaus. Es überschreitet vor allem die Bereiche der Logik und der Erkenntnistheorie. Die Vernunft des bürgerlichen Denkens der Neuzeit geht auf das Zentralproblem der Epoche: den Übergang von der feudalen zur bürgerlichen Gesellschaft. Die klassische bürgerliche Philosophie entwickelt dafür die Formel der rationalen Herrschaft des Menschen über Natur und Gesellschaft, und zwar kraft der Vernunft. Der Begriff der Vernunft des klassischen bürgerlichen Denkens hat dergestalt einen gewollten *gesellschaftskritischen Aspekt.*

Diese Einsicht ist unabdingbar für das Verständnis der Entwicklungsgeschichte der klassischen bürgerlichen Philosophie. Ihr darf nicht jene Tatsache entgegengestellt werden, daß sich die Diskussionen um den Begriff der Vernunft innerhalb der Philosophie des progressiven Bürgertums oft in erkenntnistheoretischen Fragestellungen bewegten. Über weite Strecken nahmen sie sogar den Charakter erkenntnistheoretischer Ausschließlichkeit an (etwa während des Streits um die angeborenen Ideen zwischen Descartes, Leibniz und Locke). Doch auch in diesen Auseinandersetzungen ging es um die historisch-gesellschaftliche Grundproblematik der Zeit, um die Stellungnahme der Ideologen der progressiven Bourgeoisie zu dieser. Sie waren nur aus immanent philosophischen (ideengeschichtlichen) und wissenschaftshistorischen Gründen erkenntnistheoretisch überlagert.

Das kommt schon in den Anfängen des bürgerlichen Denkens zum Vorschein. Als dieses am Beginn seiner Entwicklung betont im Namen der Vernunft auftritt, sind die Vertreter des überlieferten Denkens schockiert. Denn es kritisiert das, was man bislang als Ausdruck der Vernunft und deshalb als Autorität schlechthin genommen hatte. Mehr noch: indem es die Autorität kritisiert, greift es nach Lage der Dinge zugleich die herrschende Gewalt an, die ihre Legitimität von eben dieser Autorität herleitet. Zugleich aber wurde nicht übersehen, daß dieses neue Denken etwas voraussetzt, was eigentlich – strenggenommen – erst begründet werden müßte: die Vernunft.

Eine französische Quelle aus dem letzten Drittel des 17. Jahrhunderts vermerkt: „In Anbetracht dessen, daß seit einiger Zeit eine Unbekannte, die sich Vernunft nennt, es unternommen hat, mit Gewalt in die Hörsäle der Universitäten einzudringen, daß sie mit Hilfe gewisser obskurer Spaßvögel, die sich Gassendisten, Cartesianer, Malebranchianer benamsen, von ganz dunklen Existenzen, Aristoteles nachprüfen und vertreiben will ..." Paul Hazard, der dieses Zeitdokument anführt, kommentiert: „Das stimmte: Die Vernunft erschien tatsächlich voll Angriffslust auf dem Plan und wollte nicht allein Aristoteles nachprüfen, sondern jeden, der jemals gedacht oder geschrieben hatte. Sie maßte sich an, mit allen früheren Irrtümern aufzuräumen und das Leben von neuem zu beginnen. Sie war keine Unbekannte, denn man hatte sie zu allen Zeiten immer angerufen, aber sie hatte ein neues Gesicht."[5] In der Tat: Die Vernunft war keine Unbekannte, aber ihrem Begriff wurde durch das beginnende bürgerliche Denken ein Inhalt unterschoben, der ihn radikal von der „Vernunft" der Tradition unterscheidet. Insofern mußte die Vernunft des neuen bürgerlichen Denkens allen an der überlieferten Ideologie hängenden Geistern als Unbekannte erscheinen. Die Vernunft war zwar als Vermögen menschlichen Denkens, insbesondere als eines menschlichen Denkens, das am *göttlichen* teilhaben sollte, von der Tradition her überliefert. Aber gerade die Teilhabe am göttlichen Denken machte sie ja zu einer *passiven*, für die Ideologen der progressiven Bourgeoisie unannehmbaren Vernunft. Das sich herausbildende bürgerliche Denken setzt sie als *aktive* Vernunft. Und im Laufe der Entwicklung wird sie für die klassische bürgerliche Philosophie gleichsam alles – vor allem *Subjekt, Aktivität, Tätigkeit,* schließlich *Tätigsein;* Mittel der Kritik des Bestehenden, Vermögen der Naturbeherrschung und der Gesellschaftsgestaltung. Sie wird als jene Kraft ausgegeben, die den Menschen in die Lage versetzt, sich von der überlieferten Ideologie freizumachen, die Natur zu beherrschen und die überkommene gesellschaftliche Ordnung zu verändern. Und darin war eingeschlossen, daß sich der Mensch selber, in Unabhängigkeit von jedweder Autorität und jedem Gegebenen oder Positiven, das heißt: völlig *autonom,* kraft der Vernunft in den Griff bekommt.

[5] P. Hazard, Die Krise des europäischen Geistes (La Crise de la Conscience Européenne 1680–1715), Hamburg 1939, S. 149.

Die klassische bürgerliche Philosophie setzt deshalb die Vernunft als identisch mit bürgerlichem Denken und bürgerlicher gesellschaftlicher Entwicklung. Insofern war dieses Alles des klassischen bürgerlichen Denkens, das es Vernunft nannte, gleichbedeutend mit dem Anspruch, Natur und Gesellschaft rational zu beherrschen. Dieser Anspruch konnte aber nur verwirklicht werden, wenn im Namen der Vernunft alles das angegriffen wurde, was ihm entgegenstand. „So mußte die Vernunft sich denn zunächst ans Aufräumen machen. All diese unzähligen Irrtümer zu zerstören, war ihre Sendung, und sie beeilte sich, diese Sendung zu erfüllen, die sie aus sich selbst herleitete, aus der Würde ihres eigentlichen Wesens.“[6] Und so blieb es. Die klassische bürgerliche Philosophie von Bacon und Descartes bis auf Hegel und Feuerbach wird ihre Forderungen ungeteilt im Namen der Vernunft vortragen. Sie wird zugleich in ihrem Namen alles Bestehende, sei es überliefert oder überkommen, kritisieren. Und sie wird alle ihre Bestrebungen voraussetzungslos als in der Vernunft begründet ausgeben.

„Indessen müssen wir auf dieser Welt mit Hilfe [der] Vernunft urteilen“, und es ist „der Stimme der Vernunft zu folgen“, heißt es bei Holbach lapidar.[7] Und wenn Kant die Vernunft als das Vermögen bestimmt, „von dem Allgemeinen das Besondere abzuleiten und dieses letztere ... nach Prinzipien und als notwendig vorzustellen“, so meint er das nicht nur erkenntnistheoretisch. Das „nach Prinzipien und als notwendig vorzustellen“ heißt bei ihm: verbindlich für alle Menschen, vor allem im praktischen (gesellschaftlichen) Bereich. Schon der nächste Satz gibt darüber Aufschluß: „Man kann [die Vernunft] auch durch das Vermögen, nach Grundsätzen zu *urteilen* und (in praktischer Rücksicht) zu *handeln*, erklären.“[8] Hegel wird später davon sprechen, daß „der einzige Gedanke, den die Philosophie mitbringt, ... der einfache Gedanke der *Vernunft* [ist], daß die Vernunft die Welt beherrsche“[9]. Und der bewußte Einsatz seines Denkens wird von der

6 Ebenda, S. 150.
7 P. Th. d'Holbach, System der Natur, Berlin 1960, S. 482 und 117.
8 I. Kant, Werke in sechs Bänden, Wiesbaden 1956 f., Bd. 6, S. 509.
9 G. W. F. Hegel, Werke in zwanzig Bänden, Frankfurt am Main 1969 ff., Bd. 12, S. 20.

Einsicht getragen sein: „Was der Mensch sein Ich nennen kann, und was über Grab und Verwesung erhaben ist, ... ist fähig, sich selbst zu richten. Es kündigt sich als Vernunft an, deren Gesetzgebung von nichts mehr sonst abhängig ist, der keine andere Autorität auf Erden oder im Himmel einen anderen Maßstab des Richtens an die Hand geben kann."[10] In Hegels Philosophie wird sich noch einmal die unerschütterliche Überzeugung der Repräsentanten der progressiven Bourgeoisie von der Kraft und der Mächtigkeit der Vernunft in großartiger und zugleich auch tragischer Weise manifestieren. Diese ihre Überzeugung war derart intensiv, daß Robespierre noch am 7. Mai 1794, nach fast fünfjähriger praktischer Revolutionserfahrung und nur knapp drei Monate vor seinem Sturz und seiner Hinrichtung, im Konvent erklären konnte: „Alle Erdichtungen schwinden vor der Wahrheit dahin, und alle Narrheit zerfällt vor der Vernunft."[11]

Das klassische bürgerliche Denken wird vom Glauben an die Vernunft vorangetrieben. Seine besten Köpfe sehen zugleich, daß die Wirklichkeit in sich vernünftig sein muß, wenn die Vernunft in ihr herrschen soll. Ihr Bestreben ist deshalb darauf gerichtet, Brücken von der Vernunft zur Wirklichkeit und umgekehrt zu schlagen. Solches Vorgehen ist identisch mit der Lösung des Grundproblems der klassischen bürgerlichen Philosophie: die Möglichkeit rationaler Herrschaft des Menschen über Natur und Gesellschaft philosophisch zu begründen und nachzuweisen.

Daß es der klassischen bürgerlichen Philosophie dennoch und auch trotz ihrer mannigfachen Anstrengungen nicht gelingt, den Begriff der Vernunft eindeutig und umfassend zu bestimmen, hängt mit der historischen Funktion jener Klasse zusammen, deren Weltanschauung sie ist: der Bourgeoisie. Der Prozeß des Übergangs von der feudalen zur bürgerlichen Gesellschaft ist ein Vorgang, in dem zwar eine alte durch eine neue, fortgeschrittenere Gesellschaftsordnung ersetzt wird, aber beide Gesellschaften, die alte, feudale wie die neue, bürgerliche, sind *Ausbeuter*ordnungen. In diesem Prozeß konstituiert sich die Bourgeoisie nicht nur zur herrschenden, sondern auch zur unterdrückenden und ausbeuten-

[10] Hegels theologische Jugendschriften, hg. von H. Nohl, Tübingen 1907, S. 89.
[11] M. Robespierre, Habt ihr eine Revolution ohne Revolution gewollt? (Reden), hg. von K. Schnelle, Leipzig o. J., S. 364.

den Klasse der neuen Gesellschaft. Der beim Begriff der Vernunft in der Theorie auftretende Mangel ist ein Vor-Reflex der *antagonistischen* Klassenstruktur der bürgerlichen Gesellschaft. Die Vernunft, vom klassischen bürgerlichen Denken immer als *allgemeinmenschliche* gesetzt, entlarvt sich nach Etablierung der kapitalistischen Gesellschaftsordnung als *bürgerliche* Vernunft. Die mit der Vernunft theoretisch begründete bürgerliche Gesellschaft setzt sich als höchst unvernünftige Ordnung in die Welt. Und die allgemeinmenschliche Vernunft des klassischen bürgerlichen Denkens selber scheitert als eben *bürgerliche* Vernunft an der Mehrwertrate.[12]

Die Ideologen der etablierten bürgerlichen Klasse werden diesen Sachverhalt als selbstverständlich hinnehmen und ihn als natürlich betrachten. Ihr Denken will dann nicht mehr *vernünftig*, sondern *positiv* sein. Das heißt: es ist mit den antagonistischen kapitalistischen Verhältnissen ausgesöhnt. Und nur eine kurze Zeit wird vergehen, bis das bürgerliche Denken seinen einstigen Anspruch, die Wirklichkeit im Sinne der Vernunft zu gestalten, ganz aufgegeben wird, um nunmehr einer apologetischen Unvernunft zu frönen. Friedrich Engels schreibt an der oben schon herangezogenen Stelle weiter, wobei die Geltung auch dieser Sätze über das 18. Jahrhundert hinausreicht: „Wir wissen jetzt, daß dies Reich der Vernunft weiter nichts war als *das idealisierte Reich der Bourgeoisie* . . ." Und er fährt fort: „So wenig wie alle ihre Vorgänger konnten die großen Denker des 18. Jahrhunderts hinaus über die Schranken, die ihnen ihre eigne Epoche gesetzt hatte."[13]

Die Entfaltung des Begriffs der Vernunft in den Systemen der

[12] Dennoch waren die Bemühungen der klassischen bürgerlichen Philosophie um den Begriff Vernunft progressiv in ihrer Zeit und im Hinblick auf den historischen Fortschritt insgesamt. Sie waren Ausdruck der Kämpfe der fortgeschrittensten Klasse der Epoche, der Bourgeoisie, die zur Ablösung der feudalen und zur Errichtung der bürgerlichen Gesellschaft führten. Die bürgerliche Gesellschaft schafft ihrerseits die Existenzbedingungen zur Errichtung der sozialistischen Gesellschaft – sie ist deren notwendige Voraussetzung. Lenin hat diesen Sachverhalt am Beispiel des Verhältnisses der bürgerlichen zur proletarischen Revolution klar herausgestellt. (W. I. Lenin, Werke, Bd. 9, Berlin 1950, S. 37)

[13] K. Marx/F. Engels, Werke, Bd. 19, S. 190 (Hervorhebungen – M. B.)

klassischen bürgerlichen Philosophie gehört in das Kapitel der „heroischen Illusionen" der progressiven Bourgeoisie. Die progressive Bourgeoisie brauchte den Begriff der Vernunft für ihren Eintritt in die Geschichte. Sie bedurfte der Vernunft als *allgemeinmenschlicher* vor allem, „um den *bürgerlich beschränkten* Inhalt ihrer Kämpfe sich selbst zu verbergen und ihre Leidenschaft auf der Höhe der großen geschichtlichen Tragödie zu halten"[14]. Das klassische bürgerliche Denken verbarg so, vom Ergebnis des historischen Prozesses her gesehen, den eigentlichen Inhalt des Übergangs von der feudalen zur bürgerlichen Gesellschaft, nämlich seine Bestimmung, von einer Ausbeuterordnung zu einer anderen überzuleiten.[15] Insofern die aufstrebende Bourgeoisie infolge ihrer Klassensituation immer nur nach einer Seite hin fortschrittlich ist, gegenüber dem Feudalismus, seinen Institutionen und seiner Ideologie, kann sie sich des gesellschaftlichen Fortschritts als eines unteilbaren Ganzen nicht bemächtigen.[16] Es ist deshalb ein durchaus objektiv begründeter Vorgang, wenn nach

[14] K. Marx/F. Engels, Werke, Bd. 8, Berlin 1960, S. 116 (Hervorhebungen – M. B.)

[15] Ebenda, S. 117.

[16] W. Markov, Grenzen des Jakobinerstaats, in: Grundpositionen der französischen Aufklärung, Berlin 1955, S. 241. – Was Markov hier übrigens über das Verhältnis von französischer Aufklärung und Französischer Revolution sagt, das gilt – mutatis mutandis – für das Verhältnis von klassischer bürgerlicher Philosophie und dem In-Existenz-Treten der bürgerlichen Gesellschaft überhaupt: „Aufklärung und Revolution sind der gleichen Wurzel, der bürgerlichen Emanzipation von der Feudalität, entwachsen. Beide sind infolgedessen zusammengehörige, jedoch zugleich komplexe Erscheinungen. Beide tragen Elemente in sich, die bei der Konstituierung der Bourgeoisie zur Klasse, bei der Aufrichtung ihrer ökonomischen und politischen Herrschaft, ihres Welt- und Geschichtsbildes nicht haltmachen, da die Bourgeoisie ohne ihr antagonistisches proletarisches Korrelat nicht denkbar ist. Die Philosophen haben die Revolution weder verursacht noch gemacht. Soweit sie sie erlebten, haben sie sie fast alle mißverstanden und sich in ihr verirrt. Aber sie sind ebensowenig nur ihre mechanischen Projektoren und Formelspieler. Was sie – nebst vielem bedeutungslosem Beiwerk – einfangen und festhalten, sind wirkliche gesellschaftliche Bedürfnisse, die erst durch ihre Vermittlung faßbar, politisch anmeldbar und umsetzbar werden. Darin liegt der direkte, aktive Beitrag der Aufklärung zur Revolution weit über die Grenzen der Philosophie- und Literaturgeschichte hinaus." – Vgl. auch W. Krauss, Einführung in das Studium der französischen Aufklärung, in: Studien und Aufsätze, Berlin 1959, S. 201.

der Herausbildung der kapitalistischen Gesellschaftsordnung die bürgerlichen Ideologen der Vernunft und allen mit ihr begründeten Forderungen abschwören, sie zumindest nicht mehr als für alle Menschen geltende wahrhaben wollen. Das Thema der Vernunft geht denn auch ein in die Ideologie jener Klasse, die als Antipode der Bourgeoisie von der Geschichte dazu berufen ist, durch ihre Befreiung die Befreiung der gesamten Menschheit von Ausbeutung und Unterdrückung zu bewerkstelligen: in die wissenschaftliche Weltanschauung des Proletariats.

II

Die klassische bürgerliche Philosophie hebt mit Bacon und Descartes an. Ihr Denken unterscheidet sich grundlegend von der überkommenen Ideologie der feudalen Gesellschaft: Bacon und Descartes betrachten die objektive Realität nicht mehr, wie das feudal-klerikale Denken, als von Gott gegeben und auf ihn hin bezogen, sondern als vom Menschen selber beherrsch- und gestaltbar.[17] Bacon formulierte: „Der Menschen Herrschaft über die Dinge beruht allein auf den Künsten und Wissenschaften ... Mit eherner Notwendigkeit wird daraus eine Verbesserung der menschlichen Verhältnisse und eine Erweiterung seiner [des Menschen]

[17] Bacon und Descartes wollten den Menschen vor allem durch die Erfindung einer neuen Denkmethode in die Lage versetzen, sich der objektiven Realität zu bemächtigen. „Daß Descartes ebenso wie Bacon eine veränderte Gestalt der Produktion und praktischen Beherrschung der Natur durch den Menschen als Resultat der veränderten Denkmethode betrachtete, zeigt sein 'Discours de la Méthode'." (K. Marx/F. Engels, Werke, Bd. 23, Berlin 1962, S. 411) Freilich, Bacon und Descartes unterliegen mit dieser Annahme einer Illusion; denn die Proklamierung einer neuen Denkmethode zieht keine unmittelbaren Resultate in der angestrebten Natur- und Gesellschaftsbeherrschung nach sich. Hierzu sind ganz andere Voraussetzungen vonnöten. Ja, die Wahrheit der Bacon-Descartesschen Annahme ist eher in ihrer Umkehrung zu suchen. Doch war andererseits die radikale Umgestaltung der überlieferten Denkweisen der feudal-klerikalen Ideologie unabdingbare Notwendigkeit, um dem Anspruch des neuen bürgerlichen Denkens auf rationale Herrschaft des Menschen über Natur und Gesellschaft seinen Stellenwert in der Theorie zu sichern. Vgl. M. Buhr, Vorbemerkung zu Francis Bacon: Das neue Organon, Berlin 1962, S. XV.

Macht über die Natur folgen."[18] Und Descartes fordert eine Philosophie, „die vom größten Nutzen für das Leben [ist] . . , durch die wir die Kräfte und Wirkungen des Feuers, des Wassers, der Luft, der Gestirne, des Himmels und überhaupt aller uns umgebenden Körper ebenso deutlich kennenlernen, wie uns die verschiedenen Kunstgriffe unserer Handwerker bekannt sind; wir könnten sie also ebensogut in allen geeigneten Fällen anwenden und uns so zu Herren und Meistern der Natur machen"[19].

Mit dieser Forderung haben Bacon und Descartes die weitere Entwicklung der klassischen bürgerlichen Philosophie bis auf Hegel und Feuerbach weitgehend vorgezeichnet. Ihr Denken wird immer wieder um jene Frage kreisen, die Bacon und Descartes als erste implizite formuliert haben: Wie kann der Mensch Natur und Gesellschaft rational beherrschen? Die theoretische Begründung einer solchen Fragestellung zieht zunächst zwangsläufig das Bild eines erkennenden Menschen nach sich, der keinerlei irgendwie gearteten Beschränkungen unterliegt. In der Tat geht es dem klassischen bürgerlichen Denken in Frontstellung gegen das Menschenbild der feudal-klerikalen Ideologie um die Festlegung, daß der Mensch – jetzt: das Individuum – frei ist von jeder äußeren Bindung. Es proklamiert die Unabhängigkeit des Menschen von jedweder Autorität.[20] Das Individuum wird vom bürgerlichen Denken als *Ich*, als *Subjekt*, das *tätig* und *aktiv*, zu selbständigen Handlungen und Entscheidungen befähigt ist, ein-

[18] F. Bacon, Das neue Organon (Novum Organon), hg. von M. Buhr, Berlin 1962, S. 136 und 305.

[19] R. Descartes, Abhandlung über die Methode, seine Vernunft richtig zu leiten und die Wahrheit in den Wissenschaften zu suchen, Leipzig o. J., S. 69.

[20] Galileo Galilei schrieb: „Nach meiner Ansicht müssen diejenigen, welche um eine Behauptung zu beweisen, ausschließlich auf das Gewicht der Autoritäten zählen, ohne sich anderer Argumente zu bedienen, des Unverstandes geziehen werden. Ich für mein Teil wünsche, daß Streitfragen frei gestellt und ohne irgendwelche Speichelleckerei frei erörtert werden, wie sich dies für jeden geziemt, der aufrichtig nach der Wahrheit forscht." (Zitiert nach F. Jodl, Geschichte der neueren Philosophie, Wien 1924, S. 130) Das klassische bürgerliche Denken empfing am Beginn seiner Herausbildung überhaupt die stärksten Antriebe von der neuen Naturwissenschaft und hatte an ihrer Entwicklung maßgeblichen Anteil. Seine Loslösung vom Denken in und für Autoritäten stand zunächst unter dem Einfluß der neuen Naturwissenschaft und ihrer Erfolge.

geführt. Kant formuliert diesen Sachverhalt am Anfang seiner „Anthropologie in pragmatischer Hinsicht“ so: „Daß der Mensch in seiner Vorstellung das Ich haben kann, erhebt ihn unendlich über alle andere auf Erden lebende Wesen. Dadurch ist er eine *Person* und, vermöge der Einheit des Bewußtseins, bei allen Veränderungen, die ihm zustoßen mögen, eine und dieselbe Person, d. i. ein von *Sachen*, dergleichen die vernunftlosen Tiere sind, mit denen man nach Belieben schalten und walten kann, durch Rang und Würde ganz unterschiedenes *Wesen*.“[21]

Diese veränderte Auffassung vom Menschen impliziert für die klassische bürgerliche Philosophie die Aufgabe, seine „wahre Natur“ zu ergründen. Sie will den Menschen denn auch „natürlich“ erklären, nicht „übernatürlich“, das heißt: nicht von Gott her gesehen und auf ihn hingeordnet, wie das feudal-klerikale Denken. Bei Thomas von Aquin ist der Mensch „gleichsam zwischen Gott und das Irdische gestellt“[22]. Die Philosophie der bürgerlichen Neuzeit dagegen führt den Menschen als *autonomes Wesen*, als *Subjekt* vor. Daraus folgt der gesellschaftskritische Charakter des Menschenbildes der klassischen bürgerlichen Philosophie. Er schließt die Forderung ein, die überkommene gesellschaftliche Ordnung in Übereinstimmung mit der „wahren Natur“ des Menschen zu bringen.

Mit dem neuen Menschenbild der klassischen bürgerlichen Philosophie geht eine andere Bewertung der Außenwelt (Natur) einher; sie wird innerhalb ihrer Systeme immer mehr zu etwas rein Äußerlichem. Je mehr die bürgerlichen Elemente die Gesellschaft durchdringen und in ihr bestimmend werden, desto stärker wird die Außenwelt von der klassischen bürgerlichen Philosophie als störend, dem Menschen gegenüberstehend und sein Tun einschränkend betrachtet: Sie wird in ihren verschiedenen Manifestationen zu einer dem Menschen *fremden Außenwelt*.

Die klassische bürgerliche Philosophie begegnet diesem Sachverhalt mit Erkenntnisoptimismus. Ihr Denk-Einsatz ist die These von der Möglichkeit rationaler Herrschaft des Menschen über Natur und Gesellschaft kraft seiner Vernunft. Der Versuch, diese

[21] I. Kant, Werke in sechs Bänden, Bd. 6, a. a. O., S. 407.

[22] N. Hinske, Thomas von Aquin, in: De homine. Der Mensch im Spiegel seines Gedankens, hg. von M. Landmann, Freiburg – München 1962, S. 112 ff.

These in immer neuen Anläufen philosophisch zu begründen, wird zu ihrem durchgängigen Grundproblem. Sie bestimmt zugleich das Herangehen der klassischen bürgerlichen Denker an die objektive Realität. Am augenscheinlichsten ist dieser Tatbestand in den Aussagen der rationalistischen Entwicklungslinie der klassischen bürgerlichen Philosophie (und auch noch im französischen Materialismus) zu finden. Diese nimmt die objektive Realität nach dem Vorbild der mathematischen Erzeugung und geometrischen Konstruktion als *geschaffen,* als von der Vernunft *erzeugt,* als ihr *Produkt* – wodurch sie eben vom Menschen beherrscht werden könne. Hobbes spricht diesen Gedanken das erste Mal konsequent aus, indem er diktiert: nur solche Gegenstände sind erkennbar, die von der menschlichen Vernunft erzeugt sind. Spinozas Proklamation der Identität von Denken und Sein, die Leibnizsche Harmonie der Monaden und Kants „kopernikanische Wendung" des Erkenntnisproblems sind weitere Versuche der klassischen bürgerlichen Philosophie, die objektive Realität als vom Menschen beherrschbar nachzuweisen.

Kant formuliert die „kopernikanische Wendung" des Erkenntnisproblems in der Vorrede zur zweiten Auflage der „Kritik der reinen Vernunft": „Bisher nahm man an, alle unsere Erkenntnis müsse sich nach den Gegenständen richten; aber alle Versuche, über sie a priori etwas durch Begriffe auszumachen, wodurch unsere Erkenntnis erweitert würde, gingen unter dieser Voraussetzung zunichte. Man versuche es daher einmal, ob wir nicht in den Aufgaben der Metaphysik damit besser fortkommen, daß wir annehmen, die Gegenstände müssen sich nach unserer Erkenntnis richten, welches so schon besser mit der verlangten Möglichkeit einer Erkenntnis derselben a priori zusammenstimmt, die über Gegenstände, ehe sie uns gegeben werden, etwas festsetzen soll."[23] Dies ist nichts anderes als einer der vielen von der klassischen bürgerlichen Philosophie unternommenen Versuche, die These von der rationalen Herrschaft des Menschen über Natur und Gesellschaft zu begründen und dadurch ihr Grundproblem zu bewältigen. Dieser Gedanke klingt das erste Mal bei Bacon und Descartes an und kehrt in der gesamten klassischen bürgerlichen

[23] I. Kant, Werke in sechs Bänden, Bd. 2, a. a. O., S. 25.

Philosophie immer wieder. Wir verweisen auf Hobbes, Spinoza, Leibniz und Kant. Aber auch Berkeleys Leugnung der Existenz der Außenwelt liegt dasselbe Problem zugrunde wie der von Holbach konsequent durchgeführten Hypothese, daß die Materie die Fähigkeit zu denken besitze.[24] Und auch Fichtes Theorie vom autonomen Ich, das das Nicht-Ich setzt, um zum Bewußtsein seiner selbst zu kommen, ist eine Antwort auf dieses Problem, ebenso wie Schellings Lehre von der intellektuellen Anschauung oder Hegels Auffassung des Inhalts der Logik als der „Darstellung Gottes ..., wie er ... vor der Erschaffung der Natur und eines endlichen Geistes ist“[25].

Die verschiedenen Lösungsversuche des Grundproblems der klassischen bürgerlichen Philosophie innerhalb ihrer Entwicklungsgeschichte laufen dem Prozeß der Herausbildung der bürgerlichen Gesellschaft parallel. Dieser ist der allgemeine historisch-gesellschaftliche Rahmen, in dem sich die Entfaltung der klassischen bürgerlichen Philosophie vollzieht. Die historisch aufgetretenen Gestalten des klassischen bürgerlichen Denkens sind Antworten auf die jeweils erreichte Entwicklungsstufe der bürgerlichen Gesellschaft, und zwar ökonomisch, gesellschaftlich, ideologisch und politisch. Dieser Fortgang war kein geradliniger. Er konnte es gar nicht sein, weil der Prozeß des Übergangs von der feudalen zur bürgerlichen Gesellschaft genausowenig ein gradliniger war. Insofern war die philosophische Bewältigung des Problems der bürgerlichen Gesellschaft kein theoretischer Vorgang, der sich etwa von Stufe zu Stufe oder von System zu System kontinuierlich vollzogen hätte. Rationale Beherrschung von Natur und Gesellschaft war zwar die Forderung, die der Entwicklung der klassischen bürgerlichen Philosophie insgesamt zugrunde lag. Doch die Art und Weise der philosophischen Besinnung darüber bei den einzelnen Denkern war abhängig vom Stand der Herausbildung und Etablierung der bürgerlichen Gesellschaft in den verschiedenen europäischen Ländern und von der Reife jener bürgerlichen Schichten, deren Sprecher sie jeweils waren.[26]

[24] P. Th. d'Holbach, System der Natur, Erster Teil, 7. Kapitel; vgl. G. W. Plechanow, Beiträge zur Geschichte des Materialismus, Berlin 1957, S. 17.

[25] G. W. F. Hegel, Werke in zwanzig Bänden, Bd. 5, a. a. O., S. 44.

[26] Selbstverständlich spielen das vorgefundene Gedankenmaterial und die Wis-

III

In diesem Sinne sind die der klassischen bürgerlichen deutschen Philosophie vorangegangenen philosophischen Strömungen in Frankreich und England, nämlich Rationalismus sowie Materialismus und Empirismus, Lösungsversuche des Grundproblems des klassischen bürgerlichen Denkens unter dem Eindruck und der Einwirkung unterschiedlicher gesellschaftlicher Bedingungen: des erreichten Entwicklungsstandes der englischen und französischen Gesellschaft im 17. und 18. Jahrhundert. Der Unterschied beider Gesellschaften kann in einem Satz zusammengefaßt werden: Die französische Bourgeoisie steht *vor* der bürgerlichen Revolution, die englische hat diese *hinter* sich gebracht. Hieraus resultiert der unterschiedliche Charakter, den die französische und englische Philosophie dieser Jahrhunderte annehmen, und wie er zunächst im Rationalismus[27] und Empirismus seine jeweilige Ausprägung findet. Beide philosophischen Strömungen sind ideologische Schöpfungen der progressiven Bourgeoisie – aber nicht der progressiven Bourgeoisie schlechthin, sondern der französischen und englischen, was das ihnen Gemeinsame wie Trennende involviert.

Dem Rationalismus und Empirismus gemeinsam sind jene Momente, durch welche die klassische bürgerliche Philosophie insgesamt zur Weltanschauung der *progressiven* Bourgeoisie geworden ist: diesseitiges Denken, kritisches Herangehen an das Überlieferte und das Überkommene, Hervorkehrung des Individuums und seiner autonomen Rolle in der Gesellschaft (bürgerlicher Individualismus) und – damit zusammenhängend – die Forderung nach Freiheit und rechtlicher Gleichheit.

senschaftsentwicklung dabei keine untergeordnete Rolle. Wir können sie jedoch in unserem Zusammenhang, in dem es um die Hervorkehrung der allgemeinen Gesichtspunkte geht, vernachlässigen, da dieser Vorgang bei jedem Denker ein spezifischer ist.

27 Der Übergang vom französischen Rationalismus zum französischen Materialismus des 18. Jahrhunderts kann hier außer Betracht bleiben. Der französische Materialismus hatte auf den Einsatz der klassischen bürgerlichen deutschen Philosophie, nämlich Kant, keine unmittelbare Wirkung. Für Kant sind Rationalismus und Empirismus das Gedankenmaterial, das er vorfindet und an das er anknüpft.

Der Unterschied beider Strömungen kommt vor allem in der Grundhaltung ihrer Vertreter der gesellschaftlichen Wirklichkeit gegenüber zum Vorschein. Der französische Rationalismus nimmt diese Wirklichkeit als *unvernünftig* oder *noch nicht vernünftig*, das heißt: als nicht oder noch nicht übereinstimmend mit seinen Forderungen, die solche der progressiven Bourgeoisie sind. Sein Denken wird durch den Anspruch vorangetrieben, die Wirklichkeit im Sinne der Vernunft zu gestalten. Diese Einstellung des französischen Rationalismus kennzeichnet ihn als Weltanschauung des noch um politischen Einfluß und um Durchsetzung seiner Forderungen ringenden französischen Bürgertums. Der Rationalismus ist ein ideologisches Kampfmittel der aufstrebenden französischen Bourgeoisie gegen die überkommene Gesellschaft des Absolutismus, ihre Institutionen und ihre feudal-klerikale Ideologie. Im Zentrum seiner Bemühungen steht die Vernunft. An dieser wird alles gemessen, nach ihren Prinzipien sollen Gesellschaft und Staat eingerichtet werden.

Der englische Empirismus hingegen ist die Philosophie einer schon weiterentwickelten Bourgeoisie, die ihre Ziele – wenn auch nicht ohne einen Kompromiß mit den alten Kräften eingegangen zu sein – weitgehend erreicht hat und konservativ zu werden beginnt. Der Empirismus nimmt daher die gesellschaftliche Wirklichkeit, so wie sein Träger, das englische nachrevolutionäre Bürgertum, als *gegeben* – das heißt: wie sie ist, nicht als unvernünftig oder noch nicht vernünftig, wie der französische Rationalismus und später der französische Materialismus, sondern als *natürlich* und darum als dem Menschen am besten angemessen.

Freilich, auch der Empirismus stellt Unzulänglichkeiten innerhalb der bürgerlichen Verhältnisse Englands fest. Der Hinweis Humes etwa, daß dem Bewohner eines anderen Planeten die Erde als ein Tollhaus erscheinen müsse, unterstreicht das. Doch diese „Tollhaus"-Aspekte der bürgerlichen Gesellschaft betrachtet der englische Empirismus als bloß notwendiges, nicht aber als notwendig zu überwindendes Übel. Das Maß der gesellschaftlichen Wirklichkeit ist für ihn nicht mehr die Vernunft, sondern die Faktizität seiner Gesellschaft, derer er sich umfassend zu versichern sucht.

Das unterschiedliche Herangehen der rationalistischen und empiristischen Philosophen an die gesellschaftliche Wirklichkeit – ihnen von der jeweiligen Struktur *ihrer,* nämlich der französischen und englischen Gesellschaft der Zeit aufgegeben – fand in ihren Theorien seinen Niederschlag. Der französische Rationalismus unterstrich die uneingeschränkte Mächtigkeit der Vernunft. Die Begriffe, Prinzipien und Ideen der Vernunft galten ihm als *allgemeingültige* und *notwendige.* Mit ihrer Hilfe versuchte er, ebenso allgemeingültige und notwendige Gesetze zu formulieren. Diese gab er dann als aus der Vernunft selber hergeleitete Gesetze aus. Sie waren für ihn zugleich – und darauf kam es ihm an – verbindlich für jeden und für alle Menschen.

Der englische Empirismus stellte nun solches gerade in Abrede. Er behauptete, daß kein Begriff, kein Prinzip und keine Idee der Vernunft als je allgemeingültig und notwendig angesehen werden dürfe. Die auf ihrer Grundlage formulierten Gesetze seien weder verbindlich für alle Menschen noch in der Vernunft begründet. Was gemeinhin als allgemeine Begriffe (Prinzipien, Ideen) oder als Vernunft selber ausgegeben werde, sei nichts anderes als Gewohnheit, Übung oder Sitte. Nur Einzeldinge, einzelne Tatsachen seien wirklich. Sie machten als solche das Gegebene (erkenntnistheoretisch: die Erfahrung) aus. An dieses aber hätten sich Philosophie und Wissenschaft allein zu halten. Locke: „Das Allgemeine und das Universale [gehören] nicht zur realen Existenz der Dinge. Sie sind vielmehr nur Erfindungen und Schöpfungen des Verstandes, die dieser für seinen eigenen Gebrauch gebildet hat, und betreffen nur Zeichen, seien es Wörter oder Ideen, Wörter sind ... allgemein, wenn sie als Zeichen allgemeiner Ideen dienen und ohne Unterschied auf viele Einzeldinge anzuwenden sind. Ideen sind allgemein, wenn sie als Repräsentanten vieler einzelner Dinge aufgestellt werden. Universalität kommt jedoch nicht den Dingen selbst zu; denn die Dinge sind in ihrer Existenz sämtlich einzeln ... Wenn wir somit die Einzeldinge beiseite lassen, so sind die Generalia, die übrigbleiben, nur Schöpfungen, die von uns selbst stammen.“[28] Und für Hume „repräsentieren“ die Allgemeinbegriffe jeweils nur das Besondere, das für ihn immer Einzelnes ist, niemals das Allgemeine oder ein Allgemei-

[28] J. Locke, Über den menschlichen Verstand, Bd. 2, Berlin 1962, S. 16 f. (Drittes Buch, Kap. III, Abschnitt 11).

nes. Das Allgemeine sei nur ein Produkt der „Gewohnheit oder Übung", „Wirkungen der Gewohnheit, nicht der Vernunfttätigkeit" – wie überhaupt die „Gewohnheit die große Führerin im menschlichen Leben" ist.[29] Schließlich: „Die Vernunft, weil kühl und uninteressiert, ist kein Motiv zum Handeln . . ."[30]

Mit diesen Anschauungen untergrub der englische Empirismus zunächst die metaphysischen Aspekte der Lehren des französischen Rationalismus und schärfte das erkenntnistheoretische Denken. Der französische Materialismus des 18. Jahrhunderts wird an die sensualistische Erkenntnistheorie des englischen Empirismus (vor allem an die Lockes) anknüpfen und sie konsequent mechanisch-materialistisch weiterführen. Allein das ist die eine, die positive Seite der Angelegenheit. Die andere Seite: indem der englische Empirismus das menschliche Denken ausschließlich auf das Gegebene festlegte, war er darauf aus, der Philosophie der progressiven Bourgeoisie ihre gesellschaftskritische Spitze abzubrechen. Denn seine Forderung, sich nur ans „Gegebene" zu halten, schloß konsequenterweise die Aufforderung ein, das bestehende – eben das „gegebene" – soziale Schema zu akzeptieren und unangetastet zu lassen. Seine Orientierung auf das Einzelne führte zwangsläufig zum Verzicht, sich des Allgemeinen dieses Einzelnen zu versichern. In erkenntnistheoretischer Hinsicht liefen die Lehren des englischen Empirismus auf den *Skeptizismus* (Hume) hinaus, in gesellschaftspolitischer Beziehung redeten sie dem *Konformismus* das Wort.

Schon bei Locke hieß es: „Wir Menschen haben allen Anlaß, mit dem zufrieden zu sein, was Gott für uns passend gefunden hat, weil er uns . . . alles, was für die Bequemlichkeit des Lebens und zum Unterricht in der Tugend erforderlich ist, gegeben und erkennbar gemacht hat."[31] Der englische Empirismus stieß so die Vernunft, gesellschaftlicher Stolz und ideologische Waffe aller progressiven Bourgeoisie, gleichsam von ihrem Thron. Er zwang sie, abzudanken. In der philosophischen Diskussion der Zeit brachte er das Thema der Vernunft zum bloßen Formelspiel, be-

[29] D. Hume, Eine Untersuchung über den menschlichen Verstand, hg. von R. Richter, Leipzig 1949, S. 57.
[30] D. Hume, Untersuchung über die Prinzipien der Moral, Leipzig 1929, S. 146.
[31] J. Locke, Über den menschlichen Verstand, Bd. 1, Berlin 1962, S. 25.

stenfalls zu einem Wort des guten Tons herunter.[32] Humes Ansicht vom Geist als einer „Art Theater, auf dem verschiedene Perzeptionen nacheinander auftreten, kommen und gehen, und sich in unendlicher Mannigfaltigkeit der Stellungen und Arten der Anordnung untereinander mengen“[33], ist ebenso beredt wie seine Feststellung: „Es erscheint einleuchtend, daß die letzten Zwecke der menschlichen Handlungen sich nie und nimmer durch die *Vernunft* erklären lassen, sondern daß für sie ausschließlich die Gefühle und Neigungen der Menschen, ganz unabhängig von ihren intellektuellen Fähigkeiten, maßgebend sind.“[34]

Die Lehren des englischen Empirismus waren ihrem Wesen nach ein *Angriff auf die Vernunft.* Innerhalb der Entwicklungsgeschichte des klassischen bürgerlichen Denkens waren sie der erste und einzige Angriff, der gegen die Vernunft vorgetragen wurde. Der Empirismus blieb in der Geschichte der Philosophie von Bacon und Descartes bis auf Hegel und Feuerbach eine Episode. In der nachklassischen Entwicklung der bürgerlichen Ideologie wird er jedoch auf den Thron gehoben. Sein Angriff auf die Vernunft wird durch die spätbürgerliche und imperialistische Philosophie in Gestalt des Positivismus und der ihm in dieser Beziehung verwandten verschiedenen irrationalistischen Strömungen kultiviert und zur Permanenz gesteigert.[35]

[32] Über Locke schrieb Marx treffend: „John Locke, der die neue Bourgeoisie in allen Formen vertrat, die Industriellen gegen die Arbeiterklasse und die Paupers, die Kommerziellen gegen die altmodischen Wucherer, die Finanzaristokraten gegen die Staatsschuldner, [wies] in einem eigenen Werk sogar den *bürgerlichen Verstand* als *menschlichen Normalverstand* [nach]“. (K. Marx/F. Engels, Werke, Bd. 13, Berlin 1964, S. 61. – Hervorhebungen – M. B.)

[33] D. Hume, Traktat über die menschliche Natur, I. Teil: Über den Verstand, Leipzig – Hamburg 1912, S. 327.

[34] D. Hume, Untersuchung über die Prinzipien der Moral, Hamburg 1955, S. 144.

[35] Hatte der englische Empirismus selbst in seiner skeptizistischen Phase etwa die Hinzufügung neuer Erfahrung zu schon gemachter und ihre erkenntnismäßige Verarbeitung im Prinzip durchaus noch zugelassen, so wird von seinen „modernen“ Nachfahren mit gewollter Spitze gegen jeden möglichen kritischen, weil das Gegebene überschreitenden Impuls der Philosophie in geradezu masochistischer Manier als Aufgabe „theoretischen“ Denkens verkündet: „Die Probleme werden gelöst, nicht durch Beibringung neuer Erfahrung, sondern durch Zusammenstellung des längst Bekannten.“ Denn „wir dürfen keinerlei Theorie aufstellen. Es darf nichts Hypothetisches in unseren Betrachtungen

Freilich, die Philosophie des Empirismus war den Interessen der englischen nachrevolutionären Bourgeoisie angemessen. Sie entsprach ihnen. Sie war in ihren Konsequenzen jedoch unannehmbar für eine Bourgeoisie wie die französische, die ihre Revolution noch vor sich hatte. Für die bürgerlichen Ideologen im rückständigen Deutschland mußte sie darüber hinaus geradezu als verhängnisvoll und gefährlich erscheinen. Für sie bedeutete der Angriff des englischen Empirismus auf die Vernunft die Aufgabe der Hoffnung auf ein vernünftiges Fortschreiten des Menschengeschlechts. Es war deshalb kein Zufall, daß Kant – und nach ihm Fichte und Hegel – die Lehren des englischen Empirismus als verhängnisvoll und gefährlich betrachtete.[36]

In der Tat waren die Auseinandersetzungen zwischen Rationalismus und Empirismus im 17. und 18. Jahrhundert und der folgende Kampf der klassischen bürgerlichen deutschen Philosophie gegen den Empirismus und ihre durch ihn gespeiste und angeregte scharfe Kritik am Rationalismus kein bloßer Streit um nur erkenntnistheoretische Fragen. Diese Auseinandersetzungen wurden auf dem Hintergrund des historisch-gesellschaftlichen Zentralproblems der französischen und deutschen Gesellschaft der Zeit geführt: des Übergangs von der feudalen zur bürgerlichen Gesellschaft. Auf philosophischer Ebene ging es dabei um den Bestand der Philosophie selber und um ihre Rolle bei der Herstellung der bürgerlichen Gesellschaft.

IV

Die klassische bürgerliche Philosophie war vom Anbeginn ihrer Herausbildung mit dem Anspruch aufgetreten, Mittel zur rationalen Herrschaft über Natur und Gesellschaft bereitzustellen. Sie wollte Wege weisen, *wie* Natur und Gesellschaft vom Menschen beherrscht bzw. verändert werden können. Den zureichenden

sein. Alle *Erklärung* muß fort, und nur Beschreibung an ihre Stelle treten" (L. Wittgenstein, Philosophische Untersuchungen, in: Schriften, Frankfurt am Main 1963, S. 342).

36 Fichte wird so weit gehen, jeden Empirismus des Bündnisses mit der Reaktion zu verdächtigen. (Vgl. etwa: J. G. Fichte, Sämtliche Werke, hg. von I. H. Fichte, Berlin [1845], Bd. 6, S. 71 f.)

Grund solchen Unterfangens fand sie in der Vernunft und – insofern sie sich mit dieser identifizierte – in sich selber. An der Möglichkeit der Durchführung ihres Anspruchs und damit an der „Macht der Vernunft“[37] hat die klassische bürgerliche Philosophie bis zum Emporkommen des englischen Empirismus nie gezweifelt. Die Erfolge in der Naturerkenntnis (mathematische Naturwissenschaft), die Fortschritte in der Wissenschaftsentwicklung insgesamt und in der Philosophie selber schienen dem klassischen bürgerlichen Denken die Richtigkeit des von ihm eingeschlagenen Weges zur Realisierung seines Anspruchs zu beweisen und die uneingeschränkte Mächtigkeit der Vernunft zu unterstreichen. Diese Erfolge und Fortschritte waren für die klassische bürgerliche Philosophie zugleich Beweis genug, daß dereinst, das heißt nach Überwindung der feudal-absolutistischen Gewalten und der sie stützenden Ideologien, auch in der vernünftigen Gestaltung der Gesellschaft Fortschritte zu erhoffen seien.

Allein die Verwirklichung rationaler Herrschaft über Natur und Gesellschaft war für die klassische bürgerliche Philosophie von der Konstituierung *allgemeiner* Begriffe, Prinzipien, Ideen – Gesetze und ihrer Bewährung in der Erkenntnis von Natur und Gesellschaft abhängig. Die Philosophie „eröffnet den Weg von der Betrachtung der einzelnen Dinge zu den allgemeinen Gesetzen“, stellte Hobbes fest.[38] Allgemeine Begriffe, Prinzipien, Ideen – Gesetze, das aber war für die klassische bürgerliche Philosophie gleichbedeutend mit Begriffen, Prinzipien, Ideen – Gesetzen der Vernunft. Doch gerade deren Gültigkeit bestritt der englische Empirismus. Er beschwor dadurch eine Situation herauf, in der die Vernunft – der Bestand und Fortbestand der Philosophie und Wissenschaft – in Frage gestellt wurde.

Mit dieser Situation war die klassische bürgerliche deutsche Philosophie am Beginn ihrer Entwicklung konfrontiert. Sie stand vor der Aufgabe, der Herausforderung des englischen Empirismus *als Philosophie* zu begegnen. Ihre Auseinandersetzung mit dem englischen Empirismus war dergestalt ein Kampf um die

[37] B. Spinoza, Die Ethik. Schriften und Briefe, hg. von F. Bülow, Stuttgart 1966, S. 269.

[38] Th. Hobbes, Grundzüge der Philosophie, Dritter Teil: Lehre vom Bürger, Leipzig 1949, S. 60.

Philosophie als solche.[39] Kants Bemühungen müssen zunächst als Zurückweisung des Angriffs des englischen Empirismus auf die Vernunft und damit auf Philosophie und Wissenschaft gesehen

[39] H. Marcuse, Vernunft und Revolution, Neuwied am Rhein 1962 (englische Originalausgabe: New York 1941), S. 26. – In diesem seinem sicher besten Buch (wenn von seinen Verdiensten um die Edition der sogenannten Frühschriften von Marx abgesehen wird, die weniger Landshut und Meyer als vielmehr ihm zukommen) hat Marcuse in Abwehr jener Versuche innerhalb der Hegel-Auslegung, die die Hegelsche Philosophie mit der Ideologie des Faschismus in Zusammenhang bringen wollte, betont auf die gesellschaftskritische Tendenz des klassischen bürgerlichen Denkens aufmerksam gemacht und diese – durchaus richtig – mit seinem Anspruch auf rationale Herrschaft des Menschen über Natur und Gesellschaft in Zusammenhang gebracht. Mit dieser zutreffenden Einsicht in die Grundproblematik der klassischen bürgerlichen Philosophie ging bei Marcuse jedoch eine unzulässige Modernisierung und Verselbständigung ihrer gesellschaftskritischen Tendenz einher. Diese war gegen alle Formen der Feudalität gerichtet und zielte auf die Herstellung der bürgerlichen Gesellschaft als Reich der Vernunft ab. Sie hatte insofern konkret-historischen Charakter. Ihr historischer und gesellschaftlich-klassenmäßiger Standort war eindeutig. In keiner Phase der Entwicklung der klassischen bürgerlichen Philosophie ist der *bürgerliche* Spiegel ihres Denkens gebrochen worden. Marcuse überhöhte die gesellschaftskritische Tendenz des klassischen *bürgerlichen* Denkens jedoch derart, daß aus ihr ein unabdingbares Moment philosophischen Denkens überhaupt und jeder theoretischen Besinnung auf den historisch-gesellschaftlichen Prozeß überhaupt wurde. Dieser Sachverhalt verführt Marcuse in seinen Werken der letzten Jahre dazu, die historisch und gesellschaftlich bezogene kritische Tendenz des klassischen bürgerlichen Denkens gleichsam zu einem System *transzendenter Utopie* auszuweiten, das – im Unterschied zu der klassischen bürgerlichen Philosophie – nicht mehr mit dem historischen Prozeß einhergeht, sondern ihn überspielt. Die Forderung nach rationaler Gestaltung der Gesellschaft wird bei Marcuse deshalb zwangsläufig zu ihrer bloßen theoretischen Negation. Das hat, nimmt man Marcuses Thesen ernst und konfrontiert sie mit der kapitalistischen Wirklichkeit der Gegenwart, unweigerlich Formen theoretischen und praktischen Anarchismus zur Folge; denn in ihnen ist von den konkreten Formen des Klassenkampfes unserer Epoche abstrahiert.

Der Argumentation Marcuses liegt eine Verkennung des Wesens der gegenwärtigen Epoche, ihrer Klassenstruktur und historisch-gesellschaftlichen Grundtendenz zugrunde: Epoche des Übergangs vom Kapitalismus zum Sozialismus zu sein. Marcuse mißt die sozialistische Wirklichkeit unserer Zeit nicht am historischen Prozeß, sondern am Ideal *transzendenter Utopie.* So kommt es, daß er durchaus richtige Erkenntnisse über den gegenwärtigen Kapitalismus und seine Denkformen auf die Wirklichkeit der sozialistischen Gesellschaft überträgt und die Hauptkraft des geschichtlichen Prozesses unserer Tage, die Arbeiterklasse, als Moment bürgerlicher Daseinsgestaltung ausgibt. Marcuse verkennt insbesondere, daß die von ihm in Rückgriff auf die progressive Tradition des klassischen bürgerlichen Denkens angerufene „Vernunft" nur dort in Existenz getreten ist und in Existenz treten konnte, wo ihre Negation und positive Aufhebung, der Marxismus, mit der Arbeiterklasse in Gestalt ihrer marxistisch-leninistischen Partei zur Einheit verschmolz und so gleichsam zum Schlüssel der Überwindung der bürgerlichen Gesellschaft und zur Errichtung der neuen, sozialistischen Gesellschaft wurde. Marcuse (im Nachwort 1954): „Die Freiheit befindet sich auf dem Rückzug, sowohl auf dem Gebiet des Denkens als auch auf dem der Gesellschaft. Weder die Hegelsche noch die Marxsche Idee der Vernunft ist einer Verwirklichung nähergekommen." (S. 369) Und: „Das ungeheure Anwachsen der Produktivität der Arbeit innerhalb des Rahmens der herrschenden gesellschaftlichen Institutionen machte Massenproduktion, aber auch Massenmanipulation unvermeidlich. Das Resultat war, daß der Lebensstandard mit der Konzentration der ökonomischen Macht zu monopolistischen Größenverhältnissen anstieg. Damit ging einher, daß der technische Fortschritt die Gewichtsverteilung der gesellschaftlichen Kräfte grundlegend änderte. Die Barrikade verlor ihren revolutionären Wert wie der Streik seinen revolutionären Inhalt. Die ökonomische und kulturelle Eingliederung der arbeitenden Klassen wurde durch das Veralten ihrer traditionellen Waffen begleitet und ergänzt." (S. 373) Daraus leitet Marcuse die Forderung ab: „Die Idee einer anderen Form von Vernunft und Freiheit, wie sie sowohl vom dialektischen Idealismus als auch vom Materialismus in Betracht gezogen wurde, erscheint wieder als Utopie." (S. 374) – Wenn die Vernunft des klassischen bürgerlichen Denkens insbesondere geschichtsphilosophisch einen Sinn hat, dann den: in der welthistorischen Rolle des Proletariats aufgehoben zu sein, was übrigens Marcuse selber dereinst (1941) – wenigstens teilweise – wußte: „Die Einwirkung der Hegelschen Philosophie auf die Gesellschaftstheorie und die spezifische Funktion moderner Gesellschaftstheorie können nur aus der voll entfalteten Form der Philosophie Hegels und ihrer kritischen Tendenzen verstanden werden, wie sie in die Marxsche Theorie eingingen." (S. 228) Und noch früher, nämlich 1928: „Der Marxismus ... erscheint nicht als wissenschaftliche Theorie, als System von Wahrheiten, deren Sinn allein in ihrer Richtigkeit als Erkenntnisse liegt, sondern als Theorie des gesellschaftlichen Handelns, der geschichtlichen Tat. Der Marxismus ... ist Wissenschaft, insofern das revolutionäre Handeln, das er freimachen und festigen will, der Einsicht in die geschichtliche Notwendigkeit: in die Wahrheit seines Seins bedarf. Er lebt in der unzerreißbaren Einheit von Theorie und Praxis, Wissenschaft und Tat, und jede marxistische Untersuchung muß diese Einheit als obersten Leitfaden bewahren. Sie verfehlt von vornherein ihren Gegenstand, wenn sie von irgendeinem dem Marxismus transzendenten Ort her seine logische Geschlossenheit, universale Widerspruchslosigkeit, zeitlose Geltung nachprüfen will." (H. Marcuse, Beiträge zu einer Phänomenologie des Historischen Materialismus, in: Philosophische Hefte, hg. von M. Beck, H. 1 [1928], S. 45.) – Die neuerliche Verwandlung von „Vernunft" in „Utopie" durch Marcuse läßt sein Denken „in Zweifel und Resignation" (das sind seine werden. Sie laufen zugleich auf die Neubegründung oder erneute Grundlegung des ursprünglichen Anspruchs der klassischen bürgerlichen Philosophie hinaus, Mittel zur rationalen Herrschaft über Natur und Gesellschaft bereitzustellen.

Kants Größe liegt darin, daß er den Ernst der durch die Lehren des englischen Empirismus heraufbeschworenen Lage für die Philosophie erkannte, diese aber nicht nur als eine immanent philosophische oder gar bloß erkenntnistheoretische Problematik nahm, sondern ebensosehr als historisch-gesellschaftliches Anliegen, von dessen theoretischer Durchdringung der weitere Fortschritt des Menschengeschlechts abhängt. Dieser Sachverhalt ist in Kants Bestreben augenscheinlich, die theoretische mit der praktischen Vernunft zu verknüpfen, und in der Rolle, die er in seinem System der praktischen Philosophie einräumt (Primat der praktischen Vernunft). Gerade in diesem Punkt sind Fichte und Hegel Kant weitgehend verpflichtet. Sie folgen Kant hierin, ungeachtet aller sonstigen Kritik, die sie an ihm üben.

Der Denk-Einsatz der klassischen bürgerlichen deutschen Philosophie läuft so der Problematik der Herausbildung der bürgerlichen Gesellschaft parallel. Diese Einsicht ist für das Verständnis der philosophischen Entwicklung von Kant zu Hegel in Deutschland unerläßlich. Sie ist insbesondere unabdingbar für den Stellenwert der klassischen bürgerlichen deutschen Philosophie als theoretischer Quelle des Marxismus. Die klassische bürgerliche deutsche Philosophie muß deshalb von ihren Beziehungen zum Entwicklungsprozeß der bürgerlichen Gesellschaft, genauer: von der Problematik des Übergangs vom Feudalismus zum Kapitalismus im Deutschland der Wende vom 18. zum 19. Jahrhundert her angegangen werden. In ihr findet sowohl die internationale Entwicklung der bürgerlichen Gesellschaft als auch die nationale Problematik des Übergangs vom Feudalismus zum Kapitalismus ihren Niederschlag. Die Philosophien Kants, Fichtes (Schellings) und Hegels bezeichnen Stufen versuchter theoretischer Bewälti-

eigenen Worte über Hegels Geschichtsphilosophie) enden. Zu Marcuses letztem Werk (H. Marcuse, Der eindimensionale Mensch, Neuwied – Berlin (West) 1967; englische Originalausgabe: Boston, Mass., 1964) und insgesamt vgl. R. Steigerwald, Herbert Marcuses „dritter Weg“, Berlin *und* Köln 1969.

gung des Problems der bürgerlichen Gesellschaft unter internationalen und nationalen Aspekten im Deutschland der Zeit.

Der Entwicklungsprozeß der bürgerlichen Gesellschaft kulminierte zur Zeit der klassischen bürgerlichen deutschen Philosophie in der Französischen Revolution – ihrer unmittelbaren Vorbereitung, ihrem akuten Stadium und ihren unmittelbaren Folgen. Dieses Zusammenhangs ihrer Philosophien mit der Französischen Revolution waren sich insbesondere Fichte und Hegel bewußt. In einem 1795 geschriebenen Brief bekundet Fichte, daß ihm die ersten Winke und Ahnungen der Wissenschaftslehre bei der Niederschrift des „Beitrags zur Berichtigung der Urteile des Publikums über die Französische Revolution" gekommen seien.[40] Dieses Selbstzeugnis Fichtes geht mit jener Einschätzung Hegels in den „Vorlesungen über die Geschichte der Philosophie" konform, in der die Systeme Kants, Fichtes und Schellings als Philosophien beschrieben werden, in denen „die Revolution als in der Form des Gedankens niedergelegt und ausgesprochen" sei. Nach dieser Charakterisierung der Philosophien seiner unmittelbaren Vorgänger unterstreicht Hegel dann die welthistorische Bedeutung der Französischen Revolution, „dieser großen Epoche in der Weltgeschichte, deren innerstes Wesen begriffen wird in der Weltgeschichte"[41]. Und in eben den „Vorlesungen über die Philosophie der Geschichte" bezeichnet Hegel die Französische Revolution dann als „herrlichen Sonnenaufgang", weil sie das seit Anaxagoras in der Philosophie waltende Prinzip der Vernunft zum ersten Male praktisch zu verwirklichen unternahm, woraus für Hegel folgt, daß die Vernunft der Französischen Revolution als identisch mit der Vernunft der überlieferten Philosophie zu denken ist.[42]

Erinnert man sich, daß für Hegel die Vernunft der überlieferten Philosophie die Einheit aller Philosophie darstellt, daß „das Absolute wie seine Erscheinung, die Vernunft, ewig ein und dasselbe ... [und] zu allen Zeiten dieselbe ist ...", so daß „in Rücksicht aufs innere Wesen der Philosophie ... es weder Vorgänger noch Nachgänger" gibt, dann wird deutlich, in welchem Ausmaß

[40] J. G. Fichte, Briefwechsel, hg. von H. Schulz, Bd. 1, Leipzig 1925, S. 61.
[41] G. W. F. Hegel, Werke in zwanzig Bänden, Bd. 20, a. a. O., S. 314.
[42] G. W. F. Hegel, Werke in zwanzig Bänden, Bd. 12, a. a. O., S. 529.

Hegel seine eigene Philosophie und die seiner unmittelbaren Vorgänger in Beziehung zur Französischen Revolution und damit zum Entwicklungsprozeß der bürgerlichen Gesellschaft brachte.[43]

In der Tat ist das Denken der klassischen bürgerlichen deutschen Philosophie vom Entwicklungsprozeß der bürgerlichen Gesellschaft nicht zu trennen. Für ihre Beurteilung liefert die Bemerkung Hegels einen Schlüssel, daß in den Philosophien Kants, Fichtes und Schellings – und wir dürfen hinzufügen: auch Hegels – „die Revolution als in der Form des Gedankens niedergelegt und ausgesprochen ist".

Dieser Ansatz Hegels zur Darstellung der Systeme Kants, Fichtes und Schellings trifft sich im Kern mit dem Vergleich Heinrich Heines von Kant und Robespierre im Dritten Buch „Zur Geschichte der Religion und Philosophie in Deutschland". Er geht aber auch mit der von Marx und Engels mehrfach getroffenen Feststellung konform, daß die „politische Revolution Frankreichs von einer philosophischen Revolution in Deutschland begleitet" wurde[44] und daß dergestalt die Berücksichtigung der Beziehungen zwischen der revolutionären Umwälzung in Frankreich und der ideologischen Bewegung in Deutschland am Ende des 18. und Anfang des 19. Jahrhunderts eine jener Voraussetzungen darstellt, die für das Verständnis und die Erklärung der verschiedenen ideologischen Erscheinungsformen dieser Zeit, vorweg der klassischen bürgerlichen deutschen Philosophie und Literatur, unabdingbar sind.[45]

Die Beziehungen der klassischen bürgerlichen deutschen Philosophie zum Entwicklungsprozeß der bürgerlichen Gesellschaft sind auch dort vorhanden, wo ihr Denken in der Form bloßer philosophischer Diskussionen verläuft. Diese sind das unumgängliche, vom vorgefundenen Gedankenmaterial her aufgegebene Beiwerk jeder ideologischen Erscheinung, die gesellschaftliche Prozesse reflektiert, an diesen teilhat und teilhaben will. Der Fortschritt der Epoche artikuliert sich auch – und nicht zuletzt – in diesem Beiwerk.

So steht etwa Kants transzendentale Apperzeption durchaus

[43] G. W. F. Hegel, Werke in zwanzig Bänden, Bd. 2, a. a. O., S. 17.
[44] K. Marx/F. Engels, Werke, Bd. 1, Berlin 1961, S. 452.
[45] K. Marx/F. Engels, Werke, Bd. 39, Berlin 1968, S. 99.

im Zusammenhang mit seiner Lehre vom „Endzweck der Rechtslehre innerhalb der Grenzen der bloßen Vernunft": dem „höchsten politischen Gut", dem „ewigen Frieden".[46] Fichtes Lehre vom autonomen Subjekt ist die Voraussetzung für seine Formulierung des Rechts auf Existenz durch Arbeit.[47] Und Hegels Idee der Vernunft ist die Bedingung seiner Feststellung, daß die bürgerliche Gesellschaft in ihren „Gegensätzen und ihrer Verwickelung das Schauspiel ebenso der Ausschweifung, des Elends und des beiden gemeinschaftlichen physischen und sittlichen Verderbens" darstellt.[48]

Und alle diese Lehren, Forderungen und Ansprüche der klassischen bürgerlichen deutschen Philosophie gehen auseinander hervor und werden von ihr bis zu jenem Punkt vorangetrieben, von dem aus die Entwicklung der Gesellschaft insgesamt als gesetzmäßiger Prozeß erscheint und gleichzeitig die Schranken der bürgerlichen Gesellschaft markiert werden können. „Ihren Abschluß fand [die] neuere deutsche Philosophie im Hegelschen System, worin zum erstenmal – und das ist sein großes Verdienst – die ganze natürliche, geschichtliche und geistige Welt als ein Prozeß, das heißt als in steter Bewegung, Veränderung, Umbildung und Entwicklung begriffen, dargestellt und der Versuch gemacht wurde, den innern Zusammenhang in dieser Bewegung und Entwicklung nachzuweisen. Von diesem Gesichtspunkt aus erschien die Geschichte der Menschheit nicht mehr als ein wüstes Gewirr sinnloser Gewalttätigkeiten, die vor dem Richterstuhl der jetzt gereiften Philosophenvernunft alle gleich verwerflich sind und die man am besten so rasch wie möglich vergißt, sondern als der Entwicklungsprozeß der Menschheit selbst, dessen allmählichen Stufengang durch alle Irrwege zu verfolgen und dessen innere Gesetzmäßigkeiten durch alle scheinbaren Zufälligkeiten hindurch nachzuweisen jetzt die Aufgabe des Denkens wurde."[49]

Freilich, diese Aufgabe hat weder die klassische bürgerliche

[46] I. Kant, Werke in sechs Bänden, Bd. 4, a. a. O., S. 479.

[47] J. G. Fichte, Werke, Bd. 3, a. a. O., S. 212 ff.

[48] G. W. F. Hegel, Grundlinien der Philosophie des Rechts oder Naturrecht und Staatswissenschaft im Grundrisse, hg. von H. Klenner, Berlin 1981, S. 222.

[49] K. Marx/F. Engels, Werke, Bd. 19, a. a. O., S. 206.

deutsche Philosophie insgesamt noch ihre letzte große Gestalt, die Philosophie Hegels, umfassend gelöst. Sie war im Bannkreis einer Philosophie, die auf die bürgerliche Gesellschaft abzielte und ihr Kategoriensystem in diese einmünden ließ, nicht zu bewältigen. Es bedurfte dazu der Negation dieser Philosophie qua Philosophie, das heißt: der Zurückführung der philosophischen Problematik auf ihre ökonomisch-sozialen und historisch-gesellschaftlichen Ursprünge. Und erst auf dieser Grundlage konnte die Negation der Philosophie zugleich zu ihrer positiven Aufhebung werden: zur Neuformulierung des Inhalts der Philosophie, nämlich *Weltanschauung des Proletariats* und damit Artikulierung des historisch-gesellschaftlichen Prozesses selber zu sein. Als solche zielt Philosophie nicht mehr auf die bestehende (= bürgerliche) Gesellschaft ab, sondern auf ihre Überwindung, ihre Kritik und ihre Abschaffung. Sie bezieht ihr Kategoriensystem nicht mehr auf die Gegenwart und legitimiert es nicht mehr mit der Vergangenheit, sondern gewinnt ihren Bezug und erheischt ihre Legitimation aus der Zukunft: der welthistorischen Rolle der fortgeschrittensten Klasse der Epoche und ihrem geschichtlichen Auftrag, „alle Verhältnisse umzuwerfen, in denen der Mensch ein erniedrigtes, ein geknechtetes, ein verlassenes, ein verächtliches Wesen ist“[50].

So gesehen kann die sozialistische Revolution deshalb „ihre Poesie nicht mehr aus der Vergangenheit schöpfen, sondern nur aus der Zukunft. Sie kann nicht mit sich selber beginnen, bevor sie allen Aberglauben an die Vergangenheit abgestreift hat“. Die bürgerliche Revolution bedurfte „der weltgeschichtlichen Rückerinnerungen, um sich über ihren eigenen Inhalt zu betäuben“. Die sozialistische Revolution „muß die Toten ihre Toten begraben lassen, um bei ihrem eigenen Inhalt anzukommen. Dort ging die Phrase über den Inhalt, hier geht der Inhalt über die Phrase hinaus“[51].

Der Denk-Einsatz der klassischen bürgerlichen deutschen Philosophie läßt sie dergestalt zugleich zur theoretischen Quelle des Marxismus werden. Das war deshalb der Fall, weil ihre theoreti-

[50] K. Marx/F. Engels, Werke, Bd. 1, a. a. O., S. 385.
[51] K. Marx/F. Engels, Werke, Bd. 8, a. a. O., S. 117.

schen Bemühungen vom gesellschaftlich-historischen Prozeß, von der gesellschaftlichen Grundproblematik der Zeit gespeist sind und darauf abzielen.

Die klassische bürgerliche deutsche Philosophie als theoretische Quelle des Marxismus – das aber heißt: den Anspruch der Vernunft als welthistorische Rolle des Proletariats zu sehen und dies aus ihm resultierenden kritischen Tendenzen als aufgehobene Momente der Weltanschauung der Arbeiterklasse zu begreifen.

1968

Klassische bürgerliche und spätbürgerliche Philosophie

Die klassische bürgerliche Philosophie war von ihren Anfängen mit Bacon, Galilei und Descartes über Hobbes, Spinoza, Leibniz und die europäische Aufklärungsbewegung, insbesondere den französischen Materialismus, bis hin zu ihrem Ausgang mit Hegel und Feuerbach mit dem Anspruch aufgetreten, Natur und Gesellschaft zu erkennen, um das „menschliche Geschlecht im beständigen Fortschreiten zum Besseren" zu leiten[1] und „die Rechte der Menschheit herzustellen"[2].

Unter klassischer bürgerlicher Philosophie verstehen wir die Entwicklung jenes philosophischen Denkens, das – seiner Grundtendenz nach – die Interessen und Forderungen der progressiven Bourgeoisie ausspricht, von diesen vorangetrieben wird, sie im Kampf gegen die feudal-klerikale Ideologie fixiert und in einer eigenen – nunmehr bürgerlichen – Weltanschauung zu systematisieren und theoretisch zu begründen versucht.

Die klassische bürgerliche Philosophie war eins mit dem gesellschaftlich-historischen Prozeß der Zeit. Ihr Denken stand im Einklang mit dem Prozeß der Herausbildung und Konstituierung der Bourgeoisie als Klasse – stand im Einklang mit den Bestrebungen des gesellschaftlichen Subjekts einer neuen, gegenüber der alten feudalen, höheren Produktionsweise und Gesellschaftsordnung, der kapitalistischen. Die neue Philosophie hatte dergestalt den historischen Fortschritt auf ihrer Seite. Sie wollte – bewußt – dazu beitragen, diesem zum Durchbruch zu verhelfen. In Verbindung mit der neuen Naturwissenschaft und Kunst war die klassische bürgerliche Philosophie der uneingeschränkte Sprecher dieses

[1] I. Kant, Der Streit der Fakultäten, in: Werke in sechs Bänden, hg. von W. Weischedel, Wiesbaden 1956 ff., Bd. 6, S. 351.

[2] I. Kant, Gesammelte Schriften (Akademie-Ausgabe), Bd. XX, Berlin 1942, S. 44.

progressiven historischen Prozesses. Die von ihr heftig befehdeten Gegner waren immer die feudale Produktionsweise und Gesellschaftsordnung, die feudal-klerikalen gesellschaftlichen Gewalten und die feudal-klerikalen Ideologien.

Der Grundtenor der klassischen bürgerlichen Philosophie war: rationale Natur- und Geschichtserkenntnis zum Zwecke rationaler Gesellschaftsgestaltung.[3] In diesem Zusammenhang ist ihr Verhältnis zur Wissenschaftsentwicklung zu sehen, zur Umsetzung von Wissen in Technik und zur Anwendung von Wissen in der gesellschaftlichen Praxis. Dieses war optimistisch und als solches für sie problemlos. Analoges kann im Hinblick auf die Kunstentwicklung gesagt werden. Im klassischen bürgerlichen Denken bestand eine enge Verbindung zwischen Philosophie-, Wissenschafts- und Kunstentwicklung. Und ihre Klammer war die sich herausbildende und konstituierende bürgerliche gesellschaftliche Praxis.[4]

Auf diese Praxis, auf ihre *bürgerliche* – und das heißt immer

[3] M. Buhr, Vernunft – Mensch – Geschichte. Studien zur Entwicklungsgeschichte der klassischen bürgerlichen Philosophie, Berlin 1977, S. 62 ff.

[4] L. Olschki bemerkt zu Recht: „Es ist richtig, daß der Großteil der Maler, wie Ghirlandaio, Filippino Lippi, Lorenzo di Credi und viele andere sich nur an das Malen hielten. Demgegenüber steht die Reihe der genialsten und fruchtbareren Meister, von Brunelleschi zu Leonardo da Vinci und Michelangelo, die nicht bloß Maler waren, sondern auch Bildhauer, Architekten, Ingenieure, militärische Berater, Metallgießer und Erbauer von Wasserwerken, so daß ihre Werkstätten Mittelpunkt weitester technischer und kultureller Aktivität wurden." (L. Olschki, Italien: Genius und Geschichte, Darmstadt 1958, S. 365 f.) – Vgl. J. D. Bernal, Die Wissenschaft in der Geschichte, Berlin 1961, S. 271 ff. – F. Tomberg hat in diesem Zusammenhang resümierend festgehalten: „Die enge Verbindung von Wissenschaft und künstlerischer Arbeit in ein und derselben Person ist nicht nur Ausdruck individueller Universalität, sie bekundet auch, daß Wissenschaft und Kunst [in unserem Zusammenhang kann, ohne den Gedankengang zu verzerren, auch Philosophie hinzugefügt werden – M. B.] in diesen Zeiten des Ursprungs [und nicht nur in diesen – M. B.] noch aufeinander bezogen waren und sich gegenseitig befruchteten." (F. Tomberg, Bürgerliche Wissenschaft. Begriff, Geschichte, Kritik. Frankfurt am Main 1973, S. 113) Was Olschki, Bernal und Tomberg für die Anfänge bürgerlicher Entwicklung in Europa unterstreichen, das gilt – mutatis mutandis – für die gesamte klassische bürgerliche Entwicklung von Philosophie, Wissenschaft und Kunst und ihr Verhältnis zueinander.

zugleich auch: *anti*feudale und *anti*klerikale – Gestaltung hin war alles klassische bürgerliche Denken (philosophisch-weltanschauliches, wissenschaftliches und künstlerisches Tätigsein) ausgerichtet. Der Einstieg hierzu war verschieden und artikulierte sich unterschieden. Doch die zugrunde liegende Absicht und das verfolgte Ziel waren die gleichen: die Herstellung einer neuen, eben: *bürgerlichen* Gesellschaft. Die Zeugnisse, die für diese Bestrebungen des klassischen bürgerlichen Denkens beigebracht werden könnten, würden Bände füllen. Beschränken wir uns für unsere Zwecke, um das Angeführte zu verdeutlichen, auf wenige Belege:

Leonardo da Vinci (1452–1519)
„Jede natürliche Handlung wird von der Natur in der kürzesten Zeit ausgeführt, die möglich ist."[5]

„Wo am meisten Empfindung ist, ist größtes Märtyrertum."[6]

Francis Bacon (1561–1626)
„Das Suchen nach Wahrheit, das man mit dem Freien und Werben um sie vergleichen könnte; das Erkennen der Wahrheit, ein sozusagen Auge-in-Auge-mit-ihr-Sein; der Glaube an die Wahrheit, der einer Vermählung mit ihr gleichkommt, sind die vornehmsten Tugenden des menschlichen Geistes."[7]

„Das wahre und rechtmäßige Ziel der Wissenschaften ist kein anderes, als das menschliche Leben mit neuen Erfindungen und Mitteln zu bereichern."[8]

„Der Menschen Herrschaft ... über die Dinge beruht allein auf den Künsten und Wissenschaften. Die Natur nämlich läßt sich nur durch Gehorsam besiegen." Denn: „Mit eherner Notwendigkeit wird daraus eine Verbesserung der menschlichen Verhältnisse und eine Erweiterung seiner Macht über die Natur folgen."[9]

[5] Leonardo da Vinci, der Denker, Forscher und Poet, nach den veröffentlichten Handschriften. Auswahl, Übersetzung und Einleitung von M. Herzfeld, Jena ²1906, S. 12.

[6] Ebenda, S. 131.

[7] F. Bacon, Essays, hg. von L. Schücking, Leipzig 1979, S. 4.

[8] F. Bacon, Das neue Organon (Novum Organon), hg. von M. Buhr, Berlin 1962, I, 81.

[9] Ebenda, I, 129, und II, 52.

Galileo Galilei (1564–1642)
„Die Philosophie ist geschrieben in jenem großen Buche, das immer vor unseren Augen liegt."[10]

„Nach meiner Ansicht müssen diejenigen, welche, um eine Behauptung zu beweisen, ausschließlich auf das Gewicht der Autoritäten zählen, ohne sich anderer Argumente zu bedienen, des Unverstandes geziehen werden. Ich für mein Teil wünsche, daß die Streitfragen frei gestellt und ohne irgendwelche Speichelleckerei frei erörtert werden, wie sich dies für jeden geziemt, der aufrichtig nach der Wahrheit forscht."[11]

René Descartes (1596–1650)
„Da wir als Kinder auf die Welt kommen und über sinnliche Gegenstände urteilen, bevor wir den vollen Gebrauch unserer Vernunft erlangt haben, so werden wir durch viele Vorurteile an der Erkenntnis der Wahrheit gehindert, und es scheint kein anderes Mittel dagegen zu geben, als einmal im Leben sich zu entschließen, an allem zu zweifeln, worin man auch nur den geringsten Verdacht einer Ungewißheit antrifft ... Dieser Zweifel ist indessen auf die Erforschung der Wahrheit zu beschränken."[12]

Und in diesem Sinne wird eine Philosophie gefordert, „die von größtem Nutzen für das Leben [ist] ..., durch die wir die Kräfte und Wirkungen des Feuers, des Wassers, der Luft, der Gestirne, des Himmels und überhaupt aller uns umgebenden Körper ebenso deutlich kennenlernen, wie uns die verschiedenen Kunstgriffe unserer Handwerker bekannt sind; wir könnten sie also ebensogut in allen geeigneten Fällen anwenden und uns so zu Herren und Meistern der Natur machen."[13]

Thomas Hobbes (1588–1679)
„Philosophie ist die rationelle Erkenntnis der Wirkungen oder Erscheinungen aus ihren bekannten Ursachen oder erzeugenden Gründen und umgekehrt der möglichen erzeugenden Gründe aus den bekannten Wirkungen ... Die größte Bedeutung der Philosophie

[10] Le opere di Galileo Galilei. Edizione nazionale (20 Bde.), Florenz 1890 bis 1909, Bd. 4, S. 171.

[11] Galilei, zitiert nach: F. Jodl, Geschichte der neueren Philosophie, Wien 1924, S. 130.

[12] R. Descartes, Die Prinzipien der Philosophie, Berlin 1965, S. 1.

[13] R. Descartes, Abhandlung über die Methode, seine Vernunft richtig zu leiten und die Wahrheit in den Wissenschaften zu suchen, Leipzig o. J., S. 69.

liegt ... darin, daß wir die vorausgeschauten Wirkungen zu unserm Vorteil nutzen und auf Grund unserer Erkenntnis nach Maß unserer Kräfte und unserer Tüchtigkeit absichtlich zur Förderung des menschlichen Lebens herbeiführen können. Denn die bloße Überwindung von Schwierigkeiten oder Entdeckungen verborgener Wahrheiten sind nicht so großer Mühe, wie sie für die Philosophie aufzuwenden ist, wert; und vollends brauchte niemand seine Weisheit anderen mitzuteilen, wofern er damit weiter nichts zu erreichen hofft. Wissenschaft dient nur der Macht! Die Theorie (die in der Geometrie der Weg der Forschung ist) dient nur der Konstruktion! Und alle Spekulation geht am Ende auf eine Handlung oder Leistung aus ... Wie groß aber der Nutzen der Philosophie ... ist, wird am besten eingesehen, wenn man sich die mögliche Förderung des menschlichen Geschlechts durch sie vergegenwärtigt und die Lebensweise derer, die ihrer sich erfreuen, mit anderen vergleicht, die sie entbehren. Die größte Förderung verdankt das menschliche Geschlecht der Technik, d. h. der Kunst, Körper und ihre Bewegungen zu messen, schwere Lasten zu bewegen, zu bauen, Schiffahrt zu treiben, Werkzeuge zu jeglichem Gebrauch herzustellen, die Bewegungen am Himmel, die Bahnen der Gestirne, den Kalender und so weiter zu berechnen."[14]

„Die *Vernunft* ist die Gangart, die Mehrung der *Wissenschaft* der *Weg* und die Wohlfahrt der Menschheit das *Ziel.*"[15]

Denis Diderot (1713–1784)

„Es gibt keinen wahren Reichtum außer dem *Menschen* und der Erde. Der *Mensch* ist wertlos ohne die Erde und die Erde wertlos ohne den *Menschen.*"[16]

Paul Thiry d'Holbach (1723–1789)

„Die Menschen werden sich immer irren, wenn sie die Erfahrung um solcher Systeme willen preisgeben, die durch die Einbildungskraft geschaffen wurden. Der Mensch ist das Werk der Natur, er existiert in der Natur, er ist ihren Gesetzen unterworfen, er kann sich nicht von ihr freimachen, er kann nicht einmal durch das Denken von ihr loskommen; vergeblich strebt sein Geist über die Grenzen der sichtbaren Welt hinaus, immer ist er gezwungen, zu ihr zurückzukehren

[14] Th. Hobbes, Grundzüge der Philosophie, Erster Teil: Lehre vom Körper, Leipzig o. J., S. 6 und 9 f.

[15] Th. Hobbes, Leviathan, hg. von H. Klenner, Leipzig 1978, S. 42.

[16] D. Diderot, Philosophische Schriften, Bd. 1, Berlin 1961, S. 286.

... Es ist nichts, und es kann nichts außerhalb der Begrenzung geben, die alle Dinge umschließt. Der Mensch höre also auf, außerhalb der Welt, die er bewohnt, Wesen zu suchen, die ihm ein Glück verschaffen sollen, das die Natur ihm versagt: er studiere die Natur, lerne ihre Gesetze kennen und betrachte ihre Energie und die unveränderliche Art, wie sie wirkt; er nutze seine Entdeckungen für seine eigene Glückseligkeit und unterwerfe sich stillschweigend Gesetzen, denen ihn nichts zu entziehen vermag; er verzichte darauf, nach den Ursachen zu forschen, die für ihn mit einem undurchdringlichen Schleier umgeben sind; er ertrage ohne Murren die Entscheidungen einer universellen Kraft, die weder umkehren noch jemals von den Regeln abweichen kann, die ihr Wesen ihr vorschreibt."[17]

Immanuel Kant (1724–1804)
„Unser Zeitalter ist das eigentliche Zeitalter der *Kritik*, der sich alles unterwerfen muß. *Religion*, durch ihre *Heiligkeit*, und *Gesetzgebung* durch ihre *Majestät*, wollen sich gemeiniglich derselben entziehen. Aber alsdann erregen sie gerechten Verdacht wider sich, und können auf unverstellte Achtung nicht Anspruch machen, die die Vernunft nur demjenigen bewilligt, was ihre freie und öffentliche Prüfung hat aushalten können."[18]

„Es muß irgend eine Entfaltung im Menschengeschlechte vorkommen, die, als Begebenheit, auf eine Beschaffenheit und ein Vermögen desselben hinweist, *Ursache* von dem Fortrücken desselben zum Besseren, und (da dieses die Tat eines mit Freiheit begabten Wesens sein soll) *Urheber* desselben zu sein; aus einer gegebenen Ursache aber läßt sich eine Begebenheit als Wirkung vorhersagen, wenn sich die Umstände ereignen, welche dazu mitwirkend sind ... Also muß eine Begebenheit nachgesucht werden, welche auf das Dasein einer solchen Ursache und auch auf den Akt ihrer Kausalität im Menschengeschlechte unbestimmt in Ansehung der Zeit hinweise, und die auf das Fortschreiten zum Besseren, als unausbleibliche Folge, schließen ließe, welcher Schluß dann auch auf die Geschichte der vergangenen Zeit (daß es immer im Fortschritt gewesen sei) ausgedehnt werden könnte, doch so, daß jene Begebenheit nicht selbst als Ursache des letzteren, sondern nur als hindeutend, als *Geschichtszeichen* ... angesehen werden müsse, und so die *Tendenz* des menschlichen Geschlechts im *ganzen*, d. i., nicht nach den Individuen betrachtet (denn das würde eine nicht zu beendigende Aufzählung und Berechnung

[17] P. Th. d'Holbach, System der Natur, Berlin 1960, S. 11.
[18] I. Kant, Kritik der reinen Vernunft, A XII.

abgeben), sondern, wie es in Völkerschaften und Staaten geteilt auf Erden angetroffen wird, beweisen könnte."[19]

Der in diesen Zeugnissen formulierte Anspruch der klassischen bürgerlichen Philosophie auf rationale Naturerkenntnis und Gesellschaftsgestaltung, auf Diesseitigkeit und Fortschritt, auf Erkennbarkeit der Welt und Wahrheit, auf optimistische Geschichtsbetrachtung und Gesetzeserkenntnis, auf Totalität und fortschreitende Entwicklung der Menschheit durchzieht diese ungeteilt von ihren Anfängen bis zu ihrem Ausgang.

Georg Wilhelm Friedrich Hegel (1770–1831) wird ihn rückblickend und ungebrochen noch einmal so zusammenfassen:

„*Der Mut der Wahrheit, der Glaube an die Macht des Geistes ist die erste Bedingung der Philosophie.* Der Mensch, *da er Geist ist, darf und soll sich selbst des Höchsten würdig achten;* von der Größe und Macht seines Geistes kann er nicht groß genug denken. Und mit diesem Glauben wird nichts so spröde und hart sein, das sich ihm nicht eröffnete. Das zuerst verborgene und verschlossene Wesen des Universums hat keine Kraft, die dem Mute des Erkennens Widerstand leisten könnte; es muß sich vor ihm auftun und seinen Reichtum und seine Tiefen ihm vor Augen legen und zum Genusse geben."[20]

Überblickt man die Entwicklungsgeschichte der klassischen bürgerlichen Philosophie also insgesamt, so muß, ungeachtet ihrer widersprüchlichen Dynamik, festgehalten werden: Die klassische bürgerliche Philosophie wurde vom gesellschaftlich-historischen Fortschritt der Zeit vorangetrieben und war von Erkenntnisoptimismus und demokratischer Erkenntnishaltung (Erkenntnis ist allen und jedem Menschen zugänglich) durchdrungen. Sie stand im Einklang mit dem historischen Prozeß (Übergang vom Feudalismus zum Kapitalismus) und im engen Verhältnis mit der Wissenschafts- und Kunstentwicklung. An dieser Bewegung (gesellschaftliche, Wissenschafts- und Kunstentwicklung), deren Teile

[19] I. Kant, Der Streit der Fakultäten, a. a. O., S. 356 ff.

[20] G. W. F. Hegel, Werke in zwanzig Bänden, Frankfurt am Main 1969 ff., Bd. 18, S. 13 f.

sich wechselseitig bedingten und durchdrangen, hatte sie tätigen Anteil. Sie beförderte diese und war Teil von ihnen.[21]

Eben aus diesem Kontext resultierte – die angeführten Zeugnisse machen das deutlich – das Grundproblem der klassischen bürgerlichen Philosophie: der Versuch, die Möglichkeit rationaler Herrschaft des Menschen über Natur und Gesellschaft philosophisch zu begründen. Und in diesem Zusammenhang kann dann formuliert werden, daß die klassische bürgerliche Philosophie

[21] Wenn wir hier auf das enge Verhältnis von Philosophie, Wissenschaft (einschl. ihrer praktischen Verwertung in der Technik) und Kunst innerhalb der klassischen bürgerlichen philosophischen Entwicklung verweisen, ihre Konformität mit dem gesellschaftlich-historischen Prozeß der Zeit, ihren Erkenntnisoptimismus und ihre demokratische Erkenntnishaltung (Philosophie, Wissenschaft und Kunst müssen allen und jedem Menschen zugänglich sein) unterstreichen, so formulieren wir die *Grundtendenz* des klassischen bürgerlichen Denkens, auf die es uns in unserem Zusammenhang besonders ankommt. Wir übersehen dabei nicht die widersprüchliche Entwicklung und gegensätzliche Entfaltung des zur Verhandlung stehenden Gegenstandes. Es gibt Erscheinungen des Übergangs (vom feudal-klerikalen zum bürgerlichen Denken), des gebrochenen Verhältnisses zu der sich anbahnenden bürgerlichen gesellschaftlichen Entwicklung und zu den sich durchsetzenden bürgerlichen gesellschaftlichen Kräften, von ideengeschichtlichen Rückgriffen nicht nur auf feudal-klerikales, sondern auf *vor*feudales Denken, auf Mythologie verschiedener Art usw. Alle vormarxistische ideologische Entwicklung verlief in sich widersprüchlich. Das war allein schon deshalb der Fall, weil die historisch-gesellschaftlich-sozialen Voraussetzungen der vormarxistischen ideologischen Entwicklung jeweils zur Widersprüchlichkeit drängten. Die daraus entstehenden ideologischen „Übergangs"- oder „Misch"-Formen treten mehr im Anfang der klassischen bürgerlichen Entwicklung und dann vor allem im Prozeß ihres Ausgangs in Erscheinung. Marxistische Philosophie- und Wissenschaftsgeschichtsschreibung wird das im jeweils gegebenen Fall kenntlich machen. Eine solche „Übergangs"- oder „Misch"-Form stellt etwa innerhalb der Entwicklungsgeschichte der klassischen bürgerlichen deutschen Philosophie die Philosophie Schellings dar (vgl. M. Buhr, Vernunft – Mensch – Geschichte, a. a. O., S. 179). Im Hinblick auf Schelling ist dieser Sachverhalt so offensichtlich, daß darauf nicht nur die marxistische, sondern auch die bürgerliche und spätbürgerliche Philosophiegeschichtsschreibung verweist. Soll jedoch im Anschluß an E. Bloch versucht werden, solches am Beispiel Schellings in Abrede zu stellen, dann handelt es sich um eine Zurücknahme marxistischer ideologiegeschichtlicher Grundeinsichten und um die Aufgabe von Grundprinzipien marxistischer philosophiehistorischer Forschung (vielleicht auch bloß um eine schlecht angefertigte Vorlesungsnachschrift oder um Autodidaktentum verbunden mit der Sucht, dieses vor dem Publikum demonstrieren zu wollen).

ihrem Wesen nach Philosophie der (bürgerlichen) Revolution war – auch wenn sie den gesellschaftlichen Tatbestand der (bürgerlichen) Revolution nicht immer (eigentlich: über weite Strecken nicht) vordergründig ausgesprochen hat. Für sie war dieses Verhältnis etwas Selbstverständliches. Die klassische bürgerliche Philosophie war Philosophie revolutionärer Umgestaltung, weil sie durchgängig (aber auch: mehr oder weniger) den welthistorischen Prozeß des Übergangs von der feudalen zur bürgerlichen Gesellschaft reflektierte, artikulierte und in Gang setzen wollte.

Daran zu erinnern, ist aus zwei Gründen erforderlich: einmal, weil die spätbürgerliche Philosophie (und Ideologie überhaupt) diesen Zugang der klassischen bürgerlichen Philosophie zu Gesellschaft und Geschichte, der für diese konstitutiv war, nicht mehr kennt, ihn zugeschüttet hat, zum anderen, weil die klassische bürgerliche Philosophie selber auf Grund ihrer historisch-gesellschaftlich-sozialen Voraussetzungen, also als *bürgerliche* Philosophie, jene Schranken in sich trug, die sie um die Verwirklichung ihrer Ziele brachten. Dennoch – und das muß in einem Vergleich der klassischen bürgerlichen mit der spätbürgerlichen Philosophie immer betont werden – bleibt der *historische Progreß*, den die Entwicklungsgeschichte der klassischen bürgerlichen Philosophie darstellt, unbestritten.

Die Schranken der klassischen bürgerlichen Philosophie resultieren aus der historischen Funktion jener Klasse, deren Weltanschauung sie ist: der Bourgeoisie. Der Prozeß des Übergangs von der feudalen zur bürgerlichen Gesellschaft ist nämlich ein Vorgang, in dem zwar eine alte durch eine neue, fortgeschrittenere Gesellschaftsordnung ersetzt wird; aber beide Gesellschaften, die alte feudale wie die neue bürgerliche, sind *Ausbeuter*ordnungen. In diesem Prozeß konstituiert sich die Bourgeoisie nicht nur zur neuen herrschenden, sondern auch zur unterdrückenden und ausbeutenden Klasse der neuen Gesellschaft. Die Vernunft – vom klassischen bürgerlichen Denken immer als *allgemein-menschliche* gesetzt – entlarvt sich nach Etablierung der kapitalistischen Gesellschaftsordnung als partikulare, als *bürgerliche* Vernunft. Die mit dem Schlüsselbegriff des klassischen bürgerlichen Denkens, dem Begriff der Vernunft, theoretisch begründete bürgerliche Gesellschaft verwirklicht sich als höchst unvernünftige Ordnung in der Welt. Und die als allgemein-menschliche gesetzte Vernunft der klassischen bürgerlichen Philosophie scheitert dann eben als *bürgerliche* Vernunft an der Mehrwertrate.[22]

Engels hielt rückblickend fest: „Wir wissen jetzt, daß dies [von der klassischen bürgerlichen Philosophie erhoffte – M. B.] Reich der Vernunft weiter nichts war als das idealisierte Reich der Bourgeoisie ..." Und er fährt fort: „So wenig wie alle ihre Vorgänger konnten die großen Denker des 18. Jahrhunderts hinaus über die Schranken, die ihnen ihre eigne Epoche gesetzt hatte."[23]

In der Tat. Die Ideologen der etablierten bürgerlichen Klasse werden die durch die kapitalistische Entwicklung offenbar werdenden Widersprüche der neuen Gesellschaft als selbstverständlich hinnehmen und sie als naturgegeben betrachten. Ihr Denken wird dann – beginnend mit, besser vielleicht: vorweggenommen in der Denkweise des englischen Empirismus – nicht mehr *vernünftig*, sondern *positiv* sein wollen. Das heißt: es söhnt sich mit den antagonistischen kapitalistischen Verhältnissen immer mehr aus. Und nur eine kurze Zeit wird vergehen, bis das bürgerliche Den-

[22] Ungeachtet dessen waren die Bestrebungen der klassischen bürgerlichen Philosophie progressiv in ihrer Zeit und im Hinblick auf den gesellschaftlich-historischen Fortschritt insgesamt. Sie waren Ausdruck der Kämpfe der fortgeschrittensten Klasse der Epoche, der Bourgeoisie, die zur Ablösung der feudalen und zur Errichtung der bürgerlichen Gesellschaft führten. Die bürgerliche Gesellschaft schafft ihrerseits die Existenzbedingungen zur Errichtung der sozialistischen Gesellschaft – sie ist deren notwendige Voraussetzung. Lenin hat diesen Sachverhalt am Beispiel des Verhältnisses der bürgerlichen zur proletarischen Revolution deutlich gemacht: „Die Arbeiterklasse ist daher an der breitesten, freiesten und raschesten Entwicklung des Kapitalismus *unbedingt interessiert.* Für die Arbeiterklasse ist die Beseitigung aller Überreste der alten Zeit, die der breiten, freien und raschen Entwicklung des Kapitalismus hinderlich sind, unbedingt *von Vorteil.* Die bürgerliche Revolution ist eben eine solche Umwälzung, die am entschiedensten die Überreste der alten Zeit, die Überreste der Leibeigenschaft ... hinwegfegt, die am vollständigsten die breiteste, freieste und rascheste Entwicklung des Kapitalismus gewährleistet. – Deshalb ist die *bürgerliche* Revolution *für das Proletariat im höchsten Grade vorteilhaft.* Die bürgerliche Revolution ist im Interesse des Proletariats *unbedingt* notwendig. Je vollständiger und entschiedener, je konsequenter die bürgerliche Revolution sein wird, desto gesicherter wird der Kampf des Proletariats gegen die Bourgeoisie für den Sozialismus sein." (W. I. Lenin, Werke, Bd. 9, Berlin 1960, S. 37.)

[23] K. Marx/F. Engels, Werke, Bd. 19, Berlin 1962, S. 190.

ken als *spätbürgerliches*, als bürgerliches Denken unter imperialistischen gesellschaftlichen Bedingungen, seinen einstigen Anspruch, die natürliche und gesellschaftliche Wirklichkeit rational zu erkennen und zu gestalten, ganz aufgeben wird, um nunmehr einer apologetischen Unvernunft zu frönen.

Die Entfaltung des Anspruchs auf rationale Natur- und Geschichtserkenntnis und daraus abgeleitete rationale Gesellschaftsgestaltung innerhalb der Entwicklungsgeschichte der klassischen bürgerlichen Philosophie gehört in das Kapitel der „heroischen Illusionen" der progressiven Bourgeoisie. Die progressive Bourgeoisie brauchte diesen Anspruch für ihren Eintritt in die Geschichte. Sie bedurfte dieses Anspruchs als eines allgemein-menschlichen vor allem, „um den *bürgerlich beschränkten* Inhalt ihrer Kämpfe sich selber zu verbergen und ihre Leidenschaft auf der Höhe der großen geschichtlichen Tragödie zu halten".[24] Das klassische bürgerliche Denken verbarg, vom Ergebnis des historischen Prozesses her gesehen, den eigentlichen Inhalt des Übergangs von der feudalen zur bürgerlichen Gesellschaft, nämlich seine Bestimmung, von einer Ausbeuterordnung zu einer anderen überzuleiten. Deshalb konnte sich die klassische bürgerliche Philosophie des gesellschaftlich-historischen Fortschritts nur *theoretisch* als eines unteilbaren Ganzen bemächtigen, nicht als wirklichen gesellschaftlich-historischen Prozeß. Die aufstrebende Bourgeoisie war also infolge ihrer Klassensituation immer nur nach einer Seite hin fortschrittlich, gegenüber dem Feudalismus, seinen Institutionen und seiner Ideologie.[25]

Es ist also ein durchaus objektiv begründeter Vorgang, wenn nach der Herausbildung der kapitalistischen Gesellschaftsordnung die bürgerlichen Ideologen dem Anspruch des klassischen bürgerlichen Denkens und allen aus diesem abgeleiteten Forderungen nach und nach abschwören, sie bestenfalls nur noch als Phrasen deklarieren, sie zumindest nicht mehr als für alle und für

[24] K. Marx/F. Engels, Werke, Bd. 8, Berlin 1960, S. 116 (Hervorhebung – M. B.).

[25] W. Markov hat diesen Sachverhalt sehr eindringlich am Beispiel des Verhältnisses von französischer Aufklärung und Französischer Revolution herausgearbeitet (W. Markov, Grenzen des Jakobinerstaates, in: Grundpositionen der französischen Aufklärung, Berlin 1955, S. 241).

jeden Menschen geltende wahrhaben wollen. Das Thema der rationalen Natur- und Geschichtserkenntnis geht denn auch in die Ideologie jener Klasse über, die als Antipode der Bourgeoisie angetreten ist, eine von Unterdrückung und Ausbeutung freie Gesellschaft zu errichten: in die wissenschaftliche Weltanschauung der Arbeiterklasse.

Dennoch war – wie bemerkt – der Prozeß der Herausbildung, Entstehung und Entfaltung der klassischen bürgerlichen Philosophie uneingeschränkt Progreß. Er artikulierte die Kämpfe, die die fortgeschrittenste Klasse der Epoche, die Bourgeoisie, zur Ablösung der alten, feudal-klerikalen und zur Errichtung der neuen, bürgerlichen Gesellschaft führte. Solange diese bürgerliche Gesellschaft noch nicht etabliert war, stand die Bourgeoisie auf „der Höhe der großen geschichtlichen Tragödie", und ihre Ideologie, die klassische bürgerliche Philosophie, ging ihren Gang inmitten der Geschichte. Nach Etablierung der bürgerlichen Gesellschaft, mit dem Beginn ihrer ungehemmten Entfaltung beginnt die bürgerliche Philosophie, die als klassische „sich selbst hatte *überbieten* wollen, die *überschwenglich* gewesen war, erst, sich *prosaisch* zu verwirklichen".[26] Durch diesen Vorgang stellte sie sich aber, nunmehr als *spätbürgerliche* Philosophie, ins Abseits der Geschichte.

Für die bürgerliche Philosophie unter imperialistischen gesellschaftlichen Bedingungen werden jene Zeiten rasch vergehen, da die Bourgeoisie, noch revolutionär, danach strebte, die Welt neu zu ordnen, das heißt: gegenüber der feudal-klerikalen nunmehr bürgerliche gesellschaftliche Verhältnisse als vernünftige gestalten zu wollen. Der spätbürgerlichen wird es im Unterschied zur klassischen bürgerlichen Philosophie schlicht und einfach darum gehen, die gegebenen gesellschaftlichen Verhältnisse lediglich zu erhalten: sie gegen die Kritik aus den eigenen Reihen, vor allem aber gegen die Angriffe von seiten der Arbeiterklasse zu verteidigen. Sie wird sich mit den dann imperialistischen gesellschaftlichen Verhältnissen nicht nur aussöhnen, sondern diese – und damit dem Grundanliegen der klassischen bürgerlichen Philosophie untreu werdend – apologetisch verklären. Die spätbürgerliche Philosophie (und Ideologie überhaupt) wird nicht mehr Sprecher des ge-

[26] K. Marx/F. Engels, Werke, Bd. 2, Berlin 1957, S. 130.

sellschaftlich-historischen Prozesses sein, wie es die klassische bürgerliche Philosophie war, sondern bloßer Registrator (in Gestalt der positivistischen Denkweise) und kosmisch-mythisch-vorrationaler Verklärer (in Gestalt der lebensphilosophischen Denkweise) einer von der Geschichte überholten Gesellschaft. Sie wird dann Geschichte nicht mehr kennen, weil jene Klasse, deren Interessen ihren Bemühungen zugrunde liegen, diese nicht durchschaut, weil sie keine mehr macht. Die spätbürgerliche Philosophie ist eine Philosophie ohne gesellschaftlich-historisches Subjekt.

Dieser Prozeß wurde mit dem Thermidor eingeleitet und setzte sich mit und nach den Revolutionen von 1830 und 1848/49 fort, in denen das Proletariat das erstemal in der Geschichte als selbständige historische Kraft in Erscheinung trat. Einen weiteren Einschnitt in diesen Prozeß stellte die Pariser Kommune von 1871 dar. Ideologisch ist der Beginn dieses Prozesses vor allem mit den Namen *Arthur Schopenhauer* und *Friedrich Nietzsche* verbunden.

Für unsere Behauptungen einige charakteristische Zeugnisse zunächst aus den Werken von Schopenhauer und Nietzsche:

Arthur Schopenhauer (1788–1860)

„Wir bekennen es ... frei: was nach gänzlicher Aufhebung des Willens übrig bleibt, ist für alle Die, welche noch des Willens voll sind, allerdings Nichts. Aber auch umgekehrt ist Denen, in welchen der Wille sich gewendet und verneint hat, diese unsere so sehr reale Welt mit allen ihren Sonnen und Milchstraßen – Nichts.“[27]

„... wir sind der Meinung, daß Jeder noch himmelweit von einer philosophischen Erkenntnis der Welt entfernt ist, der vermeint, das Wesen derselben irgendwie, und sei es noch so fein bemäntelt, *historisch* fassen zu können ... Denn alle solche historische Philosophie, sie mag auch noch so vornehm tun, nimmt ... *die Zeit* für eine Bestimmung der Dinge an sich ... Die echte philosophische Betrachtungsweise der Welt ... ist gerade die, welche nicht nach dem Woher und Wohin und Warum, sondern immer und überall nur nach dem *Was* der Welt frägt, d. h. welche die Dinge nicht nach irgend einer Relation, nicht als werdend und vergehend ... betrachtet; sondern umgekehrt, gerade Das, was nach Aussonderung dieser ganzen, jenem

[27] A. Schopenhauer, Werke in zehn Bänden (Zürcher Ausgabe), Zürich 1977: Die Welt als Wille und Vorstellung I, 2, 508 (Viertes Buch, § 71).

Satz nach gehenden Betrachtungsart noch übrig bleibt, das in allen Relationen erscheinende, selbst aber ihnen nicht unterworfene, immer sich gleiche Wesen der Welt ... zum Gegenstand hat."[28]

„Der Stoff der Geschichte ... ist das Einzelne in seiner Einzelheit und Zufälligkeit, was Ein Mal ist und dann auf immer nicht mehr ist, die vorübergehenden Verflechtungen einer wie Wolken im Winde beweglichen Menschenwelt ... Von diesem Standpunkt aus erscheint uns der Stoff der Geschichte kaum noch als ein der ernsten und mühsamen Betrachtung des Menschengeistes würdiger Gegenstand, des Menschengeistes, der, gerade weil er so vergänglich ist, das Unvergängliche zu seiner Betrachtung wählen sollte."[29]

„Was endlich das, besonders durch die überall so geistesverderbliche und verdummende Hegelsche Afterphilosophie aufgekommene Bestreben, die Weltgeschichte als ein planmäßiges Ganzes zu fassen, oder, wie sie es nennen, 'sie organisch zu konstruieren', betrifft; so liegt demselben eigentlich ein roher und platter *Realismus* zum Grunde, der die *Erscheinung* für das *Wesen an sich* der Welt hält und vermeint, auf sie, auf ihre Gestalten und Vorgänge käme es an ... – Was die Geschichte erzählt, ist in der Tat nur der lange, schwere und verworrene Traum der Menschheit.

... Eine wirkliche Philosophie der Geschichte soll also nicht, wie Jene alle tun, Das betrachten, was ... immer *wird* und nie *ist*, ... sondern sie soll Das, was immer ist und nie wird, noch vergeht, im Auge behalten. Sie besteht also nicht darin, daß man die zeitlichen Zwecke der Menschen zu ewigen und absoluten erhebt, und nun ihren Fortschritt dazu, durch alle Verwickelungen, künstlich und imaginär konstruiert; sondern in der Einsicht, daß die Geschichte nicht nur in der Ausführung, sondern schon in ihrem Wesen lügenhaft ist. ... Die wahre Philosophie der Geschichte besteht nämlich in der Einsicht, daß man, bei allen diesen endlosen Veränderungen und ihrem Wirrwarr, doch stets nur das selbe, gleiche und unwandelbare Wesen vor sich hat, welches heute das Selbe treibt, wie gestern und immerdar ..."[30]

„Übrigens kann ich hier die Erklärung nicht zurückhalten, daß mir der *Optimismus*, wo er nicht etwa das gedankenlose Reden Solcher

[28] A. Schopenhauer, Die Welt als Wille und Vorstellung I, 2, 345 f. (Viertes Buch, § 53).

[29] A. Schopenhauer, Die Welt als Wille und Vorstellung II, 2, 520 (Drittes Buch, Kap. 38).

[30] A. Schopenhauer, Die Welt als Wille und Vorstellung II, 2, 520 ff. (Drittes Buch, Kap. 38).

ist, unter deren platten Stirnen nichts als Worte herbergen, nicht bloß als eine absurde, sondern auch als eine wahrhaft *ruchlose* Denkungsart erscheint, als ein bitterer Hohn über die namenlosen Leiden der Menschheit."[31]

„Überall und zu allen Zeiten hat es viel Unzufriedenheit mit den Regierungen, Gesetzen und öffentlichen Einrichtungen gegeben; großenteils aber nur, weil man stets bereit ist, diesen das Elend zur Last zu legen, welches dem menschlichen Dasein selbst unzertrennlich anhängt, indem es, mythisch zu reden, der Fluch ist, den Adam empfing, und mit ihm sein ganzes Geschlecht. Jedoch nie ist jene falsche Vorspiegelung auf lügenhaftere und frechere Weise gemacht worden, als von den Demagogen der 'Jetztzeit'. Diese nämlich sind, als Feinde des Christentums, Optimisten: die Welt ist ihnen 'Selbstzweck' und daher an sich selbst, d. h. ihrer natürlichen Beschaffenheit nach, ganz vortrefflich eingerichtet, ein rechter Wohnplatz der Glückseligkeit. Die nun hiergegen schreienden, kolossalen Übel der Welt schreiben sie gänzlich den Regierungen zu: täten nämlich nur diese ihre Schuldigkeit; so würde der Himmel auf Erden existieren, d. h. Alle würde ohne Mühe und Not vollauf fressen, saufen, sich propagieren [fortpflanzen] und krepieren können: denn Dies ist die Paraphrase ihres 'Selbstzwecks' und das Ziel des 'unendlichen Fortschritts der Menschheit', den sie in pomphaften Phrasen unermüdlich verkündigen."[32]

„Der Tod ist der eigentliche inspirierende Genius, oder der Musaget [Wegweiser] der Philosophie ... Schwerlich sogar würde, auch ohne den Tod, philosophiert werden."[33]

Wir „sehn ... eben jetzt (1844), in England, unter verdorbenen Fabrikarbeitern, die Socialisten, und in Deutschland, unter verdorbenen Studenten, die Junghegelianer zur absolut physischen Ansicht herabsinken, welche zu dem Resultate führt; *edite, bibite, post mortem nulla voluptas* [Eßt, trinkt, nach dem Tode gibt es keine Lust mehr: nach I, Kor. 15, 32], und insofern als Bestialismus bezeichnet werden kann."[34]

„Denn nicht in der Weltgeschichte, wie die Professorenphilosophie

[31] A. Schopenhauer, Die Welt als Wille und Vorstellung I, 2, 407 f. (Viertes Buch, § 59).

[32] A. Schopenhauer, Parerga und Paralipomena II, 1, 280 f. (§ 128).

[33] A. Schopenhauer, Die Welt als Wille und Vorstellung, II, 2, 542 (Viertes Buch, Kap. 41).

[34] A. Schopenhauer, Die Welt als Wille und Vorstellung II, 2, 543 (Viertes Buch, Kap. 41).

es wähnt, ist Plan und Ganzheit, sondern im Leben des Einzelnen. Die Völker existieren ja bloß *in abstracto:* die Einzelnen sind das Reale. Daher ist die Weltgeschichte ohne direkte metaphysische Bedeutung: sie ist eigentlich bloß eine zufällige Konfiguration ..."[35]

„Überhaupt aber ist die monarchische Regierungsform die dem Menschen natürliche; fast so, wie sie es den Bienen und Ameisen, den reisenden Kranichen, den wandernden Elephanten, den zu Raubzügen vereinigten Wölfen und andern Tieren mehr ist, welche alle Einen an die Spitze ihrer Unternehmung stellen."[36]

Friedrich Nietzsche (1844–1900)

„Seit Kopernikus rollt der Mensch aus dem Zentrum *x*."[37]

„Es hilft nichts: man *muß* vorwärts, will sagen *Schritt für Schritt weiter in der décadence* (– dies *meine* Definition des modernen 'Fortschritts' ...). Man kann diese Entwicklung *hemmen* und, durch Hemmung, die Entartung selber stauen, aufsammeln, vehementer und *plötzlicher* machen: mehr kann man nicht. –"[38]

„Was ich erzähle, ist die Geschichte der nächsten zwei Jahrhunderte. Ich beschreibe, was kommt, was nicht mehr anders kommen kann: *die Heraufkunft des Nihilismus.* Diese Geschichte kann jetzt schon erzählt werden: denn die Notwendigkeit selbst ist hier am Werke. Diese Zukunft redet schon in hundert Zeichen, dieses Schicksal kündigt überall sich an; für diese Musik der Zukunft sind alle Ohren bereits gespitzt. Unsre ganze europäische Kultur bewegt sich seit langem schon mit einer Tortur der Spannung, die von Jahrzehnt zu Jahrzehnt wächst, wie auf eine Katastrophe los: unruhig, gewaltsam, überstürzt: einem Strom ähnlich, der ans *Ende* will, der sich nicht mehr besinnt, der Furcht davor hat, sich zu besinnen."[39]

„Der ganze *Idealismus* der bisherigen Menschheit ist im Begriff, in *Nihilismus* umzuschlagen – in den Glauben an die absolute *Wert*losigkeit, d. h. *Sinn*losigkeit."[40]

„Meine Freunde, wir haben es hart gehabt, als wir jung waren: wir haben an der Jugend selber gelitten wie an einer schweren Krank-

[35] A. Schopenhauer, Parerga und Paralipomena I, 1, 225 (Über die anscheinende Absichtlichkeit im Schicksale des Einzelnen).

[36] A. Schopenhauer, Parerga und Paralipomena II, 2, 276 (§ 127).

[37] F. Nietzsche, Werke in drei Bänden, hg. von K. Schlechta, Bd. III, München 1977, S. 882.

[38] Ebenda, Bd. II, a. a. O., S. 1019.

[39] Ebenda, Bd. III, a. a. O., S. 634.

[40] Ebenda, S. 896.

heit. Das macht die Zeit, in die wir geworfen sind – die Zeit eines großen inneren Verfalles und Auseinanderfalles, welche mit allen ihren Schwächen und noch mit ihrer besten Stärke dem Geiste der Jugend entgegenwirkt. Das Auseinanderfallen, also die Ungewißheit ist dieser Zeit eigen: nichts steht auf festen Füßen und hartem Glauben an sich: man lebt für morgen, denn das Übermorgen ist zweifelhaft. Es ist alles glatt und gefährlich auf unserer Bahn, und dabei ist das Eis, das uns noch trägt, so dünn geworden: wir fühlen alle den warmen unheimlichen Atem des Tauwindes – wo wir noch gehen, da wird bald niemand mehr gehen *können!*"[41]

„Wahrlich, meine Freunde, ich wandle unter den Menschen wie unter den Bruchstücken und Gliedmaßen von Menschen!
Dies ist meinem Auge das Füchterliche, daß ich den Menschen zertrümmert finde und zerstreuet wie über ein Schlacht- und Schlächterfeld hin.

Und flüchtet mein Auge vom Jetzt zum Ehemals: es findet immer das Gleiche: Bruchstücke und Gliedmaßen und grause Zufälle – aber keine Menschen!"[42]

„... Man müßte denn Descartes ausnehmen, den Vater des Rationalismus (und folglich Großvater der Revolution), welcher Vernunft allein Autorität zuerkannte: aber die Vernunft ist nur ein Werkzeug, und Descartes war oberflächlich."[43]

„Die Menschheit stellt *nicht* eine Entwicklung zum Besseren oder Stärkeren oder Höheren dar, in der Weise, wie dies heute geglaubt wird. Der 'Fortschritt' ist bloß eine moderne Idee, das heißt eine falsche Idee."[44]

„*Fortschritt.* – Daß wir uns nicht täuschen! Die Zeit läuft vorwärts – wir möchten glauben, daß auch alles, was in ihr ist, vorwärts läuft, – daß die Entwicklung eine Vorwärts-Entwicklung ist ... Das ist der Augenschein, von dem die Besonnensten verführt werden. Aber das neunzehnte Jahrhundert ist kein Fortschritt gegen das sechzehnte: und der deutsche Geist von 1888 ist ein Rückschritt gegen den deutschen Geist von 1788 ... Die 'Menschheit' avanciert nicht, sie existiert nicht einmal."[45]

„*Prämissen des Maschinen-Zeitalters.* – Die Presse, die Maschine,

[41] Ebenda, S. 433.
[42] Ebenda, Bd. II, a. a. O., S. 393.
[43] Ebenda, S. 649.
[44] Ebenda, S. 1166.
[45] Ebenda, Bd. III, a. a. O., S. 828.

die Eisenbahn, der Telegraph sind Prämissen, deren tausendjährige Konklusion noch niemand zu ziehen gewagt hat."[46]

„Die 'Ausbeutung' gehört nicht einer verderbten oder unvollkommnen und primitiven Gesellschaft an: sie gehört ins *Wesen* des Lebendigen, als organische Grundfunktion, sie ist eine Folge des eigentlichen Willens zur Macht, der eben der Wille des Lebens ist. – Gesetzt, dies ist als Theorie eine Neuerung – als Realität ist es das *Ur-Faktum* aller Geschichte: man sei doch so weit gegen sich ehrlich!"[47]

„Wie, die Statistik bewiese, daß es Gesetze in der Geschichte gäbe? Gesetze? Ja, sie beweist, wie gemein und ekelhaft uniform die Masse ist: soll man die Wirkung der Schwerkräfte, Dummheit, Nachäfferei, Liebe und Hunger Gesetze nennen? Nun, wir wollen es zugeben, aber damit steht dann auch der Satz fest: soweit es Gesetze in der Geschichte gibt, sind die Gesetze nichts wert und ist die Geschichte nichts wert."[48]

„*Wert ist* das höchste Quantum Macht, das der Mensch sich einzuverleiben vermag – der Mensch, *nicht* die Menschheit! Die Menschheit ist viel eher noch ein Mittel, als ein Ziel. Es handelt sich um den Typus: die Menschheit ist bloß das Versuchsmaterial, der ungeheure Überschuß des Mißratenen: ein Trümmerfeld."[49]

„Die Erscheinung des modernen Menschen ist ganz und gar Schein geworden; er wird in dem, was er jetzt vorstellt, nicht selber sichtbar, viel eher versteckt; und der Rest erfinderischer Kunsttätigkeit ... wird auf die Kunst dieses Versteckenspielens verwendet."[50]

„Die Verdüsterung, die pessimistische Färbung kommt notwendig im Gefolge der Aufklärung."[51]

„Das Elend der mühsam lebenden Menschen muß noch gesteigert werden, um einer geringen Anzahl olympischer Menschen die Produktion der Kunstwelt zu ermöglichen. Hier liegt der Quell jenes Ingrimms, den die Kommunisten und Sozialisten und auch ihre blasseren Abkömmlinge, die weiße Rasse der 'Liberalen', jeder Zeit gegen die Künste, aber auch gegen das klassische Altertum genährt haben."[52]

„Der Sozialismus – als die zu Ende gedachte *Tyrannei* der Geringsten und Dümmsten, d. h. der Oberflächlichen, Neidischen und

[46] Ebenda, Bd. I, a. a. O., S. 983.
[47] Ebenda, Bd. II, a. a. O., S. 729.
[48] Ebenda, Bd. I, a. a. O., S. 273.
[49] Ebenda, Bd. III, a. a. O., S. 793.
[50] Ebenda, Bd. I, a. a. O., S. 389.
[51] Ebenda, Bd. III, a. a. O., S. 453.
[52] Ebenda, S. 278.

der Dreiviertels-Schauspieler – ist in der Tat die Schlußfolgerung der 'modernen Ideen' und ihres latenten Anarchismus: aber in der lauen Luft eines demokratischen Wohlbefindens erschlafft das Vermögen, zu Schlüssen oder gar *zum Schluß* zu kommen. Man folgt – aber man folgert nicht mehr. Deshalb ist der Sozialismus im ganzen eine hoffnungslose säuerliche Sache."[53]

„Wen hasse ich unter dem Gesindel von Heute am besten? Das Sozialisten-Gesindel, die Tschandala-Apostel, die den Instinkt, die Lust, das Genügsamkeits-Gefühl des Arbeiters mit seinem kleinen Sein untergraben – die ihn neidisch machen, die ihn Rache lehren ... Das Unrecht liegt niemals in ungleichen Rechten, es liegt im Anspruch auf 'gleiche' Rechte ..."[54]

Vergleicht man auch nur oberflächlich die angeführten Zeugnisse aus der Entwicklungsgeschichte der klassischen bürgerlichen Philosophie mit jenen soeben festgehaltenen aus den Werken von Schopenhauer und Nietzsche, so ist der *Bruch* offensichtlich, den bereits der Beginn der spätbürgerlichen Philosophie gegenüber ihren klassischen Vorläufern darstellt. Der Sache nach tut sich – bei aller Kontinuität, die auch vorhanden ist – ein *Abgrund* zwischen beiden Phasen bürgerlichen Denkens auf, dem klassischen bürgerlichen und dem spätbürgerlichen. Wesentliche Kennzeichen dieses Vorgangs sind die Zurücknahme des Fortschrittsbegriffs, die Relativierung des Wahrheitsproblems, die Irrationalisierung der Geschichte und davon abgeleitet die Aristokratisierung der Erkenntnis bzw. des Erkenntnisproblems (Erkenntnis ist *nicht* allen und jedem Menschen zugänglich), die Leugnung gesellschaftlicher Entwicklung und damit gesellschaftlicher Gesetze, ihre Ästhetisierung, die Verbreitung pessimistischer und nihilistischer ethischer Vorstellungen und davon abgeleitet die Propagierung einer menschenverachtenden Moral, schließlich der bewußte Verzicht auf systematische Weltsicht (unter Einschluß der Wissenschaftsentwicklung und Wissenschaftsgeschichte), die zugleich historisch ist und Natur, Gesellschaft, Geschichte, Mensch, sein Erkenntnisvermögen und seine Fähigkeit, gesellschaftlich zu handeln, einschließt, kurz: der bewußte Verzicht auf umfassende

[53] Ebenda, S. 469 f.
[54] Ebenda, Bd. II, a. a. O., S. 1228.

Weltanschauung und damit auf eigentliche Philosophie. Die gegenwärtig viel diskutierte Frage innerhalb der spätbürgerlichen Philosophie „Wozu Philosophie?“ oder der Versuch, Philosophie durch Wissenschaftstheorie zu ersetzen oder darauf zu reduzieren (analog der Reduzierung der Philosophie auf Erkenntnistheorie im Neukantianismus) usw., haben hier ihren Ursprung.

Im Grunde haben wir bei Schopenhauer und Nietzsche alle Bausteine der späteren Entwicklung der bürgerlichen Philosophie unter imperialistischen gesellschaftlichen Bedingungen von Dilthey und Bergson bis Heidegger und Popper und ihren kleineren und kleinlichen Umkreisen bereits beisammen. Dies ist der Grund, warum das Denken von Schopenhauer und Nietzsche für die spätbürgerliche Philosophie bis in die Gegenwart hinein durchgängig paradigmatisch und maßgeblich bleibt sowie in Intervallen immer wieder innerhalb dieser betont in den Vordergrund tritt. Die spätbürgerliche Philosophie nach Schopenhauer und Nietzsche fügt ihrem Denken nur unwesentlich Neues hinzu. Ihre Substanz wurde bereits von Schopenhauer und Nietzsche festgeschrieben. Insofern ist von Georg Lukács gültig festgehalten worden: „Nietzsche ist der führende Philosoph der Reaktion für die ganze imperialistische Periode, und zwar nicht nur in Deutschland. Wie der Einfluß seines Lehrers Schopenhauer geht auch die Wirkung Nietzsches allenthalben über den engen Kreis der Universitätsphilosophie hinaus, erstreckt sich auf viele Schichten der Intelligenz und durch deren Vermittlung auf weite Kreise des Volkes in vielen Ländern. ... es gibt keine reaktionäre Strömung in der imperialistischen Periode, die nicht einiges Wichtige aus der Lehre Nietzsches [und Schopenhauers – M. B.] aufgenommen hätte.“[55]

Was Schopenhauer und Nietzsche von ihren Nachfahren unterscheidet, ist, daß sie ihre Anschauungen offenherzig und mit großer und eindringlicher Sprache niederlegen. Ihre Werke sind nicht nur Weltanschauung, Weltsicht und Welthaltung, sondern zugleich auch große Literatur. Dies ist ein nicht unwesentlicher Grund für ihre Wirkung bis in unsere Tage hinein auch auf progressive bürgerliche Geister (wie etwa vorübergehend auf Thomas Mann). Ihre philosophischen (besser: philosophierenden) Nachfolger wer-

[55] G. Lukács, Schicksalswende, Berlin 1956, S. 7.

den sich weder zu der Offenherzigkeit, auch Vordergründigkeit, noch zu der Sprachgewalt von Schopenhauer und Nietzsche mehr aufschwingen, mehr aufschwingen können. Man vergleiche nur die Sprache von Schopenhauer und Nietzsche mit der von Heidegger und Popper. Die von Schopenhauer und Nietzsche gelegte Substanz reproduziert sich in der weiteren spätbürgerlichen Philosophie (und Ideologie überhaupt) in absteigender Linie. Unter den imperialistischen gesellschaftlichen Bedingungen findet ein stetiger Verfallsprozeß des bürgerlichen Denkens statt. Auch für diesen Sachverhalt einige Zeugnisse:

Wilhelm Dilthey (1833–1911)
Zur Weltanschauungslehre (1898)
„Diese Gegenwart steht dem großen Rätsel des Ursprungs der Dinge, des Wertes unseres Daseins, des letzten Wertes unseres Handelns nicht klüger gegenüber als ein Grieche in ionischen oder italischen Kolonien oder ein Araber zur Zeit des Ibn Roschd. Gerade heute, umgeben vom rapiden Fortschritt der Wissenschaften, finden wir uns diesen Fragen gegenüber ratloser als in irgendeiner früheren Zeit."[56]

Georg Simmel (1858–1918)
Philosophische Kultur (1911)
„Der Geist sieht sich einem Sein gegenüber, auf das ebenso der Zwang, wie die Spontaneität seiner Natur ihn hintreibt; aber er bleibt ewig in die Bewegung in sich selbst gebannt, in einem Kreise, der das Sein nur berührt, und in jedem Augenblick, in dem er ... in das Sein eindringen will, reißt ihn die Immanenz seines Gesetzes wieder in seine in sich selbst beschlossene Drehung fort."[57]

Theodor Lessing (1872–1933)
Geschichte als Sinngebung des Sinnlosen (1919)
„Denkt man vollendete *Rationalität* (d. h. Herrschaft der Vernunft und Vernunftgebote) als Ziel von Geschichte, so erwäge man wohl, ob nicht das Logische auch das *Tote* und das Lebendige eben darum Leben ist, weil es noch *nicht* Vernunft ward."[58]

56 W. Dilthey, Gesammelte Schriften, Bd. VIII, Stuttgart [5]1977, S. 197.
57 G. Simmel, Philosophische Kultur, Leipzig 1911, S. 250.
58 Th. Lessing, Geschichte als Sinngebung des Sinnlosen, München 1919, S. 163.

Der Mensch und das Wandellose (1916)

„Aber grade *Das* ist ja das Verbrechen all dieser 'schaffenden Menschen', daß sie in Werken erst sich selber gebären, statt naturgleich sich selber zu offenbaren ... All' das bewußte Formen, Werken und Wollen steigert nur sich selber aus der Natur *heraus* und macht mehr aus sich als das lebende Blut eben hergibt."[59]

José Ortega y Gasset (1883–1955)

Der Aufstand der Massen (1931)

„Es gibt eine Tatsache, die das öffentliche Leben Europas in der gegenwärtigen Stunde – sei es zum Guten, sei es zum Bösen – entscheidend bestimmt: das Heraufkommen der Massen zur vollen sozialen Macht. Da die Massen ihrem Wesen nach ihr eigenes Dasein nicht lenken können noch dürfen und noch weniger imstande sind, die Gemeinschaft zu regieren, ist damit gesagt, daß Europa heute in einer der schwersten Krisen steht, die über Völker, Nationen, Kulturen kommen kann. Eine Krisis solcher Art ist mehr als einmal in der Geschichte eingetreten. Ihre Kennzeichen und Folgen sind bekannt. Sie heißt der Aufstand der Massen.

[...] Es handelt sich nicht darum, ob man Bolschewist ist oder nicht. Ich streite nicht über das Credo. Das Unbegreifliche und Zeitwidrige ist, daß ein Kommunist von 1917 eine Revolution anzettelt, die genau so verläuft wie alle früheren und deren Schwächen und Irrtümer auch nicht im geringsten verbessert. Darum sind die Vorgänge in Rußland historisch belanglos; darum sind sie das gerade Gegenteil von einem Neuanfang des menschlichen Lebens. Eine eintönige Wiederholung aller Revolutionen von jeher sind sie, der vollendete Gemeinplatz einer Revolution.

[...] Ein ... Anachronismus haftet nach meiner Meinung allem an, was heute zu triumphieren scheint. Denn heute triumphiert der Massenmensch, und nur Bestrebungen, die von ihm ausgehen und denen er den Stempel seiner Primitivität aufgedrückt hat, können einen sichtbaren Sieg feiern."[60]

Ludwig Klages (1872–1956)

Der Geist als Widersacher der Seele (1929/33)

„Das Wesen des 'geschichtlichen' Prozesses der Menschheit (auch 'Fortschritt' genannt) ist der siegreich fortschreitende Kampf des

[59] Th. Lessing, Der Mensch und das Wandellose, Hannover 1923, S. 196.

[60] J. Ortega y Gasset, Der Aufstand der Massen, Hamburg 1956, S. 7, S. 67 ff.

Geistes gegen das Leben mit dem logisch absehbaren Ende der Vernichtung des letzteren."[61]

„Dieses aber ist das widersprüchliche Schicksal alles Besitzergreifens oder vielmehr der Tat überhaupt, daß die Vollbringung steigert, indes das Vollbrachte in Fesseln schlägt."[62]

Karl Jaspers (1883–1969)

Die geistige Situation der Zeit (1931)

„Man fragt nach einem dunklen Gesetz unerbittlichen Ablaufs des gesamtmenschlichen Geschehens. Ob nicht eine Substanz langsam aufgezehrt werde, welche einmal mitgegeben wurde."[63]

„Da der Weltlauf undurchsichtig ist, da bis heute das Beste gescheitert ist und wieder scheitern kann . ., so wird alles Planen und Handeln in bezug auf ferne Zukunft durchbrochen."[64]

Einführung in die Philosophie (1950)

„Der Gang der Geschichte erscheint entweder wie eine Walze, gegen die niemand sich halten kann, oder sie erscheint wie ein Sinn, der ins Unendliche hinein deutbar ist . . ., ein Sinn, den wir nie wissen, wenn wir uns ihm anvertrauen."[65]

„Der Mensch bemächtigt sich der Natur, um ihren Dienst sich verfügbar zu machen . . . Doch in der Beherrschung der Natur bleibt die Unberechenbarkeit und damit die ständige Bedrohung, und dann das Scheitern im Ganzen . . . Alles Verläßlichwerden beherrschter Natur ist nur ein Besonderes im Rahmen der totalen Unverläßlichkeit."[66]

Martin Heidegger (1889–1976)

Sein und Zeit (1927)

„. . . der Mensch [ist] ein mehr oder minder wichtiges 'Atom' im Getriebe der Weltgeschichte . . . und der Spielball der Umstände und Ereignisse . . ."[67]

61 L. Klages, Der Geist als Widersacher der Seele, Leipzig 1929, Bd. 1, S. 69.
62 Ebenda, S. 451.
63 K. Jaspers, Die geistige Situation der Zeit, Berlin – Leipzig ^{4}1932, S. 184.
64 Ebenda, S. 187 f.
65 K. Jaspers, Einführung in die Philosophie, München 1965, S. 102.
66 Ebenda, S. 21 f.
67 M. Heidegger, Sein und Zeit, Tübingen ^{11}1967, S. 382.

Gelassenheit (1960)
„Die Mächte, die den Menschen überall und stündlich in irgendeiner Gestalt von technischen Anlagen und Einrichtungen beanspruchen, fesseln, fortziehen und bedrängen – diese Mächte sind längst über den Willen und die Entscheidungsfähigkeit des Menschen hinausgewachsen, weil sie nicht vom Menschen gemacht sind."[68]

„So regiert denn in allen technischen Vorgängen ein Sinn, der das menschliche Tun und Lassen in Anspruch nimmt, ein Sinn, den nicht erst der Mensch erfunden und gemacht hat. Wir wissen nicht, was die ins Unheimliche sich steigernde Herrschaft der Atomtechnik im Sinn hat. *Der Sinn der technischen Welt verbirgt sich.*"[69]

Rudolf Carnap (1891–1970)
Scheinprobleme in der Philosophie (1928)
„Die Wissenschaft kann in der Realitätsfrage weder bejahend noch verneinend Stellung nehmen, da die Frage keinen Sinn hat."[70]

Ludwig Wittgenstein (1889–1951)
Tractatus logico-philosophicus (1922)
„Wir fühlen, daß selbst, wenn alle *möglichen* wissenschaftlichen Fragen beantwortet sind, unsere Lebensprobleme noch gar nicht berührt sind. Freilich bleibt dann eben keine Frage mehr; und eben dies ist die Antwort ...

Es gibt allerdings Unaussprechliches. Dies *zeigt* sich, es ist das Mystische.

Die richtige Methode der Philosophie wäre eigentlich die: Nichts zu sagen, als was sich sagen läßt, also Sätze der Naturwissenschaft – also etwas, was mit Philosophie nichts zu tun hat –, und dann immer, wenn ein anderer etwas Metaphysisches sagen wollte, ihm nachzuweisen, daß er gewissen Zeichen in seinen Sätzen keine Bedeutung gegeben hat. Diese Methode wäre für den anderen unbefriedigend – er hätte nicht das Gefühl, daß wir ihn Philosophie lehrten – aber *sie* wäre die einzig streng richtige."[71]

Über Gewißheit (1964)
„Menschen haben geurteilt, ein König könne Regen machen; *wir* sagen, dies widerspräche aller Erfahrung. Heute urteilt man, Aero-

[68] M. Heidegger, Gelassenheit, Pfullingen 1950, S. 21.
[69] Ebenda, S. 25 f.
[70] R. Carnap, Scheinprobleme in der Philosophie, Frankfurt am Main 1966, S. 61.
[71] L. Wittgenstein, Tractatus logico-philosophicus. Logisch-philosophische Abhandlung, Frankfurt am Main 1966, S. 114 f.

plan, Radio etc. seien Mittel zur Annäherung der Völker und Ausbreitung von Kultur."[72]

Karl Raimund Popper (1902)
Die offene Gesellschaft und ihre Feinde (1944)
„Es gibt keine Geschichte der Menschheit, es gibt nur eine unbegrenzte Anzahl von Geschichten, die alle möglichen Aspekte des menschlichen Lebens betreffen."[73]

Das Elend des Historizismus (1957)
„Die Vorstellung, daß ... irgendeine konkrete Abfolge von Ereignissen durch *ein* Gesetz oder *ein* bestimmtes System von Gesetzen beschrieben oder erklärt werden könnte, ist einfach falsch. Es gibt weder Sukzessions- noch Entwicklungsgesetze."[74]

Kritischer Rationalismus –
Eine Unterhaltung mit Karl Raimund Popper (1971)
„In der langen Geschichte der Philosophie gibt es mehr philosophische Erörterungen, deren ich mich schäme, als solche, auf die man stolz sein könnte."[75]

Utopie und Gewalt (1948)
„Ich gebe offen zu, daß ich meinen Rationalismus nicht rational begründen kann. ... mein Rationalismus ist nicht autonom, sondern er beruht auf einem irrationalen Glauben an die vernünftige Haltung."[76]

Nimmt man die angeführten Belege der spätbürgerlichen Philosophie nach Schopenhauer und Nietzsche, deren Auswahl zufällig und unvollständig, dennoch aber repräsentativ ist, zur Kenntnis, dann werden unsere eben getroffenen Feststellungen vom Verfall dieses Denkens in absteigender Linie bestätigt. Vor allem kommt die Enge ihres Blickfeldes, die fehlende historische Perspektiv-

[72] L. Wittgenstein, Über Gewißheit, Frankfurt am Main 1970, S. 42.

[73] K. R. Popper, Falsche Propheten. Hegel, Marx und die Folgen, Bern 1958, S. 334.

[74] K. R. Popper, Das Elend des Historizismus, Tübingen ^{4}1974, S. 92.

[75] B. Magee, Kritischer Rationalismus – Eine Unterhaltung mit Karl Popper, in: Kritischer Rationalismus und Sozialdemokratie, Berlin (West) – Bonn – Bad Godesberg ^{2}1975, S. 56.

[76] K. R. Popper, Utopie und Gewalt, in: Kritischer Rationalismus und Sozialdemokratie, a. a. O., S. 306.

gewißheit zum Aufschein. Die bürgerliche Philosophie unter imperialistischen Bedingungen *denkt* Geschichte nicht und setzt deshalb im Unterschied zur klassischen bürgerlichen Philosophie keine historische Perspektivgewißheit mehr. Dies deshalb, weil der Gesellschaft der spätbürgerlichen Philosophie, der imperialistischen, die historische Dimension abhanden gekommen, weil der in dieser Gesellschaft herrschenden Klasse, der monopolkapitalistischen Bourgeoisie, die historische Initiative von der Arbeiterklasse abgenommen worden ist.

Wenn also von einem Verfallsprozeß der spätbürgerlichen Philosophie seit und mit Schopenhauer und Nietzsche bis in die Gegenwart die Rede ist, dann muß festgehalten werden, daß a) dieser Verfallsprozeß die Grundtendenz der bürgerlichen Gegenwartsphilosophie ausmacht und daß b) dieser Verfallsprozeß kein bloß immanent philosophischer ist, sondern gesellschaftlich-historisch bedingt, dergestalt ein *objektiver* Prozeß ist, der aus den imperialistischen gesellschaftlichen Bedingungen resultiert.

Dies bedeutet, daß es bei einer Betrachtung der spätbürgerlichen Philosophie nicht primär darum geht, was einzelne spätbürgerliche Denker von ihrer subjektiven Verfassung her wollen und denken, sondern darum, was sie ihrem objektiven Sein gemäß zum Ausdruck bringen bzw. *nur* zum Ausdruck bringen können. Auf Grund ihrer Stellung im imperialistischen gesellschaftlichen Produktions-, vor allem aber Reproduktionsprozeß sind ihrem Denken, ja schon ihren Gedanken, Schranken gesetzt, Beschränkungen auferlegt. Sie bleiben mit ihrem Denken – mehr oder weniger – in der schon von Hegel kritisierten Unmittelbarkeit stehen, das heißt: der Oberfläche der imperialistischen gesellschaftlichen Verhältnisse verhaftet. Dies gilt nicht nur für die positivistische Denkweise, sondern ebenso und nicht minder für die lebensphilosophische, die die Unmittelbarkeit der imperialistischen gesellschaftlichen Verhältnisse lediglich irrational überspielt und dadurch – mitunter sogar gepaart mit einem sehr kritischen Akzent – verklärt. Dieser Sachverhalt hat zur Folge, daß spätbürgerliche Denker, die ihrem gesellschaftlichen Sein, den imperialistischen gesellschaftlichen Bedingungen oder einzelnen Seiten von diesen kritisch gegenüberstehen, dennoch – vor allem letztendlich – dem Schein der Oberfläche des Imperialismus unterliegen, die imperialistische gesellschaftliche Wirklichkeit theoretisch auf den Kopf stellen und dadurch die kritische Spitze ihres Denkens selber abbrechen.

Wir haben oben unter klassischer bürgerlicher Philosophie die Entwicklung jenes philosophischen Denkens festgemacht, das – seiner Grundtendenz nach – die Interessen und Forderungen der progressiven Bourgeoisie ausspricht, von diesen vorangetrieben wird, sie im Kampf gegen die feudal-klerikale Ideologie fixiert und in einer eigenen – nunmehr bürgerlichen – Weltanschauung zu systematisieren und theoretisch zu begründen versucht. Im Hinblick auf die bürgerliche Philosophie unter imperialistischen gesellschaftlichen Bedingungen, also für die *spätbürgerliche Philosophie*, können wir jetzt formulieren, daß diese die Dynamik jenes philosophischen Denkens ist, das den Interessen und Forderungen der monopolkapitalistischen Bourgeoisie unterliegt, diesen über weite Strecken auch – bewußt oder unbewußt – dient, zumindest in diesen gefangenbleibt, und sich im Kampf gegen die wissenschaftliche Weltanschauung der Arbeiterklasse profiliert. Das wesentliche Merkmal dieses gegenwärtigen bürgerlichen Denkens ist der durchgängige Verzicht, Fortschritt und Geschichte, Erkenntnis und Wahrheit, gesellschaftliche Gesetzmäßigkeit und Totalität wirklich zu denken. Und daraus resultiert für dieses – wir wiederholen: die Zurücknahme des Fortschrittsbegriffs, die Relativierung des Wahrheitsproblems, die Irrationalisierung der Geschichte und davon abgeleitet die Aristokratisierung der Erkenntnis bzw. des Erkenntnisproblems, die Leugnung gesellschaftlicher Entwicklung und damit gesellschaftlicher Gesetze, ihre Ästhetisierung, die Verbreitung pessimistischer und nihilistischer ethischer Vorstellungen und davon abgeleitet die Propagierung einer menschenverachtenden Moral, schließlich der bewußte Verzicht auf eine systematische Weltsicht (unter Einschluß der Wissenschaftsentwicklung und Wissenschaftsgeschichte) – kurz: der bewußte Verzicht auf umfassende Weltanschauung und damit auf eigentliche Philosophie.

Wesentlich für den Wert gegenwärtiger bürgerlicher Philosophie ist nicht zuletzt der Sachverhalt, daß sie ein Denken ist, dem kein gesellschaftlich-historisches Subjekt korrespondiert und daß sie eben ein Philosophieren darstellt, das jenseits der Wissenschaftsentwicklung und ihrer praktischen Nutzung durch Technik (über weite Strecken gegen diese) verläuft. Ein nicht unwesentliches Kennzeichen dieses bürgerlichen Denkens unter imperialistischen gesellschaftlichen Bedingungen ist auch die Absage an die philosophische Überlieferung, vor allem an die klassische bürgerliche Philosophie. Wenn sich K. R. Popper in maßloser Selbstüberschätzung der bisherigen Geschichte der Philosophie schämt, die Philosophie Platos als „Zauber" abtut, Aristoteles, Hegel, Marx – und nicht nur diese – als „falsche Propheten" „entlarvt", Fichte bewußten Betrug unterstellt usw., dann bricht er ganz bewußt mit der philosophischen Überlieferung. Er trifft sich in dieser seiner Vorgehensweise genau mit M. Heideggers „Destruktion" der bisherigen Philosophie. Heidegger wollte sich denn ja auch immer „nur" als Denker und nicht als Philosoph gefeiert wissen. Und schon W. Dilthey hatte in diesem Zusammenhang betont herausgestellt: „Wir blicken zurück auf ein unermeßliches Trümmerfeld religiöser Traditionen, metaphysischer Behauptungen, demonstrierter Systeme . . ."[77] Dieser Punkt markiert, daß innerhalb der spätbürgerlichen Philosophie ansonsten feindliche Brüder sich in der Sache selber immer treffen, eins werden.

Klassische bürgerliche *und* spätbürgerliche Philosophie? Für das Verhältnis beider ist die Konjunktion „und" zu stark. Sicher – beide sind bürgerliches Denken und unterliegen den *allgemeinen* Gesetzmäßigkeiten des Kapitalismus überhaupt, was nie außer acht gelassen werden darf. Doch das eine ist ein Denken nach vorwärts, das andere ein Denken nach rückwärts, besser: ein nur sich selber zugewandtes Denken. Während die klassische bürgerliche Philosophie mit dem historischen Fortschritt einherging, Teil dieses und dergestalt selber Fortschritt war, leugnet die spätbürgerliche Philosophie historischen Fortschritt schlechthin, weil es ihr Klasseninteresse verbietet, die Arbeiterklasse als das gesellschaftlich-historische Subjekt unserer Epoche auszumachen. Die spätbürgerliche Philosophie ist in der Lage jenes Scholastikers am Beginn der bürgerlichen Ära – und verhält sich auch so –, der sich konstant weigerte, durch das Fernrohr Galileis zu blicken, weil es nach scholastischer Lehre jene Gestirne nicht gab und

[77] W. Dilthey, Gesammelte Schriften, Bd. VIII, a. a. O., S. 76.

geben durfte, die durch das Fernrohr dem menschlichen Auge von jetzt ab sichtbar wurden.

Bleibt zu sagen: Die Toten begraben zwar ihre Toten, daß aber die Toten nochmals begraben werden müssen, wenn der Geruch ihrer Verwesung den Lebenden Unheil verkündet. Denn Spuren schrecken bekanntlich ...

1981

Charakter und Grundtendenzen der gegenwärtigen bürgerlichen Philosophie (Ideologie)[1]

Überblickt man die gegenwärtige Situation in der ideologischen Auseinandersetzung, so muß auf Grund objektiver Bedingungen festgehalten werden, daß diese die Schwelle einer neuen Phase ideologischer Klassenkämpfe von weltweitem Ausmaß markiert, deren Intensität ständig zunimmt.

1 Gegenstand nachstehender Bemerkungen ist vorrangig die gegenwärtige bürgerliche Philosophie. Diese ist jedoch von der gesamten bürgerlichen Ideologieentwicklung unter imperialistischen gesellschaftlichen Bedingungen nicht zu trennen. Einmal hat die spätbürgerliche Ideologie insgesamt weltanschaulich-philosophische Grundlagen und zieht fortlaufend weltanschaulich-philosophische Konsequenzen aus ihrer Tätigkeit – sei es politökonomischer, soziologischer, historischer, juristischer oder auch naturwissenschaftlicher Art ... Zum anderen widerspiegelt jede eigenständige (ob philosophische oder einzelwissenschaftliche) Untersuchung in irgendeiner Weise die imperialistischen gesellschaftlichen Verhältnisse als Ganzes. Es ist deshalb im einzelnen Falle schwer, nur von spätbürgerlicher Philosophie zu reden, ohne die gesamte imperialistische Ideologieproduktion und ihre gesellschaftlichen Voraussetzungen mitzudenken. Umgekehrt gilt dasselbe. Wir trennen deshalb im folgenden nicht die imperialistische ideologische Gesamtentwicklung von der bloß philosophischen (die es in Wirklichkeit gar nicht gibt), und die philosophische nicht von der ideologischen insgesamt. Aus diesem Grunde setzten wir oft hinter „Philosophie“ in Klammern „Ideologie“. Auch das angeführte Quellenmaterial gehorcht dieser Vorgehensweise. Herbert Meißner kommt in seinen Analysen zur „Krise der heutigen bürgerlichen politischen Ökonomie“ (in: Bürgerliche Ökonomie ohne Perspektive, Berlin 1976, S. 658) zu dem gleichen Ergebnis: „Hier ist von ideologischer Widerspiegelung der Existenzkrise des Kapitalismus, von qualitativ neuen Erscheinungen auf ideologischem Gebiet die Rede, obwohl das Thema eigentlich ‘Krise der bürgerlichen politischen Ökonomie’ lautet. Dieses Ineinandergreifen erklärt sich daraus, daß die bürgerliche politische Ökonomie ja eine Erscheinungsform bürgerlicher Ideologie ist und diese Begriffe daher teilweise synonym verwendet werden können. Vor allem aber zeigt eine Analyse der heutigen bürgerlichen ökonomischen Theorien, daß einige ihrer Krisenmerkmale generell auf die bürgerliche Ideologie zutreffen ...“

In diesem Prozeß eines weltweit und intensiv geführten ideologischen Klassenkampfes kommt der *Weltanschauung (Philosophie)* eine besondere Bedeutung zu. Und zwar zunächst in dem Sinne, auf den schon Lenin nachdrücklich aufmerksam gemacht hat. In einem Beitrag aus dem Jahre 1911, der den bezeichnenden und bedenkenswerten Titel „Unsere Liquidatoren" trägt und opportunistische und liquidatorische „Lehren" aus der Revolution von 1905 kritisiert, führte Lenin aus:

„Sie ... sehen keinen lebendigen realen Zusammenhang zwischen einem philosophischen Streit und einer marxistischen Strömung? So gestatten Sie mir, dem Politiker von gestern, Sie ergebenst wenigstens auf die folgenden Umstände und Erwägungen hinzuweisen: 1. Der Streit darüber, was philosophischer Materialismus ist, weshalb die Abweichungen von ihm fehlerhaft, wodurch sie gefährlich und reaktionär sind, ist *stets* durch einen ‘lebendigen realen Zusammenhang’ mit der ‘marxistischen gesellschaftlich politischen Strömung’ verknüpft – sonst wäre diese nicht marxistisch, nicht gesellschaftlich politisch und keine Strömung. Die ‘Realität’ dieses Zusammenhangs leugnen können nur die beschränkten ‘Realpolitiker’ des Reformismus oder des Anarchismus. 2. Bei dem Reichtum und der Vielseitigkeit des Ideengehalts des Marxismus ist es nicht verwunderlich, daß ... die verschiedenen historischen Perioden bald die eine, bald die andere Seite des Marxismus besonders hervorheben ... Das heißt nicht, daß es erlaubt sei, jemals eine der Seiten des Marxismus zu ignorieren; daß heißt nur, daß das *Überwiegen des Interesses* für diese oder jene Seite nicht von subjektiven Wünschen, sondern von der Gesamtheit der historischen Bedingungen abhängt. 3. Die Zeit der gesellschaftlichen und politischen Reaktion, die Zeit des ‘Verdauens’ der reichen Lehren der Revolution ist nicht zufällig eine Zeit, wo die grundlegenden theoretischen, darunter auch die philosophischen Fragen für jede *lebendige* Richtung an eine der ersten Stellen rücken."[2]

Lenins Feststellungen haben nach rund siebzig Jahren ihre Aktualität behalten. Denn sie unterstreichen den *grundsätzlichen Charakter* des weltanschaulichen (philosophischen) Parteienkamp-

[2] W. I. Lenin, Werke, Bd. 17, Berlin 1962, S. 60.

fes.[3] Dieser steht in der Gegenwart genauso im Zentrum des ideologischen Klassenkampfes wie vor über einem halben Jahrhundert. Überhaupt ist keine Klasse der bisherigen Geschichte bei der Austragung ihrer gesellschaftlichen Kämpfe, bei der Durchsetzung ihrer Klassenziele je ohne Weltanschauung ausgekommen. Das war in den vorkapitalistischen Gesellschaftsformationen der Fall, und das gilt für die aufstrebende Bourgeoisie (hier ist die Weltanschauung die klassische bürgerliche Philosophie von Galilei, Bacon und Descartes bis auf Hegel und Feuerbach) ebenso wie für die imperialistische. Für die Epoche des Imperialismus ist dabei festzuhalten, daß je stärker die Krisenerscheinungen der imperialistischen Gesellschaft in bestimmten Etappen ihrer Entwicklung sind, die Forderung nach Weltanschauung jeweils nachhaltiger vorgetragen wird. Der Ruf nach Weltanschauung erklang innerhalb der imperialistischen Ideologie lautstark im letzten Drittel des 19. und um die Wende zum 20. Jahrhundert, also in der Periode des Übergangs vom Kapitalismus der freien Konkurrenz zum Imperialismus, dann in der Zeit zwischen den beiden Weltkriegen und schließlich in den Jahren nach dem zweiten Weltkrieg. Nur so erklärt sich die jeweils „große" Zeit der Schopenhauer, Nietzsche und Bergson, der Eucken und Whitehead, der Heidegger und Marcel, der diversen sogenannten neuidealistischen (sprich: lebensphilosophisch-irrationalistischen) Strömungen innerhalb der spätbürgerlichen Philosophie. Das ist eine Tradition, die in der Entwicklungsgeschichte der bürgerlichen Philosophie unter imperialistischen gesellschaftlichen Bedingungen nie abgebrochen ist – oder gar unterbrochen gewesen wäre. Daran ändert auch die jeweils gleichzeitige Existenz von Erscheinungsformen der positivistischen Denkweise nichts[4], weil diese das

[3] A. Gedő, Die philosophische Aktualität des Leninismus. Berlin 1972 *und* Frankfurt am Main 1972 (Zur Kritik der bürgerlichen Ideologie *12*); M. Buhr, Über die historische Notwendigkeit des ideologischen Klassenkampfes, Berlin 1976 *und* Frankfurt am Main 1976 (Zur Kritik der bürgerlichen Ideologie 75).

[4] Zur *positivistischen Denkweise:* M. Buhr, Zur Aktualität der Leninschen Positivismus-Kritik, Berlin 1972 *und* Frankfurt am Main 1972 (Zur Kritik der bürgerlichen Ideologie *12*); A. Gedő, Philosophie der Krise, Berlin 1978 *und* Frankfurt am Main 1978 (Zur Kritik der bürgerlichen Ideologie *90*);

bloße Gegenstück zur lebensphilosophischen (irrationalistischen) Denkweise im System der imperialistischen Ideologie, vor allem innerhalb ihrer Weltanschauung(en), darstellt. Das heißt: Die *positivistische* und die *lebensphilosophische Denkweise* machen die *grundlegenden Tendenzen* imperialistischer Ideologie-, insbesondere weltanschaulicher (philosophischer) Entwicklung aus. Diese ergänzen sich, sind komplementär und bilden von der ideologischen Gesamtentwicklung im Imperialismus her gesehen eine Einheit.[5]

Überblickt man die gegenwärtige imperialistische Ideologieentwicklung, so hat diese an dem eben kurz Ausgeführten nichts geändert. Sie bestätigt im Gegenteil mit großer Deutlichkeit das

M. Buhr/J. Schreiter, Erkenntnistheorie – kritischer Rationalismus – Reformismus. Zur jüngsten Metamorphose des Positivismus, Berlin 1979 (Schriften zur Philosophie und ihrer Geschichte *22*). – Zur *lebensphilosopobischen Denkweise:* M. Buhr, Lebensphilosophie, in: Philosophisches Wörterbuch, hrsg. von M. Buhr und G. Klaus, Leipzig 1964, [12]1976; A. Gedő, Philosophie der Krise, a. a. O.; R. Steigerwald, Bürgerliche Philosophie und Revisionismus im imperialistischen Deutschland, Berlin 1980 *und* Frankfurt am Main 1980 (Schriften zur Philosophie und ihrer Geschichte *18*).

[5] In umfassender Weise hat A. Gedő den „Gegensatz" und die „Komplementarität" von Positivismus (positivistischer Denkweise) und Lebensphilosophie (lebensphilosophisch-irrationalistischer Denkweise) als den grundlegenden Tendenzen imperialistischer Ideologieentwicklung (vor allem Weltanschauungsentwicklung) unter dem Titel der *Krise* der gegenwärtigen bürgerlichen Philosophie herausgearbeitet und dargestellt (A. Gedő, Philosophie der Krise, a. a. O.). Er schreibt: „Die ... Krise liegt *im Gegensatz und in der Komplementarität von Positivismus und Lebensphilosophie* – dieser Hauptrichtungen und -aspekte des spätbürgerlichen Denkens –, wobei sich ihr Gegensatz und ihre Komplementarität in den Formveränderungen, vorübergehenden Synthesen und Überwindungsversuchen der Hauptrichtungen reproduzieren. Das philosophische Krisenbewußtsein wird sich dessen selten gewahr – und wird es einmal dessen gewahr, so konstatiert es dies als Gegebenheit –, daß es sich selbst in diesem Teufelskreis bewegt aus dem weder die Formveränderungen noch die provisorischen Synthesen herausführen. Es ignoriert, daß dieser Zustand der gesellschaftlichen Bestimmtheit des dekadenten bürgerlichen Bewußtseins in der imperialistischen Epoche entstammt. Selbst in den Formveränderungen bleibt die gegenseitige Bedingtheit und Ergänzung der Hauptrichtungen bestehen; es dauert also die Situation fort, in der der Positivismus letztlich nur mit der Lebensphilosophie zu 'korrigieren' oder zu verknüpfen ist (und vice versa), die Situation, in der letzten Endes zwischen diesen beiden Möglichkeiten zu wählen ist." (Ebenda, S. 16)

Gesagte. Oberflächlich betrachtet, könnte es scheinen, daß das Weltanschauungsbedürfnis der imperialistischen Bourgeoisie in den fünfziger und zu Beginn der sechziger Jahre gering gewesen sei. Sicher artikulierte sich der Ruf nach Weltanschauung innerhalb der imperialistischen Ideologie in diesen Jahren nicht so vordergründig wie beispielsweise in der Zeit kurz nach dem zweiten Weltkrieg. Jedoch war auch in diesen Jahren das Bedürfnis nach Weltanschauung auf seiten der imperialistischen Bourgeoisie ungebrochen. Es wurde lediglich infolge des Wirtschaftswachstums der Hauptländer des Imperialismus von der imperialistischen Ideologie nicht vordergründig artikuliert.[6]

Allein, diese Sachlage änderte sich Ende der sechziger und Anfang der siebziger Jahre – also genau in jenen Jahren, als sich die allgemeine Krise des Kapitalismus mit einer zyklischen Krise auf eine besondere Art und Weise verflocht und die Krisenerscheinungen des Imperialismus gleichsam allumfassend in Erscheinung traten. Seit dieser Zeit ist innerhalb der bürgerlichen Philosophie (und Ideologie überhaupt) eine verstärkte *weltanschauliche Aktivität* zu verzeichnen. Kennzeichen dieses Vorgan-

[6] H. H. Holz hebt mit Recht für die Ideologieentwicklung in der BRD, die er im engsten Zusammenhang mit der politischen Entwicklung sieht, hervor: „In der Geschichte der Bundesrepublik lassen sich immer wieder Phasen feststellen, in denen die Formierung der öffentlichen Meinung durch eine zentral gesteuerte Orientierung auf verbindlich gesetzte Weltanschauungsinhalte versucht wurde; und solche Phasen wechselten ab mit anderen, in denen mit Berufung auf die 'Liberalität' der Demokratie und des Grundgesetzes dem 'laissez faire' eines weltanschaulichen Pluralismus Raum gegeben wurde. In den 50er Jahren erlebten wir – als ideologisches Korrelat der Ära Adenauer mit der Festschreibung der Teilung Deutschlands, der Wiederaufrüstung der Bundesrepublik, der westeuropäischen Integrationsbewegung, der beginnenden weltwirtschaftlichen und weltpolitischen Expansion der BRD – die Blüte des christlich-abendländischen Traditionalismus; Mitte der 60er Jahre – unter dem Eindruck wirtschaftlicher Rezessionserscheinungen – wurde die Konzeption der 'formierten Gesellschaft' propagiert, von der uns die 'konzertierte Aktion', die Notstandsgesetze und einige Eingriffe in die Länderhoheit geblieben sind. Einer neuen Welle staatspolitischen Ordnungsdenkens sehen wir uns gegenwärtig ausgesetzt – diesmal unter dem Generalnenner der 'Grundwerte', nach denen sich das staatliche und gesellschaftliche Leben ausrichten soll." (H. H. Holz, „Werte" contra Demokratie?, in: Grundwerte – Der Streit um die geistigen Grundwerte der Demokratie, hg. von K. Bayertz und H. H. Holz, Köln, 1978, S. 56)

ges sind die zahlreichen Diskussionen zur Wertproblematik, zur „Rehabilitierung der praktischen Philosophie", zu den geistigen Grundlagen der bürgerlichen Gesellschaft, zur „Krise der Philosophie", zur „Lage der Philosophie"[7] in der imperialistischen Gesellschaft, die Diskussionen um die Frage „Wozu Philosophie?"[8], das Wiederaufleben der lange Zeit vernachlässigten Disziplin „Geschichtsphilosophie", schließlich das Vordringen konservativen Denkens.[9] Erscheinungen solcher Art bestimmen weitgehend die ideologische Entwicklung in den imperialistischen Hauptländern, nicht zuletzt auch in der BRD.[10]

Die bürgerliche Philosophie nimmt im ideologischen Kampf der Gegenwart also einen zentralen Platz ein. Etwas vereinfacht, aber durchaus nicht das Wesen der anstehenden Sache verfehlend, kann formuliert werden: Als (weltanschauliche) Grundlage der imperialistischen Ideologieproduktion erarbeitet die gegenwärtige bürgerliche Philosophie Leitlinien, Orientierungen und Wertvorstellungen, gibt Problemfelder vor und will damit Motivationen wecken für den Kampf des Imperialismus gegen den Sozialismus. In diese Bestrebungen ist die Aktivität der imperialistischen Ideologie um die (möglichst krisenfreie) Erhaltung bzw. Stabilisierung ihrer eigenen Gesellschaft eingeschlossen. Durchaus nicht zurückhaltend, vor allem unter dem Druck der einheitlichen und in sich geschlossenen wissenschaftlichen Weltanschauung der Arbeiterklasse, des Marxismus-Leninismus, und der Manifestationen des Sozialismus und Kommunismus in der gesellschaftlichen Realität der Gegenwart, des sozialistischen Weltsystems und der internationalen kommunistischen Arbeiterbewegung, bringen bürgerliche Ideologen unserer Tage diesen Sachverhalt deutlich zum Ausdruck.

7 Z. B. Vorwärts, Bonn, 21. 9. 1978, S. 23.

8 Wozu Philosophie?, hg. von H. Lübbe, Berlin (West) 1978.

9 Konservatismus als politische Strömung und politische Ideologie (Beratung des Wissenschaftlichen Rates für Grundfragen des ideologischen Kampfes zwischen Sozialismus und Imperialismus), Berlin 1978 (Abhandlungen der Akademie der Wissenschaften der DDR, Abteilung Veröffentlichungen der Wissenschaftlichen Räte, Jahrgang 1978, *W 4*). Siehe insbesondere die Beiträge von L. Elm und R. Steigerwald.

10 Grundwerte – Der Streit um die geistigen Grundlagen der Demokratie, a. a. O.; insbesondere die Beiträge von K. Bayertz, H. H. Holz, H. Adamo.

Da heißt es beispielsweise:

„Die Zukunft unserer Zivilisation hängt ... von der Philosophie ab, mit der wir uns über unsere Lage verständigen."[11]

Oder: „Mehrdeutig und vage zugleich ist das Bild, das die Philosophie heute in unserem Land bietet. Der Tenor der öffentlichen Kritik an dem, was die Fachphilosophen treiben, ist Enttäuschung darüber, daß die Philosophie heute nicht mehr die Funktion erfüllt, die ihr traditionellerweise zukomme, nämlich Orientierungshilfe in fundamentalen Lebensfragen zu bieten. Die philosophische Landschaft, so heißt es, ist nach dem Tod der großen Männer wie Jaspers, Adorno, Bloch, Heidegger und Gehlen verödet."[12]

Und: „Das Verlangen nach einer moralischen Grundorientierung, nach Normen und einem verbindlichen Wertsystem, das in unserer kommerzialisierten Welt als Kompaß dienen kann, ist groß."[13]

[11] H. Lübbe, Unsere Zivilisation distanziert sich von sich selbst. Technischer und sozialer Wandel als Orientierungsfrage, in: Frankfurter Allgemeine Zeitung, Frankfurt am Main, 18. 9. 1979. – Im Zusammenhang lautet die Stelle: „Die in [den] Symptomen sich spiegelnde neue zivilisationskritische Befindlichkeit ist auf den Begriff zu bringen. Es ist mit Sicherheit zwecklos, sie blank als Irrationalismus zu verdächtigen. Auf welchen objektiven Vorgang reagieren wir? Unsere Zivilisation gerät unter den Druck einer sich verschärfenden Grenznutzenerfahrung. Grenznutzenerfahrung dieser Sorte machen wir, wenn die Bilanz von zustimmungsfähiger, ja zustimmungspflichtiger wissenschaftlich-technischer Evolution, also von Fortschritt einerseits und unbeabsichtigten, partiell sogar unvermeidlichen schädlichen Nebenfolgen dieses Fortschritts andererseits sich verschlechtert. Wie haben wir uns dieser Grenznutzenerfahrung gegenüber einzustellen? Die Zukunft unserer Zivilisation hängt, sozusagen, von der Philosophie ab, mit der wir uns über unsere Lage verständigen."

[12] G. Patzig, Der Philosoph ist kein Prophet – Was eine oft überforderte Disziplin heute noch leisten kann, in: Frankfurter Allgemeine Zeitung, Frankfurt am Main, 26. 4. 1980.

[13] M. Gräfin Dönhoff, Leben ohne Glauben. Auf der Suche nach einem Wertsystem für die Industriegesellschaft, in: Die Zeit, Hamburg, 21. 12. 1979. – Im Zusammenhang: „Das Verlangen nach einer moralischen Grundorientierung, nach Normen und einem verbindlichen Wertsystem, das in unserer kommerzialisierten Welt als Kompaß dienen kann, ist groß. Noch fehlt es daran. Wie der Sprengstoff der Modernisierung die Puristen und Fundamentalisten in der islamischen Welt auf den Plan ruft, so gibt es auch in unseren Breiten Spannungen, die mit der Trennung des Menschen von seinen Ur-

„Die Orientierungskrise, in der sich die Wissenschaften befinden, wird noch dadurch verschärft, daß eine neue Alternative zu wissenschaftlichen Orientierungsangeboten heute nicht in Sicht ist.“[14]

Schließlich: „Neulich hat ein scharfsinniger deutscher Beobachter unserer jüngsten zivilisatorischen Entwicklung (K. H. Bohrer) die Auffassung vertreten, die von Snow vor Jahren vertretene Theorie der beiden Kulturen treffe auf die Wirklichkeit unserer Verhältnisse gar nicht mehr zu; es sei mittlerweile zu einem fast vollständigen Triumph der Zweckmäßigkeitskultur über die ästhetische Kultur gekommen ... es gehe heutzutage gar nicht mehr um die Vermittlung und Versöhnung der beiden Kulturen, um ihre friedliche Koexistenz sozusagen, sondern um die Rettung der eigentlichen Kultur vor der Unterdrückung durch den herrschen-

sprüngen, mit der Entfremdung von seiner eigentlichen Natur zusammenhängen. Anders bei uns ist nur, daß der einzelne diesem moralisch-philosophischen Konflikt ausgesetzt ist und nicht Gruppen sich bekämpfen, denen es gleichzeitig um politische Macht geht.“

[14] W. Lepenies, Mit den Beständen rechnen. Die Orientierungskrise in den Wissenschaften – Wandlungen aus der Erfahrung des Mangels, in: Frankfurter Allgemeine Zeitung, Frankfurt am Main, 24. 7. 1979. – Im Zusammenhang: „Die Orientierungskrise, in der sich die Wissenschaften befinden, wird noch dadurch verschärft, daß eine neue Alternative zu wissenschaftlichen Orientierungsangeboten heute nicht in Sicht ist. Im Übergang vom Mythos zur Religion, von der Religion zur Metaphysik und von der Metaphysik zur Wissenschaft setzten sich jeweils Deutungssysteme durch, die im Zusammenspiel mit Veränderungen von Kultur, Wirtschaft und Gesellschaft dem Menschen die Welt und seine Stellung in ihr mit zunehmender Plausibilität erklärten. In der Gegenwart aber sind keine neuen Deutungssysteme sichtbar, die das wissenschaftlich-technische Weltbild ablösen oder doch wesentlich verändern könnten. Was sich vielmehr abzeichnet, ist ein Rückgriff auf bisher überholt erscheinende Deutungsmuster, der sich nicht zuletzt als Protest gegen Säkularisationstendenzen ausdrückt: von der Ausbreitung der Jugendsekten in den westlichen Industriegesellschaften bis zur religiösen Erneuerung, nicht nur des Islams, in den Ländern der dritten Welt.
Ein auffallendes Symptom für die gegenwärtige Krise der Wissenschaften ist der Bedeutungszuwachs derjenigen Fächer, die man als Orientierungsdisziplinen bezeichnen könnte: dazu gehören Wissenschaftssoziologie, Wissenschaftstheorie und Wissenschaftsgeschichte. In ihnen versuchen die Einzelwissenschaften Klarheit über sich selbst, das heißt über ihre Entwicklung, die Voraussetzungen der Wissensgewinnung sowie über die Konsequenzen der Wissensanwendung in der Praxis zu gewinnen.“

den Kult der technischen Rationalität, der Zweckmäßigkeit und Effizienz. *Ein Schuß Irrationalismus sei dringend nötig.*"[15]

Und von einem, der es auf Grund seines Amtes, der Erfahrung und Tradition der Institution, die er vertritt, wissen müßte – und auch weiß, von Kardinal Franz König wird kritisch warnend und zugleich vorgebend unter dem Titel „Wenn wir uns nicht ändern, gehen wir zugrunde" festgehalten: „Die westlichen Demokratien sind ihrer geistigen Grundlage nicht mehr gewiß und suchen nun nach allgemein verbindlichen Grundwerten und Grundsätzen, an die sich alle aus freier Überzeugung halten sollen und können. Der Mensch braucht einen Grund für sein Leben, einen Grund für sein Hoffen und einen Grund für sein Gewissen. Ohne diesen letzten tragenden Grund haben nur abstrakte Grundwerte zu wenig Kraft. Die geistige Krise unserer Zeit hat ihre tiefe Wurzel darin, daß den Menschen unserer Epoche weitgehend der feste Grund ihres Lebens entglitten ist."[16]

Diese neuerliche Aktivität der spätbürgerlichen Philosophie (Ideologie) in weltanschaulichen Fragen hängt nicht nur zeitlich mit den umfassenden Krisenerscheinungen des imperialistischen Gesellschaftssystems in der Gegenwart zusammen, sondern auch *sachlich.* Sie ist die Kehrseite der ökonomischen, politischen, geistigen und moralischen Krise des gegenwärtigen Imperialismus. Beide Erscheinungen gehören untrennbar zusammen. Die eine bedingt die andere – und umgekehrt. Die Ende der sechziger und Anfang der siebziger Jahre einsetzenden verschärften Krisenerscheinungen des Imperialismus *und* die Aktivierung des weltanschaulichen Denkens innerhalb der imperialistischen Ideologie sind ein *einheitlicher Strom.* Das *System* des Imperialismus der Gegenwart ist nur auszumessen, wenn beide Erscheinungen in ihrem untrennbaren Zusammenhang und damit in ihrem Aufeinander-angewiesen-Sein betrachtet werden. Eben deshalb stehen die Entwicklung von „Leitbildern", von „Wertvorstellungen" mit möglichst allgemeingültigem Charakter, von „Grundorientierun-

[15] K. Sontheimer, Die große Infragestellung. Stehen wir an der Schwelle eines neuen Kulturkampfes?, in: Deutsche Zeitung/Christ und Welt, 13. 7. 1979.

[16] Kardinal F. König, Wenn wir uns nicht ändern, gehen wir zugrunde – Das Nichtglauben bedroht die Existenz der Menschheit, in: Die Welt, Bonn, 27. 9. 1979.

gen" und von „Grundwerten" über weite Strecken im Zentrum der weltanschaulichen (philosophischen) Bemühungen der imperialistischen Ideologie. Der Sinn solcher Bemühungen liegt auf der Hand. Es geht in letzter Instanz um die weltanschauliche Verklärung des krisenhaften ökonomischen und politischen Systems des Imperialismus. Und zwar erfolgt diese Verklärung nicht mehr im Sinne der „heroischen Illusionen", wie im klassischen bürgerlichen Denken, sondern – direkt oder indirekt – mit profaner *apologetischer* Zielstellung. Die herrschende Klasse des Imperialismus besinnt sich dabei – wie immer in Krisenzeiten – auf die geistige Potenz „Weltanschauung" („Philosophie"). Diesen Vorgang demonstrieren bereits die Buchtitel und die Überschriften von Zeitschriften- und Zeitungsbeiträgen.

Hierfür einige Beispiele: „Anklage gegen die Vernunft", „Entfremdete Vernunft" (M. Landmann); „Leben ohne Glauben. Auf der Suche nach einem Wertsystem für die Industriegesellschaft" (M. Gräfin Dönhoff); „Unsere Zivilisation distanziert sich von sich selbst. Technischer und sozialer Wandel als Orientierungsfrage", „Unsere stille Kulturrevolution", „Mut zur Vergangenheit – Über den deutschen Hang, dem Zeitgeist zu folgen" (H. Lübbe); „Der Philosoph ist kein Prophet – Was eine oft überforderte Disziplin heute noch leisten kann" (G. Patzig); „Die große Infragestellung. Stehen wir an der Schwelle eines neuen Kulturkampfes?", „Die Alternativen. Über ein wirres Symptom unserer Zivilisationskrise" (K. Sontheimer); „Mit den Beständen rechnen. Die Orientierungskrise in den Wissenschaften – Wandlungen aus der Erfahrung des Mangels" (W. Lepenies); „Für Kultur, gegen Politik. Von der Notwendigkeit, den Materialismus zu überwinden" (E. Ionesco); „Code für die Stunde der Krise" (R. Linkohr); „Beantwortung der Frage, welchen Gegenstand die Philosophie habe oder ob sie gegenstandslos sei" (G. Funke); „Philosophie in der Wüste. Philosophie am Rand des geistigen Lebens" (F. Furger); „Wozu noch Philosophie?" (J. Habermas); „Inkompetenzkompensationskompetenz? Über Kompetenz und Inkompetenz der Philosophie" (O. Marquard); „Die Philosophie in der Welt der Macher" (H. Richtscheid) – usw., usf.

Die spätbürgerliche Philosophie (Ideologie) wird von der herrschenden Klasse des Imperialismus als stabilisierender und mobilisierender Faktor betrachtet – und sieht sich (über weite Strekken zumindest), wie die eben angeführten Buchtitel und die Überschriften von Zeitschriften- und Zeitungsbeiträgen schon erhellen, bewußt oder unbewußt auch selber so. Und als solchen will die herrschende Klasse des Imperialismus die spätbürgerliche Philosophie (Ideologie) in das System der imperialistischen Machtmechanismen einbringen. *Objektiv* bleibt keine Erscheinung gegenwärtiger imperialistischer Ideologie – ob sie unter systematischen oder historischen Vorzeichen vorgetragen werden und ganz gleich, welches die Motive ihrer jeweiligen Urheber sein mögen – von diesem Sachverhalt unberührt, auch und vor allem die Philosophie nicht. Von bürgerlicher Seite selber wird das klar formuliert: „Der Bedarf an Philosophie in der ... Charakteristik als Kunst des Entwurfs und der Neuorganisation von Orientierungssystemen wächst in ... Orientierungskrisen zwangsläufig an, und das ist in der Tat ein weltweit zu beobachtendes Faktum.“[17]

Die Frontstellung derartiger Bestrebungen der gegenwärtigen imperialistischen Ideologie ist eine zweifache:

– die bewußtseinsmäßige (ideologische) Aktivierung der Menschen im imperialistischen Herrschaftsbereich im Sinne des Imperialismus, bei gleichzeitiger Abwehr, zumindest Zurückdrängung des Einflusses des Sozialismus und des Marxismus-Leninismus;

– der Versuch, auf die Menschen in den Ländern des Sozialismus im antikommunistischen und antisozialistischen Sinne einzuwirken.

Die in den letzten Jahren zu beobachtende Aktivität der imperialistischen Ideologie in Weltanschauungsfragen muß dergestalt im Zusammenhang mit dem veränderten Kräfteverhältnis zwischen Sozialismus und Imperialismus in der Welt von heute zugunsten des Sozialismus gesehen werden. Die imperialistische Ideologie stellt sich auf das veränderte Kräfteverhältnis und auf die zunehmenden Krisenerscheinungen ihres eigenen Gesellschaftssystems ein, indem sie verstärkt weltanschauliche Orientierungen im Sinne

[17] H. Lübbe, Philosophische Strömungen im 20. Jahrhundert – Ihre Ursprünge und die gesellschaftlichen Entwicklungen, in: Die provozierte Gesellschaft, Düsseldorf 1974, S. 11.

des Kapitals entwickelt und mehr und mehr als eine ihrer vorrangigen Aufgaben ansieht.[18] In diesem Zusammenhang wird dann

[18] Dies darf nicht zu eng gesehen werden. Dem Ruf nach Weltanschauung korrespondiert innerhalb der gegenwärtigen imperialistischen Ideologie auch eine andere, wohl aber lebensphilosophisch orientierte, Gangart, die komplementär zum Weltanschauungsbestreben ist: die vordergründige Behandlung der sogenannten „globalen Probleme" (Umwelt-, Energie-, Technikproblematik usw.) als schicksalshafte Menschheitsfragen (und zunächst nicht als Fragen von gegensätzlichen Gesellschaftsordnungen – damit also als Klassenfragen) oder ihre Diskussion auf „bloß" naturwissenschaftlicher, angeblich ideologiefreier Ebene. Vgl. hierzu: J. Metzger, Für die Wissenschaft, Berlin 1976 *und* Frankfurt am Main 1976 (Zur Kritik der bürgerlichen Ideologie *68*); G. Biolat, Ökologische Krise? Ziel und Hintergrund bürgerlicher Theorien von Gesellschaft und Umwelt, Berlin 1974. – In diesem Zusammenhang müssen auch die Bemühungen des „Club of Rome" und ähnlicher Unternehmungen bzw. Theorien gesehen werden (vgl. H. Maier, Gibt es Grenzen des ökonomischen Wachstums?, Berlin 1977 *und* Frankfurt am Main 1977 [Zur Kritik der bürgerlichen Ideologie *78*]; J. Kuczynski, Das Gleichgewicht der Null, Berlin 1973 *und* Frankfurt am Main 1973 [Zur Kritik der bürgerlichen Ideologie *31*]). Bei näherem Zusehen kommen die weltanschaulichen Aspekte solcher Bemühungen sehr schnell zum Vorschein: sie haben – bewußt oder unbewußt – im Malthusianismus ihr Vorbild (vgl. A. Gedő, Philosophie der Krise, a. a. O., S. 164 ff.). R. Eckert bemerkt hierzu: „Wenn die Regierung, die Großkonzerne, ihre Journalisten und Ideologen uns allen 'erklären', daß Umwelt-, Rohstoff- und Energieprobleme, daß die 'Grenzen des Wachstums' es angeblich erforderlich machen, auf Lohnerhöhungen, auf soziale Leistungen, auf die Erhöhung des Bildungsetats zu *verzichten,* dann ist das *zunächst* eine politische und soziale Frage." Die Ökologieproblematik usw. ist „ein *Aufhänger* ..., um bestimmte politische und ökonomische Positionen zu entwickeln" (R. Eckert, Ökologie – Ökonomie – „Grenzen des Wachstums", Frankfurt am Main 1978, S. 13).
Und W. Sagladin und I. T. Frolow halten zu dieser Problematik fest: Bei „all ihrer scheinbaren kaleidoskopischen Buntheit verfolgen die futurologischen Mythen ein einheitliches soziales und ideologisches Ziel. Ja, sie selbst sind sich jedoch gar nicht so unähnlich, geschweige denn gegensätzlich, wie man sie bisweilen darzustellen sucht. Sie alle haben ein gemeinsames Ziel, nämlich nachzuweisen, daß der wissenschaftlich-technische Fortschritt die Menschheit – unabhängig von den bestehenden sozialen Systemen – vor das gemeinsame Problem des Überlebens stellt, wodurch angeblich die Unterschiede zwischen dem Kapitalismus und dem Sozialismus verschwinden ... bei weitem nicht eindeutige Positionen bringen ... die Mitglieder des Club of Rome zum Ausdruck. Ihr wesentlicher Mangel besteht ... im klassenneutralen Herangehen an die globalen Probleme, im gewissen Abstrahieren von ihren sozialökonomischen, politischen und ideologischen Aspekten. Infolgedessen wird die Suche nach Wegen zu ihrer Lösung von der Realität weggeführt und

zunehmend konservatives Denken[19] aktiviert[20], wie überhaupt seit Ende der sechziger und Beginn der siebziger Jahre der imperialistischen Ideologie ein Zug zum Konservativen eigen ist.[21] Und

nimmt in vielem utopischen Charakter an." (W. Sagladin/I. T. Frolow, Globale Probleme und die Zukunft der Menschheit, in: Einheit, 7/79, S. 715; vgl. I. T. Frolov, Wissenschaftlicher Fortschritt und Zukunft des Menschen. Kritik des Szientismus, Biologismus und ethischen Nihilismus, Berlin 1978 *und* Frankfurt am Main 1978 [Zur Kritik der bürgerlichen Ideologie *89*].)

19 L. Elm/M. Weißbecker/E. Fromm, Konservatismus – Faschismus – reaktionäres geistiges „Erbe" (Abhandlungen der Akademie der Wissenschaften der DDR, Abteilung Veröffentlichungen der Wissenschaftlichen Räte, Jahrgang 1979, *W 3*).

20 Im Zusammenhang mit der Belebung konservativen Denkens innerhalb der gegenwärtigen bürgerlichen Ideologie muß beachtet werden, daß „die Geschäftigkeit konservativer Politik" und der „Aktivismus konservativer Ideologie auch als eine Reaktion" zu bewerten sind, „die die Bourgeoisie gegenüber der Krise des Reformismus für zweckmäßig und notwendig ansieht. Befürchtungen bourgeoiser Kreise, daß der Reformismus beim Versuch seiner Krisenbewältigung nach 'links' abdriften könne, spielen dabei sicher eine gewisse Rolle. Doch ist dieser Faktor auf keinen Fall überzubewerten. Die vielberufene Beeinträchtigung der Macht- und Herrschaftspositionen des Kapitals durch sozialreformistische Politik ist häufig nicht mehr als eine zweckpessimistische Lagebeurteilung, mit der der Weg frei gemacht werden soll, um die rechtesten Kräfte der Bourgeoisie an die Regierungsgewalt heranzuführen. Denn echte Alternativen sind von ihnen ohnehin weder auf innen- noch auf außenpolitischem Feld zu erwarten. Gleichwohl gilt es zu sehen, daß es zwischen einer wirklichen Verunsicherung führender Politiker und Ideologen auf der konservativen Flanke und den offiziell geäußerten Befürchtungen unter dem Mantel einer Zweckpropaganda über 'Sozialisierungstendenzen', enge Beziehungen gibt. Das immer offensichtlicher werdende Scheitern der sozialliberalen Reformpolitik auf den verschiedensten Gebieten und der damit verbundene raschere Verschleiß entsprechender ideologischer Leitbilder wirkt natürlich direkt begünstigend für die Bestrebungen des Konservatismus." (H. Häber, in: Konservatismus als politische Strömung und politische Ideologie, a. a. O., S. 75 f.)

21 L. Elm, Der „neue" Konservatismus, Berlin 1974 *und* Frankfurt am Main 1974 (Zur Kritik der bürgerlichen Ideologie *49*). – Dieser Zug zum Konservativen der gegenwärtigen imperialistischen Ideologie hat einen neofaschistischen Ausläufer, der im ideologischen Kampf nicht unterschätzt werden darf. Dazu: M. Weißbecker, Entteufelung der braunen Barbarei, Berlin 1975 *und* Frankfurt am Main 1975 (Zur Kritik der bürgerlichen Ideologie *51*); J. D. Modrshinskaja u. a., Kritik der Ideologie des Neofaschismus, Berlin 1978; G. Lozek/R. Richter, Legende oder Rechtfertigung?, Berlin 1979 *und* Frankfurt am Main 1979 (Zur Kritik der bürgerlichen Ideologie *97*).

in diesem angestrebten Orientierungsprozeß gibt sie sich bewußt – und das war nicht immer so – aktivistisch und vordergründig politisch.

Die BRD-Wochenzeitung „Die Zeit" visiert diesen Sachverhalt an, wenn sie unter der unmißverständlichen Überschrift „Die schleichende Krise der Republik" schreiben läßt: „Die Krise der Republik [gemeint ist die BRD, jedoch könnte in diesem Zusammenhang auch jeder andere imperialistische Staat stehen – M. B.] kündigt sich nicht in drastischen, sichtbaren Ausbrüchen an. Der Epochenwandel vollzieht sich unbemerkt. Ruhe und Normalität sind eher Ausdruck von Verlegenheit, Ratlosigkeit einer geistigen und politischen Unsicherheit ... Die Entwicklung der Neuzeit folgte einem einfachen, aber mächtigen Glauben: daß der Dreiklang von Technik und Wissenschaft, politischer Demokratie und wirtschaftlichem Wachstum zu persönlichem Glück, sozialem Frieden und politischer Stabilität führen werde. Inzwischen sind wir in diesem recht konkreten Sinne an das Ende der Neuzeit gekommen. Niemand sieht die politische Aufgabe noch darin, diese Hoffnung einzulösen."[22]

Von unmittelbar philosophischer Seite wird mehr oder weniger dasselbe konstatiert. H. Lübbe formuliert: „Die Philosophie erfüllt die Funktion, die elementaren Schemata unserer Wirklichkeitsorientierung, durch die wir in wissenschaftlicher und sonstiger Praxis geleitet sind, an veränderte Lagen anzupassen ... Situationsveränderungen provozieren Philosophie, sofern sie von Orientierungskrisen begleitet sind. Die Philosophie ist eine intellektuelle Kunst der Reflexion mit dem Ziel der Lösung von Orientierungskrisen."[23]

Und unter der Überschrift „Der Mangel an philosophischer Orientierung im Lande Kants und Hegels" wird von W. Weymann-Wyhe mit gleicher Blickrichtung festgehalten: „Der Mangel an philosophischer Orientierung ist ein Merkmal unserer Kulturtradition überhaupt. Sicher hat er seine spezifisch deutsche und bundesrepublikanische Ausprägung, aber diese ist nicht zu verstehen, wenn man nicht die fundamentale Krise des philosophi-

[22] Die Zeit, Hamburg, 14. 7. 1978, S. 14.
[23] H. Lübbe, Unsere stille Kulturrevolution, Zürich 1976, S. 76.

schen Denkens im Kontext der wissenschaftstheoretischen und gesellschaftlichen Prozesse unserer Kultur begreift."[24]

Die von H. Lübbe hervorgehobene Aufgabenstellung bzw. der von W. Weymann-Wyhe festgehaltene Mangel der Philosophie innerhalb der gegenwärtigen imperialistischen Ideologie müssen bedacht werden, wenn deren Haupttendenzen kritisch bloßgelegt werden sollen. Denn diese sind für die bürgerliche Philosophie der Gegenwart konstitutiv und wirken konzeptionsbildend. Ihren verschiedenen Strömungen und Richtungen ist nur beizukommen, wenn diese Aufgabenstellung bzw. dieser Mangel, die/der ja zugleich ihre Grundfunktion unter den zur Zeit gegebenen imperialistischen gesellschaftlichen Bedingungen darstellt, im Blick gehalten werden. Zugleich darf nicht übersehen werden, daß diese Erscheinungen die durchgängige Defensive der spätbürgerlichen Ideologie zum Ausdruck bringen. H. Meißner hat in diesem Zusammenhang gültig festgehalten: „Diese Defensivposition bürgerlichen Denkens widerspiegelt nichts anderes als jene allgemeine Existenzkrise, in der sich die kapitalistische Ordnung seit Entstehen des Sozialismus befindet. Diese ideologischen Prozesse sind in beachtlichem Maße Resultate der politischen und ideologischen Auseinandersetzungen unserer Zeit und damit zugleich Bestandteil des weltweiten Klassenkampfes."[25]

Unser Hinweis auf den weltanschaulichen Aktivismus der bürgerlichen Gegenwartsphilosophie (Ideologie) steht nicht der vom Marxismus-Leninismus getroffenen Feststellung entgegen, daß sich diese in einer tiefen Krise befindet – ja, daß sie Philosophie der Krise ist. „Krise" darf in diesem Zusammenhang nicht mit Passivität, Konzeptions- und vor allem nicht mit Einfluß- und Wirkungslosigkeit gleichgesetzt werden. „Krise" bedeutet nicht Zusammenbruch der spätbürgerlichen Philosophie (Ideologie). So wie es politisch für den Imperialismus – worauf schon Lenin hinwies – keine automatisch ausweglose Situation gibt, gibt es sie auch nicht für seine Philosophie (Ideologie). Die imperialistische Bourgeoisie gibt sich politisch und auch ideologisch nicht selbst auf. Ständiger hartnäckiger Kampf der Arbeiterklasse gegen das

[24] W. Weymann-Wyhe, Der Mangel an philosophischer Orientierung im Lande Kants und Hegels, in: Frankfurter Hefte, Frankfurt am Main 1976, H. 4, S. 37.
[25] H. Meißner, Bürgerliche Ökonomie ohne Perspektive, Berlin 1976, S. 429.

imperialistische Gesamtsystem (einschließlich seiner Ideologie) sind notwendig, um diese historisch überlebte Gesellschaftsordnung im Weltmaßstab immer mehr und schließlich endgültig zu überwinden. Unter den Bedingungen der friedlichen Koexistenz unterschiedlicher Gesellschaftssysteme kommt dabei der ideologischen Auseinandersetzung eine besondere Bedeutung zu.

Die Krise der gegenwärtigen bürgerlichen Philosophie ist also nicht ihr Koma, ihr tendenzieller Verfall ist nicht gleichbedeutend damit, „daß die bürgerliche Philosophie sich in gleichmäßig beschleunigter Bewegung in Richtung des Solipsismus oder des Sich-Identifizierens mit dem religiösen Glauben befände. Ebenso wie die Bourgeoisie in der Politik nicht spontan in eine ausweglose Klemme gerät, so entsteht auch in der bürgerlichen Philosophie keine automatisch aussichtslose Situation. Ein Attribut dieser Philosophie ist das Prinzip und der Zustand der *geschichtlichen* Ausweglosigkeit in dem Sinne, daß sie weder gedanklich über den Kapitalismus hinauszugehen noch ihre eigene Krise zu bewältigen imstande ist; *hic et nunc* bezeugt sie aber große Anpassungsfähigkeit, wechselt sie ihre Formen entsprechend dem Wandel der objektiven gesellschaftlichen Verhältnisse, dem Gang des theoretischen Kampfes und dem Stand der spezialwissenschaftlichen Erkenntnis . . ."[26]

Im Grundsätzlichen gelten für die gegenwärtige bürgerliche Philosophie (Ideologie) die Ausführungen von Marx und Engels in der „Deutschen Ideologie": „Je mehr die normale Verkehrsform der Gesellschaft und damit die Bedingungen der herrschenden Klasse ihren Gegensatz gegen die fortgeschrittenen Produktivkräfte entwickeln, je größer daher der Zwiespalt in der herrschenden Klasse selbst und mit der beherrschten Klasse wird, desto unwahrer wird natürlich das dieser Verkehrsform ursprünglich entsprechende Bewußtsein, d. h., es hört auf, das ihr entsprechende Bewußtsein zu sein, desto mehr sinken die früheren überlieferten Vorstellungen dieser Verkehrsverhältnisse, worin die wirklichen persönlichen Interessen ppp. als allgemeine ausgesprochen werden, zu bloß idealisierenden Phrasen, zur bewußten Illusion, zur absichtlichen Heuchelei herab. Je mehr sie aber durch das

[26] A. Gedő, Philosophie der Krise, a. a. O., S. 214.

Leben Lügen gestraft werden und je weniger sie dem Bewußtsein selbst gelten, desto entschiedner werden sie geltend gemacht, desto heuchlerischer, moralischer und heiliger wird die Sprache dieser normalen Gesellschaft."[27]

In der Tat. Nimmt man die gegenwärtige bürgerliche Ideologie als Ganzes (die Philosophie darin eingeschlossen), dann werden diese Ausführungen von Marx und Engels vollauf bestätigt. Ohne Übertreibung kann formuliert werden: Je tiefer die ökonomische und politische Krise des Imperialismus ist, um so umfangreicher ist seine Ideologieproduktion. Die hektische Erfindung immer neuer Varianten spätbürgerlicher Ideologie, der rasche Wechsel ihrer verschiedenen Strömungen und Richtungen, auch und vor allem im Bereich der Philosophie, verweisen auf diesen Sachverhalt.[28] Und innerhalb des „ewigen Wandels" der bürgerlichen Gegenwartsideologie (Philosophie) nehmen die „idealisierenden Phrasen" und die „bewußte Heuchelei" ständig zu. Sie werden immer „entschiedener ... geltend gemacht" und in „heuchlerischer, moralischer und heiliger" Sprache vorgetragen. Wir erinnern in diesem Zusammenhang nur an die sogenannte Menschenrechtskampagne der jüngsten imperialistischen Politik und Ideologie.

Wenn vom raschen Wechsel und von der hektischen Produktion immer neuer Varianten spätbürgerlicher Ideologie gesprochen wird, dann muß diese Feststellung sofort dergestalt ergänzt werden, daß sich diese auf der Basis relativ gleichbleibender philosophisch-weltanschaulicher Grundstrukturen (Denkweisen) vollziehen. Diese Tatsache wird oft übersehen, weil die Oberfläche der gegenwärtigen bürgerlichen Ideologie ein anderes Bild unterstellt.

Die *philosophisch-weltanschaulichen Grundstrukturen (Denkweisen)* und zugleich *Grundtendenzen* der bürgerlichen Gegenwartsideologie sind der *Positivismus* und die *Lebensphilosophie* (Irrationalismus). Das gesellschaftspolitische Merkmal des Positivismus ist die *Sozialtechnologie.* Das ist die Behauptung, daß der staatsmonopolistische Kapitalismus regulierbar sei und sich deshalb die Notwendigkeit einer Veränderung des ökonomischen,

[27] K. Marx/F. Engels, Werke, Bd. 3, Berlin 1959, S. 274.

[28] M. Buhr/G. Kohlmey/H. Meißner, Zur Krise der bürgerlichen Ideologie, Berlin 1978 (Sitzungsberichte der Akademie der Wissenschaften der DDR. Gesellschaftswissenschaften, 7 G 1978).

politischen und sozialen Status quo erübrige. Das gesellschaftspolitische Merkmal der Lebensphilosophie ist der *Krisenmythos.* Das ist die Behauptung, daß jede gesellschaftliche Entwicklung, der Geschichtsprozeß insgesamt, durch Irrationalität gekennzeichnet sind, die eine Veränderung gegebener gesellschaftlicher Verhältnisse nicht zulasse bzw. von vornherein zum Scheitern verurteile.

Auf einen Nenner gebracht, kann man sagen, daß der Positivismus in der Aufforderung an die Menschen gipfelt, sich mit dem zu begnügen, was ihnen unmittelbar als Oberfläche der Gesellschaft vor Augen liegt, ihnen positiv gegeben ist: den Monopolkapitalisten die Milliarden, den Arbeitern soziale Unsicherheit bis hin zur Arbeitslosigkeit. Die Lebensphilosophie sekundiert der Aufforderung des Positivismus an die Menschen mit der These von der prinzipiellen Rätselhaftigkeit allen menschlichen Daseins, insbesondere der Geschichte. Beide spätbürgerlichen Denkweisen treffen bzw. ergänzen sich in der Orientierung, auf grundlegende gesellschaftliche Veränderungen, die über das imperialistische System hinausgehen, zu verzichten, weil Gesellschaft nicht veränderbar sei und Geschichte keinen wirklichen Fortschritt kenne. Im Unterschied zum klassischen bürgerlichen Denken ist für beide philosophisch-weltanschauliche Grundstrukturen (Denkweisen) der imperialistischen Ideologie die Absage an die Geschichte (und das heißt immer: an den gesellschaftlichen Fortschritt) kennzeichnend.

Alle philosophisch-weltanschaulichen Gebilde der Bourgeoisie seit dem letzten Drittel des 19. Jahrhunderts lassen sich auf die *positivistische und die lebensphilosophische Denkweise* zurückführen bzw. basieren auf diesen. Zur positivistischen Denkweise gehören solche Erscheinungen der bürgerlichen Gegenwartsphilosophie (Ideologie) wie die Analytische Philosophie, der Kritische Rationalismus oder der Strukturalismus (im engeren Sinne). Zur lebensphilosophischen Denkweise gehören der Pragmatismus, der Existentialismus, die Philosophische Anthropologie, die Kritische Theorie oder die Praxisphilosophie und weite Teile der Hermeneutik. In akuten Krisenzeiten des imperialistischen Systems, wie sie gegenwärtig in Erscheinung treten, mischen sich Positivismus und Lebensphilosophie; es kommt dann zu Mischformen, zu „neuen" weltanschaulichen Gebilden innerhalb der spätbürgerlichen Ideologie, insbesondere ihrer Philosophie. Ungeachtet solcher Vorgänge, die nicht ein Zeichen der Prosperität, sondern eben der Krise sind, bewegt sich die gegenwärtige bürgerliche Ideologie grundsätzlich im Rahmen der positivistischen und/oder lebensphilosophischen Denkweise.

Daß die bürgerliche Philosophie der Gegenwart sich in der Krise befindet, wird nicht nur von Marxisten-Leninisten behauptet. Diese Tatsache ziehen spätbürgerliche Philosophen selber nicht mehr in Zweifel. Die Klagen innerhalb der gegenwärtigen bürgerlichen Philosophie über Verfalls- und Niedergangserscheinungen, über zunehmende Kommunikationslosigkeit, über eine tiefe Krise des Denkens, der menschlichen Existenz, der Zivilisation usw. sind unüberhörbar geworden.

Und dies bereits seit Jahrzehnten, eigentlich seit Schopenhauer und Nietzsche. Im Jahre 1930 stellte zum Beispiel H. Driesch unter dem bezeichnenden und zugleich programmatischen Titel „Philosophische Forschungswege. Ratschläge und Warnungen" fest: „Wir leben in einer Zeit steigenden philosophischen Interesses und sinkender philosophischer Gewissenhaftigkeit."[29] Als dann 30 Jahre später P. F. Linke „Niedergangserscheinungen in der Philosophie der Gegenwart" (Linke meinte die *bürgerliche* Philosophie) beschrieb, bezog er sich zunächst auf Driesch, um dann mit Nachdruck zu folgern: „Es ist kaum möglich, die heutige philosophische Situation treffender zu kennzeichnen, als es Hans Driesch mit diesen Worten getan hat ... Wird man behaupten wollen, es sei inzwischen besser geworden? Schwerlich – viele werden sogar der Meinung sein, daß sich die Lage seitdem erheblich verschlechtert habe ... In der Tat sind heute in der Philosophie *so* deutliche Erscheinungen des Niedergangs bemerkbar, daß die Frage berechtigt ist, ob sie nicht am Ende der Philosophie unserer Zeit ihr Gepräge geben und wir also trotz des fortwährend wachsenden philosophischen Interesses und der ihm entsprechenden literarischen Produktion in einer philosophischen Verfallszeit leben."[30]

[29] H. Driesch, Philosophische Forschungswege. Ratschläge und Warnungen, Leipzig 1930, S. V.

[30] P. F. Linke, Niedergangserscheinungen in der Philosophie der Gegenwart, München – Basel 1961, S. 11 f.

Was Linke Ende der fünfziger Jahre feststellte, ist inzwischen zur allgemeinen Rede der bürgerlichen Philosophie der Gegenwart geworden. Wir zitieren wahllos:

„Man sagt, die Philosophie sei in der Krise. Dies darf nicht verwundern, weil die Krise der natürliche Zustand der Philosophie ist. Die derzeitige Situation aber, mit ihren eigenartigen Zügen, scheint schlimmer zu sein. Die Philosophie wird allerseits, sowohl von außen als auch von innen her angegriffen ..."[31]

„Die Naivität der Philosophie scheint ... darin zu liegen, daß sie sich für eine Therapie der Krise hält ..., während sie doch selbst nur ein Krisensymptom ist."[32]

„Das Mißvergnügen an der Philosophie wächst ... Denn der Verdacht verstärkt sich, daß man einem Mythos aufgesessen ist, der zu vieles verhieß."[33]

„Der Durchschnittsmensch fühlt sich der Absurdität, dem Unsinn, dem Nichts gegenübergestellt. Er hat keine Antwort mehr auf die Fragen, die das Leben stellt ... Die Welt erleidet eine ökonomische Krise, diese ist jedoch nur ein Element jener allgemeineren Krise, die man ohne Mißbrauch der Worte Krise der Zivilisation nennt."[34]

„Wir befinden uns in einer tiefen Krise des Denkens, in einer Sackgasse, die die Finsternis einer immer mehr enttäuschten, anscheinend ausweglosen Existenz empfinden macht."[35]

„Der Glaube an die 'Machbarkeit' ist dahin. Statt dessen breitet 'Krisenbewußtsein', ja Panik sich aus: Eines der neuen Probleme scheint mit dem anderen zusammenzuhängen und es zu verschärfen; gemeinsam gebären sie das nächste; ein immer drohenderes, immer weniger entwirrbares, immer unlösbareres Knäuel. Auch die Zuversicht der fünfziger Jahre ist fast nirgends zu finden ... Eine Welle von Pessimismus geht durch die Welt."[36]

31 J. Lacroix, Réflexions sur une crise, in: Le Monde, Paris, 26./27. 9. 1971.

32 R. Spaemann, Philosophie als institutionalisierte Naivität, in: Philosophie – Gesellschaft – Planung, hg. von H. M. Baumgartner/O. Höffe/Chr. Wild, München 1974, S. 97.

33 W. Hochkeppel, Mythos Philosophie, Hamburg 1976, S. 9.

34 J. Fourastié, Le long chemin des hommes, Paris 1976, S. 170, S. 183.

35 L. Flam, La philosophie au tournant de notre temps, Bruxelles 1970, S. 86.

36 B. Dechamps, Angst macht dumm, in: Frankfurter Allgemeine Zeitung, Frankfurt am Main, 27. 12. 1975. – In der Tat herrschte in der spätbürgerlichen

„In der Analyse der inneren Verfassung der gegenwärtigen Gesellschaft spielt die Kategorie der Krise in zunehmendem Maße eine zentrale Rolle. Es gibt keine Analyse der gegenwärtigen Verfassung der Gesellschaft von umfassendem und verbindlichem Anspruch, die nicht davon ausgeht, daß die Lage, die innere Verfassung der modernen Gesellschaft – und zwar in Ost und West gleichermaßen – kritisch sei."[37]

„Klar ist, daß die Propheten und Heilskünder und Sinngeber uns so wenig wie die Priester sagen können, was wir zu tun haben. Die komplexe Welt läßt nur Teil- und Viertellösungen, ja sie läßt

Ideologie der fünfziger Jahre eine „optimistische" Stimmung, ein „Glaube an die Machbarkeit" vor. Dafür nur ein Beleg: „Wir sind im Begriff, immer mehr zu fühlen, daß – wenigstens was die 'alten Nationen' betrifft – die nächsten dreiunddreißig Jahre nicht durch so viele befremdende und kataklysmenartige politische und wirtschaftliche Ereignisse charakterisiert werden wie die ersten sechsundsechzig Jahre [des 20. Jahrhunderts] ... Obwohl es viele offensichtliche Punkte und Probleme gibt, aus denen Ungewißheit und Chaos entstehen können, scheint das Einverständnis sich zu verstärken, daß wir in das Zeitalter der allgemeinen politischen und ökonomischen Stabilität treten, zumindest hinsichtlich der *Grenzen* und der *Wirtschaft* der meisten alten Nationen ... Die Periode von 1952 bis 1967 war in vieler Hinsicht der 'la belle époque' von 1901 bis 1913 ähnlich ... Es ist vielleicht das entscheidendste Ergebnis dieser Studie, daß die gegenwärtigen Tendenzen sich in den nächsten dreiunddreißig Jahren und auch danach mehr oder minder gleichmäßig fortsetzen (und nicht brutal abbrechen, wie die erste 'la belle époque' infolge der Depressionen von 1908 und 1914 und des ersten Weltkrieges abgebrochen war)." (H. Kahn/A. J. Wiener, The Year 2000, New York – London 1967, S. 128 f.) – Daß dies eine totale Fehleinschätzung war, braucht nicht besonders hervorgehoben zu werden. Es vergingen keine zehn Jahre, und die Krise des gegenwärtigen Kapitalismus war offensichtlich. Nach Marx eine Krise des kapitalistischen Systems nicht mehr in Rechnung zu stellen (wie es H. Kahn und A. J. Wiener und viele andere getan haben), ist eine „Glanzleistung" politökonomischen Denkens – schon deshalb, weil die Krise das Wesen des Kapitalismus in allen seinen Stadien ausmacht. Dies ist zumindest seit Mitte des vorigen Jahrhunderts auch empirisch offensichtlich. So wird denn auch nur neun Jahre später bereits innerhalb der bürgerlichen Ideologie der Gegenwart festgehalten: „Der allgemeine Niedergang der westlichen Welt verführt leicht zu wehmütig verklärendem Rückblick auf die fünfziger und frühen sechziger Jahre, die heute schon als die goldenen gelten – aber eben unwiederbringlich, vergangen sind." (A. Baring, Von rechts gesehen – Flucht aus der häßlichen Gegenwart, in: Die Zeit, Hamburg, 13/1975)

[37] G. Rohrmoser, Die Krise der Institutionen, München 1972, S. 9.

nur Lösungen zu, die sich eines Tages als falsch herausstellen müssen."[38]

„Heutzutage wird immer offensichtlicher, daß die Gesellschaft nicht unter Kontrolle steht, und dies ruft eine Enttäuschung über die Wissenschaft hervor. Deshalb sind wir Zeugen vom stürmischen Wiederaufleben des Mystizismus ... Es entwickeln sich Kulte um die dionysische Erfahrung ..., um das Mystische und Emotionale gegen das Wissenschaftliche und Rationale zu rühmen."[39]

„Schließlich ist der Krisenbegriff heute in aller Munde. Und in dem Gefühl, in einer heilen Welt zu leben, befinden sich gewiß nur wenige."[40]

„Nein, ich bin nicht verloren. Ich bin hier. Der Weg ist verloren."[41]

38 R. Augstein, Mit den Bomben leben, in: Der Spiegel, Hamburg, 23/1975, S. 27.

39 A. Toffler, Future Shock, London – Sydney – Toronto 1970, S. 379.

40 M. Jänicke, Krisenbewußtsein und Krisenforschung, in: Herrschaft und Krise. Beiträge zur politikwissenschaftlichen Krisenforschung, hg. von M. Jänicke, Opladen 1973, S. 10.

41 D. Bell, Toward the Great Instauration: Reflections on Culture and Religion in a Postindustrial Age, in: Social Research, Vol. 42, 3/1975, S. 413.
Wir fügen hier noch ein längeres Zitat aus einem Bericht über die Neue Rechte in Frankreich aus dem „Vorwärts" (Bonn, 13. 9. 1979) an, um zu zeigen, in welch menschenverachtende Sphären weite und einflußreiche, vor allem aber militante Teile der spätbürgerlichen Philosophie (Ideologie) abgeglitten sind. Zugleich unterstreicht dieser Bericht die ungebrochene Tradition der irrationalistischen Lebensphilosophie vom Ende des 19. Jahrhunderts bis auf unsere Tage. Wenn wesentliche Ideen nicht schon von Nietzsche stammen, dann sind sie aber spätestens O. Spengler, O. Spann und L. Klages der dreißiger Jahre entnommen. Interessant in diesem Bericht ist auch der Hinweis auf den Kritischen Rationalismus. Unter der Überschrift „Code für die Stunde der Krise. Die Neue Rechte verkündet die Biologisierung des politischen Denkens" schreibt R. Linkohr: „Ihre Thesen stützt sie [die Neue Rechte – M. B.] durch Ergebnisse, oder besser gesagt durch Theoreme jener wissenschaftlichen Disziplin ab, die sich den Namen 'Soziobiologie' gegeben hat. Die alte Rechte war katholisch, sprach von Ehre und Heldentum, war chauvinistisch. Die Neue Rechte ist wie Maurras [Gründer der Action Française und später ideologischer Vater der Vichy-Regierung – M. B.] antichristlich, pseudowissenschaftlich und leitet ihre gesellschaftlichen Ordnungsvorstellungen nicht aus romantischen Träumereien, sondern aus biologischen Evolutionstheorien, aus genetischen Betrachtungen ab ... So behauptet Edward Wilson, Harvardprofessor und wohl bekanntester Vertreter der amerikanischen Soziobiologie,

Diese Belege, die leicht vermehrt werden könnten, weisen darauf hin, daß die spätbürgerliche Philosophie (Ideologie) selber das Empfinden der Krise, der Orientierungslosigkeit plagt. An-

daß die Aggression (die seiner Auffassung nach drei Ursachen habe: eine genetische Grundstruktur, Milieueinflüsse und das Bewußtsein der zugehörigen Gruppe) letztlich durch den genetischen Code bestimmt wird ... Da es perfekte Rationalität nicht gibt, wünscht er sich eine neue Mythologie, die man das Epos der Evolution nennen könnte. Von der Molekularbiologie erhofft er sich eine neue Ingenieurkunst, um durch Selektion und gezielte Vererbung die genetischen Eigenschaften zu verändern.
Die französische Rechte hat sich diese Mythologie bereits geschaffen. Sie will das 'europäische Elend' ... durch einen Sprung hinter 2000 Jahre christlich-jüdischer Geistesgeschichte überwinden. So führt die Neue Rechte von Louis Pauwels, Alain de Benoist und anderen einen rhetorischen Feldzug gegen das Christentum, gegen Marx und gegen Freud ... Eine neue soziale Kultur soll entstehen, aufbauend auf einer wertmäßigen Ungleichheit der Menschen, auf Heldentum, Faszination der Elite und strenger sozialer Hierarchie. Konkurrenz und Kampf werden zu Verhaltensnormen und Triebkräften einer biologischen Evolution.
Philosophiegeschichtliche Anknüpfungspunkte sieht Jean-Marie Benoist ... im kritischen Rationalismus Poppers und dem logischen Positivismus der Oxforder Schule. Benoist möchte beide Richtungen durch eine neue Wissenschaftsphilosophie überwinden, die über den ahistorischen Positivismus wie auch über die zu normenhafte Geschichtsvision Poppers hinausgreift. Ganz im Sinne der Soziobiologen soll die Biologie und die Theorie der Evolution auf die Organisation von Gesellschaften ausgeweitet werden.
Welche politische Funktion erhält die Neue Rechte nun in einer von Krisen geschüttelten Industriegesellschaft? Ohne Zweifel paßt die ständestaatliche Elite- und Konkurrenzgesellschaft in das Schema einer repressiven Gesellschaft. Die Neue Rechte und ihre Helferin, die Soziobiologie, basteln an einer Ideologie für die Stunde der Krise.
In beiden [gemeint sind die Neuen Philosophen und die Neue Rechte in Frankreich – M. B.], sicher recht unterschiedlichen, Strömungen ist eine Entpolitisierung der intellektuellen Schicht Frankreichs und die Preisgabe ihres Bündnisses mit der Arbeiterklasse zu beobachten.
Die Neue Rechte paßt aber auch in die Fugen jener Monetaristen, die über Milton Friedman hinaus von einem 'Panökonomismus' sprechen, einer Hypothese, der zufolge der Mensch ein homo oeconomicus ist, ein Wirtschaftsmensch, bei dem jedes Verhalten seinen Preis hat ... Einer der Vertreter jener Denkrichtung, Henri Lepage, gibt deshalb auch zu, daß die neue Ökonomie ausgesprochen imperialistisch sei. Diesen neuen Ökonomen wie auch der Neuen Rechten werden übrigens enge Verbindungen zur Regierungsmehrheit in Frankreich nachgesagt, die sich nach Pompidou dem Neo-Liberalismus zugewandt hat, nachdem alle Regierungen vorher sich an Keynes orientierten."

fang der dreißiger Jahre hatte K. Jaspers bereits prononciert festgehalten: „Was in Jahrtausenden die Welt des Menschen war, scheint heute zusammenzubrechen ... Alles ist in die Krise gekommen, die weder übersehbar noch aus einem Grunde zu begreifen und wiedergutzumachen, sondern als unser Schicksal zu ergreifen, zu ertragen und zu überwinden ist ... Auf die Frage, was denn heute noch sei, ist zu antworten: das *Bewußtsein von Gefahr und Verlust* als Bewußtsein der radikalen Krise."

Und Jaspers fährt fort: „Es ist heute nur Möglichkeit, nicht Besitz und Garantie. Jede Objektivität ist zweideutig geworden; das Wahre scheint im unwiederbringlich Verlorenen, die Substanz in der Ratlosigkeit, die Wirklichkeit in der Maskerade."[42]

Jaspers verweist in seiner düsteren Krisenvision über die bürgerliche Welt auf das Problem der Wahrheit. Nun war mindestens seit Aristoteles das Problem der Wahrheit eines der vornehmsten Themen der Philosophie. Doch sind eben diese Zeiten – und Jaspers artikuliert dies – für die gegenwärtige bürgerliche Philosophie vorüber. In ihrer Orientierungslosigkeit schwingt sie sich nicht einmal mehr zu der rhetorischen Frage des Pilatus auf: „Aber was ist Wahrheit?" Die gegenwärtige bürgerliche Philosophie hält es grundsätzlich – und nicht nur im Hinblick auf das Problem der Wahrheit – mit ihrem frühen Propheten Nietzsche, der sagte: „Es gibt vielerlei Augen. Auch die Sphinx hat Augen –: und folglich gibt es vielerlei 'Wahrheiten', und folglich gibt es keine Wahrheit."[43] Sprüche wie, der Philosophie komme das „heilige Schweigen" der Mystik zu (Heidegger) oder, sie beruhe „auf einem irrationalen Glauben" (Popper), erhellen dies. Die bürgerliche Philosophie der Gegenwart gehorcht in der Tat der Gedankenwelt ihres unmittelbaren Vorläufers Nietzsche: „Das Neue an unserer jetzigen Stellung zur Philosophie ist die Überzeugung, die noch keine Zeit hatte: daß wir die Wahrheit nicht haben."[44]

Der spätbürgerlichen Philosophie (Ideologie) fehlt die Dimension der Wahrheit, weil der sie tragenden Klasse die *historische* Dimension, der Geschichtsprozeß selber, abhanden gekommen

[42] K. Jaspers, Die geistige Situation der Zeit, Berlin (West) 1960, S. 75 f.
[43] F. Nietzsche, Werke in drei Bänden, München 1969, Bd. III, S. 844.
[44] F. Nietzsche, Die Unschuld des Werdens, Der Nachlaß, Bd. I, Leipzig 1931, S. 225.

ist. Sie bringt die Gedanken einer von der Geschichte zum Untergang verurteilten Klasse zur Sprache – lange schon nicht mehr auf den Begriff. Ihr Denken ist an eine fundamentale Ausnahmeregel gebunden, an die strikte Ausnahme, über die gegebenen gesellschaftlichen Verhältnisse, die imperialistischen Herrschafts- und Ausbeutungsverhältnisse, Macht- und Unterdrückungsmechanismen, nicht hinauszudenken oder auch nur über diese ernsthaft nachzudenken. So ist das Denken der gegenwärtigen bürgerlichen Philosophie ein Denken ohne Hinaus- und Nachdenken – also kein *wirkliches* Denken. Es bleibt im Radius des imperialistischen Gesellschaftssystems befangen. Seine Spitze richtet sich gegen den historischen Fortschritt. Fehlendes historisches Bewußtsein, mangelnde Perspektivgewißheit und Wahrheitsrelativismus kennzeichnen es. Diese Merkmale verleihen der spätbürgerlichen Philosophie in eigener Sache einen Zug zum Privaten, Unverbindlichen, Fragwürdigen und Kleinlichen. Im Hinblick auf den 16. Philosophie-Weltkongreß (Düsseldorf 1978) nannte dies eine BRD-Zeitung nicht zu Unrecht „Provinzialismus“ und „Rückzug in die Kultur des Desinteresses“.[45]

Die gegenwärtige bürgerliche Philosophie ersetzt das Problem der Wahrheit durch die Konzeption des *Pluralismus*. Mit dieser Konzeption, die die spätbürgerliche Philosophie dem „modernen“ Revisionismus entnommen hat[46], macht sie aus der Not eine Tugend. Was ihre historische und theoretische Schwäche ist, das gibt sie als ihre Stärke aus. Da sie als Krisen- und Verfallsideologie keinen festen Punkt, kein Ziel, keine Perspektive mehr in der Geschichte findet, kompensiert sie diesen Tatbestand mit der Behauptung des Vielerleis als ihres Vorzugs. Dieses unverbindliche Vielerlei ihrer eigenen Gesellschaft gegenüber nennt sie dann Pluralismus der Meinungen. Und diesen Pluralismus stellt sie dem einheitlichen und in sich geschlossenen (was nicht mit abgeschlossen zu verwechseln ist) Marxismus-Leninismus gegenüber. Aber die Pluralismus-Konzeption der gegenwärtigen bürgerlichen Philosophie (Ideologie) entlarvt sich selber sehr schnell. Denn mit einem wirklichen Pluralismus (wenn ein solcher überhaupt mög-

[45] Vorwärts, Bonn, 21. 9. 1978, S. 23.
[46] R. Steigerwald, Bürgerliche Philosophie und Revisionismus im imperialistischen Deutschland, a. a. O.

lich ist) ist es in dieser nicht weit her. Erstens stellt sie ihre gesellschaftlich-soziale Basis, den Imperialismus, nirgends in Frage. Zweitens ist sie in ihrem antikommunistischen und antisowjetischen Charakter ein Musterbeispiel nun nicht für einen wie immer gearteten Pluralismus, sondern für eine kaum zu überbietende dogmatische Einheitlichkeit. Die spätbürgerliche Pluralismus-Konzeption ist dergestalt Augenauswischerei. Sie unterliegt genauso den Gesetzen des ideologischen Klassenkampfes wie jede andere spätbürgerliche Konzeption. Die – oberflächlich betrachtet – verfängliche spätbürgerliche Pluralismus-Konzeption ist den Zielen der gesamten imperialistischen Ideologieproduktion untergeordnet, besser: ein nicht unwichtiger Teil dieser.

Mit der Pluralismus-Konzeption setzt die spätbürgerliche Philosophie (Ideologie) darüber hinaus auf den Umstand, der erkenntnistheoretisch leicht zu erklären, psychologisch aber gleichsam a priori wirksam ist, daß zu jeder Erscheinung zwar eine unendliche Menge von falschen und halbwahren Meinungen und Standpunkten möglich sind, es zu dieser aber nur eine richtige Lösung gibt. Den psychologischen Aspekt dieses Umstands macht sich die spätbürgerliche Philosophie (Ideologie) zunutze, indem sie ihren „Pluralismus" als „geistige Freiheit" und Voraussetzung für Wahrheitsfindung ausgibt, um zugleich zu behaupten, daß die einheitlichen weltanschaulichen Grundprinzipien des Marxismus-Leninismus „geistige Uniformierung", „mangelndes selbständiges Denken" usw. seien. In Wirklichkeit ist jedoch die Verbreitung von Un- und Halbwahrheiten in progressiver Folge die schlimmste, weil menschenunwürdigste Form geistiger Unfreiheit – und das um so mehr, als solches Vorgehen der gegenwärtigen bürgerlichen Philosophie (Ideologie), von ihr als geistige Freiheit ausgegeben, eine permanente Irreführung der Volksmassen darstellt. Dieser Sachverhalt ist in der Auseinandersetzung mit der bürgerlichen Philosophie (Ideologie) der Gegenwart immer wieder aufzuklären. Insbesondere kommt es darauf an, den „Pluralismus" der spätbürgerlichen Philosophie (Ideologie) auf sein imperialistisches apologetisches Wesen zurückzuführen. Denn dieser Pluralismus ist ein *scheinbarer*. Wird dies in der ideologischen Auseinandersetzung nicht beachtet, dann wird bei den Erscheinungsformen, genauer: beim Schein der spätbürgerlichen Philosophie (Ideologie) stehengeblieben, nicht aber zu ihrem Wesen vorgedrungen. Die Folge hiervon wäre, daß die Auseinandersetzung mit der gegenwärtigen bürgerlichen Philosophie (Ideologie), statt offensiv zu sein, zur bloßen Registratur der Dynamik des bürgerlichen Denkens unter den Bedingungen des Imperialismus würde. Es bliebe vor allem die theoretische Grundlage aller marxistisch-leninistischer ideologischer Auseinandersetzung unberücksichtigt, die Leninsche Imperialismus-Analyse, die Erkenntnis, daß der Imperialismus „sterbender Kapitalismus“ ist, daß – in der ganzen historischen Dimension gesehen – Imperialismus „Reaktion auf der ganzen Linie“ bedeutet.[47]

Die von der spätbürgerlichen Philosophie (Ideologie) hochstilisierte Pluralismus-Konzeption muß im Zusammenhang mit ihrer Krise gesehen werden. Sie ist deren Produkt. Man kann sie auch als ein Merkmal dieser Krise bezeichnen. Die gegenwärtige bürgerliche Philosophie (Ideologie) versucht ihre Krise mit der Pluralismus-Konzeption aufzuheben, besser: zu verhüllen.

Dennoch – so oft die spätbürgerliche Philosophie (Ideologie) über ihre Krise spricht und so sehr sie Anstrengungen macht, ihren Krisenzustand aufzuheben oder wenigstens abzuschwächen, sie bleibt bei der Feststellung des bloßen Fakts der Krise stehen. Sie vermag weder zu deren Ursachen (ökonomische und politische Krise des imperialistischen Gesellschaftssystems) vorzudringen noch ihre Erscheinungsformen (Widerspiegelung der allgemeinen Krise des Kapitalismus, Unfähigkeit zu einer tragfähigen, optimistischen Weltanschauung; Antikommunismus und Antisowjetismus) aufzuhellen. Das deshalb, weil die Krise der spätbürgerlichen Philosophie eine Erscheinung ist, die aus den objektiv-realen gesellschaftlichen Bedingungen dieser Ideologie resultiert, aus diesen erklärt werden muß und nur von diesen her erklärt werden kann. Als Bestandteil der gesamten imperialistischen Ideologie ist sie zunächst Widerspiegelung der allgemeinen Krise des Kapitalismus. Zugleich aber ist sie auch Ausdruck, Erscheinungsform dieser allgemeinen Krise. Es wäre ein verhängnisvoller Irrtum, die allgemeine Krise des Kapitalismus nur ökonomisch fassen zu wollen. Die Krise der imperialistischen Ideologie – und insbeson-

[47] W. I. Lenin, Werke, Bd. 22, Berlin 1960, S. 307, S. 292.

dere auch ihrer Philosophie – ist ein wichtiger, ja wesentlicher Aspekt der allgemeinen Krise des Kapitalismus.

Die Krise der spätbürgerlichen Philosophie (Ideologie) tritt vor allem in Erscheinung als Weltanschauungskrise, als Krise der spätbürgerlichen Ideensysteme und Wertvorstellungen. Seit dem Ausgang der klassischen bürgerlichen deutschen Philosophie mit Hegel und Feuerbach und der Entstehung der wissenschaftlichen Weltanschauung der Arbeiterklasse, des Marxismus-Leninismus, ist es der bürgerlichen Philosophie (Ideologie) nicht mehr gelungen, eine tragfähige, optimistische und in sich geschlossene weltanschauliche Konzeption zu entwickeln. Die innerhalb der gegenwärtigen bürgerlichen Philosophie (Ideologie) übliche Ablösung einer Schule durch eine andere und die zu beobachtende Verdrängung einer Richtung durch eine andere ist ein äußeres Kennzeichen dieses Tatbestands.

Die Krise der bürgerlichen Ideologie offenbart sich weiter in ihrem Versagen gegenüber den Erfordernissen, die ihre Gesellschaft (d. i. die imperialistische) an sie stellt, auf Grund objektiver Zwänge stellen muß. Die spätbürgerliche Ideologie kommt ihrer gesellschaftlich-praktischen, das heißt: politischen Funktion, nämlich zu größtmöglicher Stabilität der imperialistischen Gesellschaft beizutragen, nur ungenügend nach. Die im Lager der spätbürgerlichen Ideologie immer wieder – zum Teil selbstkritisch – zu vernehmenden Klagen über die Nutzlosigkeit von Philosophie und Ideologie überhaupt resultieren aus diesem Sachverhalt bzw. verweisen auf diesen.

Aus diesem Grunde bedeutet Krise der bürgerlichen Ideologie nicht nur Widerspiegelung und Bestandteil der allgemeinen Krise des Kapitalismus. Ideologie/Philosophie hat als Interessenausdruck von gesellschaftlichen Klassen eine gesellschaftlich-praktische orientierende und organisierende Funktion. Krise der bürgerlichen Ideologie bedeutet in diesem Zusammenhang deshalb zugleich auch, daß die gegenwärtige bürgerliche Ideologie *Krisenbewußtsein* ist. Als solches soll sie die unlösbare Aufgabe erfüllen, zur Überwindung der allgemeinen Krise des Kapitalismus beizutragen. Da die allgemeine Krise des Kapitalismus im Rahmen dieser Gesellschaft aber unaufhebbar bleibt, ist die Aufgabenstellung nach Krisenüberwindung notwendig nicht zu verwirklichen und wird deshalb illusionär. Das heißt: Die gegenwärtige bürgerliche Ideologie (und die Philosophie eben darin eingeschlossen) ist notwendig *falsches*, weil *illusionäres (Krisen-)*Bewußtsein. Mit anderen Worten: die objektive Perspektivlosigkeit des Kapitalismus als Imperialismus, die in seiner allgemeinen Krise augenscheinlich ist, tritt in den verschiedenen ideologischen Manifestationen der Bourgeoisie bzw. bei ihren Ideologen subjektiv als Krisenbewußtsein in Erscheinung.

Doch die für die Bourgeoisie als herrschende Klasse notwendige politische und ideologische Handlungsfreiheit bei der Verfolgung ihrer Klasseninteressen und Klassenziele erfordert eine Ersatzperspektive. Und die spätbürgerliche Ideologie als ideeller Ausdruck und ideologische praktische Vermittlung dieses Klasseninteresses hat die Funktion, eine Ersatzperspektive des Kapitalismus zu entwickeln, um auf diese Weise die Handlungssicherheit der imperialistischen Bourgeoisie als herrschende und unterdrükkende Klasse stets von neuem zu produzieren und zu reproduzieren. Das ist ein wesentlicher Grund dafür, warum sich die Bourgeoisie auch ideologisch nicht aufgibt und aufgeben kann, obwohl sie gerade auf ideologischem Gebiet seit den Tagen des „Kommunistischen Manifests" starke Verluste und eine relative Schwächung hinnehmen mußte.

Diese allgemeine Charakterisierung der Krise der gegenwärtigen bürgerlichen Ideologie kann durch eine Reihe von Momenten ergänzt werden, die diese konkretisieren. Wir möchten auf vier aufmerksam machen, ohne damit das Phänomen „Krise der bürgerlichen Ideologie" vollständig ausmessen zu wollen.

Als erstes muß der Antikommunismus genannt werden. Dieser ist die entscheidende Waffe der gegenwärtigen bürgerlichen Ideologie gegen den realen Sozialismus, die kommunistischen und Arbeiterparteien und den Marxismus-Leninismus sowie zur Stabilisierung der eigenen Gesellschaft. Der Antikommunismus wirkt gegen das Gesetz der Epoche, gegen den weltweiten Übergang vom Kapitalismus zum Kommunismus. Bei aller ihm eigenen Aggressivität agiert der Antikommunismus aus der Defensive (dies bedingt die Aggressivität) und bewirkt damit objektiv eine weitere Vertiefung der Krise der bürgerlichen Ideologie der Gegenwart.

Antikommunismus (und Antisowjetismus) – das bedeutet den

vornehmlich *politischen Klassenausdruck* der gegenwärtigen bürgerlichen Ideologie. Allein dieser kann – nach Lage der Dinge: Perspektivlosigkeit des kapitalistischen Systems – von der spätbürgerlichen Ideologie niemals als Position, sondern immer nur als Negation gesetzt werden. Deshalb gibt es innerhalb der spätbürgerlichen Ideologie verschiedene und unterschiedene theoretische Begründungen für den Antikommunismus. Es gibt verschiedene Linien, auf denen die gegenwärtige bürgerliche Ideologie mit dem Antikommunismus operiert. Diese treten je nach dem gegebenen Kräfteverhältnis und je nach den situativen Erfordernissen im internationalen Klassenkampf zwischen Sozialismus und Imperialismus unterschiedlich hervor oder zurück. Die Proportionen der dabei von der bürgerlichen Ideologie der Gegenwart entwickelten Varianten des Antikommunismus (und Antisowjetismus) ändern sich daher ständig. Ein und dieselbe antikommunistische Doktrin erfüllt zu verschiedenen Zeiten verschiedene Funktionen.

Daß die einzelnen antikommunistischen Doktrinen zudem einander widersprechen und sogar ausschließen, liegt im Charakter des Antikommunismus als eines Kernmoments der Krise der spätbürgerlichen Ideologie begründet. So wird etwa dem Sozialismus und Kommunismus sowohl vorgeworfen, die totale Ordnung zu sein oder zu wollen, in der jede Spontaneität, jeder individuelle Spielraum und jede Phantasie, jede Kreativität bekämpft oder unmöglich werden, als auch – umgekehrt – die totale Unordnung, das Chaos zu sein – schon weil dieser die bürgerliche Eigentumsordnung abschaffe.

Auf der mehr theoretischen Ebene ist das gleiche zu beobachten. Während positivistische Denker dem Marxismus-Leninismus Unwissenschaftlichkeit vorwerfen, weil dieser ihren Methodenmystizismus nicht akzeptiert, kommt von mehr lebensphilosophisch, vor allem phänomenologisch oder hermeneutisch orientierten Denkern der gegenteilige Vorwurf.

Im Grunde genommen gibt es keinen Vorwurf (und sein jeweiliges Gegenteil), der vom Antikommunismus nicht als Argument in seinem Kampf gegen den realen Sozialismus, die kommunistischen und Arbeiterparteien und den Marxismus-Leninismus eingebracht wird. Von hier aus kann formuliert werden, daß der Austausch und die gegenseitige Übernahme der Argumente für den Antikommunismus wesentlich und ein weiteres Zeichen der Krise der gegenwärtigen bürgerlichen Ideologie ist. Zugleich aber ist festzuhalten, daß die antikommunistische Funktion als solche für die gesamte imperialistische Ideologie keineswegs austauschbar oder gleichgültig ist.

Die Krise der bürgerlichen Ideologie der Gegenwart bringt die historische Defensivposition der sie tragenden Klasse zum Ausdruck, unbeschadet der Tatsache, daß die imperialistische Bourgeoisie durchaus politisch und ideologisch offensiv operieren kann und auch operiert. Krise der bürgerlichen Ideologie heißt in diesem Zusammenhang, daß die bürgerliche Illusion von der Selbstverständlichkeit und der Natürlichkeit des Kapitalismus durch die revolutionäre Arbeiterbewegung und den realen Sozialismus gesellschaftlich-praktisch destruiert worden ist. Jeder Erfolg des Sozialismus vertieft deshalb dieses Moment der Krise der gegenwärtigen bürgerlichen Ideologie. Noch vor wenigen Jahrzehnten konnte die bürgerliche Ideologie die Illusion von der Selbstverständlichkeit und der Natürlichkeit des Kapitalismus als historische Normalität (Kapitalismus = historischer Normalfall) reproduzieren und den Sozialismus als bloßen Betriebsunfall der Geschichte und deshalb als historisch anormal hinstellen. Natürlich ist diese Argumentationslinie nicht völlig aus der bürgerlichen Gegenwartsideologie verschwunden. Aber die Existenz des sozialistischen Weltsystems nötigt die bürgerlichen Ideologen, früher naiv reproduzierte Denkschemata bewußt zu produzieren. Die bürgerliche Ideologie der Gegenwart ist gezwungen, die kapitalistische Gesellschaft und das Beharren auf ihr aktiv und ausdrücklich zu legitimieren. Wie krisen-reproduktiv dieser Zwang wirkt, erhellt daraus, daß diese ausdrückliche Legitimierung des Imperialismus auf die Reproduktion von Bedingungen gerichtet ist, aus denen seine unaufhebbare allgemeine Krise selber entspringt. Beispiel: Das Ins-Spiel-Kommen des Konservatismus als einer Formierungsideologie, die den reaktionären Gruppen des Monopolkapitals Ziele setzen und Wege weisen soll.

Ein Grundmoment der Krise der bürgerlichen Ideologie ist – wie bemerkt – das Schwinden der Perspektivgewißheit des Kapitalismus. Das Entstehen und die Weiterentwicklung des sozialistischen Weltsystems zerstörte nicht nur die Illusion von der Natürlichkeit des Kapitalismus, sondern auch die seiner Ewigkeit. Die objektive Perspektivlosigkeit dieser Gesellschaft wird auch in ihrer Ideologie widergespiegelt. Jedoch hängt die Art und Weise dieser Widerspiegelung vom Klassenstandpunkt ab. Und vom Klassenstandpunkt des Imperialismus aus kann dessen objektive Perspektivlosigkeit nur illusionär und gegen den historischen Fortschritt widergespiegelt werden. Aber alle bürgerlichen ideologischen Verhüllungen der Perspektivlosigkeit des Kapitalismus erfüllen die gesellschaftlich-praktische Funktion, dieses perspektivlose System zu reproduzieren. Dabei ist es relativ gleichgültig, ob Pseudoperspektiven für den Kapitalismus erfunden werden, wie etwa die Theorie von der postindustriellen Gesellschaft, oder ob diese Perspektivlosigkeit als „Kristallisation" verkündet wird. Der Standpunkt der unbedingten Erhaltung des Kapitalismus, der sich in allen Formen dieser Ideologie ausspricht, verhindert jedes kritische Verhältnis zu den Grundlagen dieser Gesellschaft.

Verlust der Perspektivgewißheit heißt also keinesfalls ideologische Selbstaufgabe der Bourgeoisie, sondern theoretische Begründung ihrer Strategien der Selbsterhaltung gegen den Sozialismus. Diese Funktion der bürgerlichen Ideologie zwingt sie dazu, objektiv Demagogie zu treiben. Dies weist auf den Widerspruch hin, der zwischen dem historischen Defensivcharakter des Kapitalismus und dem Bestreben der spätbürgerlichen Ideologie nach Stabilisierung dieser Gesellschaft besteht. Aus diesem Widerspruch resultiert der wesentlich aggressive Charakter der bürgerlichen Gegenwartsideologie. Der Widerspruch zwischen gesellschaftlicher Wirklichkeit und Ideologie im Imperialismus zwingt dazu, Ideologiebildung und Ideologierezeption zu intensivieren. Denn die Funktion der bürgerlichen Ideologie, die Reproduktion der imperialistischen gesellschaftlichen Verhältnisse mit zu vermitteln, mit zu organisieren, wird durch diesen Widerspruch nicht außer Kraft gesetzt.

Mit anderen Worten: Die gesellschaftlich-praktische (politische) Funktion der bürgerlichen Ideologie führt diese mit Notwendigkeit dazu, ihre Krise zu reproduzieren und zu vertiefen. Dies gilt auch, wenn sich die konkreten Symptome der Krise der bürgerlichen Gegenwartsideologie verändern, verschieben. Zeitweilige Konjunkturen bestimmter Erscheinungen der spätbürgerlichen

Ideologie, wie zum Beispiel die des Kritischen Rationalismus oder das Aufkommen von Philosophieersatz, wie etwa die bürgerliche Wissenschaftstheorie, sind kein Zeichen für die Prosperität der gegenwärtigen bürgerlichen Ideologie. Sie sind Momente der Reproduktion der Krise dieser Ideologie, ihres tendenziellen Verfalls. Krise heißt in diesem Zusammenhang nicht Versiegen der ideologischen Produktivität, sondern wachsender Verschleiß der spätbürgerlichen Ideologie durch ihre gesellschaftlich-praktischen Funktionen. Darum auch die hektische Produktion immer neuer Varianten der spätbürgerlichen Ideologie an der Oberfläche – auf der Basis gleichbleibender weltanschaulicher Grundstrukturen.

Beschreibungen der Krise der gegenwärtigen bürgerlichen Ideologie wie die eben gegebenen – seit Marx und Engels Allgemeingut wissenschaftlicher Analyse von ideologischen Erscheinungen und, wenn man will, zu jeder ideologiekritischen Tätigkeit gehörend – produziert die spätbürgerliche Ideologie, auch und vor allem die spätbürgerliche Philosophie, nicht – und wenn, dann nur annähernd, nur untergeordnet und am Rande oder als Ausnahme. Eine solche Ausnahme stellt C. Grossners „Verfall der Philosophie" dar, woraus wir eine längere Passage anführen wollen, weil sie auf bestimmte Symptome der Krise der gegenwärtigen bürgerlichen Ideologie/Philosophie hinweist. Grossner demonstriert seine Ansichten an der Entwicklung der spätbürgerlichen Philosophie in der BRD. Jedoch brauchen die Philosophennamen nur ausgewechselt oder weggelassen zu werden, und man kann seine Bemerkungen als gültig für die gesamte spätbürgerliche Philosophie (Ideologie) setzen.

Grossner hält fest: „Der Verfall der Philosophie in Deutschland signalisiert zugleich den Verfall der Gesellschaft.

Damit ist diese Kritik an der 'Politik deutscher Philosophen' kein psychologisierendes Verdikt, sondern eine Kritik der gesellschaftlichen Bedingungen von Philosophie in der Bundesrepublik – und damit allerdings *auch* eine Kritik der Philosophen.

Was Gesellschaftsverfall meint, kann ich hier nur andeuten: Die wachsende Arbeitsteilung; die Spezialisierung der Wissenschaften und der Berufe; die Trennung von Arbeit und Leben; die zunehmende Herrschaft privater Kategorien, privater Interessen; dementsprechend die wachsende, undurchschaute Abhängigkeit der Einzelteile der Gesellschaft untereinander; der Zug zur Konzentration in Wirtschaft und Presse; die Aushöhlung der kritischen Öffentlichkeit durch manipulierende Pressekonzerne; der Widerspruch zwischen juristisch zugesichertem Verfassungsrecht und der tatsächlichen Verfassungspraxis.

In diesem Verfallsprozeß der spätkapitalistischen Gesellschaft spielen die deutschen Philosophen eine nicht unerhebliche Rolle: Jürgen Habermas als Mentor und Kritiker der studentischen Protestbewegung; Georg Picht als Ceterum-Censeo-Rufer zur deutschen Bildungskatastrophe; Carl Friedrich von Weizsäcker als Wissenschaftsmanager in Starnberg, beim Institute for Strategic Studies oder bei der Vereinigung Deutscher Wissenschaftler; Ernst Bloch als Redner bei Kundgebungen gegen die Notstandsgesetze; oder Karl Jaspers als existenzphilosophische Kassandra gegen eine Entwicklung zum Faschismus. Die öffentliche Rolle, die diese Männer spielen, ist politisch.

Wie politisch ist ihre Philosophie? Welche politischen Implikationen haben ihre Theorien, wie bestimmen die Philosophen ihr Verhältnis zu Wissenschaft und Politik selbst?

In den Biographien von Max Horkheimers Odyssee im Jahre 1933 aus Frankfurt über Genf und Paris bis zum Neuanfang des Instituts für Sozialforschung in New York; von Martin Heideggers Freiburger Rektoratsrede für den Nationalsozialismus bis zu seiner inneren Emigration im Schwarzwaldhaus in Todtnauberg; in den Biographien von Carl Friedrich von Weizsäcker, dem Physiker, der während der Zeit des Dritten Reiches vor der Frage stand, eine deutsche Atombombe zu bauen, oder von Weizsäckers Freund Georg Picht bricht sich gleichzeitig die historische und gesellschaftliche Dimension, ohne die Philosophie, Politik und Wissenschaft heute nicht mehr möglich sind.

Die Philosophen sind dabei Spiegel ihrer Zeit. Sie repräsentieren philosophische Strömungen ...

Schon eine Analyse der philosophischen Biographien dieser einflußreichen Einzelgänger oder Schulhäupter gibt Hinweise auf den Verfall der Philosophie: Weizsäckers Reduktion auf das Wissenschaftsmanagement, Adornos resignierende 'Negative Dialektik' mit der Kehre zur Ästhetik; Horkheimers Abkehr von der kritischen Theorie der dreißiger Jahre, die ihn 1971 sogar Parallelaktionen mit dem konservativen 'Bund Freiheit der Wissenschaft' führen läßt; Heideggers Flucht ins einfache Seyn des Messkircher Feldwegs; Habermas, der den politischen Biß von 'Student und Politik' in Weizsäckers Starnberger Nachbarschaft zu verlieren droht; Picht als Religionsphilosoph der Evangelischen Studiengemeinschaft; die Neopositivisten Popper und Albert, die Philosophie zuerst als Methodenreflexion mit erkenntnistheoretisch abgestumpftem gesellschaftsveränderndem Stachel betreiben.

Diese Indizien des Verfalls der Philosophie in Deutschland könnten als persönliche Verfallsgeschichten gedeutet werden. Sie wären dann nur noch psychologisch-psychoanalytisch interessant. Auch als Repräsentanten des Verfalls der gesamten Philosophie wären sie so lange für die Öffentlichkeit belanglos, wie Philosophie zu Recht abstürbe.

Alarm allerdings ist dann zu schlagen, wenn es zu zeigen gelingt, daß Philosophie nicht nur weiterhin eine Bedingung für kritische Wissenschaft und damit für eine von der Entwicklung der Wissenschaft immer stärker abhängig werdende Gesellschaft ist, sondern daß Philosophie sogar in eine politische Schlüsselrolle für die Entwicklung der Gesellschaft hineinwächst, und zwar – wie sich zeigen wird – sogar eine verfallende Philosophie: Selbst der Leichnam der Philosophie hätte eine politische Bedeutung."[48]

[48] C. Grossner, Verfall der Philosophie. Politik deutscher Philosophen, Reinbek bei Hamburg 1971, S. 7 f. – An anderer Stelle notiert Grossner: „Der Verfall der Philosophie in Deutschland ist kein persönliches Versagen einzelner Philosophen, sondern ein objektiver Prozeß, der gefährliche Folgen für die Entwicklung der Gesellschaft hat ... Die Behauptung, Deutschlands Philosophie befinde sich in einem Verfallsprozeß, ist für die Öffentlichkeit nur so lange belanglos, wie die Philosophie verwechselt wird mit den dahinvegetierenden philosophischen Fakultäten an den Universitäten. In Wirklichkeit wird die philosophische Theorie für die Gesellschaft zunehmend politisch bedeutungsvoller ..." Als „Verfallssymptome" hält Grossner dann fest: „Die Philosophie verliert die Verbindung mit den Einzelwissenschaften ... Die Philosophie verliert zunehmend ihr Objekt", es ist ein „Objektverlust der Philosophie" zu verzeichnen. „Dieser Objektverlust der Philosophie hängt zusammen mit der Leichenstarre der deutschen Schulphilosophie." Von diesen Verfallssymptomen aus schlußfolgert dann der Verfasser: „Die Philosophie kann ihre Rolle in der Gesellschaft erst gewinnen, wenn sie sich theoretisch klar wird über ihr Verhältnis zur *Wissenschaft* und zur *praktischen* Politik." (S. 151 ff.)
Dies ist sicher richtig. Denn diese „Rolle" entschied seit jeher über Philoso-

Soweit Grossner. Sicher, marxistische Analyse würde die Akzente etwas anders setzen, die Analyse auch historisch relativieren, so daß die Bestandsaufnahme gegenwärtiger bürgerlicher Philosophie in dem Gesamtzusammenhang der Philosophieentwicklung unter imperialistischen gesellschaftlichen Bedingungen stehen würde. Und sicher würden 1981 (nach 10 Jahren) andere Namen und Beispiele angeführt werden können, müssen. Dennoch artikuliert Grossner in seiner Beschreibung richtig den Verfall der spätbürgerlichen Philosophie, der zugleich der Verfall von politischer Wirksamkeit in der imperialistischen Gesellschaft der Gegenwart ist. Allein solche Beschreibungen der spätbürgerlichen Philosophie durch kritisch denkende Köpfe innerhalb ihres Gesamtrahmens sind – wie bemerkt – eine Ausnahme. Wozu die spätbürgerliche Philosophie (Ideologie) in ihrer übergroßen Mehrzahl immer wieder bloß kommt, das ist die lapidare Formel, daß die Krise ihre Existenzweise ist.

Wenn die gegenwärtige bürgerliche Philosophie (Ideologie) die Krise als ihre Existenzweise ausgibt, so bedeutet das nicht, daß sie dadurch an ihre historische Grenze oder gar an die ihres gesellschaftlichen Systems, des Imperialismus, vorstößt. Mit Einsicht in die Gesetzmäßigkeiten des Geschichtsprozesses im allgemeinen hat das nichts, in die des Übergangs vom Kapitalismus zum Sozialismus hat das gar nichts zu tun. Wäre das der Fall, dann wäre die spätbürgerliche Philosophie (Ideologie) keine *bürgerliche* mehr. Sie funktioniert im Gegenteil ihre Krise zu einer allgemeinen geistigen Krise um und stilisiert die allgemeine Krise des Kapitalismus zur allgemeinen Menschheitskrise, zumindest zu einer Krise der „abendländischen" Gesellschaft und Kultur hoch. W. Röpke, auf den – mehr oder weniger – alle gegenwärtige bürgerliche Krisendiagnostik sowie „moderne" Marxismus- und Sozialismuskritik

phie. Doch wie soll die spätbürgerliche Philosophie (Ideologie) diese Rolle wahrnehmen? Die imperialistischen gesellschaftlichen Bedingungen bringen sie um die Verwirklichung dieser Rolle (vgl. S. 42–70 dieser Schrift). Es genügt eben nicht, daß der Gedanke zur Wirklichkeit drängt, die Wirklichkeit selber muß zum Gedanken drängen (Marx). Konsequenterweise wäre die Grossnersche Forderung eigentlich nur durch ein Übergehen der spätbürgerlichen Philosophie auf die Positionen des Marxismus-Leninismus zu realisieren. Doch dann wäre die spätbürgerliche Philosophie keine *bürgerliche* mehr.

zurückgeht, beschrieb bereits 1942 (mitten im zweiten Weltkrieg!) „die pathologischen Entartungen unserer abendländischen Gesellschaft".[49] Diese Beschreibung erfolgte in einem Buch mit dem bezeichnenden Titel: „Die Gesellschaftskrisis der Gegenwart".

In den siebziger Jahren wird innerhalb der imperialistischen Ideologie analog vorgegangen; der Unterschied: der Begriff „abendländische Gesellschaft" wird jetzt durch den des „Industrialismus", der „industriellen Gesellschaft", der „Industriegesellschaft" ersetzt. Charakteristisch für beide Begriffe ist die gewollte *inhaltliche* Gleichsetzung der gegensätzlichen Gesellschaftsordnungen des Kapitalismus und des Sozialismus. So wird formuliert: „Was jetzt geschieht, ist nicht die Krise des Kapitalismus, sondern die der industriellen Gesellschaft selber, ungeachtet ihrer politischen Form. Es sind zugleich die Revolution der Jugend, die Revolution der Kolonien und die schnellste und tiefste technologische Revolution der Geschichte zu erfahren. Wir leben in der allgemeinen Krise des Industrialismus. Mit einem Wort, wir sind inmitten der superindustriellen Revolution."[50]

Wir sind hier bei einem entscheidenden Thema spätbürgerlicher Ideologieproduktion, das immer wiederkehrt und das auf ihre apologetische Funktion hinweist. Der spätbürgerlichen Philosophie (Ideologie) ist als Grundzug eigen, „die Krise des Kapitalismus in eine universell-menschliche umzustilisieren und damit die Antagonismen der bürgerlichen Gesellschaft nicht nur zu verewigen – ideologisch zu neutralisieren und zu rechtfertigen –, sondern auch ihren Krisenbegriff auf den Sozialismus zu übertragen und so die Möglichkeit des Auswegs gedanklich zu beseitigen".[51] Imperialistische Krisendiagnostik und imperialistische Marxismus-Leninismus- und Sozialismuskritik sind zwei Seiten ein und derselben Medaille.

Eben deshalb muß im Zusammenhang mit der Krisendiagnostik der spätbürgerlichen Philosophie (Ideologie) auch ihre Auseinandersetzung mit dem Marxismus-Leninismus und dem realen Sozialismus gesehen werden (eingeschlossen die vielfältigen Marx- und Marxismusdiskussionen bürgerlicher Observanz). Und in dieser

[49] W. Röpke, Die Gesellschaftskrisis der Gegenwart, Zürich 1942, S. 16.
[50] A. Toffler, Future Shock, a. a. O., S. 165 f.
[51] A. Gedő, Philosophie der Krise, a. a. O., S. 118.

Beziehung ist nicht der Tatbestand typisch, daß sich gegenwärtige bürgerliche Philosophen (Ideologen) verstärkt mit dem Marxismus-Leninismus beschäftigen. Sondern wesentlich ist, daß es in der gesamten spätbürgerlichen Philosophie (Ideologie) – ausgesprochen oder unausgesprochen – auch dort um eine Auseinandersetzung mit dem Marxismus-Leninismus (und dem existierenden Sozialismus) geht, wo diese auf sich selbst und auf Probleme ihrer Gesellschaft, die imperialistische, abhebt. In diesem Vorgang erscheinen der imperialistischen Philosophie (Ideologie) der Marxismus-Leninismus und sie selber nicht so sehr als zwei geschiedene und gegensätzliche Welten, sondern als ein einheitlicher ideologischer Prozeß, der den Gesetzen der Krise gehorcht. Das heißt: Die spätbürgerliche Philosophie (Ideologie) bezieht die Weltanschauung des Marxismus-Leninismus in ihren Aktionsradius ein und betrachtet diesen mit den Kategorien ihrer eigenen Krise. Nur von hier aus ist die Flut der in den letzten Jahren entstandenen und innerhalb der imperialistischen Philosophie (Ideologie) geduldeten und geförderten „Marxismen" und „Neo-Marxismen" zu begreifen, die als lebensphilosophische (existentialistische, anthropologische, praxisphilosophische, „kritische") oder positivistische (szientistische, kritisch-rationalistische, strukturalistische) Marxismus-Varianten das Licht der Welt erblickten. A. Gedő hebt mit Recht hervor: „Seit Nietzsche ist es eine ständige Tendenz des bürgerlichen Krisenbewußtseins, die Idee des Sozialismus und die Arbeiterbewegung dem Begriff der Krise zu subsumieren, als Krisensymptom erscheinen zu lassen; seit den 40er Jahren unseres Jahrhunderts bezieht die bürgerliche Apologie die Realität des Sozialismus in ihre Krisengebilde ein, sie gibt der *Universalität* und der *Totalität* der Krise einen Sinn, den sie auch auf den Sozialismus ausdehnt. Das spätbürgerliche Denken setzt dem Sozialismus eine *falsche Alternative* entgegen, indem es behauptet, der reale Sozialismus sei *keine Alternative* zur allgemeinen Krise des Kapitalismus."[52] In diesem Sinne schrieb bereits W. Röpke, daß „der Sozialismus ... nichts anderes als eine alles gefährdende und bestimmte Irrwege erst voll zu Ende gehende Reaktion" ist, „aber nicht die Erlösung, als die er sich ausgibt ... Totalitarismus und

[52] Ebenda.

Sozialismus ... vollenden die Totalkrise der Gesellschaft; beide sind so sehr das Gegenteil einer Lösung, daß sie sogar den äußersten Punkt markieren, bis zu dem wir uns von der Lösung entfernen können".[53]

Genau dasselbe ist gemeint, wenn heute innerhalb der bürgerlichen Ideologie festgehalten wird: „Wir sind Zeugen einer allgemeinen Krise des Industrialismus, einer Krise, welche die Grenzen zwischen dem Kapitalismus und dem Kommunismus sowjetischen Typs auslöscht."[54]

Doch nicht nur das. Auch dort, wo spätbürgerliche Philosophie (Ideologie) sich nicht als „Marxismus"-Variante ausgibt, muß diese primär als Auseinandersetzung mit dem Marxismus-Leninismus und dem realen Sozialismus begriffen werden. Der Marxismus-Leninismus erscheint auch hier als Bestandteil der Krise der gegenwärtigen bürgerlichen Philosophie (Ideologie). Kennzeichen dieses Prozesses ist zum Beispiel die positivistische Denunziation des Marxismus-Leninismus als Mythos (Topitsch) oder Aberglaube (Popper). Gleiches ist – im bürgerlich-ideologischen Selbstverständnis – auf der lebensphilosophischen „Gegen"-Seite zu beobachten. Heidegger verkündete: „Mit der Umkehrung der Metaphysik, die bereits durch Karl Marx vollzogen wird, ist die äußerste Möglichkeit der Philosophie erreicht. Sie ist in ihr Ende eingegangen."[55] Mit solcher Wendung, nämlich den Marxismus-Leninismus als Bestandteil in die Krisen- und Verfalls-Dynamik der imperialistischen Philosophie (Ideologie) zu integrieren, soll erreicht werden, daß dieser der Krise der spätbürgerlichen Ideologie subsumiert, zu einem Merkmal der Krise dieser Ideologie wird. Konsequent wird dann auch innerhalb der gegenwärtigen bürgerlichen Philosophie (Ideologie) von einer „Krise des Marxismus-Leninismus" gesprochen: „Die Krise des Marxismus ... ist von der Krise der modernen Welt nicht zu trennen, und sie führt zur Krise der Weltgeschichte von morgen."[56] Und an anderer Stelle wird hervorgehoben, daß der Marxismus-Leninismus „in die Schwierigkeiten und vielleicht in die Zerstörung und Selbstver-

[53] W. Röpke, Die Gesellschaftskrisis der Gegenwart, a. a. O., S. 37.
[54] A. Toffler, The Ecospasm, Report, 7/1975.
[55] M. Heidegger, Zur Sache des Denkens, Tübingen 1969, S. 63.
[56] K. Axelos, Vers la pensée planétaire, Paris 1970, S. 210.

nichtung hineingerissen" sei.[57] Der Tenor der spätbürgerlichen Philosophie (Ideologie) dem Marxismus-Leninismus gegenüber ist so durchgängig der gleiche. Er wird von dieser als Bestandteil ihrer eigenen Krise genommen. Erst wenn dieser Tatbestand in seiner ganzen Tragweite einsichtig ist, können die verschiedenen Marx- und Marxismusbeschäftigungen der spätbürgerlichen Philosophie (Ideologie) auf ihre Stellung in der ideologischen Auseinandersetzung der Gegenwart hin und in ihrer jeweiligen Spezifik untersucht werden.

Dabei ist zu beachten, daß die spätbürgerliche Philosophie auch dort, wo sie sich „unabhängig", privat und unverbindlich (oder im „Privaten": verbindlich) gibt, und zwar meist unter der Parole des Pluralismus, ihrem Wesen nach politisch ist – und vor allem politisch wirkt und wirken soll. Kritischer denkende Köpfe aus dem gegenwärtigen bürgerlichen ideologischen Lager sehen das mit Deutlichkeit. Grossner vermerkt: Heute erhält „jede Philosophie – auch die, die scheinbar keinen Bezug zur Politik hat – gesellschaftliche Bedeutung".[58] Und weil das in der Tat so ist, kann es keine Versöhnung oder gar Aussöhnung zwischen Marxismus-Leninismus und spätbürgerlicher Philosophie (Ideologie) geben. Denn hinter diesen stehen die beiden Hauptklassen und damit geschichtlich handelnden Kräfte der Welt von heute, die Arbeiterklasse und die imperialistische Bourgeoisie, deren Interessen und Positionen unterschiedlich, entgegengesetzt und eben deshalb unversöhnlich sind. Lenins Mahnung gilt, und zwar nicht nur für die Philosophie, sondern für alle ideologischen Bereiche, Literatur und Kunst eingeschlossen, daß es „niemals eine außerhalb der Klassen oder über den Klassen stehende Ideologie geben kann"[59].

1981

[57] H. Lefèbvre, La manifeste différentialiste, Paris 1970, S. 17.

[58] C. Grossner, Verfall der Philosophie, a. a. O., S. 151.

[59] W. I. Lenin, Werke, Bd. 5, Berlin 1958, S. 396.

II

Materialismus – Rationalität – Erkenntnis

Wie reiche Erfahrung Klugheit ist, so ist Reichtum an Wissenschaft Weisheit.
Thomas Hobbes (1588–1679)

Die Menschen werden sich immer irren, wenn sie die Erfahrung um solcher Systeme willen preisgeben, die durch die Einbildungskraft geschaffen werden.
Paul Thiry D'Holbach (1723–1789)

Wissenschaftliche Wahrheit ist immer paradox vom Standpunkt der alltäglichen Erfahrung, die nur den täuschenden Schein der Dinge wahrnimmt.
Karl Marx (1818–1883)

Zur Frage des Verhältnisses von Weltanschauung und Methodologie

Im folgenden sollen einige Überlegungen zum Verhältnis von Weltanschauung und Methodologie vorgetragen werden. Wir halten die Klarheit darüber, in welchem Verhältnis Weltanschauung und Methodologie stehen, inwieweit jede Weltanschauung methodologische Aspekte und alle Methodologie weltanschauliche Voraussetzungen hat, für grundlegend. Wir halten eben diese Klarheit in der Frage nach dem Verhältnis von Weltanschauung und Methodologie für eine der ersten Bedingungen, um in den Forschungen zu methodologischen Fragen der Gesellschaftswissenschaften (und der Wissenschaften überhaupt bzw. des wissenschaftlichen Forschungsprozesses) vorwärtszukommen. Insbesondere ist die Klarheit über das Verhältnis von Weltanschauung und Methodologie auch deshalb unerläßlich, um den mannigfaltigen Arbeiten zu methodologischen Problemen innerhalb der gegenwärtigen bürgerlichen Philosophie und Wissenschaft kritisch begegnen zu können.

(1) Die Problematik Weltanschauung – Methodologie steht seit einigen Jahren, wenn nicht Jahrzehnten, verstärkt im Zentrum der Diskussion über die Wissenschaftsentwicklung und ihre Folgen. Das sowohl in den Ländern des Sozialismus und unter marxistisch-leninistischen Wissenschaftlern als auch in den Ländern des Kapitalismus, unter bürgerlichen Wissenschaftlern und Ideologen. Diese Tatsache findet ihren Grund in den realen gesellschaftlichen Veränderungen in den Ländern des Sozialismus und des Kapitalismus und der tatsächlichen oder vermeintlichen Rolle der Wissenschaft innerhalb dieser gesellschaftlichen Prozesse. In letzter Instanz ist es die Verschiebung im Kräfteverhältnis zwischen Sozialismus und Kapitalismus zugunsten des Sozialismus in unserer Zeit, die die Diskussion über den Problemkomplex Weltanschauung und Methodologie herausfordert.

Wir versagen es uns hier, auf die näheren Umstände des eben festgehaltenen Prozesses einzugehen. Diese sind oft hervorgehoben worden. Sie können für den Sozialismus mit dem Hinweis auf die zunehmende Bedeutung der Gesellschaftswissenschaften im Zusammenhang mit der Planung und Leitung gesellschaftlicher Prozesse und der Naturwissenschaften für die Intensivierung der Volkswirtschaft und die Steigerung der Arbeitsproduktivität umrissen werden. Für den gegenwärtigen Kapitalismus genügt in unserem Zusammenhang die Feststellung, daß mit den verstärkten Krisenerscheinungen dieses Systems der Wunsch nach wissenschaftlicher Bewältigung derselben immer lauter wird. Dies schließt das Bestreben der spätbürgerlichen Ideologie ein, in der geistigen Auseinandersetzung unserer Zeit dem Marxismus-Leninismus eine ideologische Alternative entgegenstellen zu wollen.

Ungeachtet der näheren Umstände dieses Prozesses, die im Sozialismus und Kapitalismus entgegengesetzt sind, unterstreichen sie die Bedeutung der Wissenschaften für die Entwicklung und Gestaltung gegenwärtiger Gesellschaftsstrukturen. Dabei wird – meist unter dem Titel „Einheit von Natur- und Gesellschaftswissenschaften" – auf die fortschreitende Kooperation in der wissenschaftlichen Arbeit und die aus dieser resultierenden methodologischen Reflexionen als ein hervorragendes Merkmal gegenwärtiger Wissenschaftsentwicklung verwiesen.[1]

In der Tat ist dies ein Vorgang, der für die Wissenschaftsentwicklung unserer Zeit kennzeichnend ist und Aufmerksamkeit verdient. Dabei handelt es sich nicht um die Frage nach den sogenannten Querschnittswissenschaften oder um die nach der Überlagerung von Gegenstandsbereichen, wofür die nicht sehr glückliche Bezeichnung „Grenzdisziplinen" geprägt worden ist, sondern um ein Grundproblem wissenschaftlicher Forschung oder – was in unserem Zusammenhang dasselbe ist – der Wissenschaftsentwicklung in unserer Epoche überhaupt.

Damit aber kommt sofort wieder die gesellschaftliche Relevanz dieses Vorgangs zum Aufschein; und diese impliziert, daß weltanschaulich-methodologische Reflexionen in diesem Zusammenhang eine nicht zu unterschätzende Bedeutung annehmen, womit der Kreis der Eingangsfeststellung geschlossen wäre.

[1] K. Hager, Wissenschaft und Technologie im Sozialismus, Berlin 1974, S. 26.

(2) Wenn von Kooperation in der wissenschaftlichen Arbeit, besser: zwischen den Wissenschaften die Rede ist, dann ist die Frage nach den Voraussetzungen dieser gewünschten oder gewollten Kooperation unumgänglich. Und zu befragen ist dabei vor allem der Zusammenhang und seine Art und Weise, die hier in den Blick kommen und in den Griff gebracht werden müssen. Dieser Zusammenhang kann nur – und das unterstreicht eine über 2000jährige Wissenschaftsentwicklung – ein dialektischer sein, weshalb die Problematik Weltanschauung – Methodologie nicht ohne Dialektik zu denken ist oder gedacht werden kann.

Als Widerspiegelung der Prozesse der objektiven Realität verlangt nun die materialistische Dialektik, daß „die Dinge und ihre begrifflichen Abbilder wesentlich im Zusammenhang, ihrer Verkettung, ihrer Bewegung, ihrem Entstehn und Vergehn"[2] aufgefaßt werden.

In diesem wie in anderen analogen Überlegungen von Marx, Engels und Lenin liegt zweifellos der entscheidende Ansatzpunkt für die Behandlung des Zusammenhangs von Weltanschauung und Methodologie. Indem Marx und Engels die Gesellschaftswissenschaften auf eine dialektisch-materialistische – und das heißt: *philosophisch-weltanschauliche* Basis stellten (was wichtig ist, festzuhalten), haben sie diese nicht nur in den Rang von Wissenschaften im engeren Sinne des Wortes gehoben und dazu beigetragen, die künstlichen Grenzscheiden zwischen Natur- und Gesellschaftswissenschaften aufzuheben. Sie haben in diesem Prozeß zugleich den dialektischen und historischen Materialismus als Theorie entwickelt und als Methodologie angewandt. Damit haben sie entscheidende Voraussetzungen dafür geschaffen, das metaphysische, einseitig empiristisch-positivistische Denken zu überwinden.

(3) Akzeptiert man diese Überlegungen, dann folgt daraus, daß der Marxismus-Leninismus eine Trennung von Weltanschauung und Methodologie nicht kennt. Für den Marxismus-Leninismus gibt es keine weltanschauungsfreie Methodologie, wie es für ihn ebensowenig eine methodologiefreie Weltanschauung geben kann. Das ist deshalb nicht der Fall, weil Marx, Engels und Lenin den dialektischen und historischen Materialismus als Theorie und Me-

[2] K. Marx/F. Engels, Werke, Bd. 20, Berlin 1962, S. 22.

thode von einer ganzheitlichen materialistisch-monistischen Weltbetrachtung (= Weltanschauung) aus entwickelten. Dabei versicherten sie sich nicht irgendeiner philosophischen Methode oder irgendwelcher philosophischer Prinzipien, sondern des dialektisch-materialistischen Monismus, der in jedem Falle auf die materielle Einheit der Welt ausgeht bzw. Widerspiegelung dieser ist. Dadurch gelang ihnen auch im Prinzip das Überspringen der „Grenze“ zwischen natur- und gesellschaftswissenschaftlichem Denken, also die Schaffung einer einheitlichen, Natur und Gesellschaft sowie Denken gleichermaßen umfassenden Weltanschauung, die die Objektivität und Gesetzmäßigkeit der Welt als Ganzes zur Voraussetzung hat.

(4) Die marxistisch-leninistische Philosophie geht von der materiellen Einheit der Welt aus, anerkennt in diesem Zusammenhang ihre Erkennbarkeit und läßt für die Erkenntnis der Natur *und* Gesellschaft *und* des Denkens diesen Grundsatz allgemein und mit durchgehend gleicher Bedeutung gelten. Insofern der dialektische und historische Materialismus die Methodologie der Erkenntnis der Welt als Ganzes ist, korrespondiert er als Allgemeines mit der Erkenntnis in ihren Teilen (philosophisch: mit dem Besonderen und Einzelnen) durch die Einzelwissenschaften in einem unlösbaren Zusammenhang. Es liegt hier ein Verhältnis von allgemeiner Theorie und einzelwissenschaftlicher Theorie vor.

(5) Wenn wir nun sagen, daß der dialektische und historische Materialismus Theorie und Methode der wissenschaftlichen Erkenntnis der Welt als Ganzes verkörpert, dann setzen wir zugleich die untrennbare Verbindung von marxistisch-leninistischer Philosophie und Arbeiterklasse, die für ihre Befreiung und für die Errichtung des Sozialismus und Kommunismus einer „rücksichtslosen Wissenschaft“ (Marx) bedarf.

Die Klasse der Bourgeoisie, die an der Verewigung der bestehenden kapitalistischen gesellschaftlichen Verhältnisse interessiert ist, muß eine wissenschaftliche Weltanschauung in Abrede stellen bzw. sie bekämpfen. Das hindert sie nicht, ihr Interesse an einer wissenschaftlichen Anschauung der Welt in Teilen wahrzunehmen. Aber niemals kann sich die Bourgeoisie des dialektischen und historischen Materialismus annehmen (auch nicht als Methodologie!), und zwar nicht nur deshalb, weil dieser originär mit der revolutionären Arbeiterbewegung und dem Sozialismus verbunden ist, also mit der gesetzmäßigen historischen Alternative zum Kapitalismus, sondern vor allem deshalb, weil die Anerkennung der materiellen Einheit der Welt die Anerkennung der durchgängigen Gesetzmäßigkeit und Entwicklung der Welt einschließt.

Für die Arbeiterklasse ist der dialektische und historische Materialismus auf Grund ihrer Klassenlage und ihres Klasseninteresses die wissenschaftliche Weltanschauung und Methodologie der Erkenntnis der Welt in ihrer materiellen Einheit. Zugleich ist dieser auch theoretische Grundlage für ihre revolutionäre Strategie und Taktik, die sich in Übereinstimmung mit dem historischen Gesetz des Fortschritts (Geschichte als fortschreitende Abfolge von Gesellschafsformationen) befindet.

Dagegen zerfällt, besser: zerfließt das bürgerliche Welt- und Selbstverständnis auf Grund der Klassenlage und des Klasseninteresses der Bourgeoisie in eine Weltanschauung (mit wissenschaftlichen Theorie- und Methodenbestandteilen resultierend aus der naturwissenschaftlichen und – mehr oder weniger deformiert – der gesellschaftswissenschaftlichen Entwicklung) einerseits und einen übergreifenden Weltanschauungs- und Methodendualismus bzw. -pluralismus andererseits. Der Positivismus als Denkweise hat hier seinen Ausgangspunkt, das heißt seine klassenmäßige und erkenntnismäßige Voraussetzung in einem.[3]

(6) So gesehen, ist das Verhältnis von Weltanschauung und Methodologie ein miteinander verbundenes Ganzes, ein Komplex. Als solcher ist er philosophisch-weltanschauliche Grundlegung jedes wirklichen Wissenschaftsverständnisses. Die Einbettung dieser Momente bzw. dieser Problematik in den übergreifenden, dialektisch zu nehmenden Zusammenhang von Natur und Gesellschaft (eingeschlossen die Wissenschaft) ist ein unveräußerlicher Bau-

[3] Zum Positivismus: A. Gedő/M. Buhr/V. Ruml, Die philosophische Aktualität des Leninismus/Zur Aktualität der Leninschen Positivismus-Kritik/Positivistische „Philosophie der Wissenschaft" im Lichte der Wissenschaft, Berlin *und* Frankfurt am Main 1972; A. Gedő, Philosophie der Krise, Berlin *und* Frankfurt am Main 1978; M. Buhr/J. Schreiter, Erkenntnistheorie – kritischer Rationalismus – Reformismus. Zur jüngsten Metamorphose des Positivismus, Berlin 1979.

stein für die Zusammenführung der verschiedenen Wissenschaften, für ihre Kooperation, und zwar bei Beachtung ihrer jeweiligen Spezifik und ihrer unterschiedlichen Gegenstandsbereiche (woraus auch unterschiedliche Methoden resultieren), die weder in der Theorie noch in der Praxis des Forschungsprozesses aufgehoben werden können.

Die Stellung der Wissenschaft im Sozialismus läßt die aufgezeigte Problematik unmittelbar in die – ihrerseits wissenschaftliche – Begründung der Wissenschaftsstrategie und -politik der Partei in der sozialistischen Gesellschaft eingehen. Denn: „Die Entwicklung der Naturwissenschaft, der Zusammenhang von Naturwissenschaft, Produktion und immer besserer Befriedigung der Bedürfnisse der Menschen sind ihrerseits Teil des gesellschaftlichen Gesamtprozesses, der von den marxistisch-leninistischen Gesellschaftswissenschaften untersucht wird.“ Die Wissenschaften insgesamt wirken hier zusammen, kooperieren miteinander. „Übergeordnet ist [dabei] der Gesichtspunkt der perspektivischen Gestaltung der verschiedenen Lebensbereiche im Sozialismus.“[4]

(7) Unter den genannten Voraussetzungen ist es fragwürdig, wie es in der Literatur anzutreffen ist, Wissenschaftlichkeit einseitig auf einzelwissenschaftlich verstandene Methodologie (in Wahrheit sind ja auch nur einzelwissenschaftliche Methoden gemeint) zu reduzieren – wissenschaftliche Forschung also dergestalt in der Konsequenz mit dem Image sogenannter Weltanschauungsfreiheit zu versehen, wissenschaftliche Tatsachenforschung nur unter Ausschaltung von Parteilichkeit und Weltanschauung gelten lassen zu wollen und – in der Folge – Weltanschauung und Methodologie strikt voneinander zu trennen. Durch ein solches Herangehen wird ein unabdingbares Merkmal des dialektischen und historischen Materialismus, des Marxismus-Leninismus insgesamt, das nicht zuletzt seine Überlegenheit über jede bürgerliche Wissenschaft mit bestimmt, nämlich Einheit von Theorie und Methode (man kann auch sagen: von Weltanschauung und Methodologie) zu sein, in Frage gestellt. Historisch gesehen erfolgt dabei ein Zurückgehen zumindest hinter Hegel, der in der „Phänomenologie des Geistes“ zu sagen wußte und darin das Wesen wissenschaft-

[4] K. Hager, Wissenschaft und Technologie im Sozialismus, a. a. O., S. 32.

licher Methodologie gesehen hat: Eine „Sache ist nicht in ihrem *Zwecke* erschöpft, sondern in ihrer *Ausführung*, noch ist das *Resultat* das *wirkliche* Ganze, sondern es zusammen mit seinem Werden; der Zweck für sich ist das unlebendige Allgemeine, wie die Tendenz das bloße Treiben, das seiner Wirklichkeit noch entbehrt, und das nackte Resultat ist der Leichnam, der die Tendenz hinter sich gelassen".[5]

Systematisch gesehen, erfolgt hier eine Annäherung an die positivistische Denkweise, die unter anderem dadurch gekennzeichnet ist, daß sie Weltanschauung und Methodologie strikt voneinander trennt.

(8) An dieser Stelle muß die Frage gestellt werden: Können Weltanschauung und Methodologie als dialektische Einheit im Hinblick auf den wissenschaftlichen Forschungsprozeß, und zwar auf allen seinen Stufen, voneinander getrennt werden? Muß dieser Prozeß nicht eben als *Prozeß*, als ein jeweils Ganzes angesehen werden? Unter der Voraussetzung, daß mit Marx wissenschaftliche Forschung als „allgemeine Arbeit" genommen wird, die in jeder Beziehung in den Kontext der Gesamtheit historisch bestimmter gesellschaftlicher Verkehrsverhältnisse eingebettet ist, kann die erste Frage nur mit *nein* und die zweite Frage nur mit *ja* beantwortet werden.

Marx im „Kapital": „Allgemeine Arbeit ist alle wissenschaftliche Arbeit, alle Entdeckung, alle Erfindung. Sie ist bedingt teils durch Kooperation mit Lebenden, teils durch Benutzung der Arbeiten Früherer."[6]

Und Marx in den „Theorien über den Mehrwert": „Wird die materielle Produktion selbst nicht in ihrer *spezifischen historischen* Form gefaßt, so ist es unmöglich, das Bestimmte an der ihr entsprechenden geistigen Produktion und die Wechselwirkung beider aufzufassen." Und an anderer Stelle: Wissenschaft ist das „Produkt der allgemeinen geschichtlichen Entwicklung in ihrer abstrakten Quintessenz."[7]

[5] G. W. F. Hegel, Werke in zwanzig Bänden, Frankfurt am Main 1969 ff., Bd. 3, S. 13.

[6] K. Marx/F. Engels, Werke, Bd. 25, Berlin 1964, S. 113 f.

[7] K. Marx/F. Engels, Werke, Bd. 26.1, Berlin 1965, S. 257.

Was Marx hier an der ganzen Wissenschaft und damit am ganzen Forschungsprozeß herausstellt, das gilt auch für jeden seiner einzelnen Teile, konkret: Stufen des Forschungsprozesses. Damit ist aber auch der Stab über jene aus dem bürgerlichen Liberalismus des ausgehenden 19. Jahrhunderts stammende Forderung gebrochen, sine ira et studio zu forschen. Eine solche Forderung ist weder für das Ganze des Forschungsprozesses angemessen noch für einzelne seiner Teile oder Stufen. In der Tat ist die Behauptung, daß Weltanschauung und Methodologie während des Forschungsprozesses oder zumindest auf bestimmten Stufen desselben getrennt werden könnten, ein bürgerlich-liberales Vorurteil, das selbst im gegenwärtigen bürgerlichen Wissenschaftsbetrieb nicht mehr feilgeboten wird.

In einem neueren Werk über Soziologie schreibt sein bürgerlicher Autor: „'Methodologie' scheint, wenn man sie nur von einem Standpunkt aus betrachtet, eine rein technische Angelegenheit, weitab von aller Ideologie zu sein; sie beschäftigt sich vermutlich nur mit Methoden der verläßlichen Informationsgewinnung aus der Komplexität der Welt, mit der Erhebung von Daten, der Konstruktion von Fragebogen, mit Stichprobenerhebungen und mit der Analyse der so gewonnenen Ergebnisse. Doch Methodologie ist stets noch wesentlich mehr als das, denn sie ist in der Regel durchsetzt mit ideologisch gefärbten Annahmen über das Wesen der sozialen Welt, über das, was einen Soziologen ausmacht, und über die Art der Beziehung zwischen beiden."

Und weiter: „Die Soziologie [wir können hier Soziologie durch eine beliebige andere Wissenschaft ersetzen – M. B.] ist jedoch nicht nur in ihren grundlegenden methodologischen Konzeptionen eingebettet in den Kontext ideologisch gefärbter spezifischer Annahmen. Das gilt vielmehr auch für ihre fundamentalsten Vorstellungen von ihrem Forschungsgegenstand und vom Wesen der unterschiedlichen Bereiche, die sie untersucht."[8]

Wissenschaft – so kann formuliert werden – hat immer weltanschauliche Voraussetzungen, die gleichsam ein Konstitutionselement dieser sind. Oder: Weltanschauung ist ein unabdingbarer inte-

[8] A. W. Gouldner, Die westliche Soziologie in der Krise, Reinbek bei Hamburg 1974, S. 67 f.

grierter Bestandteil von Wissenschaft. Freilich ist dieser Sachverhalt nicht immer unmittelbar einsichtig und noch viel weniger in jedem einzelnen Falle bewußt. Aber gerade das darf nicht als Möglichkeit weltanschaulicher Voraussetzungslosigkeit von Wissenschaft angesehen werden. Dies wäre eine verkürzte Betrachtungsweise. Und die Anwendung des Begriffs „allgemeine Arbeit" auf die Wissenschaft wäre dann um seine Verwirklichung gebracht. Denn wendet man auf die Wissenschaft (verstanden als „allgemeine Arbeit") jene Merkmale an, die Marx im „Kapital" untersucht hat, dann ist der Zugang zur anstehenden Problematik ein anderer als in der von uns diskutierten Position. Dann muß als unumstößlich genommen werden, daß es sich bei der Wissenschaft nicht nur um einen sozial determinierten Prozeß gesellschaftlicher Erkenntnisgewinnung, sondern auch um einen seinem Wesen nach selber sozialen Prozeß handelt. Dieser verlöre jedoch die grundlegende Eigenschaft „sozial" (mit allen sich daraus ergebenden objektiven und subjektiven Konsequenzen), wenn Teile von diesem oder ein Teil von ihm, sagen wir: die sogenannte analytische Phase des Forschungsprozesses, als weltanschauungsfreie herausgehoben werden. Es gilt auch hier, daß das Ganze mehr ist als die Summe seiner Teile, daß aber auch die Teile dem Ganzen niemals so fremd sind, daß sie auch nur eines der Merkmale des Ganzen entbehren könnten. Die Dialektik von Allgemeinem, Besonderem und Einzelnem muß die Grundlage der Betrachtung sein, und zwar nicht nur deshalb, weil dies ein Grundprinzip materialistischer Dialektik ist, sondern weil die Dialektik schließlich in der Sache selber steckt, die zur Untersuchung ansteht: im wissenschaftlichen Forschungsprozeß. Die für das Ganze des Forschungsprozesses gültige Invariable Weltanschauung *und* Methodologie ist auch für die Teile dieses Ganzen gültig, sonst wird sie als allgemeines Merkmal des Forschungsprozesses überhaupt in Zweifel gezogen.

(9) Das bedeutet nun nicht, daß jede Analyse innerhalb eines Forschungsprozesses deckungsgleich mit dem bei seinem Beginn vermuteten Ergebnis zu sein hätte und daß der marxistisch-leninistische weltanschauliche Standpunkt schon eine Garantie für eine solche Deckungsgleichheit wäre. In der Praxis wissenschaftlicher Forschung wird dies bei den wenigsten Vorhaben der Fall sein.

Aber die marxistisch-leninistische Weltanschauung, und zwar in ihrer Einheit von Weltanschauung und Methodologie, garantiert den richtigen, das heißt: von der historischen Dimension her gesehenen *richtigen* Zugang zum jeweiligen Untersuchungsobjekt. Dieses wird nämlich dann in der Gesamtheit der Wechselbeziehungen seiner natürlichen und gesellschaftlichen Erscheinungen und Prozesse genommen. Die Weltanschauung des Marxismus-Leninismus beeinflußt so auch die Analyse innerhalb eines Forschungsprozesses – und das heißt: *jede* Art von Methodologie.

In diesem Zusammenhang ist ein längeres Zitat aus Lenins Arbeit „Der ökonomische Inhalt der Volkstümlerrichtung" angebracht. Lenin hält dort resümierend fest: „Der Objektivist spricht von der Notwendigkeit des gegebenen historischen Prozesses; der Materialist trifft genaue Feststellungen über die gegebene sozialökonomische Formation und die von ihr erzeugten antagonistischen Verhältnisse. Wenn der Objektivist die Notwendigkeit einer gegebenen Reihe von Tatsachen nachweist, so läuft er stets Gefahr, auf den Standpunkt eines Apologeten dieser Tatsachen zu geraten; der Materialist enthüllt die Klassengegensätze und legt damit seinen Standpunkt fest. Der Objektivist spricht von 'unüberwindlichen geschichtlichen Tendenzen'; der Materialist spricht von der Klasse, die die gegebene Wirtschaftsordnung 'dirigiert' und dabei in diesen oder jenen Formen Gegenwirkungen der anderen Klassen hervorruft. Auf diese Weise ist der Materialist einerseits folgerichtiger als der Objektivist und führt seinen Objektivismus gründlicher, vollständiger durch. Er begnügt sich nicht mit dem Hinweis auf die Notwendigkeit des Prozesses, sondern klärt, welche sozialökonomische Formation diesem Prozeß seinen Inhalt gibt, *welche Klasse* diese Notwendigkeit festlegt. Im gegebenen Fall z. B. würde sich der Materialist nicht mit der Feststellung 'unüberwindlicher geschichtlicher Tendenzen' zufriedengeben, sondern auf das Vorhandensein bestimmter Klassen verweisen, die den Inhalt der gegebenen Verhältnisse bestimmen und die Möglichkeit eines Auswegs ausschließen, der nicht das Handeln der Produzenten selbst voraussetzt. Anderseits schließt der Materialismus sozusagen Parteilichkeit in sich ein, da er dazu verpflichtet ist, bei jeder Bewertung eines Ereignisses direkt und offen den Standpunkt einer bestimmten Gesellschaftsgruppe einzunehmen."[9]

Mit anderen Worten: Ein Wissenschaftler betreibt Analyse nicht unabhängig von der Realität des welthistorischen Prozesses, der immer eine Einheit von natürlichen und gesellschaftlichen Gesetzmäßigkeiten in ihrer Objektivität und Geschichtlichkeit darstellt. Anders: Kein Ding, keine Erscheinung, kein Prozeß in Natur, Gesellschaft und Denken kann bei einer wissenschaftlichen Untersuchung (auch nicht im analytischen Teil derselben) derart isoliert werden, daß es zu einer Relativierung der Einheit der materiellen Welt kommt. Und da immer auch die Gesetze der gesellschaftlichen Entwicklung mitgedacht werden, mitgedacht werden müssen, so ist es ausgeschlossen, die Klasseninteressen und ihre politischen und ideologischen Ausdrucksformen, auch nur in einem Teil einer wissenschaftlichen Untersuchung, zu vernachlässigen; sie sind also in gebührender Weise, das heißt bewußt mit in den Forschungsprozeß einzubeziehen. Freilich kommt man dazu nur, wenn man den im bürgerlichen Wissenschaftsbetrieb üblichen Dualismus von Weltanschauung und Methodologie hinter sich läßt. Die untrennbare Einheit von Weltanschauung und Methodologie ist so Voraussetzung des *gesamten* Forschungsprozesses.

Übrigens sind in der Geschichte Wissenschaftler überall dort zu den besten Ergebnissen gekommen, wo sie – von ihrem Standpunkt aus – diese Einheit zu wahren wußten, das heißt: in ihren wissenschaftlichen Untersuchungen uneingeschränkt vom Standpunkt der jeweils fortgeschrittensten Klasse ausgingen, ihre Interessen wahrnahmen und dergestalt mit dem historischen Prozeß einhergingen. Die neue Naturwissenschaft zu Beginn der bürgerlichen Ära wäre nicht möglich gewesen, wenn ihre Begründer nicht den Bedürfnissen der neuen Produktionsweise gefolgt wären. Ebenso wäre die klassische englische Nationalökonomie nicht möglich gewesen, wenn sie statt den Interessen der Bourgeoisie denen der Feudalaristokratie Ausdruck verliehen hätte.

(10) Wir fassen zusammen. Es ging uns darum, ein Problem zu diskutieren, das für die Gesamtheit des wissenschaftlichen Forschungsprozesses von außerordentlicher Bedeutung ist. Geht

[9] W. I. Lenin, Werke, Bd. 1, Berlin 1961, S. 414.

man von der Einheit von Weltanschauung und Methodologie aus, und zwar mit allen sich daraus ergebenden Konsequenzen, die wir – wenn auch etwas verkürzt – aufzuzeigen versucht haben, dann versichert man sich des welthistorischen Prozesses. Stellt man diese in Frage, dann wird man – je nachdem – zwar zu einzelnen Ergebnissen kommen, jedoch in letzter Instanz den historischen Prozeß verfehlen. Sich der Einheit von Weltanschauung und Methodologie auf der Grundlage des dialektischen und historischen Materialismus bewußt zu werden, ist für die wissenschaftliche Arbeit genauso unabdingbar, wie das Bemühen um Sachkenntnis das A und O wissenschaftlicher Tätigkeit überhaupt ist.

Der marxistisch-leninistische Wissenschaftler zeichnet sich dadurch aus, daß er den wissenschaftlichen Forschungsprozeß als „allgemeine Arbeit" begreift und mithin Forschung als einen sozialen Prozeß von gesellschaftlicher Erkenntnisgewinnung nimmt. Er kann dabei aus seinem Bewußtsein nicht das Moment der wissenschaftlichen Weltanschauung amputieren, sondern muß in jedem Falle von der Einheit von Weltanschauung und Methodologie ausgehen. Er ist sich bewußt, daß ebenso wie Gegenstand und Methode auch Theorie und Methode eine Einheit bilden, daß demzufolge eine Aufspaltung von wissenschaftlicher Weltanschauung einerseits und Methodologie andererseits fragwürdig ist und daß der dialektische und historische Materialismus, der Marxismus-Leninismus insgesamt, als die wissenschaftliche Weltanschauung seine generelle methodologische Basis und Ausdruck seiner unteilbaren Parteilichkeit verkörpert.

Bleibt festzuhalten – und das gilt für das Ganze des wissenschaftlichen Forschungsprozesses: wissenschaftliche Anschauung der Welt ist Theorie von der Welt und allgemeine Theorie und Methode über die Erkenntnis der Welt, deren wichtigste Merkmale der materialistische Ausgangspunkt, das dialektische Herangehen und die historische Betrachtungsweise sind. Und nur auf der Basis der Anerkennung dieses Sachverhalts kann es zu fruchtbaren Fragestellungen und wirklichen Resultaten in der methodologischen Forschung kommen.

Nachbemerkung: Den vielfältigen Diskussionen über Fragen der Methodologie liegen wichtige Probleme der Wissenschaftsentwicklung zugrunde, die nicht isoliert, sondern in ihrem gesellschaftlichen und wissenschaftlichen (bzw. wissenschaftsgeschichtlichen) Beziehungsgefüge betrachtet werden müssen. Sie sind immer zugleich auch weltanschauliche Fragen und stellen sich bei näherem Zusehen als Probleme jeweiliger Gesellschaftsentwicklung dar. Die verstärkte positivistische Behandlung von methodologischen Fragen in den letzten Jahrzehnten innerhalb der bürgerlichen Gegenwartsideologie zum Beispiel verläuft mindestens in zwei Richtungen: In dem Versuch, mit Hilfe von bis zum Purismus getriebenen methodologischen Fragestellungen und daraus abgeleiteten gesellschafts- und wissenschaftspolitischen Lösungsvorschlägen zur Stabilisierung des imperialistischen Gesellschaftssystems beizutragen, wobei die Fachwissenschaften bzw. ihr Fortgang das Vermittlungsglied sind. Ein bürgerlicher Kritiker positivistischen Wissenschafts- und Methodologieverständnisses bemerkt in diesem Zusammenhang durchaus zutreffend: „Indem er die Augen von den explosiven Tagesereignissen abwendet, bildet methodologischer Purismus in Wirklichkeit eine Säule des Status quo, was immer das sein mag.“[10] Zweitens im Abwehraspekt, d. h. in dem Versuch, mit methodologischen Reflexionen der Einheit und Geschlossenheit des Marxismus-Leninismus als *revolutionärer* Weltanschauung bzw. als Weltanschauung der revolutionären Arbeiterklasse kritisch zu begegnen. Die positivistische Verunglimpfung der Grundgesetze der materialistischen Dialektik (der Dialektik überhaupt) als „Leerformeln“ oder des Marxismus-Leninismus als „Heilslehre“ wird (erkenntnistheoretisch-)methodologisch „begründet“.

Überblickt man die Vielzahl methodologischer Betrachtungen der bürgerlichen Gegenwartsideologie, so wird man zunächst – mutatis mutandis – H. Poincaré zustimmen müssen, der im Hinblick auf die Soziologie seiner Tage festhielt, daß diese „diejenige Wissenschaft [sei], welche die meisten Methoden und die wenigsten Resultate aufzuweisen“ habe.[11] Die vorrangig methodologischen Bemühungen werden von vereinzelten Stimmen im Lager der bürgerlichen Gegenwartsideologie „Verstecken hinter Metho-

[10] St. Andreski, Die Hexenmeister der Sozialwissenschaften, München 1977, S. 124.

[11] H. Poincaré, Wissenschaft und Methode, Leipzig – Berlin 1914, S. 10.

dologie“ genannt. „Die Überbetonung von Methodologie und Techniken wie auch die Verherrlichung von Formeln und wissenschaftlich klingenden Begriffen exemplifizieren die allgegenwärtige Tendenz, den Wert vom Zweck auf die Mittel zu verschieben.“ Denn: „Trotz vieler Versprechungen über baldige Durchbrüche sind keine Entdeckungen in der Soziologie oder in den politischen Wissenschaften mit Hilfe von extrem verfeinerten quantitativen Methoden gemacht worden, die unserer Fähigkeit, politische Ereignisse oder soziale Veränderungen zu erklären oder vorauszusagen, etwas Wesentliches hinzugefügt hätten.“ Und: „Da sehr wenige wichtige Probleme adäquat mit Hilfe der in den gängigen Lehrbüchern beschriebenen Techniken gelöst werden können, verschafft exzessive Beschäftigung mit Methodologie ein Alibi für furchtsamen Quietismus. Die Ergebnisse lassen sich an den Inhalten der amerikanischen Zeitschriften ablesen. Niemand könnte je aus der Lektüre amerikanischer soziologischer und politologischer Zeitschriften die brennenden Probleme der Gegenwart der Vereinigten Staaten erraten.“[12] (Selbstverständlich kann der Bezug auf die amerikanischen Verhältnisse durch jene eines beliebigen kapitalistischen Landes der Gegenwart ersetzt werden.[13])

Wenn gegen den eben angeführten Verfasser sicher auch Vorbehalte geltend zu machen sind (z. B. seine mangelnde Kenntnis des Marxismus-Leninismus und seine antikommunistischen Vorurteile), so weist er doch richtig und belegend auf den Mißbrauch von Methodologie im gegenwärtigen bürgerlichen Wissenschaftsbetrieb hin und deutet auch – wenigstens zum Teil oder der Tendenz nach – auf die gesellschaftlich-politische Seite dieser Angelegenheit hin.

Aus dem eben kurz skizzierten Sachverhalt darf jedoch nicht geschlossen werden, daß gründliche marxistisch-leninistische Forschungen zu methodologischen Fragen überflüssig seien. Im Gegenteil. Nur muß bei solchen Forschungen (und wir meinen: auch bei erkenntnistheoretischen) einiges bedacht werden.

Zunächst Aristoteles, der gültig festhielt: Denn es zeugt von

12 St. Andreski, Die Hexenmeister der Sozialwissenschaften, a. a. O., S. 115 ff.
13 Vgl. M. Dion, Soziologie und Ideologie, Berlin *und* Frankfurt am Main 1975.

Bildung, nur soweit Genauigkeit zu verlangen in jeder Gattung, wie es das Wesen des Gegenstandes zuläßt."[14]

Dann Hegel, der mit glänzender Ironie und philosophischer Tiefe zugleich konstatierte: „Es gibt aber noch eine Manier, an die sich die Kritik vorzüglich zu heften hat, nämlich diejenige, welche im Besitz der Philosophie zu sein vorgibt, die Formen und Worte, in welchen große philosophische Systeme sich ausdrücken, gebraucht, viel mitspricht, aber im Grunde ein leerer Wortdunst ohne inneren Gehalt ist. Ein solches Geschwätze ohne die Idee der Philosophie erwirbt sich durch seine Weitläufigkeit und eigene Anmaßung eine Art von Autorität, teils weil es fast unglaublich scheint, daß soviel Schale ohne Kern sein soll, teils weil die Leerheit eine Art von allgemeiner Verständlichkeit hat. Da es nichts Ekelhafteres gibt als diese Verwandlung des Ernsts der Philosophie in Plattheit, so hat die Kritik alles aufzubieten, um dies Unglück abzuwehren."[15]

Schließlich: Methodologische Forschungen dürfen nicht – und können auch gar nicht – ohne Zusammenhang mit weltanschaulichen Fragestellungen durch- und ausgeführt werden, jedenfalls nicht als marxistisch-leninistische. Methodologische Fragen sind gleichsam eingebettet in die Behandlung von weltanschaulichen Grundfragen. Dabei kommt den jeweiligen weltanschaulichen Fragestellungen der Primat zu. In diesem Sinne ist Methodologie (Methoden) immer nur in Beziehung zu dem zur Verhandlung stehenden Inhalt zu sehen. Sie muß auf ihn abheben, ihn anzielen und ihm angemessen sein. Nur so kann Methodologie nicht zur Fessel oder zum Vorurteil von wissenschaftlicher Forschung werden. Anders und positiv gewendet: sich der vom Inhalt her gegebenen Grenzen von Methodologie bewußt zu sein, ist die Voraussetzung dafür, daß diese fruchtbar werden kann und ihre weniger kreative als vielmehr prophylaktische Funktion erkenntnisfördernd, also produktiv ins Spiel kommt.

Wir meinen, daß der Ein- und Ausgang methodologischer Forschungen die in jeder Phase wissenschaftlicher Forschung herzustellende und durchzuführende *Einheit von Materialismus und*

[14] Aristoteles, Nikomachische Ethik, I. Buch, 1094 b.
[15] G. W. F. Hegel, Werke in zwanzig Bänden, a. a. O., Bd. 2, S. 176.

Dialektik ist. Von hier aus kann man formulieren: Methodologische Forschungen ohne Berücksichtigung der Inhalte (Erkenntnisgegenstände, wissenschaftlicher Forschungsprozeß) sind leer, und Wissenschaft ohne methodologische Reflexionen ist blind.

Und zuletzt: Angesichts der Vielzahl von Methodologien des spätbürgerlichen Wissenschaftsbetriebes gilt für marxistisch-leninistische methodologische Untersuchungen mehr denn je Lenins Mahnung: „Die Aufgabe der Marxisten ist ..., der *eigenen* Linie zu folgen und *die ganze Linie* der uns feindlichen Kräfte und Klassen zu bekämpfen."[16]

1975

[16] W. I. Lenin, Werke, Bd. 14, Berlin 1962, S. 346 f.

Bemerkungen zum Ort und zur Funktion von Philosophie und Fachwissenschaften in der gegenwärtigen Welt

Im folgenden wollen wir – thesenartig – einige Überlegungen vortragen, die einen Ausschnitt aus der weitgespannten und vielschichtigen Problematik über den Ort und die Funktion von Philosophie und Fachwissenschaften in der gegenwärtigen Welt zum Gegenstand haben.

Erstens: In der Gegenwart hat sich nicht nur die Bedeutung von Philosophie und Fachwissenschaften für die Gesellschaft, sondern auch die Abhängigkeit der Wissenschaften von der jeweiligen Gesellschaftsentwicklung wesentlich erhöht. Sehr oft und nicht ganz exakt wird dieser Prozeß als „Vergesellschaftung der Wissenschaften" und als „Verwissenschaftlichung der Gesellschaft" umschrieben.

Vergesellschaftung der Wissenschaften bedeutet mindestens und zunächst, daß die Wissenschaften in das jeweilige sozialökonomische System (in der Gegenwart: in den Sozialismus *oder* Imperialismus) integriert sind, sich diese unter den gegebenen gesellschaftlichen Bedingungen und politischen Herrschaftsverhältnissen modifizieren und durch ökonomische, politische und ideologische Einflüsse inhaltlich strukturiert werden. In welcher Richtung, mit welchem Ziel und insbesondere mit welchem Ergebnis die Verflechtung von Wissenschaft und Gesellschaft erfolgt, das hängt vom Charakter der Gesellschaft, von den Interessen der in ihr herrschenden Klasse und deren politisch-strategischem Gesamtanliegen ab.

Zweitens: In der Gegenwart sind Erkenntnisse der Wissenschaften und sich daraus ergebende technologische Möglichkeiten, weltanschauliche und ideologische Konsequenzen nicht mehr nur wie zum Teil in früheren Jahrhunderten Gegenstand von Reflexionen von Fachwissenschaftlern, Technikern und Philosophen, sondern sie sind wichtige Bestandteile von Konzeptionen und Aktionsprogrammen politischer Kräfte, die immer *Klassen*kräfte sind, zur Sicherung ihrer Macht, zur Stabilisierung und Entwicklung der gesellschaftlichen Systeme. Wissenschaft ist heute in allen ihren Teilen und Bereichen, und zwar sowohl als unmittelbare Produktivkraft als auch als Instrument zur Beherrschung (Leitung) gesellschaftlicher Strukturen und Prozesse, fest eingebaut in die Aktionen der gesellschaftlichen Klassen. In diesem Sinne ist Wissenschaft ein Politikum ersten Ranges. Und deshalb spielt sie im gegenwärtigen Klassenkampf eine so hervorragende Rolle.

Dadurch ist für die wissenschaftliche Tätigkeit in der Gegenwart eine neue Situation entstanden, die voll bewußt gemacht werden muß. Es geht heute nicht mehr bloß um die Ausnutzung bzw. den Mißbrauch von Ergebnissen wissenschaftlicher Tätigkeit außerhalb und unabhängig von der Wissenschaft. Diese Frage wird bereits im Prozeß der wissenschaftlichen Tätigkeit durch die Struktur ihrer gesellschaftlichen Organisation entschieden.

Drittens: Zwischen Wissenschafts- und Gesellschaftsentwicklung besteht dergestalt ein wechselseitiger, sich gegenseitig bedingender Zusammenhang. Der Fortschritt der Wissenschaft wird wesentlich durch den Gesellschaftsfortschritt bestimmt und in letzter Instanz hervorgerufen. Entscheidend ist dabei die Überwindung der antagonistischen gesellschaftlichen Interessenstruktur. Andererseits ist die Entwicklung der Wissenschaft, ihr Fortschritt, wesentliche Voraussetzung für die Dynamik der Gesellschaft. Für die Naturwissenschaften zum Beispiel heißt das, daß die praktische Beherrschung und Nutzbarmachung der Naturgesetze zum Wohle der Gesellschaft und der Menschen nicht nur von der Erkenntnis, vom Wissen, sondern auch vom Charakter derjenigen gesellschaftlichen Verhältnisse abhängen, unter denen Wissenschaft betrieben wird.

Viertens: Die historische Alternative zum kapitalistischen Gesellschaftssystem ist der Sozialismus. Nur unter den Bedingungen des gesellschaftlichen Eigentums an den Produktionsmitteln, der politischen Macht der Arbeiterklasse und der auf der Kenntnis der Entwicklungsgesetze der Gesellschaft beruhenden gesamtgesellschaftlichen Planung und Leitung mit dem Ziel, nicht nur die Naturgesetze, sondern auch die gesellschaftliche Entwicklung zu beherrschen, finden die Wissenschaften die soziale Basis für ihre kontinuierliche Entfaltung und für die humanistische, dem gesellschaftlichen und menschlichen Fortschritt dienende Nutzung ihrer Ergebnisse.

Fünftens: Die progressive Ausnutzung der Wissenschaften für den gesellschaftlichen Fortschritt sowie die rasche Entfaltung der Wissenschaften selber erfordern aber nicht nur sozialistische gesellschaftliche Verhältnisse, sondern auch die Aneignung und bewußte Anwendung der wissenschaftlichen Weltanschauung der Arbeiterklasse, des dialektischen und historischen Materialismus. Mit ihrer Hilfe hat die Arbeiterklasse unter Führung ihrer marxistisch-leninistischen Partei die größte revolutionäre Umwälzung in der Geschichte der Menschheit vollbracht: die Gestaltung des Sozialismus zunächst in der Sowjetunion und heute im sozialistischen Weltsystem. Der dialektische und historische Materialismus gibt eine wissenschaftlich begründete weltanschauliche und allgemein methodologische Orientierung für die Lösung der theoretischen, sozialen und ethischen Probleme, die aus der sozialistischen Revolution für die Wissenschaften, ihre gesellschaftliche Organisation und ihren weiteren Fortschritt erwachsen.

Sechstens: Die gesellschaftliche Relevanz der Wissenschaft in der gegenwärtigen Welt hat die Wissenschaftler vor eine komplexere Verantwortungssituation gestellt. Das hat zwangsläufig dazu geführt, daß innerhalb der Wissenschaften Reflexionen über sie selber, Untersuchungen über den Sinn, die Voraussetzungen und den Zweck der wissenschaftlichen Tätigkeit unter den jeweiligen gesellschaftlichen Bedingungen an Umfang zunehmen und ideologisch, das heißt als klassenmäßige Orientierungen, an Bedeutung gewinnen.

Die marxistisch-leninistische Philosophie ist die wissenschaftliche und humanistische Grundlage der Reflexionen über die Wissenschaften, weil sie das gesellschaftliche Bewußtsein des Wissenschaftlers auf die Erkenntnis der *wirklichen* gesellschaftlichen Zusammenhänge, auf die innere Gesetzmäßigkeit und Dynamik der gesellschaftlichen Verhältnisse und auf die Aufdeckung und Lösung der realen gesellschaftlichen Widersprüche orientiert. Denn von der Bloßlegung der Klassenstruktur der Gesellschaft und der Staatsmacht sowie ihrer Veränderungen hängt, wie Lenin festhielt, „die Frage der Perspektiven ab, worunter natürlich nicht müßige Wahrsagereien zu verstehen sind in bezug auf das, was niemand kennt, sondern die grundlegenden Tendenzen der ökonomischen und politischen Entwicklung – jene Tendenzen, deren Resultante die nächste Zukunft des Landes bestimmt ...“[1]

Siebentens: Die marxistisch-leninistische Philosophie war die erste Weltanschauung, die den umfassenden gesellschaftlichen Charakter der Wissenschaft und ihre hervorragende Bedeutung für die gesellschaftliche Praxis erkannte. Wissenschaft war niemals Selbstzweck. Nur die kapitalistische Form der Arbeitsteilung und der auf ihr beruhende Gegensatz von körperlicher und geistiger Arbeit vermochten eine solche Vorstellung zu erzeugen. Bereits die großen humanistischen Denker des progressiven Bürgertums betrachteten die Wissenschaft als Mittel zum Zweck, Glück und Vollkommenheit der Menschen zu fördern. Jedoch mußte diese Einsicht auf Grund der gegebenen antagonistischen gesellschaftlichen Bedingungen eine bloße moralische Forderung bleiben. Erst der Marxismus-Leninismus als revolutionäre Weltanschauung der Arbeiterklasse konnte die Wissenschaft als „eine geschichtlich bewegende, revolutionäre Kraft“ (Marx) begründen. Damit war es möglich, jene bürgerlichen Vorstellungen von der Wissenschaft als einer über der Gesellschaft stehenden, nur der Wahrheit verpflichteten Sache, die die politische Neutralisierung der Wissenschaften und der Wissenschaftler zu Klassenzwecken verfolgt, wissenschaftlich zurückzuweisen.

Achtens: Überblickt man die Geschichte der Wissenschaften, so kann festgehalten werden, daß zwischen Philosophie und Fachwissenschaften, insbesondere zwischen Philosophie und Naturwissenschaften, immer eine enge Wechselbeziehung bestand, die sich bei allen durch die jeweiligen historischen Grenzen der Erkenntnis (des Wissens) und des Entwicklungsstandes der gesellschaftlichen Verhältnisse bedingten Widersprüchen und Konflikten in ihrer Gesamttendenz fruchtbar auf beide auswirkte. Alle großen Entdeckungen der Naturwissenschaften hinterließen ihre Spuren im philosophischen Denken der Zeit. Andererseits übte die Philosophie auf die naturwissenschaftliche Forschung, insbesondere auf ihre Theorienbildung und auf ihre Methodologie, we-

[1] K. Marx/F. Engels, Werke, Bd. 17, Berlin 1962, S. 127.

sentlichen Einfluß aus. Dabei war das Verhältnis des philosophischen Materialismus zur Naturwissenschaft jeweils besonders eng, weil er in seinen prinzipiellen weltanschaulichen Positionen, der Anerkennung der Natur als objektiv, als außerhalb und unabhängig vom Bewußtsein existierend, und von Gesetzen beherrscht, mit der unabdingbaren Voraussetzung jeder wissenschaftlichen Tätigkeit konform ging. Er entwickelte seine Grundideen auf der Basis der Verallgemeinerung der naturwissenschaftlichen Erkenntnisse der Zeit.

Neuntens: Die Entwicklung der modernen Naturwissenschaft hat den immer schon bestehenden Zusammenhang mit der Philosophie noch verstärkt. Die Versuche gegenwärtiger bürgerlicher Theoretiker allerdings, das Verhältnis von Philosophie und Naturwissenschaft zu bestimmen, schwanken zwischen der Behauptung extremer Autonomie des philosophischen Denkens und positivistischer Auflösung von Philosophie und Weltanschauung überhaupt. Während die sogenannte Autonomie der Philosophie nicht einmal die Möglichkeit des praktisch längst nachgewiesenen Fortschritts der anderen Wissenschaften zu denken vermag, vermeint der Positivismus die Wissenschaft von der Philosophie gänzlich befreien zu müssen. Nicht selten treffen sich diese Extreme in irrationalistischer Hinsicht. Typisch für eine solche Haltung ist Carl Friedrich von Weizsäcker, der angesichts der heute vor der Menschheit und insbesondere vor der Wissenschaft stehenden globalen Probleme (Rohstoff-, Ökologie-, Energieproblematik) resignierend schlußfolgert, daß nur das „Mißtrauen gegen die Chancen des Kapitalismus wie des Sozialismus" die „Lösung der von der modernen Kultur erzeugten Probleme" bringen könne.[2] Eine solche Auffassung vertritt Weizsäcker in einer Arbeit mit dem bezeichnenden Titel „Die heutige Menschheit von außen betrachtet". Sie gipfelt dann in der Aufforderung, die Menschheit wieder von innen zu betrachten, das heißt, zu einer Philosophie ohne Politik zurückzukehren. Eine solche Trennung von Politik und Philosophie ist nicht möglich, weil die jeweils gegebenen gesellschaftlichen Tatsachen eine andere Sprache sprechen. Und deshalb sehen die marxistisch-leninistischen Philosophen und Fachwissenschaft-

[2] C. F. von Weizsäcker, Der Garten des Menschlichen, München 1977, S. 577.

ler die vor der Menschheit stehenden sogenannten globalen Probleme niemals aus der Perspektive des unpolitischen Beobachters. Im Gegenteil. Sie wissen sich eins mit dem Fortschritt des gesellschaftlich-historischen Prozesses, der primär ein politischer, weil in seinem Kern ein sozialer, ist.

Zehntens: Die Marxisten-Leninisten behaupten nicht, Patentlösungen für die vor der Menschheit und der Wissenschaft stehenden sogenannten globalen Probleme aufweisen zu können. Die marxistisch-leninistische Weltanschauung aber ist die theoretische Grundlage, die sowohl die Ursachen der heute anstehenden und sich teilweise weiter zuspitzenden Probleme aufzuklären als auch den Weg zur Erforschung historisch praktikabler Lösungen für diese Probleme zu weisen vermag. Sie wissen allerdings auch, daß es in diesem Zusammenhang mit der marxistisch-leninistischen Weltanschauung allein nicht getan ist. Denn die Geschichte lehrt, daß es vor allem auf die Aktionen der Arbeiterklasse und ihrer Verbündeten ankommt, um in harten Klassenauseinandersetzungen den Imperialismus zu für die Existenz der Menschheit erforderlichen Zugeständnissen zu zwingen. Zu einer der ersten Bedingungen für die Existenz der Menschheit gehört der Frieden.

Elftens: Die gegenwärtige Position des Marxismus-Leninismus im Hinblick auf das Verhältnis von Philosophie und Naturwissenschaften wurde in einem komplizierten Erkenntnisprozeß errungen, der nicht ohne Rückschläge verlaufen ist. Marksteine auf diesem Wege war Engels' „Dialektik der Natur“ und Lenins Schrift über den „streitbaren Materialismus“. Die Marxisten-Leninisten wissen, daß und warum die marxistisch-leninistische Philosophie weltanschauliche, erkenntnistheoretische und methodologische Grundlage der Wissenschaftsentwicklung ist und sein kann. Sie wissen aber auch, daß die marxistisch-leninistische Philosophie im naturwissenschaftlichen Forschungsprozeß in vielfach vermittelter Weise wirkt und daß von den jeweils neuen naturwissenschaftlichen Erkenntnissen kein einfacher, geradliniger Weg zu philosophisch-weltanschaulichen Verallgemeinerungen führt. Sie wissen, wie schädlich Illusionen sein können, allein wegen der Überlegenheit der marxistisch-leninistischen Philosophie über jede bürgerliche Philosophie automatisch auch eine Überlegenheit im naturwissenschaftlichen Forschungsprozeß zu erwarten. Sie wissen, zu welchen schädlichen Konsequenzen es führen kann, naturwissenschaftliche Erkenntnisse bereits für philosophische zu halten. Die einen sind nicht schlechter als die anderen. Es gibt keine Hierarchie der Wertigkeit von Erkenntnissen verschiedener Wissenschaften. Jede Wissenschaft hat ihre eigene Spezifik. Die Spezifik der philosophischen Erkenntnisse liegt vor allem in ihrem weltanschaulichen Gehalt. Eine neue philosophische Erkenntnis muß also immer einen Beitrag zur Verteidigung und Vertiefung der marxistisch-leninistischen Weltanschauung leisten.

Uns allen ist – auch und gerade in diesem Zusammenhang – das Werk Todor Pawlows, des Begründers unserer marxistisch-leninistischen Sommerschule, unvergessen und Vorbild. In Verallgemeinerung zahlreicher fachwissenschaftlicher Erkenntnisse fand er, unterstützt von seinen zahlreichen Schülern in der VR Bulgarien und in anderen sozialistischen Ländern, allgemeine Gesetzmäßigkeiten der Widerspiegelung, untersuchte er in der Auseinandersetzung mit den verschiedenen Strömungen der bürgerlichen Philosophie mit Erfolg die Beziehungen von Denken und Sprache, Zeichen und Bedeutung.[3] Gerade für die Thematik unserer diesjährigen marxistisch-leninistischen Sommerschule sollten wir uns in Dankbarkeit und Hochachtung an das Werk von Todor Pawlow erinnern.

Zwölftens: Es ist bemerkenswert, daß die Zahl jener Naturwissenschaftler wächst, die bemüht sind, dialektisch-materialistische Positionen in der Forschungstätigkeit umzusetzen und die gleichzeitig mit ihren neuen Ergebnissen die marxistisch-leninistische Philosophie herausfordern. Dafür findet man in allen Wissenschaftsdisziplinen zahlreiche Belege. Ein hervorragendes Beispiel dafür sind die Forschungen von V. A. Ambarcumjan, der mit seinen Forschungen zur Kosmogonie eine wissenschaftliche Schule begründet hat, an deren Ergebnissen heute niemand mehr vorbeigehen kann, der die Astrophysik als Wissenschaft ernsthaft betreibt. In Umkehrung der traditionellen kosmogonischen Denkweise, nach der kosmische Evolutionsprozesse seit Kant als Konzentrations- und Kondensationsprozesse angesehen werden, untersucht er mit seinen Schülern seit langem vor allem kosmische

[3] T. Pawlow, Die Widerspiegelungstheorie, Berlin 1973.

Expansionsprozesse.[4] Damit wird die Engelssche Hypothese über das dialektische Wechselspiel von Repulsions- und Attraktionskräften zu einem heuristisch fruchtbaren philosophischen Hinweis für die gegenwärtige naturwissenschaftliche Forschung.[5] Ambarcumjan hat immer wieder die heuristische Funktion der materialistischen Dialektik hervorgehoben und trug mit seiner philosophischen Verallgemeinerung naturwissenschaftlicher Erkenntnisse dazu bei, dialektisch-materialistische Positionen zu präzisieren und zu vertiefen. Ihm dient die marxistisch-leninistische Philosophie keineswegs dazu, die eigenen naturwissenschaftlichen Überzeugungen gegenüber seinen Fachkollegen unantastbar zu machen. Er stellt sich vielmehr mit allen Konsequenzen der harten Bewertung seiner Forschungen durch neue Beobachtungsdaten. Gleichzeitig läßt er sich im eigenen Denken immer wieder vom dialektischen und historischen Materialismus inspirieren. Für ihn und für viele andere beschränkt sich die marxistisch-leninistische Philosophie nicht darauf, die Möglichkeit des Erfolges der Fachwissenschaften zu zeigen.

Dreizehntens: Die marxistisch-leninistische Philosophie – als theoretische Grundlage der Weltanschauung der Arbeiterklasse – ist auch zugleich weltanschauliche, erkenntnistheoretische und methodologische Grundlage der Wissenschaftsentwicklung. Daher wird sie ständig in Übereinstimmung mit den Fortschritten der Fachwissenschaften präzisiert. Im Prozeß der philosophischen Verallgemeinerung neuer wissenschaftlicher Erkenntnisse werden immer auch Theorien nichtmarxistischer Philosophen im entsprechenden Erkenntnisprozeß untersucht und dabei die vielfältigen und komplizierten Wechselwirkungen zwischen Philosophie und Fachwissenschaften tiefer erfaßt. Die Bedeutung der marxistisch-leninistischen Philosophie liegt vor allem in ihren Möglichkeiten der Einheit von systematischer und konstruktiver Arbeit bei der Lösung neuer Probleme, der Behandlung der Geschichte dieser Probleme und der Auseinandersetzung mit idealistischen und undialektischen Auffassungen. Die marxistisch-leninistische Philo-

[4] V. A. Ambarcumjan, Über Entwicklungsprozesse im Universum, in: spectrum, Berlin, 10/1975, S. 14 ff.

[5] H. Hörz/H.-J. Treder, Neue naturwissenschaftliche Erkenntnisse über den Kosmos in weltanschaulicher Sicht, in: Einheit, Berlin, 5/1977, S. 615.

sophie bringt allen Fachwissenschaften die ihnen gebührende Aufmerksamkeit entgegen, ohne die Würde als *eigene* Wissenschaftsdisziplin aufzugeben.

Vierzehntens: Die gegenwärtige Wissenschaftsentwicklung vollzieht sich als Einheit widersprüchlicher Tendenzen. Dem Prozeß der zunehmenden Spezialisierung der Wissenschaften, der Aufschlüsselung der Forschungsobjekte in deren untergeordnete Teilsysteme, steht die Tendenz der Integration der Wissenschaften gegenüber, die dadurch gekennzeichnet ist, daß die Forschungsobjekte zunehmend in ihrer Komplexität erfaßt und angegangen werden. Im Hinblick auf diese Entwicklung hat die marxistisch-leninistische Philosophie, insbesondere die materialistische Dialektik, eine wichtige Funktion zu erfüllen. Sie ist geeignet, der jeder Spezialisierung innewohnenden Tendenz, ihre Forschungsobjekte und -ergebnisse in der Isolierung zu belassen, entgegenzuwirken, das heißt: metaphysische Einseitigkeiten abzubauen. Indem die materialistische Dialektik auf das Zusammenwirken aller Wissenschaften und die Herstellung des Zusammenhangs zwischen den verschiedenen Forschungsobjekten und -ergebnissen orientiert, stellt sie – bewußt angewendet – einen Impuls dar, den Integrationsprozeß der Wissenschaften zu fördern.

Fünfzehntens: Im Ringen der Menschheit um den gesellschaftlichen Fortschritt, im Prozeß der Gestaltung des Kommunismus und bei der Erhaltung des Friedens in der Welt spielen die Wissenschaften *objektiv* eine hervorragende Rolle. Dessen sollten wir uns bewußt sein. Unser Handeln als Wissenschaftler muß immer im Dienste dieser Aufgaben stehen: denn Fortschritt, Kommunismus, Frieden bilden eine untrennbare Einheit. Und so möchte ich meine einleitenden Bemerkungen zum Generalthema unserer diesjährigen Sommerschule mit der Aufforderung beschließen, die zugleich ein Bekenntnis ist: wirken wir in unserer wissenschaftlichen Tätigkeit für den gesellschaftlichen Fortschritt, den Kommunismus und den Frieden! – der wissenschaftliche Fortschritt wird dann nicht ausbleiben. Gestalten wir unsere Sommerschule für marxistisch-leninistische Philosophie in diesem Jahr und in der Zukunft so, daß sie ein Beitrag zu diesen edlen und erhabenen Zielen der Menschheit und jedes einzelnen Menschen wird.

1978

Materialismus – Rationalität – Erkenntnis

Erstens: Im Unterschied zur europäischen rationalistischen klassischen bürgerlichen philosophischen Tradition ging es Marx nicht darum, die Geschichte logisch zu machen, sondern die Logik der Geschichte, das heißt: ihre objektiven Entwicklungsgesetze, aufzuzeigen und den geschichtlichen Charakter der menschlichen Erkenntnis aus der gesellschaftlich-historischen Dimension der Umgestaltung der objektiven Realität zu erklären.

Allein deshalb kann unseres Erachtens die Frage nach der Rationalität des Denkens und menschlichen Handelns, auch die nach rationaler Gestaltung der Gesellschaft (und davon abgeleitet von politischen Strukturen) nur im Kontext der umfassenderen Fragestellung der gesellschaftlich-historischen Voraussetzungen gegebener Gesellschaftssysteme bzw. ihrer unter historischer Perspektive sich vollziehenden Gestaltung oder Umgestaltung angegangen und zu lösen versucht werden.

Es gibt keine Rationalität an sich, das heißt keinen ein für allemal gegebenen Typ von Rationalität, der nur erkenntnistheoretisch klar und deutlich und bar aller weltanschaulichen, wissenschaftsgeschichtlichen und ideologischen Prämissen zu bestimmen wäre, um auf die verschiedenen gesellschaftlichen Bereiche und auf die Gesellschaft insgesamt angewendet zu werden. So wie es historisch zu unterscheidende Ordnungen von Gesellschaften gibt, so ist – zumindest – auch zwischen historisch verschiedenen Typen von Rationalität zu unterscheiden. Der Begriff der Rationalität ist historisch zu relativieren und nicht dogmatisch als *die* Rationalität (oder gar noch eingeschränkt als die *technologische* Rationalität) zu setzen.

Nur so kann man unseres Erachtens der in der Literatur viel diskutierten und durch Max Weber nahegelegten Frage begegnen, ob das Problem der Rationalität nicht bloß eines der sogenannten westlichen Kultur (d. h. der kapitalistischen Gesellschaftsordnung) ist.

Es geht uns also bei der Frage nach dem Begriff der Rationalität um seine Einbettung in eine umfassendere Fragestellung, die man – von der Tradition her – mit der Frage nach der Macht und Mächtigkeit der menschlichen Vernunft umschreiben kann. Insofern ist der Frage nach der Rationalität die umfassendere Fragestellung nach Macht und Mächtigkeit der menschlichen Vernunft vorzuschalten. Und das heißt zunächst und vor allem, die Frage nach dem gesellschaftlich-historischen Charakter der Erkenntnis bzw. ihrer gesellschaftlich-historischen Bestimmtheit (und damit Objektivität) zu stellen.

Zweitens: Mit der materialistischen Dialektik, die Natur, Gesellschaft und Denken umgreift, ist jede selbständige und verselbständigte Erkenntnistheorie, die ihren Gegenstand außerhalb des Geschichtsprozesses und neben seinen Akteuren zu finden glaubt, überholt und wohl auch überflüssig. Der dialektische Zusammenhang von Erkenntnis und geschichtlichem Handeln, seine Bloßlegung und ständige Vergegenwärtigung ist der Schlüssel zu wirklicher Erkenntnistheorie und ihrer Probleme, darunter auch dem der Rationalität.

Drittens: Die marxistische Erkenntnistheorie sieht die Bedingung für die synthetisierende Tätigkeit des Denkens und seiner Rationalität zum Beispiel weder in der „transzendentalen Apperzeption“ Kants noch bloß in einer durch die gesellschaftliche Praxis bedingten Formbestimmtheit des Denkens, sondern in der faktischen Einheit der Welt, die ihrer Natur nach materiell ist. In ihrem Bestreben, die objektive Realität ihren Zielen und Zwecken gemäß zu verändern, entwickeln die Menschen ihre theoretischen Fähigkeiten. In diesem Zusammenhang erzwingt jedes Bestreben nach Veränderung der objektiven Realität, daß durch das Denken diejenigen Bestimmungen zu einer Einheit zusammengefaßt werden, die in der Realität auch als Einheit existieren. Und allein im praktischen Lebensprozeß erweist sich, ob die objektiv existierende Einheit im Bewußtsein der Menschen richtig widergespiegelt wird oder nicht.

Diese gesellschaftlich-historisch erworbene Fähigkeit führt beim Individuum dazu, daß es unzutreffende Synthesen als „falsch“

aus seinem Denken ausscheidet. Wie Engels bemerkt, „besteht das Denken ebensosehr in der Zerlegung von Bewußtseinsgegenständen in ihre Elemente, wie in der Vereinigung zusammengehöriger Elemente zu einer Einheit. Ohne Analyse keine Synthese. Zweitens kann das Denken, ohne Böcke zu schießen, nur diejenigen Bewußseinselemente zu einer Einheit zusammenfassen, in denen oder in deren realen Urbildern diese Einheit schon *vorher bestanden.* Wenn ich eine Schuhbürste unter die Einheit Säugetier zusammenfasse, so bekommt sie damit noch lange keine Milchdrüsen."[1]

Oder anders und aus gegebenem Anlaß: Für den Marxismus ist im Hinblick auf das Denken die historische Dimension der progressiven Umgestaltung gegebener gesellschaftlicher Verhältnisse entscheidend. Dergestalt verwaltet der Marxismus die Wahrheit nicht, wie zur Eröffnung unseres Kongresses zu hören war, sondern befindet sich im Einklang mit dem historischen Prozeß. Das aber ist etwas anderes als Wahrheitsverwaltung. Und weil das so ist, eben weil der Marxismus im Einklang mit dem historischen Prozeß steht, ist er der Wahrheit, ist er vor allem der *historischen* Wahrheit näher, als ein seichter Liberalismus, der infolge abhanden gekommener Progressivität, sich für nichts mehr eindeutig zu entscheiden vermag – es sei denn jeweils nur für Ämter in Legislaturperioden. Ein solches Denken verbaut aber jede wirkliche Rationalität, weil es auf irrationalen Prämissen beruht. Die daraus resultierende Einteilung der menschlichen Gesellschaft in verwaltete Schafe und unverwaltete Böcke ist schief. Und die Behauptung, der Marxismus sei angetreten, um die Wahrheit zu verwalten, ist nicht weniger schief; sie ist eine fade und – wenn Sie wollen – eine scheele Unterstellung.

Viertens: Die dialektisch-materialistische Sicht des Erkenntnisproblems überschreitet den Rahmen des individuellen Erkenntnissubjekts. Im Marxismus ist Erkenntnis nicht mehr die Erkenntnis eines abstrakten, isolierten Individuums, das sich nur durch eine innere, stumme, die vielen Individuen bloß natürlich verbindende Allgemeinheit zur „Gattung" zugehörig fühlt (6. Feuerbachthese), sondern der Erkenntnisprozeß der Menschheit, das heißt der gesamtgesellschaftliche Widerspiegelungsprozeß der objektiven

[1] K. Marx/F. Engels, Werke, Bd. 20, Berlin 1962, S. 39.

Realität. Genausowenig wie der Geschichtsprozeß allein zur Grundlage der Erkenntnis der Welt gemacht werden kann, ohne in Idealismus zu verfallen, kann die gesellschaftliche Erkenntnis *rein,* das heißt losgelöst vom geschichtlichen Tun der Menschen, begriffen werden, ohne in die Gefahr zu geraten, das gesellschaftlich-historische Bewußtsein der Menschheit in ein selbständiges Subjekt zu verwandeln. Für die Geschichte, für den gesellschaftlich-historischen Prozeß, ist die Sache ausgemacht: sie ist keine Instanz, die etwas will und etwas schafft. Diese ist das Ergebnis des gesellschaftlichen Handelns der Menschen, die Resultante im Parallelogramm der Klassenkräfte vom Ausgang der Urgesellschaft bis in die Gegenwart.

Fünftens: Auf Veränderung abzielendes geschichtliches Handeln wirkt mindestens nach zwei Seiten: nicht nur die objektive Realität wird menschlichen Zwecken dienstbar gemacht, also umgestaltet, auch das gesellschaftliche Subjekt entwickelt sich in dieser und durch diese Tätigkeit. Geschichte, die nicht als Resultat und Resultante des Handelns der Menschen begriffen wird und die statt dessen zur Instanz avanciert, gibt keine Auskunft mehr über den wirklichen Lebensprozeß, über Situationen und Aktionen von Klassen und Menschen, ihre Rationalität wird zur Irrationalität stilisiert.

Sechstens: In weltanschaulich-philosophischer Hinsicht läuft es auf ein und dasselbe hinaus, wenn einerseits die Geschichte schlechthin, etwa als gesellschaftlich-historische Praxis, oder andererseits der Erkenntnisprozeß als Eigengesetzlichkeit, als bloße Rationalität im engeren Sinne, verabsolutiert werden. Wird die objektive Realität ausgespart, vermag selbst die diffizilste Analyse der gesellschaftlichen Praxis oder der Erkenntnis keinen Beitrag zu einer konkreten Behandlung von erkenntnistheoretischen Problemen zu leisten.

In diesem Zusammenhang ist es logisch durchaus folgerichtig, wenn der Negation des Materiebegriffs der Angriff auf die Kategorie „Widerspiegelung der objektiven Realität" folgt. Doch nicht erst mit der Diskreditierung der Widerspiegelungstheorie, sondern mit dem Aufgeben der materialistischen Grundposition beginnt das Dilemma. Materialistische Philosophie bedarf des ständigen Verbundes mit der objektiven Realität. Und deshalb beharrt die marxistische Philosophie nicht aus Trotz auf der materiellen Grundlage des Erkenntnisprozesses, sondern weiß aus Erfahrung um die andernfalls einsetzende Verflüchtigung ihrer Kategorien in zeitlose Wesenheiten. Materialistische Philosophie muß im ständigen Konnex mit der objektiven Realität bleiben, weil nur die Widerspiegelung der verschiedenen Bewegungsformen der Materie ihr Wirklichkeitsverbundenheit und Rationalität – und damit praktisch-revolutionäre Gültigkeit – verbürgen.

Siebentens: Jede Bewegungsform der Materie drückt dem Erkenntnisprozeß zumindest in seinen Resultaten ihren Stempel auf, auch und gerade die gesellschaftliche Bewegungsform. Wird jedoch die gesellschaftliche Bedingtheit der Erkenntnis überbewertet und der materiell-gegenständliche Aspekt zugunsten der Formbestimmtheit der Erkenntnis vernachlässigt, so verliert Erkenntnistheorie ihre materialistische Basis.

Die hisorische Dimension menschlichen Handelns ist mit einem um die objektive Realität verkürzten „Materialismus" nicht zu erreichen. Eine solche Aufgabenstellung verlangt die Durchdringung des sich entwickelnden Zusammenhangs von gesellschaftlicher Erkenntnis, objektiver Realität und Gesamtprozeß der Umgestaltung der objektiven Realität durch die gesellschaftlich zusammenwirkenden Menschen. Selbst auf die Gesellschaft bezogene Kategorien erlangen ihre Objektivität nicht einfach dadurch, daß ihre Entwicklungsform den jeweiligen Produktionsverhältnissen entspricht und sich somit gesellschaftliche Gültigkeit durchsetzt. Selbstverständlich sind „die Kategorien der bürgerlichen Ökonomie ... objektive Gedankenformen für die Produktionsverhältnisse dieser historisch bestimmten gesellschaftlichen Produktionsweise ..."[2], wie Marx hervorhebt. Aber die Tatsache, daß Kategorien objektive Gedankenformen für bestimmte Produktionsverhältnisse darstellen, besagt noch nicht, daß diese Kategorien ihren Gegenstand richtig widerspiegeln, wie das Beispiel der klassischen bürgerlichen politischen Ökonomie zeigt. Ungeachtet aller Wertschätzung von Marx für Ricardo gilt, daß die dem Erkenntnisgegenstand entsprechende und insofern objektive Anatomie der bürgerlichen Gesellschaft noch zu entdecken

[2] K. Marx/F. Engels, Werke, Bd. 23, Berlin 1962, S. 90.

verblieb. Weil die materiellen Produktionsverhältnisse nicht adäquat erfaßt worden waren, die tatsächliche Fetischisierung in der kapitalistischen Warenproduktion zur Entwicklung einer verkehrten Theorie führte, die als solche zwar den Mystizismus der kapitalistischen Warenwelt objektiv zum Ausdruck brachte, der es aber an Objektivität (und Rationalität) hinsichtlich der gesellschaftlichen Realität noch mangelte, ist die Beziehung von bürgerlicher Ökonomie und kapitalistischen Produktionsverhältnissen ein Musterbeispiel für die erkenntnishemmende Wirkung dieser Verhältnisse.

Wird dem Marxismus jedoch nahegelegt, daß er unter Objektivität seiner Kategorien nur die objektive Entsprechung zu jenen Verhältnissen zu verstehen habe, unter denen sie gewonnen werden, so wird damit implizit die Forderung erhoben, die „gesellschaftliche Gültigkeit" als Maß der Übereinstimmung mit den Verhältnissen und als Kriterium der Wahrheit zu akzeptieren. Wird andererseits auf den marxistischen Begriff der Objektivität verzichtet, so ist dem Subjektivismus Tür und Tor geöffnet. Denn der marxistische Begriff der Objektivität (und in unserem Zusammenhang können wir auch sagen: der Begriff der Rationalität) bezieht sich auf die Übereinstimmung der Erkenntnis mit dem Erkenntnisobjekt und so auf die Relation Erkenntnis – objektive Realität. Auch kann das Schwergewicht des Begriffs der Objektivität nicht dergestalt verlagert werden, daß von der Praxis (Überprüfung der Beziehungen der Erkenntnis zu den widergespiegelten materiellen Verhältnissen) auf die Feststellung der „gesellschaftlichen Gültigkeit" der Kategorien übergegangen wird, ohne die gleichen Schwierigkeiten entstehen zu lassen.

Die verkehrte Widerspiegelung der Wirklichkeit in der klassischen bürgerlichen politischen Ökonomie entsprach zwar objektiv den verkehrten materiellen Verhältnissen, aber aller Mystizismus der kapitalistischen Warenwelt, der die Theorie zur Hypostasenbildung drängt, „all der Zauber und Spuk, welcher Arbeitsprodukte auf Grundlage der Warenproduktion umnebelt, verschwindet daher sofort", wie Marx im „Kapital" unterstrich, „sobald wir zu andren Produktionsformen" übergehen.[3] Drängen die

[3] Ebenda.

Produktionsverhältnisse nicht mehr zur verkehrten Widerspiegelung der objektiv-realen Bewegungs- und Entwicklungsprozesse, so können die den Produktionsverhältnissen objektiv entsprechenden Resultate des Erkenntnisprozesses, das heißt die objektiven Gedankenformen für diese Produktionsverhältnisse auch objektive Gültigkeit insofern haben, als sie mit ihren Erkenntnisobjekten übereinstimmen, sie richtig widerspiegeln – und so Rationalität (zumindest) ins Spiel bringen.

Achtens: Das Problem der Rationalität ist dergestalt einzuordnen in den größeren Zusammenhang der Beziehung von Erkennen, menschlichem Handeln und objektiver Realität. Da Erkennen und menschliches Handeln immer zielgerichtet und Zwecke setzend im Sinne des Marxschen Bienen-Baumeister-Beispiels aus dem „Kapital“[4] sind, muß das Problem der Rationalität näher in diesem Kontext gesehen und angegangen werden. Was Marx im angeführten Beispiel „die Zelle in seinem Kopf“ bauen nennt – das kann auch mit Rationalität bezeichnet werden.

1978

[4] Ebenda, S. 193.

Wissenschaftlichkeit – Parteilichkeit

I

Gegen Ende seiner Schrift „Die Entwicklung des Sozialismus von der Utopie zur Wissenschaft" hält Engels resümierend fest:

„Diese weltbefreiende Tat [die proletarische Revolution – M. B.] durchzuführen, ist der geschichtliche Beruf des modernen Proletariats. Ihre geschichtlichen Bedingungen, und damit ihre Natur selbst, zu ergründen und so der zur Aktion berufnen, heute unterdrückten Klasse die Bedingungen und die Natur ihrer eignen Aktion zum Bewußtsein zu bringen, ist die Aufgabe des theoretischen Ausdrucks der proletarischen Bewegung, des wissenschaftlichen Sozialismus."[1]

Engels spricht hier ein Grundprinzip des Marxismus-Leninismus an. Denn eines seiner entscheidenden Merkmale ist, daß er „strenge und höchste Wissenschaftlichkeit mit revolutionärem Geist vereint, und zwar nicht zufällig, ... sondern ... innerlich und untrennbar vereint"[2]. Diese Einheit von Wissenschaftlichkeit und Parteilichkeit unterscheidet den Marxismus-Leninismus von jeder Form vormarxistischen Denkens (und Handelns). Vor allem aber hebt er sich dadurch grundsätzlich von aller spätbürgerlichen, revisionistischen und sozialreformistischen Ideologie ab. Dabei ist es nicht so, daß der Marxismus-Leninismus nur Wissenschaftlichkeit *und* Parteilichkeit wäre. Die Konjunktion „und" ist zu schwach, die untrennbare Einheit von Wissenschaftlichkeit und Parteilichkeit im Marxismus-Leninismus zum Ausdruck zu bringen. Der Marxismus-Leninismus ist *parteiliche* Wissenschaft bzw. *wissenschaftliche* Parteilichkeit.

In welchem Sinne kann davon gesprochen werden, daß im Marxismus-Leninismus Wissenschaftlichkeit und Parteilichkeit eine untrennbare Einheit bilden?

[1] K. Marx/F. Engels, Werke, Bd. 19, Berlin 1962, S. 228.
[2] W. I. Lenin, Werke, Bd. 1, Berlin 1961, S. 334.

Die Einheit von Wissenschaftlichkeit und Parteilichkeit ist für den Marxismus-Leninismus kein frommer Wunsch oder gar bloß ein vorgefaßtes Meinen und entsprechendes Vorgehen, sondern ein dialektisches Verhältnis, das seinen zureichenden Grund in objektiv-realen Verhältnissen findet. Der zureichende Grund dieses Verhältnisses ist die welthistorische Mission der Arbeiterklasse – die Aufgabe, die sozialistische Revolution durchzuführen und die kommunistische Gesellschaft aufzubauen. Die Einheit von Wissenschaftlichkeit und Parteilichkeit entspringt so dem Ziel des Befreiungskampfes der Arbeiterklasse, die bisherige Spaltung der Gesellschaft in Klassen aufzuheben, die klassenlose kommunistische Gesellschaft zu errichten. In diesem historischen Prozeß der Gestaltung der klassenlosen kommunistischen Gesellschaft werden die sozial bedingten Erkenntnisschranken aufgehoben, die allem vormarxistischen Denken Beschränkungen auferlegten und woran alle spätbürgerliche Ideologie letzendlich scheitert. Alles nichtmarxistische Denken scheitert an partikulären Klasseninteressen. Es bringt jeweils nur die Interessen einer Klasse zum Ausdruck, die Ausbeuterklasse ist und historisch eine andere Ausbeuterklasse ablöst. Im Gegensatz dazu verkörpert der Marxismus-Leninismus als Theorie jenen welthistorischen Prozeß, der durch das revolutionäre Handeln der Arbeiterklasse die Aufhebung der Spaltung der Gesellschaft in Klassen und damit die Abschaffung der Ausbeutung des Menschen durch den Menschen zum Inhalt hat. Der Marxismus-Leninismus bringt „nur" eine welthistorische Zäsur auf den Begriff. Engels meint diesen Sachverhalt, wenn er betont festhält: „Der moderne Sozialismus ist seinem Inhalte nach zunächst das Erzeugnis der Anschauung, einerseits der in der heutigen Gesellschaft herrschenden Klassengegensätze von Besitzenden und Besitzlosen, Kapitalisten und Lohnarbeitern, andrerseits der in der Produktion herrschenden Anarchie."[3] Und Engels erläutert diesen Satz: „Hiernach erschien jetzt der Sozialismus nicht mehr als zufällige Entdeckung dieses oder jenes genialen Kopfs, sondern als das notwendige Erzeugnis des Kampfes zweier geschichtlich entstandnen Klassen, des Proletariats und der Bourgeoisie. Seine Aufgabe war nicht mehr, ein möglichst

[3] K. Marx/F. Engels, Werke, Bd. 19, a. a. O., S. 189.

vollkommnes System der Gesellschaft zu verfertigen, sondern den geschichtlichen ökonomischen Verlauf zu untersuchen, dem diese Klassen und ihr Widerstreit mit Notwendigkeit entsprungen, und in der dadurch geschaffnen ökonomischen Lage die Mittel zur Lösung des Konflikts zu entdecken."[4] Engels verweist mit Nachdruck auf die objektiv-realen Verhältnisse, aus denen der wissenschaftliche Kommunismus entsprang. Dies gilt für den wissenschaftlichen Kommunismus insgesamt, das heißt: für alle seine Bestandteile, Prinzipien usw. – nicht zuletzt auch für das Prinzip der Einheit von Wissenschaftlichkeit und Parteilichkeit.[5]

II

Die Verwirklichung der welthistorischen Mission der Arbeiterklasse setzt bewußtes, planmäßiges Handeln der Arbeiterklasse und ihrer Verbündeten unter Führung der marxistisch-leninistischen Partei voraus. Die entscheidende Bedingung hierfür ist, daß sie in ihren Handlungen die Entwicklungsgesetze der Gesellschaft, der Natur und des Denkens beachtet. Die Arbeiterklasse kann deshalb ihre welthistorische Mission nur erfüllen, wenn sie sich wissenschaftlich *und* parteilich *zugleich* verhält. Das heißt: sie ist parteilich, wenn sie sich wissenschaftlich verhält, und sie geht nur dann wissenschaftlich vor, wenn sie bewußt ihrer historischen Mission nachkommt, also parteilich vorgeht. Auf diesen notwendigen – im objektiv-realen Geschichtsprozeß selber wurzelnden – Zusammenhang gründet sich die Einheit von Wissenschaftlichkeit und Parteilichkeit in der wissenschaftlichen Weltanschauung der Arbeiterklasse, im Marxismus-Leninismus. Dabei ist in dem dialektischen Verhältnis von Wissenschaftlichkeit und Parteilichkeit immer ein *bestimmtes* Denken (Erkennen) und ein *bestimmtes Handeln* (Verhalten) angesprochen und gefordert, das auf die „wirklichen lebendigen Menschen" motivie-

4 Ebenda, S. 208.

5 Vgl. H. Horstmann, Objektivität, Wissenschaftlichkeit und Parteilichkeit im dialektisch-materialistischen und metaphysischen Denken, in: H. Horstmann (Hg.), Denkweise und Weltanschauung. Studien zur weltanschaulichen und methodologischen Funktion der materialistischen Dialektik, Berlin 1981, S. 15 ff.

rend wirkt, wirken soll. Denn diese treten „in der Geschichte handelnd" in Erscheinung.[6]

Bevor sich die Menschen also ihre natürliche und gesellschaftliche Umwelt aneignen können (diese gestalten), müssen sie diese erkennen. Dabei ist der Ausgangspunkt, die Grundlage dieser geistigen Aneignung die materielle Produktion. Da alle Produktion zweckgerichtet, auf bestimmte Ziele gerichtet ist, ist alle Produktion zugleich interessenbestimmt. Überhaupt ist eine Veränderung der Wirklichkeit nur möglich, wenn die Menschen bestimmte Ziele ansteuern. Diese Ziele aber werden ihnen durch ihre Interessen vermittelt. Nun kennt der Geschichtsprozeß keine allgemeinmenschlichen Interessen – außer als Phrasen –, sondern nur *Klassen*interessen. Die verschiedenen Klassen in der Geschichte hatten und haben je verschiedene, entgegengesetzte Klasseninteressen. Daraus resultiert, daß sich die verschiedenen Klassen die Wirklichkeit, vor allem die gesellschaftlichen Verhältnisse, verschieden – auf spezifische Art und Weise aneignen. In der spezifischen Art und Weise, sich die Wirklichkeit anzueignen, kommt die Parteilichkeit der verschiedenen Klassen zum Ausdruck.

Gemäß der welthistorischen Mission der Arbeiterklasse, die ja zugleich ihr gesellschaftliches Grundinteresse ist, realisiert sich die Parteilichkeit der Arbeiterklasse auf revolutionäre Art und Weise. Die Arbeiterklasse verhält sich zur Wirklichkeit, vor allem den gesellschaftlichen Verhältnissen gegenüber, verändernd, umgestaltend, eben revolutionär. Daß dies so ist, hängt nicht damit zusammen, wie von seiten bürgerlicher Ideologen immer wieder vorgebracht wird, daß im Marxismus-Leninismus „das Proletariat als Träger des Heilswissens um das Endziel der Geschichte"[7] fungiere und von daher ein „proletarisches Erkenntnismonopol"[8] errichtet. Der Kampf der Arbeiterklasse gegen die Klasse der Bourgeoisie und ihre Institutionen und Ideologie hat weder ein „Endziel der Geschichte" zum Inhalt, noch wird dieser von der Arbeiterklasse „als Träger des Heilswissens" und unter dem Anspruch eines „proletarischen Erkenntnismonopols" vorangetrieben.

[6] K. Marx/F. Engels, Werke, Bd. 21, Berlin 1962, S. 290.

[7] E. Topitsch, Die Freiheit der Wissenschaft und der politische Auftrag der Universität, Neuwied 1969, S. 62.

[8] Ebenda, S. 63.

Das alles sind Dinge, die der revolutionären Arbeiterklasse und ihrer wissenschaftlichen Weltanschauung fremd sind. Es sind Erfindungen spätbürgerlicher Ideologen, die auf Grund ihres Klasseninteresses, das zutiefst ahistorisch ist, unfähig sind, zu begreifen, worin die Überlegenheit der sozialistischen Ideologie gegenüber allen bürgerlichen Lehren letztendlich und objektiv-real gründet: im Geschichtsprozeß. Bereits in der „Heiligen Familie“ haben Marx und Engels unmißverständlich formuliert: „Es handelt sich nicht darum, was dieser oder jener Proletarier oder selbst das ganze Proletariat als Ziel sich einstweilen *vorstellt*. Es handelt sich darum, *was es ist* und was es diesem *Sein* gemäß geschichtlich zu tun gezwungen sein wird. Sein Ziel und seine geschichtliche Aktion ist in seiner eignen Lebenssituation wie in der ganzen Organisation der heutigen bürgerlichen Gesellschaft sinnfällig, unwiderruflich vorgezeichnet.“[9] Marx und Engels verweisen an dieser Stelle sehr klar auf die objektiven historischen Bedingungen, die dafür maßgebend sind, daß die Arbeiterklasse in einer ganz bestimmten Richtung handeln muß und auch nur kann: in Richtung auf die Überwindung des Kapitalismus und die Herstellung des Sozialismus.

III

Innerhalb der kapitalistischen Produktionsweise entsteht neben der herrschenden Klasse der Bourgeoisie mit Notwendigkeit die ihr entgegengesetzte Klasse, das Proletariat, ohne die der Kapitalismus nicht funktioniert. Bourgeoisie und Proletariat sind in ihrer unversöhnlichen Gegensätzlichkeit konstitutiv für den Kapitalismus. Der Grundwiderspruch des Kapitalismus hat hier seinen Ursprung: „Produktionsmittel und Produktion sind wesentlich gesellschaftlich geworden. Aber sie werden unterworfen einer Aneignungsform, die die Privatproduktion einzelner zur Voraussetzung hat, wobei also jeder sein eignes Produkt besitzt und zu Markte bringt. Die Produktionsweise wird dieser Aneignungsform unterworfen, obwohl sie deren Voraussetzung aufhebt. In diesem Widerspruch, der der neuen Produktionsweise ihren kapitalistischen Charakter verleiht, *liegt die ganze Kollision der Ge-*

[9] K. Marx/F. Engels, Werke, Bd. 2, Berlin 1957, S. 38.

genwart bereits im Keim."[10] Diese „Kollision der Gegenwart" aufzuheben, ist die weltgeschichtliche Mission der Arbeiterklasse. Aus der kapitalistischen Produktionsweise selber erwächst also die Notwendigkeit ihrer Überwindung, das heißt, die Herstellung von Produktions- und Aneignungsverhältnissen, die in Übereinstimmung mit dem gesellschaftlichen Charakter der Produktion stehen. Die Herstellung anderer Produktions- und Aneignungsverhältnisse, nämlich sozialistischer, kann aber nur jene Klasse vollbringen, die der Antipode der letzten Ausbeuterklasse der Geschichte, der Bourgeoisie, ist und die auf Grund ihrer Stellung im Produktionsprozeß den Hauptanteil des materiellen Reichtums der Gesellschaft produziert. Allein in diesem Sinne ist die Arbeiterklasse der Vollzieher einer neuen, höheren Produktionsweise, was darüber hinaus bedeutet, daß sie im Vergleich zu allen anderen Klassen und Schichten innerhalb des Kapitalismus den höchsten Vergesellschaftungsgrad aufweist. Die marxistisch-leninistische These, daß die Arbeiterklasse die fortgeschrittenste und fortschrittlichste Kraft der gesellschaftlichen Entwicklung der Gegenwart ist, ist die Widerspiegelung dieser Tatsache. Die Arbeiterklasse ist das revolutionäre historische Subjekt unserer Epoche. Die welthistorische Mission der Arbeiterklasse und ihre davon abgeleitete Parteilichkeit ist Ausdruck ihrer revolutionären Potenz. Es gibt keine andere gesellschaftliche Klasse oder Schicht in der Gegenwart, die diesen Charakter aufzuweisen hätte.

IV

Nach den Worten Lenins erblickte Marx „den ganzen Wert seiner Theorie darin, daß sie 'ihrem Wesen nach kritisch und revolutionär' ist. Und diese letztgenannte Eigenschaft ist dem *Marxismus* tatsächlich restlos und unbedingt eigen, weil diese Theorie es sich direkt zur Aufgabe macht, alle Formen des Antagonismus und der Ausbeutung in der modernen Gesellschaft *aufzudecken,* ihre Entwicklung zu verfolgen, ihren vorübergehenden Charakter und die Unvermeidlichkeit ihrer Verwandlung in eine andere Form

[10] K. Marx/F. Engels, Werke, Bd. 19, a. a. O., S. 213 f.

nachzuweisen *und auf diese Weise dem Proletariat zu dienen, damit es möglichst bald und möglichst leicht jeglicher Ausbeutung ein Ende mache.*"[11]

Dergestalt bekennt der Marxismus-Leninismus *offen* und *unverhüllt* seine Parteilichkeit. Ja, er geht davon aus, daß je parteilicher er ist, das heißt: je rücksichtsloser er den Interessen der revolutionären Arbeiterklasse theoretisch Ausdruck verleiht, desto mehr Wissenschaftlichkeit seinen Aussagen zukommt. Voraussetzung wirklicher Wissenschaftlichkeit ist so die konsequente Parteinahme für den Kampf der revolutionären Arbeiterklasse unter Führung der marxistisch-leninistischen Partei.[12] Eine wichtige theoretische Seite dieses Sachverhaltes ist dabei, daß Wissenschaftlichkeit nur auf dem Boden des philosophischen Materialismus möglich ist, und zwar in seiner fortgeschrittensten Gestalt, auf der Grundlage des dialektischen und historischen Materialismus. Nur vom Standpunkt des dialektischen und historischen Materialismus aus können die Gesetzmäßigkeiten der gesellschaftlichen Entwicklung ohne idealistische Verhüllungen und Entstellungen, ohne positivistischen Tatsachenfetischismus und daraus folgende Apologetik der Tatsachen aufgedeckt werden. Denn der dialektische und historische Materialismus betrachtet Natur, Gesellschaft und Denken in ihren Zusammenhängen und ihren Beziehungen, in ihrer Bewegung, in ihrem Entstehen und Vergehen. Er hebt aus der Mannigfaltigkeit der Erscheinungen jene hervor, die als Triebkräfte den gesellschaftlichen Fortschritt befördern, in erster Linie jene Klasse, die den Geschichtsprozeß vorantreibt, die die Politik einer gegebenen historischen Situation bestimmt. Lenin stellte deshalb wiederholt klar, daß „der Materialist ... genaue Feststellungen über die gegebene sozialökonomische Formation und die von ihr erzeugten antagonistischen Verhältnisse" trifft und jene Klasse hervorhebt, „die die gegebene Wirtschaftsordnung 'dirigiert' und dabei in diesen oder jenen Formen Gegenwirkungen der anderen Klassen hervorruft". Deshalb schließt „der Materialismus sozusagen Parteilichkeit in sich" ein, „da er dazu verpflichtet ist, bei jeder Bewertung eines Er-

[11] W. I. Lenin, Werke, Bd. 1, a. a. O., S. 333.
[12] Vgl. H. Klotsch/G. Koch/H. Opitz/H. Schülke, Philosophie der Arbeiterklasse, Berlin 1975, S. 11 ff.

eignisses direkt und offen den Standpunkt einer bestimmten Gesellschaftsgruppe einzunehmen".[13]

Es verwundert daher nicht, daß die spätbürgerliche Ideologie ihre Angriffe immer wieder auf den philosophischen Materialismus und die materialistische Dialektik richtet. In diesen Angriffen manifestiert sich ihre Parteilichkeit. Denn diese hängen mit den gesellschaftspolitischen Konsequenzen zusammen, die sich aus dem philosophischen Materialismus und der materialistischen Dialektik ergeben. Rosa Luxemburg machte auf diesen Sachverhalt aufmerksam, wenn sie in ihrer Auseinandersetzung mit Bernstein festhielt: „Und wenn er gegen 'die Erhebung der materiellen Faktoren zu den omnipotenten Mächten der Entwicklung', gegen die 'Verachtung des Ideals' in der Sozialdemokratie zu Felde zieht, wenn er dem Idealismus, der Moral das Wort redet, gleichzeitig aber gegen die einzige Quelle der moralischen Wiedergeburt des Proletariats, gegen den revolutionären Klassenkampf, eifert – was tut er im Grunde genommen anders, als der Arbeiterklasse die Quintessenz der Moral der Bourgeoisie: die Aussöhnung mit der bestehenden Ordnung und die Übertragung der Hoffnungen ins Jenseits der sittlichen Vorstellungswelt, predigen? – Indem er endlich gegen die Dialektik seine schärfsten Pfeile richtet, was tut er anders, als gegen die spezifische Denkweise des aufstrebenden klassenbewußten Proletariats ankämpfen? Gegen das Schwert ankämpfen, das dem Proletariat die Finsternis seiner historischen Zukunft hat durchhauen helfen, gegen die geistige Waffe, womit es, materiell noch im Joch, die Bourgeoisie besiegt, weil es sie ihrer Vergänglichkeit überführt, ihr die Unvermeidlichkeit seines Sieges nachgewiesen, die Revolution im Reiche des Geistes bereits vollzogen hat! Indem Bernstein der Dialektik Valet sagt . . ., verfällt er ganz folgerichtig in die historisch bedingte Denkweise der untergehenden Bourgeoisie, eine Denkweise, die das getreue Abbild ihres gesellschaftlichen Daseins und ihres politischen Tuns ist."[14]

Im Unterschied zur Arbeiterklasse verhält sich die Bourgeoisie, seit sie ihre progressive Phase hinter sich gelassen hat, mindestens

[13] W. I. Lenin, Werke, Bd. 1, a. a. O., S. 414.

[14] R. Luxemburg, Sozialreform oder Revolution?, in: Gesammelte Werke, Bd. 1, Erster Halbband, Berlin 1970, S. 438 f.

seit dem „Manifest der Kommunistischen Partei", konservativ, beharrend, erhaltend zur gesellschaftlichen Wirklichkeit, das heißt, zur kapitalistischen Gesellschaft. Ihre Ideologen sind nicht mehr in der Lage, Grundfragen der gesellschaftlichen Entwicklung, Grundfragen unserer Epoche *perspektivisch* zu denken. Einer ihrer zur Zeit meistdiskutierten Vertreter, K. R. Popper, verkündet als Credo seiner Philosophe, daß er glaube, „wir lebten in der besten Welt, die je existierte".[15] Es ist überflüssig, darauf hinzuweisen, daß Popper mit „der besten Welt, die je existierte" die imperialistische Gesellschaft mit allen ihren Gebrechen meint. Mehr ins Theoretische gewendet formuliert Popper sein Glaubensbekenntnis so: „Ich gebe offen zu, daß ich meinen Rationalismus nicht rational begründen kann. ... er beruht auf einem irrationalen Glauben."[16] Und an anderer Stelle: „Ich möchte es als eine Folge der sokratischen Entdeckung charakterisieren, daß wir nichts wissen, das heißt, unsere Theorien niemals rational rechtfertigen ... und nicht einmal als wahrscheinlich erweisen können."[17] Diese Formulierungen sind keine gelegentlichen Äußerungen der spätbürgerlichen Ideologie, sondern offenbaren ihr Wesen. Die spätbürgerliche Ideologie erniedrigt die Erkenntnisfähigkeit des Menschen, indem sie Erkenntnis in Agnostizismus auslaufen läßt. Sie leugnet den gesellschaftlichen Fortschritt, indem sie den Geschichtsprozeß beim Kapitalismus anhält. Und sie rechtfertigt den Kapitalismus als beste aller möglichen Welten, indem sie den Kommunismus verteufelt.

In der Erniedrigung der Erkenntnisfähigkeit des Menschen, in der Leugnung der Gesetze des Geschichtsprozesses, des gesellschaftlichen Fortschritts und im Antikommunismus realisiert die spätbürgerliche Ideologie ihre Parteilichkeit. Diese ist von anderer Art als die marxistisch-leninistische Parteilichkeit. Deshalb wird von ihr die marxistisch-leninistische *Einheit* von Wissenschaftlichkeit *und* Parteilichkeit heftig angegriffen. Die Parteilichkeit der spätbürgerlichen Ideologie ist eine Parteilichkeit *ohne* Wis-

[15] Der Positivismusstreit in der deutschen Soziologie, Neuwied und Berlin (West) 1970, S. 141.

[16] K. R. Popper, Utopie und Gewalt, in: Kritischer Rationalismus und Sozialdemokratie, Berlin (West) – Bonn – Bad Godesberg 1975, S. 306.

[17] Der Positivismusstreit in der deutschen Soziologie, a. a. O., S. 122.

senschaftlichkeit. In ihr sinkt Parteilichkeit zu dem herab, was sie nicht sein soll und niemals sein darf: zur Apologetik der bestehenden imperialistischen gesellschaftlichen Verhältnisse. Parteilichkeit hat in der spätbürgerlichen Ideologie keinen zureichenden geschichtlichen Grund mehr. Sie wird zu einer Sache subjektiven Ermessens. Nur von hier aus ist etwa der Satz zu verstehen, den Popper prononziert der marxistisch-leninistischen Einheit von Wissenschaftlichkeit und Parteilichkeit entgegenhält: „Wir können dem Wissenschaftler nicht seine Parteilichkeit rauben, ohne ihm auch seine Menschlichkeit zu rauben.“[18] Parteilichkeit bedeutet in diesem Zusammenhang nicht Widerspiegelung eines objektiv-realen Verhältnisses, das sich aus dem Geschichtsprozeß ergibt, sondern vom Subjekt (Individuum) ausgehende „Bewertung“ einzelner gesellschaftlicher Erscheinungen auf der Grundlage apologetischer Bestrebungen und postulierter Unerkennbarkeit des gesellschaftlichen Gesamtprozesses (was zusammengehört), in dem es weder Gesetze noch Fortschritt gibt (geben darf).

In der Koppelung von Parteilichkeit und Leugnung des gesellschaftlichen Fortschritts kommt die antikommunistische Stoßrichtung der Parteilichkeit der spätbürgerlichen Ideologie zum Vorschein. Parteilichkeit wird in der spätbürgerlichen Ideologie geradezu zu einem Synonym für Antikommunismus. Und die in diesem Zusammenhang heraufbeschworene Menschlichkeit bedeutet den Rückzug der spätbürgerlichen Ideologie aus der Geschichte. In ihr sieht sie eine Bedrohung der imperialistischen Gesellschaft. Deshalb wird innerhalb der spätbürgerlichen Ideologie immer wieder darauf hingewiesen, daß „das Interesse an der Geschichte durch den gesellschaftlichen Fortschritt“, das heißt, durch den Hauptinhalt unserer Epoche, den Prozeß des Übergangs vom Kapitalismus zum Kommunismus, „bedroht“ sei, es also besser wäre, auf die „denkende Betrachtung der Geschichte“, wie Hegel sagte, zu verzichten, und zwar um so mehr, als in der Konsequenz „dieser Bedrohung Geschichte als Waffenkammer für die Führung und Anheizung des Klassenkampfes ideologisch in Anspruch genommen wird“.[19]

[18] Ebenda, S. 114.

[19] G. Rohrmoser, in: Technikgeschichte. Voraussetzungen für Forschung und Planung in der Industriegesellschaft, Düsseldorf 1972, S. 58.

Es gibt in der Gegenwart keine bürgerliche Ideologie, die – offen oder verschleiert, bewußt oder unbewußt – keine antikommunistische Spitze hätte. Das ist auch dort – oder gerade auch dort – der Fall, wo sich die spätbürgerliche Ideologie mit dem Marxismus-Leninismus beschäftigt. Grundlage dieser Beschäftigung der spätbürgerlichen Ideologie mit dem Marxismus-Leninismus ist nicht – wie gern vorgegeben wird – die möglichst wertfreie (interessenungebundene) Forschung, sondern – wie durchaus eingestanden wird – „die politische Realität, die der Kommunismus im Staate Lenins und seiner Satelliten gewonnen hat".[20] Gegen ein Ausgehen von der „politischen Realität" wäre an sich nichts einzuwenden, wäre dieses nicht mit einer gleichzeitigen Verleumdung dieser Realität (in dem eben angeführten Zitat wird im nächsten Halbsatz ohne jede weitere Begründung von der „Bedrohung ... für die westliche Welt" gesprochen, die angeblich vom Kommunismus ausgehe) und einer Verfälschung der Theorie dieser Realität, dem Marxismus-Leninismus, verbunden.

Eine zur Zeit beliebte Methode der Verfälschung des Marxismus-Leninismus ist die Unterstellung, die Vereinfachung. Aus der Feder eines prominenten spätbürgerlichen Ideologen nimmt sich das so aus: „Als Kritiker des Marxismus werde ich versuchen, meine Aufgabe großzügig zu interpretieren: Ich werde mir die Freiheit nehmen, den Marxismus nicht nur zu kritisieren, sondern bestimmte, von ihm aufgestellte Behauptungen auch zu verteidigen; und ich werde mir die Freiheit nehmen, seine Doktrinen radikal zu vereinfachen."[21]

Diese verschleiernde Apologetik der spätbürgerlichen Ideologie der Gegenwart hielten Marx und Engels bereits für die bürgerliche Ideologie ihrer Zeit fest. In der „Deutschen Ideologie" betonen sie: „Je mehr die normale Verkehrsform der Gesellschaft und damit die Bedingungen der herrschenden Klasse ihren Gegensatz gegen die fortgeschrittenen Produktivkräfte entwickeln, je größer daher der Zwiespalt in der herrschenden Klasse selbst und mit der beherrschten Klasse wird, desto unwahrer wird natürlich

[20] J. Habermas, Theorie und Praxis, Neuwied und Berlin (West) 1971, S. 387.

[21] K. R. Popper, Prognose und Prophetie in den Sozialwissenschaften, in: Logik der Sozialwissenschaften, hg. von E. Topitsch, Köln – Berlin (West) 1965, S. 113.

das dieser Verkehrsform ursprünglich entsprechende Bewußtsein, d. h., es hört auf, das ihr entsprechende Bewußtsein zu sein ..."[22]

Aufschlußreich in dieser Hinsicht ist ein Interview, das der USA-Sprachwissenschaftler Chomsky auf dem Höhepunkt der von den USA ausgehenden und gesteuerten Menschenrechtskampagne der italienischen Zeitung „Il Messaggero" gegeben hat. Auf die Frage, ob „eine veränderte Form des kalten Krieges" (gemeint ist ein verstärkter ideologischer Kampf gegen den Sozialismus – M. B.) zur Stabilisierung der innenpolitischen Situation in den kapitalistischen Hauptländern beitragen könne, antwortete er: „Während der 60er Jahre hat vor allem in den Vereinigten Staaten ... die Kontrolle über die Bevölkerung sehr nachgelassen: Am Anfang kam es zu politischen Massenbewegungen, die sich ideologisch vom Staat lossagten und ihm den Gehorsam verweigerten, der bis vor kurzem nicht einmal in Frage gestellt wurde. So entstand eine sehr ernste Krise, die man unbedingt überwinden mußte. Die Regierungen (der imperialistischen Hauptländer – M. B.) sahen sich gezwungen, die Bevölkerung ihrer Länder wieder zu ihrer früheren Haltung der Passivität und des Gehorsams zu veranlassen, wenn sie weiterhin eine aggressive und energische kapitalistische Entwicklungsperspektive verfolgen wollten ... Um eine gehorsame und passive Öffentlichkeit zu schaffen, besteht das beste Mittel darin, erneut die Überzeugung zu wecken, die Vereinigten Staaten seien die Verfechter der Menschenrechte."[23] Diese Ausführungen bedürfen keines Kommentars. Sie unterstreichen, daß die von seiten der imperialistischen Ideologie feilgebotene „ideologische Koexistenz" in Wirklichkeit als verschärfte ideologische Konfrontation, in der alle Mittel bis hin zur politischen und ideologischen Lüge recht sind, praktiziert wird. Die Parteilichkeit der spätbürgerlichen Ideologie ist keine offene wie die marxistisch-leninistische, sondern eine heuchlerische. Wo sie im Namen der Menschheit und der Menschlichkeit zu sprechen vorgibt, spricht sie in der Tat für die auf Unterdrückung und Ausbeutung gerichtete Politik des Imperialismus. Sie weiß um ihre Schwäche und gibt gelegentlich auch zu: „je weniger Entscheidungen [im Kampf zwischen Sozialismus und Imperialismus –

[22] K. Marx/F. Engels, Werke, Bd. 3, Berlin 1958, S. 274.

[23] Il Messaggero, Rom, 8. April 1977.

M. B.] mit den Mitteln der politischen Pression und des bewaffneten Einsatzes gesucht werden, desto wichtiger wird, wer in welchem Umfang über die Einflußnahme auf das Bewußtsein großer Menschengruppen Vorgänge auszulösen und zu steuern vermag".[24]

V

Während die Einheit von Wissenschaftlichkeit und Parteilichkeit in der Lesart der spätbürgerlichen Ideologie etwas Anrüchiges ist, über das man besser nicht spricht, war Parteilichkeit für die Ideologen der progressiven Bourgeoisie etwas Selbstverständliches, ohne das Wissenschaft, geistiges Leben überhaupt, nicht möglich ist. Wir erinnern in diesem Zusammenhang nur an die französischen Materialisten des 18. Jahrhunderts, an die bürgerliche europäische Aufklärungsbewegung insgesamt. Hegel trug jeweils bereits in der ersten Vorlesungsstunde über Geschichte der Philosophie seinen Studenten folgenden Passus vor: „Es muß die Forderung als gerecht zugestanden werden, daß eine Geschichte – es sei von welchem Gegenstande es wolle – die Tatsachen ohne Parteilichkeit, ohne ein besonderes Interesse und Zweck durch sie geltend machen zu wollen, erzähle. Mit dem Gemeinplatze einer solchen Forderung kommt man jedoch nicht weit. Denn notwendig hängt die Geschichte eines Gegenstandes mit der Vorstellung aufs engste zusammen, welche man sich von demselben macht. Danach bestimmt sich schon dasjenige, was für ihn für wichtig und zweckmäßig erachtet wird, und die Beziehung des Geschehenen auf denselben bringt eine Auswahl der zu erzählenden Begebenheiten, eine Art, sie zu fassen, Gesichtspunkte, unter welche sie gestellt werden, mit."[25]

Und in W. T. Krugs „Allgemeinem Handwörterbuch der philosophischen Wissenschaften" aus den Jahren 1827/29 kann man folgendes in dem Artikel „Partei" nachlesen: „Bei der natürlichen

[24] G. Wettig, Freiheit oder Unfreiheit im Äther, in: Aus Politik und Zeitgeschichte, Beilage zur Wochenzeitung „Das Parlament", Bonn, 5. Juni 1976, S. 21.

[25] G. W. F. Hegel, Werke in zwanzig Bänden, Frankfurt am Main 1969 ff., Bd. 18, S. 15 f.

Beschränktheit des menschlichen Geistes und bei dem Einflusse, welchen Erziehung, Unterricht, Gewohnheit, Umgang mit andern, sowie auch Affekten und Leidenschaften, auf unser Denken und Wollen haben, darf man sich nicht wundern, überall ... Parteien anzutreffen. Es wird daher auch nicht leicht ein Mensch gefunden werden, der zu gar keiner Partei gehörte, also *ganz parteilos* und folglich auch *durchaus unparteiisch*, d. h. *ohne alle Parteilichkeit* wäre. Dies würde vielmehr eine völlige Indolenz und Indifferenz verraten."[26]

Bei aller historischen Beschränkung war es für die klassische bürgerliche Ideologie doch klar, daß Wissenschaftlichkeit nur durch die Parteinahme für den gesellschaftlichen Fortschritt möglich ist. Sicher, die klassische bürgerliche Ideologie war noch nicht in der Lage, jenen Punkt anzugeben, in dem Wissenschaftlichkeit und Parteilichkeit zusammenfließen. Doch ihr ganzes Streben war darauf ausgerichtet, den Gesetzmäßigkeiten der gesellschaftlichen Entwicklung auf die Spur zu kommen.

Daß dieses Ziel nur über den Weg offener Parteilichkeit zu erreichen ist, galt für sie als ausgemacht. Alles andere war für sie „Gemeinplatz", der auf „Indolenz und Indifferenz" hinauslief. Auch in der Frage der Einheit von Wissenschaftlichkeit und Parteilichkeit besteht also ein Abgrund zwischen klassischer bürgerlicher und imperialistischer Ideologie. Parteilichkeit war für die klassische bürgerliche Ideologie nur ein anderes Wort für „Fortschreiten des Menschengeschlechts", für „Herstellung der Rechte der Menschheit" (I. Kant). Die klassische bürgerliche Ideologie dachte Parteilichkeit überhaupt nicht anders als im Zusammenhang mit der Problematik des gesellschaftlichen Fortschritts, der für sie immer Höherentwicklung bedeutete.

Da die imperialistische Ideologie den gesellschaftlichen Fortschritt leugnet, kann sie ihre Parteilichkeit mit diesem auch nicht mehr in Zusammenhang bringen. Sie kann ihre Parteilichkeit nur noch zum Gegebenen, das heißt, zur imperialistischen Gesellschaft in Beziehung setzen bzw. von dieser herleiten. Dadurch aber wird Parteilichkeit zur Apologetik umfunktioniert. In der Tat handelt

[26] W. T. Krug, Allgemeines Handwörterbuch der philosophischen Wissenschaften, Bd. 3, Leipzig 1833, S. 160.

es sich innerhalb der imperialistischen Ideologie „nicht mehr darum, ob dies oder jenes Theorem wahr sei, sondern ob es dem Kapital nützlich oder schädlich" ist. „An die Stelle uneigennütziger Forschung trat bezahlte Klopffechterei, an die Stelle unbefangner wissenschaftlicher Untersuchung das böse Gewissen und die schlechte Absicht der Apologetik."[27] Es ist auch von hier aus einleuchtend, wer das ideologische Erbe der progessiven Bourgeoisie aufbewahrt und fortgeführt hat: nicht die spätbürgerliche Ideologie, sondern der Marxismus-Leninismus.

VI

Der Marxismus-Leninismus geht davon aus – und er stimmt darin im Ansatz mit der klassischen bürgerlichen Ideologie überein –, daß Erkenntnis, vor allem Erkenntnis gesellschaftlicher Zusammenhänge, nur als parteiliches Erkennen möglich ist. Parteilichkeit ist in diesem Sinne ein konstitutives Moment allen Erkennens und davon abgeleiteten Handelns.[28] Parteilichkeit ist so keine Angelegenheit des bloßen Bewertens, der bloßen Bewertung von Erkenntnis- und Handlungsresultaten durch die erkennenden und handelnden Menschen. Anders: Parteilichkeit ist keine Sache, die zu den Erkenntnis- und Handlungsresultaten – im nachhinein – hinzukommt. Sie ist von Anfang an ein immanenter und tragender Bestandteil aller Erkenntnis- und Handlungsprozesse. Parteilichkeit darf so nicht als bloß subjektive Zutat zu Denken und Handeln genommen werden.

Innerhalb der spätbürgerlichen Ideologie wird, wenn die Problematik Wissenschaft und Parteilichkeit rein theoretisch diskutiert wird, meist eine unfruchtbare Alternative konstruiert: *entweder* interessenbedingtes, zielgerichtetes – parteiliches *oder* objektives, unparteiliches – wissenschaftliches Erkennen (Handeln), also entweder Parteilichkeit *oder* Wissenschaftlichkeit (Objektivität) als sich ausschließende Gegensätze.[29]

[27] K. Marx/F. Engels, Werke, Bd. 23, Berlin 1962, S. 21.

[28] Vgl. P. W. Alexejew/A. J. Iljin, Das Prinzip der Parteilichkeit, Berlin 1975, Kap. II.

[29] H. Horstmann, Objektivität, Wissenschaftlichkeit und Parteilichkeit im dialektisch-materialistischen und metaphysischen Denken, a. a. O., S. 18–30.

Behauptungen wie: „Die sogenannte Objektivität der Wissenschaft besteht in der Objektivität der kritischen Methode."[30] – zielen in diese Richtung. Eine solche Alternative ist jedoch eine *Schein*alternative, eine bloß metaphysische Gegenüberstellung, die weder im Denken noch im Handeln zu etwas Positivem führt. Eine solche Alternative leugnet oder verschleiert das, was offensichtlich und durch die Menschheitsgeschichte insgesamt, vor allem durch eine mehr als 2000jährige Wissenschaftsentwicklung immer wieder erhärtet worden ist. Erkennen und Handeln sind für die Menschen immer nur insoweit möglich, wie es die objektive Klassenlage zuläßt. Die jeweiligen gesellschaftlichen Bedingungen stecken zunächst den Rahmen ab, in dem Erkennen und Handeln auf diese oder jene Weise möglich werden. Es ist nämlich ein gravierender Unterschied, ob – zum Beispiel – die kapitalistischen gesellschaftlichen Verhältnisse vom Standpunkt der Klasse der Bourgeoisie oder von dem der Arbeiterklasse aus betrachtet werden. In der Geschichte sind Wissenschaftler überall dort zu den besten Ergebnissen gekommen, wo sie konsequent von den Positionen der jeweils fortschrittlichen Klasse ausgingen. Marx und Engels hätten die Grundgesetze der kapitalistischen Produktion nicht entdeckt und von da aus die Notwendigkeit der Ablösung der bürgerlichen Gesellschaft nicht begründen können, wenn sie nur am Leitfaden einer „kritischen Methode" die gesellschaftliche Wirklichkeit betrachtet hätten. Das Ausgehen vom Standpunkt des Proletariats, also *ihre* Parteilichkeit, war die Voraussetzung ihrer epochemachenden Entdeckungen.

Wird Parteilichkeit nicht als eine eindeutige und notwendige, von Anfang an gegebene Relation genommen, dann kann Wissenschaftlichkeit (Objektivität) nur psychologisch, bestenfalls logisch erklärt werden. Anschauungen, wie die unparteiliche Suche nach Wahrheit, das Motiv der Wahrheitsliebe oder die intersubjektive Nachprüfbarkeit, die rationale Argumentation usw. seien der eigentliche Grund für Wissenschaftlichkeit, verlieren sich eben im Psychologischen oder bloß Logischen. Wir bestreiten damit nicht, daß diese Momente im Erkennen und Handeln eine Rolle spielen. Die Frage ist jedoch, welcher Stellenwert solchen Momen-

30 Der Positivismusstreit in der deutschen Soziologie, a. a. O., S. 106.

ten eingeräumt wird. Denn diese sind weder hinreichend noch allein konstitutiv für ein zielgerichtetes, an Veränderung interessiertes Erkennen und Handeln. Im Gegenteil. Wird Wissenschaftlichkeit nicht durch bewußte Parteilichkeit geleitet (ergänzt), dann wird sie entweder zur bloßen guten Absicht oder zur Apologetik heruntergebracht. Ihr wird vor allem die progressive gesellschaftliche Spitze genommen, das heißt: sie kann nicht zur Grundlage zielgerichteter, auf Veränderung ausgehender gesellschaftlicher Tätigkeit werden. Umgekehrt, will man zu gesellschaftlichen Aktionen ohne Wissenschaftlichkeit, sondern nur mit Parteilichkeit kommen, dann münden diese in ein anarchistisches Verhalten ein, werden blind. Sie mißachten den Geschichtsprozeß, der sich von keinem Individuum – und sei es noch so genial – und keiner Klasse – und sei sie noch so progressiv – überlisten läßt. Denn: „Die Menschen machen ihre eigene Geschichte, aber sie machen sie nicht aus freien Stücken, nicht unter selbstgewählten, sondern unter unmittelbar vorgefundenen, gegebenen und überlieferten Umständen."[31]

Wissenschaftlichkeit und Parteilichkeit sind also unteilbar. Das ist deshalb der Fall, weil Wissenschaft nichts Autonomes ist, sondern immer bestimmte gesellschaftliche Verhältnisse zur Grundlage hat, aus denen sie entspringt. Je bewußter dieser Sachverhalt gesehen wird, um so fruchtbarer entfaltet sich die Einheit von Wissenschaftlichkeit und Parteilichkeit in der wissenschaftlichen Arbeit. Sie wird dann zu revolutionärem Herangehen an die Wirklichkeit, das theoretisch konsequent, historisch untermauert und die weltgeschichtliche Perspektive im Blick haltend ist. „Der ganze Geist des Marxismus, sein ganzes System verlangt, daß jeder Thes nur α) historisch; β) nur in Verbindung mit anderen; γ) nur in Verbindung mit den konkreten Erfahrungen der Geschichte betrachtet wird."[32]

Dieses Herangehen an alle Fragen des gesellschaftlichen Lebens impliziert ein bestimmtes Verhalten, eine bestimmte politisch-ideologische Grundhaltung, die nicht zuletzt durch Disziplin und Hingabe an die Sache der Arbeiterklasse und ihrer marxistisch-

[31] K. Marx/F. Engels, Werke, Bd. 8, Berlin 1960, S. 115.
[32] W. I. Lenin, Werke, Bd. 35, Berlin 1971, S. 227.

leninistischen Partei gekennzeichnet ist. Eine solche auf Wissenschaftlichkeit und Parteilichkeit beruhende politisch-ideologische Grundhaltung verlangt, sich an der welthistorischen Mission der Arbeiterklasse zu orientieren, konkret: mit der marxistisch-leninistischen Partei Schritt für Schritt in Richtung der Verwirklichung dieser Mission zu gehen.

Das aber setzt mit Notwendigkeit ein „Bewußtsein vom Ganzen" voraus, das jedem Menschen den „Sinn seiner Tätigkeit, ihren Zusammenhang mit den Anstrengungen aller anderen Werktätigen, seine eigene große Verantwortung für den Erfolg der Politik von Partei und Regierung" durchsichtig macht.[33]

Dies ist durchaus nicht zufällig, weil es mit der Gestaltung der entwickelten sozialistischen Gesellschaft darum geht, daß die Menschen „die Gesetze ihres eignen gesellschaftlichen Tuns ... mit voller Sachkenntnis" anwenden, „ihre Geschichte mit vollem Bewußtsein selbst machen", weil erst dadurch „die von ihnen in Bewegung gesetzten gesellschaftlichen Ursachen vorwiegend und in stets steigendem Maß auch die von ihnen gewollten Wirkungen haben".[34]

1981

33 K. Hager, Die Aufgaben der Gesellschaftswissenschaften in unserer Zeit, Referat auf der 9. Tagung des ZK der SED (1968), Berlin 1968, S. 11.

34 K. Marx/F. Engels, Werke, Bd. 19, a. a. O., S. 226.

III

Philosophie – Revolution – Humanismus

Das ausgezeichnet Große seines Jahrhunderts kennen.
Baltasar Gracián (1601–1658)

Lassen wir die Ausschweifungen etlicher mißgeleiteten Bauern, und dem Mutwillen der unmündigen Jugend auf Universitäten unberührt; sie sind der Geschichte zu klein. Wenn die Pest im Lande ist, wer würde nicht des Arztes spotten, der Mückenstiche für Pestbeulen hielte?
Georg Forster (1754–1794)

Man frage den Landmann, den Handwerker, der nötige Sachen macht, kurz, die erwerbende Klasse, nicht die verzehrende, nicht den Höfling, den Priester, den Friseur oder das Modemädchen, und man wird von der Revolution richtiger urteilen lernen.
Friedrich Christian Laukhard (1758–1822)

Oktoberrevolution – Grundanliegen der Menschheit

Geburt des Humanismus

Mit der Großen Sozialistischen Oktoberrevolution begann der gesellschaftlich-praktische Siegeszug der humanistischen Menschheitsträume. Mehr noch: *Durch die Oktoberrevolution wurde der Humanismus eigentlich erst geboren.* Denn sie ist des Menschen Griff nach der Geschichte. Durch sie wurde der arbeitende Mensch zum bewußten Gestalter des historischen Prozesses und damit zum Schöpfer seiner selbst. Der arbeitende Mensch, seit jeher das Antlitz der Erde prägend, ohne die Früchte seiner Arbeit zu ernten, nahm durch sie sein und das Schicksal der gesamten Menschheit in die Hände. Durch die Oktoberrevolution und ihre Folgen begab sich der arbeitende Mensch in Gestalt der revolutionären Arbeiterklasse auf die Lichtseite der Geschichte, und zwar politisch, moralisch und auch ästhetisch.

Es bedeutete keine Errichtung neuer Privilegien, wenn sich die Arbeiterklasse durch und mit der Oktoberrevolution ins Zentrum der Geschichte stellte. Dieser Vorgang ist identisch mit dem Vollzug des historischen Prozesses selber. Er bezeichnet die kopernikanische Wende der Geschichte. Als Denis Diderot 1765 das Stichwort „Tagelöhner" in den VIII. Band der Enzyklopädie aufnahm, formulierte er: „Das ist ein Arbeiter, der mit seinen eigenen Händen arbeitet und dem man täglich den Tageslohn auszahlt." Sofort aber fügte er hinzu: „Dieser Menschenschlag bildet den größten Teil einer Nation. Sein Schicksal soll eine gute Regierung hauptsächlich vor Augen haben. Ist der Tagelöhner unglücklich, so ist die Nation unglücklich."

In der Tat, die überwiegende Mehrheit der Menschen aller bisherigen Gesellschaften war unglücklich, denn diese gründeten sich auf die Ausbeutung des Menschen durch den Menschen. Allein die Oktoberrevolution und der siegreiche Aufbau des Sozialismus leiteten den Weg der Menschheit zu ihrem Glück ein, weil sie den arbeitenden Menschen zum bewußten Gestalter der gesellschaftlichen Verhältnisse werden ließen. „Indem aber für den sozialistischen Menschen die *ganze sogenannte Weltgeschichte* nichts anders ist als die Erzeugung des Menschen durch die menschliche Arbeit, als das Werden der Natur für den Menschen, so hat er also den anschaulichen, unwiderstehlichen Beweis von seiner *Geburt* durch sich selbst, von seinem *Entstehungsprozeß.*"[1] Die revolutionäre Arbeiterklasse hat durch die Oktoberrevolution den Gedanken der „Erzeugung des Menschen durch die menschliche Arbeit" zur allumfassenden Tat werden lassen. Ebendeshalb hat sie in Existenz gesetzt, wovon die Besten der Menschheit träumten. Und nicht zuletzt wurde dadurch der arbeitende Mensch nicht nur zum *Erzeuger,* sondern zum *erntenden* Erzeuger der Geschichte.

Der Mensch als Schöpfer der Geschichte

Als Bacon und Descartes am Beginn der bürgerlichen Neuzeit die Weltanschauung der progressiven Bourgeoisie begründeten, gingen sie von der Annahme aus, daß es dem Menschen durch seine Erkenntnisfähigkeit möglich sein müsse, die Natur zu beherrschen und seinen Zwecken dienstbar zu machen.

Bacon: „Erstrebt ... jemand, die Macht und die Herrschaft des Menschengeschlechtes selbst über die Gesamtheit der Natur zu erneuern und zu erweitern, so ist zweifellos diese Art von Ehrgeiz, wenn man ihn so nennen kann, gesünder und edler als die übrigen Arten. Der Menschen Herrschaft aber über die Dinge beruht allein auf den Künsten und Wissenschaften. Die Natur nämlich läßt sich nur durch Gehorsam besiegen."[2] Und optimistisch beschließt er sein „Novum Organon": „Damit übergebe ich endlich wie ein rechtschaffender und treuer Verwalter dem Menschen Schätze durch die Befreiung und Mündigkeitserklärung des Geistes. Mit eherner Notwendigkeit wird daraus eine Verbesse-

[1] K. Marx/F. Engels, Gesamtausgabe (MEGA), Berlin 1932, Erste Abt., Bd. 3, S. 125.

[2] F. Bacon, Das neue Organon (Novum Organon), hg. von M. Buhr, Berlin 1962, S. 136.

rung der menschlichen Verhältnisse und eine Erweiterung seiner Macht über die Natur folgen."[3]

Was Bacon mehr mit den Mitteln der Rhetorik seinem Zeitalter zuruft – das formuliert Descartes mit der ihm eigenen Klarheit und Einfachheit des Ausdrucks: „Es ist möglich, zu Erkenntnissen zu gelangen, die recht nützlich fürs Leben sind; und anstelle der spekulativen Philosophie, die man an den Schulen lehrt, kann man damit eine praktische setzen, die wir, die Macht und die Wirksamkeit des Feuers, des Wassers, der Luft, der Sterne, der Himmel und aller anderen Körper, die uns umgeben, ebenso deutlich kennend wie die verschiedenen Berufe unserer Handwerker, auf dieselbe Weise zu jedem Zweck anwenden können, zu dem sie tauglich, und so Herren und Besitzer der Natur werden."[4]

Mit dieser Annahme – der Mensch kann die Natur erkennen, er vermag diese Erkenntnis zur Beherrschung und Veränderung der Natur auszunutzen – haben Bacon und Descartes den weiteren Entwicklungsgang der klassischen bürgerlichen Philosophie bis auf Hegel und Feuerbach weitgehend vorgezeichnet. Das Denken der klassischen bürgerlichen Philosophie wird immer wieder um jene Frage kreisen, die Bacon und Descartes zum ersten Mal konsequent ausgesprochen haben: Wie kann der Mensch die Natur rational beherrschen und sie dadurch seinen Zwecken dienstbar machen?

Allein Bacon und Descartes ließen ihre Fragestellung nur im Hinblick auf die Natur gelten. In der Erkenntnis der Geschichte und Gesellschaft von der gleichen Annahme auszugehen, kam ihnen nicht in den Sinn. Es ist das Verdienst der klassischen bürgerlichen deutschen Philosophie, die Bacon-Descartessche Fragestellung für die Erkenntnis der Geschichte und Gesellschaft fruchtbar gemacht zu haben. Wenn man von Spinozas „Ethik" und Vicos „Neuer Wissenschaft" absieht, so war es Kant, der die Bacon-Descartessche Fragestellung auf die Möglichkeit der Erkenntnis von Geschichte und Gesellschaft übertrug. In seinen „Ideen zu einer allgemeinen Geschichte in weltbürgerlicher Absicht" äußerte er: „Was man sich auch in metaphysischer Absicht

[3] Ebenda, S. 305.
[4] R. Descartes, Abhandlung über die Methode, Leipzig 1926, S. 42.

für einen Begriff von der *Freiheit des Willens* machen mag: so sind doch die *Erscheinungen desselben,* die menschlichen Handlungen, ebensowohl als jede andere Naturbegebenheit nach allgemeinen Naturgesetzen bestimmt. Die Geschichte, welche sich mit der Erzählung dieser Erscheinungen beschäftigt, so tief auch deren Ursachen verborgen sein mögen, läßt dennoch von sich hoffen: daß, wenn sie das Spiel der Freiheit des menschlichen Willens *im großen* betrachtet, sie einen regelmäßigen Gang derselben entdecken könne; und daß auf die Art, was an einzelnen Subjekten verwickelt und regellos in die Augen fällt, an der ganzen Gattung doch als eine stetig fortgehende, obgleich langsame Entwickelung der ursprünglichen Anlagen derselben werde erkannt werden können."[5] Und: „Einzelne Menschen und selbst ganze Völker denken wenig daran, daß, indem sie ein jedes nach seinem Sinne und einer oft wider den andern, ihre eigene Absicht verfolgen, sie unbemerkt an der Naturabsicht, die ihnen selbst unbekannt ist, als an einem Leitfaden fortgehen und an derselben Beförderung arbeiten ..."[6] Schließlich zieht Kant aus all dem den Schluß: „... wir könnten durch unsere eigene vernünftige Veranstaltung diesen für unsere Nachkommen so erfreulichen Zeitpunkt schneller herbeiführen."[7]

Was sich bei Kant zaghaft ankündigt – die Möglichkeit des Menschen, nach erkannten historischen Gesetzen zu wirken –, kommt bei Hegel zum Durchbruch und wird zur durchgängigen Einsicht der Geschichtsphilosophie: „Aber im Gange der Weltgeschichte selbst, als noch im Fortschreiten begriffenen Gange, ist der reine letzte Zweck der Geschichte noch nicht der Inhalt des Bedürfnisses und Interesses, und indem dieses bewußtlos darüber ist, ist das Allgemeine dennoch in den besonderen Zwecken und vollbringt sich durch dieselben."[8] An anderer Stelle: „Das ist die *List der Vernunft* zu nennen, daß sie die Leidenschaften für sich wirken läßt, wobei das, was durch sie sich in Existenz setzt, ein-

[5] I. Kant, Werke in sechs Bänden, hg. von W. Weischedel, Wiesbaden 1956 ff., Bd. 6, S. 33.
[6] Ebenda, S. 34.
[7] Ebenda, S. 46.
[8] G. W. F. Hegel, Werke in zwanzig Bänden, Frankfurt am Main 1969 ff., Bd. 12, S. 40.

büßt und Schaden leidet. Denn es ist eine Erscheinung, von der ein Teil nichtig, ein Teil affirmativ ist. Das Partikuläre ist meistens zu gering gegen das Allgemeine, die Individuen werden aufgeopfert und preisgegeben. Die Idee bezahlt den Tribut des Daseins und der Vergänglichkeit nicht aus sich, sondern aus den Leidenschaften ...“[9]

Freilich so tief, epochemachend und fortschrittsverheißend Hegels geschichtsphilosophische Gedanken auch waren, sie liefen auf eine Trennung von Mensch und Geschichte hinaus. In letzter Instanz ist es bei Hegel (wie schon bei Kant und übrigens auch bei Fichte) die Geschichte selber, die die Geschichte macht – nicht der Mensch. Die Geschichte schwebt über dem *homo faber* Hegels. Der Mensch ist bei Hegel nur das Werkzeug, nicht der Werkmeister und damit der eigentliche Schöpfer der Geschichte. Und dennoch war es von dieser Kant-Hegelschen Integration des Einzelwillens in den Gang der Weltgeschichte und dem Einbau des Menschen in die – objektiv gemeinten – Gesetzmäßigkeiten der Geschichte theoretisch nur noch ein Schritt zur Erkenntnis von Marx und Engels: die Menschen machen ihre Geschichte selbst. „Die Menschen machen ihre Geschichte selbst, aber bis jetzt [in der Klassengesellschaft – M. B.] nicht mit Gesamtwillen nach einem Gesamtplan, selbst nicht in einer bestimmt abgegrenzten gegebenen Gesellschaft. Ihre Bestrebungen durchkreuzen sich, und in allen solchen Gesellschaften herrscht ebendeswegen die *Notwendigkeit*, deren Ergänzung und Erscheinungsform die *Zufälligkeit* ist.“[10]

Die Gesetze der Geschichte wirken objektiv, d. h. unabhängig vom menschlichen Willen und Bewußtsein. Trotzdem – oder gerade deswegen – sind es die Menschen, die den Geschichtsprozeß gestalten. Gegen die junghegelianische Interpretation der Hegelschen Geschichtsphilosophie gewendet, stellen Marx und Engels fest: „*Die Geschichte tut nichts,* sie ‘besitzt *keinen* ungeheuren Reichtum’, sie ‘kämpft *keine* Kämpfe’! Es ist vielmehr *der Mensch,* der wirkliche, lebendige Mensch, der das alles tut, besitzt und kämpft; es ist nicht etwa die ‘Geschichte’, die den Men-

[9] Ebenda, S. 49.

[10] F. Engels an W. Borgius, 25. Jan. 1894, in: K. Marx/F. Engels, Werke, Bd. 39, Berlin 1968, S. 206.

schen zum Mittel braucht, um *ihre* – als ob sie eine aparte Person wäre – Zwecke durchzuarbeiten, sondern sie ist *nichts* als die Tätigkeit des seine Zwecke verfolgenden Menschen."[11]

Dergestalt kommt es für den Menschen darauf an, die Tendenzen und schließlich die Gesetze der gesellschaftlichen Entwicklung zu erkennen. Der Mensch legt dadurch die Notwendigkeit des historischen Prozesses bloß, auf deren Basis er die geschichtliche Entwicklung seinen Zwecken unterwerfen und so zum Schöpfer der Geschichte werden kann. Im Grunde genommen besteht im Hinblick auf die Geschichte dasselbe Verhältnis wie zwischen Mensch und Natur. Der Mensch kann die Natur – das wußte schon Bacon – nur auf der Grundlage der Erkenntnis ihrer Gesetzmäßigkeiten beherrschen. Die Notwendigkeit der Geschichte ist nicht irgendein Zwang, sondern ihr gesetzmäßiger Verlauf und Ablauf.

Daraus folgt, daß die menschlichen Zwecksetzungen innerhalb des Geschichtsprozesses nicht mit Willkür verwechselt werden dürfen. Was die Menschen tun, wie sie den Geschichtsprozeß gestalten – gestalten können, das hängt ab von der Struktur jener Gesellschaft, in die sie hineinversetzt sind, „die vor ihnen da ist, die sie nicht schaffen, die das Produkt der vorhergehenden Generation ist."[12] Und diese „vorgefundenen Lebensbedingungen der verschiedenen Generationen entscheiden auch, ob die periodisch in der Geschichte wiederkehrende revolutionäre Erschütterung stark genug sein wird oder nicht, die Basis alles Bestehenden umzuwerfen, und wenn diese materiellen Elemente einer totalen Umwälzung, nämlich einerseits die vorhandnen Produktivkräfte, andrerseits die Bildung einer revolutionären Masse, die nicht nur gegen einzelne Bedingungen der bisherigen Gesellschaft, sondern gegen die bisherige 'Lebensproduktion' selbst, die 'Gesamttätigkeit', worauf sie basierte, revolutioniert – nicht vorhanden sind, so ist es ganz gleichgültig für die praktische Entwicklung, ob die *Idee* dieser Umwälzung schon hundertmal ausgesprochen ist – wie die Geschichte des Kommunismus dies beweist."[13]

[11] K. Marx/F. Engels, Werke, Bd. 2, Berlin 1962, S. 98.

[12] K. Marx an P. W. Annenkow, 28. Dez. 1846, in: K. Marx/F. Engels, Werke, Bd. 27, Berlin 1963, S. 452.

[13] K. Marx/F. Engels, Werke, Bd. 3, Berlin 1962, S. 38 f.

Die welthistorische Rolle des Proletariats

Die Einsicht in die objektive Dialektik des Geschichtsprozesses führt Marx und Engels zu einer Erkenntnis, die in ihrer Bedeutung nicht hoch genug angeschlagen werden kann: zur Erkenntnis der *welthistorischen Rolle des Proletariats* und der Notwendigkeit der sozialistischen Revolution – die Voraussetzung, daß die Menschen die Geschichte auch wirklich selbst machen, nämlich bewußt, „mit Gesamtwillen nach einem Gesamtplan“[14].

Bereits in der „Heiligen Familie“ ist zu lesen: „Das Privateigentum treibt allerdings sich selbst in seiner nationalökonomischen Bewegung zu seiner eigenen Auflösung fort, aber nur durch eine von ihm unabhängige, bewußtlose, wider seinen Willen stattfindende, durch die Natur der Sache bedingte Entwicklung, nur indem es das Proletariat *als* Proletariat erzeugt, das seines geistigen und physischen Elends bewußte Elend, die ihrer Entmenschung bewußte und darum sich selbst aufhebende Entmenschung. Das Proletariat vollzieht das Urteil, welches das Privateigentum durch die Erzeugung des Proletariats über sich selbst verhängt, wie es das Urteil vollzieht, welches die Lohnarbeit über sich selbst verhängt, indem sie den fremden Reichtum und das eigne Elend erzeugt ... Wenn die sozialistischen Schriftsteller dem Proletariat diese weltgeschichtliche Rolle zuschreiben, so geschieht dies keineswegs ... weil sie die Proletarier für *Götter* halten. Vielmehr umgekehrt. Weil die Abstraktion von aller Menschlichkeit, selbst von dem *Schein* der Menschlichkeit, im ausgebildeten Proletariat praktisch vollendet ist, weil in den Lebensbedingungen des Proletariats alle Lebensbedingungen der heutigen Gesellschaft in ihrer unmenschlichsten Spitze zusammengefaßt sind, weil der Mensch in ihm sich selbst verloren, aber zugleich nicht nur das theoretische Bewußtsein dieses Verlustes gewonnen hat, sondern auch unmittelbar durch die nicht mehr abzuweisende, nicht mehr zu beschönigende, absolut gebieterische *Not* – den praktischen Ausdruck der *Notwendigkeit* – zur Empörung gegen diese Unmenschlichkeit gezwungen ist, darum kann und muß das Proletariat sich selbst befreien. Es kann sich aber nicht selbst befreien, ohne seine eige-

[14] F. Engels an W. Borgius, 25. Jan. 1894, in: K. Marx/F. Engels, Werke, Bd. 39, a. a. O., S. 206.

nen Lebensbedingungen aufzuheben. Es kann seine eigenen Lebensbedingungen nicht aufheben, ohne *alle* unmenschlichen Lebensbedingungen der heutigen Gesellschaft, die sich in seiner Situation zusammenfassen, aufzuheben. Es macht nicht vergebens die harte, aber stählende Schule *der Arbeit* durch. Es handelt sich nicht darum, was dieser oder jener Proletarier oder selbst das ganze Proletariat als Ziel sich einstweilen *vorstellt*. Es handelt sich darum, *was* es ist und was es diesem Sein gemäß geschichtlich zu tun gezwungen sein wird. Sein Ziel und seine geschichtliche Aktion ist in seiner eignen Lebenssituation wie in der ganzen Organisation der heutigen bürgerlichen Gesellschaft sinnfällig, unwiderruflich vorgezeichnet.“[15]

Kritiker des Marxismus-Leninismus haben aus dieser Argumentation den Schluß gezogen, daß Marx und Engels sich in einen Widerspruch verstrickten. Auf der einen Seite betonten sie den objektiven und notwendigen Charakter der Gesetze des Geschichtsprozesses, auf der anderen Seite aber huldigten sie der freien revolutionären Tat, zumindest einer solchen des Proletariats. Ralf Dahrendorf zum Beispiel schreibt: „Wenn die kommunistische Gesellschaft mit dialektischer Notwendigkeit aus den Widersprüchen der bürgerlichen hervorgeht, so heißt dies, daß sie auch ganz unabhängig von menschlicher Erkenntnis kommen muß.“[16] Und Jean Wahl glaubt feststellen zu müssen: „Der Marxismus ist gleichzeitig Darstellung und Erbauung ... Die Geschichte kann nicht gleichzeitig zu machen sein und gemacht sein.“[17] Marx und Engels waren weder Apostel der historischen Notwendigkeit noch anarchistische Schwärmer. Sie faßten die bewußte Gestaltung des Geschichtsprozesses durch die Arbeiterklasse als Teil, als immanenten Teil der historischen Notwendigkeit. Wir wiederholen: „Wenn die sozialistischen Schriftsteller dem Proletariat diese weltgeschichtliche Rolle zuschreiben, so geschieht dies keineswegs, weil sie die Proletarier für *Götter* halten. Vielmehr umgekehrt.“ Die bewußte Gestaltung des Geschichtsprozesses kann nur „als *umwälzende Praxis* gefaßt und

[15] K. Marx/F. Engels, Werke, Bd. 2, a. a. O., S. 37 f.

[16] R. Dahrendorf, Marx in Perspektive, Stuttgart 1952, S. 127.

[17] J. Wahl, Quel avenir attend l'homme, Colloque de Royaumont, 17.–20. Mai 1961, S. 24.

rationell verstanden werden". Im Zusammenhang: „Die materialistische Lehre, daß die Menschen Produkte der Umstände und der Erziehung, veränderte Menschen also Produkte anderer Umstände und geänderter Erziehung sind, vergißt, daß die Umstände eben von den Menschen verändert werden und daß der Erzieher selbst erzogen werden muß. Sie kommt daher mit Notwendigkeit dahin, die Gesellschaft in zwei Teile zu sondern, von denen der eine über die Gesellschaft erhaben ist ... Das Zusammenfallen des Änderns der Umstände und der menschlichen Tätigkeit kann nur als *umwälzende Praxis* gefaßt und rationell verstanden werden."[18] Darin besteht die Dialektik sowohl der Notwendigkeit wie der bewußten Gestaltung der Geschichte. In diesem Satz ist sowohl Notwendigkeit wie Freiheit menschlichen Tuns als historischen Wirkens kenntlich gemacht. Die Kategorie der historischen Notwendigkeit, des historischen Gesetzes umfaßt nicht nur objektives Geschehen als solches, sondern ebensosehr Erkenntnis dieses Geschehens und darauf beruhendes menschliches Tun (Aktivität, Willensentscheid, moralisches Verhalten) innerhalb des Geschichtsprozesses. Dabei ist die Richtung des historischen Geschehens vorgezeichnet. Die Arbeiterklasse hat nicht die Aufgabe, zum Feudalismus zurückzukehren, sondern zum Kommunismus vorwärtszuschreiten, wobei der Zeitpunkt des Übergangs vom Kapitalismus zum Kommunismus im entscheidenden Maße von der Organisiertheit und Bewußtheit der Arbeiterklasse abhängt. Eben deshalb hat Marx wiederholt festgehalten: „Wo die Arbeiterklasse noch nicht weit genug in ihrer Organisation fortgeschritten ist, um gegen die Kollektivgewalt, i. e. die politische Gewalt, der herrschenden Klassen einen entscheidenden Feldzug [zu] unternehmen, muß sie jedenfalls dazu geschult werden durch fortwährende Agitation gegen die (und feindselige Haltung zur) Politik der herrschenden Klassen. Im Gegenfall bleibt sie ein Spielball in deren Hand ..."[19] Und noch eins hat Marx angemerkt: „Die Weltgeschichte wäre allerdings sehr bequem zu machen, wenn der Kampf nur unter der Bedingung unfehlbar günstiger

[18] K. Marx/F. Engels, Werke, Bd. 3, a. a. O., S. 533 f.

[19] K. Marx an F. Bolte, 23. Nov. 1871, in: K. Marx/F. Engels, Werke, Bd. 33, Berlin 1966, S. 333.

Chancen aufgenommen würde. Sie wäre andrerseits sehr mystischer Natur, wenn 'Zufälligkeiten' keine Rolle spielten. Diese Zufälligkeiten fallen natürlich selbst in den allgemeinen Gang der Entwicklung und werden durch andre Zufälligkeiten wieder kompensiert. Aber Beschleunigung und Verzögrung sind sehr von solchen 'Zufälligkeiten' abhängig – unter denen auch der 'Zufall' des Charakters der Leute, die zuerst an der Spitze der Bewegung stehn, figuriert."[20]

Ideen des Humanismus – Triebkräfte des historischen Prozesses

Die Erkenntnis der objektiven Dialektik des Geschichtsprozesses zog eine weitere Einsicht nach sich. Marx und Engels mußten bei der Feststellung der menschlichen Aktivität innerhalb des Geschichtsprozesses auf die Frage stoßen, wie Bewußtsein überhaupt entsteht und wie schließlich ein bestimmtes Bewußtsein, obwohl zunächst Widerspiegelung jeweils gegebener gesellschaftlicher Verhältnisse, dennoch mehr als deren Widerschein sein kann und über sie hinauszuweisen und hinauszuwirken vermag.

In der „Deutschen Ideologie" halten sie in diesem Zusammenhang polemisch fest: „Die Teilung der Arbeit wird erst wirklich Teilung von dem Augenblicke an, wo eine Teilung der materiellen und geistigen Arbeit eintritt. Von diesem Augenblick an *kann* sich das Bewußtsein wirklich einbilden, etwas Andres als das Bewußtsein der bestehenden Praxis zu sein, *wirklich* etwas vorzustellen, ohne etwas Wirkliches vorzustellen – von diesem Augenblicke an ist das Bewußtsein imstande, sich von der Welt zu emanzipieren und zur Bildung der 'reinen' Theorie, Theologie, Philosophie, Moral etc. überzugehen. Aber selbst wenn diese Theorie, Theologie, Philosophie, Moral etc. in Widerspruch mit den bestehenden Verhältnissen treten, so kann dies nur dadurch geschehen, daß die bestehenden gesellschaftlichen Verhältnisse mit der bestehenden Produktivkraft in Widerspruch getreten sind – was übrigens in einem bestimmten nationalen Kreise von Verhälnissen auch dadurch geschehen kann, daß der Widerspruch nicht in diesem nationalen Umkreis, sondern zwischen diesem

20 K. Marx an L. Kugelmann, 17. April 1871, in: ebenda, S. 209.

nationalen Bewußtsein und der Praxis der anderen Nationen, d. h. zwischen dem nationalen und allgemeinen Bewußtsein einer Nation sich einstellt." Und Marx und Engels fahren in ihrer Polemik fort: „Übrigens ist es ganz einerlei, was das Bewußtsein alleene anfängt, wir erhalten aus diesem ganzen Dreck nur das eine Resultat, daß diese drei Momente, die Produktionskraft, der gesellschaftliche Zustand und das Bewußtsein, in Widerspruch untereinander geraten können und müssen, weil mit der *Teilung der Arbeit* die Möglichkeit, ja die Wirklichkeit gegeben ist, daß die geistige und materielle Tätigkeit – daß der Genuß und die Arbeit, Produktion und Konsumtion, verschiedenen Individuen zufallen, und die Möglichkeit, daß sie nicht in Widerspruch geraten, nur darin liegt, daß die Teilung der Arbeit wieder aufgehoben wird."[21]

Dieses besondere Vermögen des Bewußtseins, „sich von der Welt zu emanzipieren", erklärt die Tatsache, daß Ideen, obwohl in der antagonistischen Klassengesellschaft entstanden, über diese hinauszuweisen und hinauszuwirken vermögen. Das gilt besonders für die Ideen des Humanismus, der Menschenwürde und des Friedens, der Freiheit, der Gleichheit und der Brüderlichkeit sowie der Menschenrechte. Diese Ideen sprachen und sprechen den Menschen insgesamt an. Sie implizieren Fragen der Menschheit an sich selber. Und ihre Bedeutung erhöht sich in dem Augenblick der Geschichte, wo durch den Fortgang und Fortschritt des historischen Prozesses ihre Verwirklichung auf die Tagesordnung gesetzt wird: beim Übergang von der antagonistischen Klassengesellschaft zur klassenlosen Gesellschaft. In diesem Augenblick der Geschichte verwandeln sich diese *Ideen aus bloßen Forderungen und Menschheitsträumen zu Vehikeln des historischen Prozesses,* zu Richtpunkten sozialistischer und kommunistischer Gesellschaftsgestaltung.

Vollzug der Tradition des Humanismus

Der oben herangezogene Marxsche Gedanke von der Erzeugung des Menschen durch die menschliche Arbeit hat seine Tradition. Sie fällt zusammen mit der Tradition des Humanismus. Er taucht

[21] K. Marx/F. Engels, Werke, Bd. 3, a. a. O., S. 32.

das erstemal auf im Mythos des Prometheus. „Diese sagenhafte Titanengestalt ist nichts anderes als das mythische Selbstbildnis der jungen Menschheit, die sich ihrer schöpferischen Kraft bewußt wird und in ihrer Kühnheit selbst die Götter herausfordert.“[22] Dieser Gedanke durchzieht wie ein roter Faden die Geschichte der revolutionären Bewegungen, des progressiven Denkens, der humanistischen Literatur und Kunst. Sophokles läßt den Chor in seiner Tragödie „Antigone“ sagen:

Vieles Gewaltiges gibt es,
Aber nichts ist gewaltiger als der Mensch.
Das graue Meer bezwingt er
Vom Sturmwind vorangetrieben
Durch türmenden Wogenschwall;
Mit der Erde, der Verehrungswürdigen,
Der ewig rastlosen, quält er sich ab,
Jahr für Jahr wälzt mit dem Pfluge er sie um,
Ihn meisternd durch die Kraft des Pferdes.

Sophokles pointiert gleichsam die humanistische Überlieferung der griechischen Antike, dabei die Arbeit als die eigentliche Schöpferkraft des Menschen ausdrücklich betonend.

In der Zeit des Übergangs vom feudalen Mittelalter zur bürgerlichen Neuzeit setzt Pico della Mirandola in seiner „Rede über die Würde des Menschen“ dem Humanismus erneut ein Denkmal: „Wir haben dich weder als einen Himmlischen noch als einen Irdischen, weder als einen Sterblichen noch einen Unsterblichen geschaffen, damit du als dein eigner, vollkommen frei und ehrenhalber schaltender Bildhauer und Dichter dir selbst die Form bestimmst, in der du zu leben wünschst. Es steht dir frei, in diese Unterwelt des Viehes zu entarten. Es steht dir ebenso frei, in die höhere Welt des Göttlichen dich durch Entschluß deines eigenen Geistes zu erheben.“[23]

22 W. Girnus, Humanismus in der Entscheidung, in: Humanismus heute?, Berlin o. J., S. 21.

23 Pico della Mirandola, Über die Würde des Menschen, übers. von H. W. Rüssel, Amsterdam 1940, S. 50.

Lessing nimmt die humanistische Tradition in Deutschland auf: „Nein, sie wird kommen, sie wird gewiß kommen, die Zeit der Vollendung, da der Mensch, je überzeugter sein Verstand einer immer bessern Zukunft sich fühlet, von dieser Zukunft gleichwohl Bewegungsgründe zu seinen Handlungen zu erborgen nicht nötig haben wird; da er das Gute tun wird, weil es das Gute ist, nicht weil willkürliche Belohnungen darauf gesetzt sind, die seinen flatterhaften Blick ehedem bloß heften und stärken sollten, die innern bessern Belohnungen desselben zu erkennen."[24] Lessing folgen in Deutschland Herder, Goethe und Schiller, Kant, Fichte, Hegel und Feuerbach. Sie alle stellen in Übereinstimmung mit der humanistischen Überlieferung der Menschheit den Gedanken der „Erzeugung des Menschen durch die menschliche Arbeit" in den Mittelpunkt ihres Denkens und Schaffens. Bei Goethe heißt es geradezu: „Produktiv zu werden ... ist die innerste Eigenschaft der menschlichen Natur. Ja, man kann ohne Übertreibung sagen, es sei die menschliche Natur selbst."[25] Und gleichsam als Ergänzung dieser Auffassung vom Menschen schreibt Goethe am 5. Mai 1798 an Schiller: „Nur sämtliche Menschen erkennen die Natur, nur sämtliche Menschen leben das Menschliche." Und an anderer Stelle: „Nur alle Menschen machen die Menschheit aus, nur alle Kräfte zusammengenommen die Welt."[26] Herder formuliert schließlich in seinen „Briefen zur Beförderung der Humanität": „Der Name Menschenrechte kann ohne Menschenpflichten nicht genannt werden; beide beziehen sich aufeinander, und für beide suchen wir ein Wort. So auch Menschenwürde und Menschenliebe ... Alle diese Worte enthalten Teilbegriffe unseres Zwecks, den wir gern mit einem Ausdruck bezeichnen möchten. – Also wollen wir bei dem Wort Humanität bleiben, an welches unter Alten und Neuern die besten Schriftsteller so würdige Begriffe geknüpft haben. *Humanität ist der Charakter unsres Geschlechts;* er ist uns aber nur in Anlagen angeboren und muß uns eigentlich angebildet werden. Wir bringen ihn nicht fertig auf die Welt mit, auf der Welt aber soll es das Ziel unsres Bestrebens, die Summe unsrer Übungen, unser Wert sein ... Das Göttliche in unserm Geschlecht

[24] G. E. Lessing, Die Erziehung des Menschengeschlechts, § 85.

[25] J. W. Goethe, Werke (Sophien-Ausgabe), Weimar 1896, Bd. 47, S. 323.

[26] Der Briefwechsel zwischen Schiller und Goethe, Leipzig 1984, Bd. II, S. 93.

ist also Bildung zur Humanität; alle großen und guten Menschen, Gesetzgeber, Erfinder, Philosophen, Dichter, Künstler, jeder edle Mensch in seinem Stande, bei der Erziehung seiner Kinder, bei der Beobachtung seiner Pflichten, durch Beispiel, Werk, Institut und Lehre hat dazu mitgeholfen. Humanität ist der Schatz und die Ausbeutung aller menschlichen Bemühungen, gleichsam die Kunst unsres Geschlechtes. Die Bildung zu ihr ist ein Werk, das unablässig fortgesetzt werden muß, oder wir sinken, höhere und niedre Stände, zur rohen Tierheit, zur Brutalität zurück."[27]

Marx und Engels stehen zunächst ganz in der humanistischen Tradition, wenn sie in der „Heiligen Familie" feststellen: „Wenn der Mensch von Natur gesellschaftlich ist, so entwickelt er seine wahre Natur erst in der Gesellschaft, und man muß die Macht seiner Natur nicht an der Macht des einzelnen Individuums, sondern an der Macht der Gesellschaft messen."[28]

Freilich, Marx und Engels durchbrechen auch wiederum diese Tradition, insofern sie die in allen humanistischen Bestrebungen der Vergangenheit latent angelegte Spannung von Humanismus und Politik aufheben. Die übergroße Mehrzahl der Humanisten der Vergangenheit war der Meinung, daß zwischen humanistischem Streben und politischer Wirksamkeit ein Gegensatz bestünde. Die Gegenüberstellung von Humanismus und Politik als Gegensätze ist vor allem ein Erbe der deutschen Geistesgeschichte. Ein Blick in die menschliche Geschichte scheint dieser Auffassung das Wort zu reden. Der Höhenflug des antiken humanistischen Denkens und künstlerischen Schaffens hatte die Existenz der Sklaverei zur sozialen Voraussetzung, wie sich andererseits der bürgerliche Humanismus nur auf der Grundlage der kapitalistischen Ausbeutung des Proletariats zu entwickeln vermochte. Allein hier handelt es sich um ökonomisch und sozial unreife Epochen der Menschheitsgeschichte, weil ihre gesellschaftlichen Strukturen auf Klassengegensätzen und auf der Ausbeutung des Menschen durch den Menschen beruhten. Der Humanismus konnte innerhalb der Klassengesellschaft nur in begrenztem Maße mit der Politik einhergehen. Erst indem Marx und Engels die Grundgesetze der gesell-

[27] J. G. Herder, Werke, Bd. 5, Weimar 1957, S. 102 f.
[28] K. Marx/F. Engels, Werke, Bd. 2, a. a. O., S. 138.

schaftlichen Entwicklung erkannten und sie durch ihre Weltanschauung der Arbeiterklasse vermittelten, schufen sie die theoretischen Voraussetzungen dafür, daß der Humanismus vollkommen politisch und die Politik wahrhaft humanistisch werden konnten. Da es sich hierbei um die Selbsterkenntnis der Arbeiterklasse handelte, d. h. um die Einsicht in die welthistorische Rolle des Proletariats, war durch Marx und Engels zugleich der Punkt gefunden, von dem aus theoretische Einsicht in gesellschaftliche Verwirklichung umschlagen konnte. Das russische Proletariat hat in der Oktoberrevolution das theoretische Vermächtnis von Marx und Engels zur praktisch-gesellschaftlichen Tat werden lassen und vermochte dadurch den Gegensatz von Humanismus und Politik aus der Geschichte zu eliminieren.

Durch die Oktoberrevolution ist der Mensch in die Lage versetzt worden, seine Menschlichkeit nicht nur in Worten, sondern vor allem in Taten zu äußern. Der Einwand, daß die Herstellung humanistischer politischer und sozialer Zustände ein Prozeß sei, der Generationen umfasse, gilt nur partiell, nicht prinzipiell. In dem Augenblick, in dem der Mensch vom sozialistischen Staat dazu angehalten und verpflichtet wird, seinem humanistischen Anliegen und dem der gesamten Menschheit politische Gestalt zu verleihen, ist der die bisherige Geschichte durchziehende Gegensatz von Humanismus und Politik prinzipiell aufgehoben. Denn diese Nachwirkungen der Oktoberrevolution „werden weiterreichen, und sie werden endgültig sein“[29], weil sie jeden Menschen der sozialistischen Gesellschaft und potentiell die Menschheit umfassen. Von dieser Seite her gesehen ist der durch die Oktoberrevolution eingeleitete gesellschaftlich-historische Prozeß identisch mit dem *Vollzug der Tradition des Humanismus,* wie andererseits der Kommunismus die Verwirklichung des Humanismus darstellt.

Prometheische Menschheit

Der Satz: „Der Kommunismus ist die Verwirklichung des Humanismus“ bedarf der Ergänzung. Der Humanismus ist nicht das *Bild* des Kommunismus. Das Verhältnis beider ist die Beziehung

[29] H. Mann, Verwirklichung einer Idee, in: Internationale Literatur, Moskau, Jg. 7 (1937), H. 11.

von *Vor*-Geschichte und Geschichte der Menschheit. Insofern ist der durch die Oktoberrevolution eingeleitete gesellschaftliche Prozeß der Errichtung der kommunistischen Gesellschaftsordnung umfassender als nur die Verwirklichung des Humanismus. Er ist seine Verwirklichung und Götterdämmerung zugleich. Mit und durch die Oktoberrevolution ist der Humanismus in Existenz getreten – das ist *mehr* als seine Verwirklichung. Was Marx über die Rolle der Mythologie in ihrem Verhältnis zu den Naturkräften sagt, das gilt auch für die gesellschaftlichen Kräfte, insbesondere, wenn es um Äußerungen des Bewußtseins geht. „Alle Mythologie überwindet und beherrscht und gestaltet die Naturkräfte in der Einbildung und durch die Einbildung: verschwindet also mit der wirklichen Herrschaft über dieselben."[30] Indem sich die Arbeiterklasse in der Oktoberrevolution mit dem Humanismus in der Tat identifizierte, wurden alle humanistischen Bestrebungen der bisherigen Geschichte der Menschheit auf das reduziert, was sie waren: auf das nicht zu realisierende *Vor*-Bild des Kommunismus. Erst die Arbeiterklasse schafft den Kommunismus in Übereinstimmung mit dem historischen Prozeß nach ihrem und der Menschheit Bilde, nicht nach dem Vor-Bilde des Humanismus. Die erste Äußerung des Humanismus, die mythische Gestalt des Prometheus, über die Jahrhunderte hinweg humanistische Tradition der jeweils progressiven Klassen und Schichten, wird aufgehoben und aus der Geschichte entlassen durch die nunmehr *prometheische*, weil *kommunistische Menschheit.*

Es ist kein Zufall, daß Johannes R. Becher, der vom ersten sozialistischen deutschen Staat als der Einheit von *res politica, res humana* und *res poetica* sang, den jahrtausendealten humanistischen Mythos des Prometheus noch einmal in das Reich der Dichtung aufnahm, ihn jedoch zugleich auch daraus entließ:

> Wie er hoch oben mit dem Felsen rang,
> Da sah er sich: durch götterlose Zeiten
> Schritt er, in einem flügelhaften Gang,
> Und der Gefangene grüßte den Befreiten.[31]

30 K. Marx, Einleitung [zur Kritik der Politischen Ökonomie], in: K. Marx/F. Engels, Werke, Bd. 13, Berlin 1964, S. 641.

31 J. R. Becher, Ein Mensch unserer Zeit in seinen Gedichten, Berlin 1951, S. 235.

In der Tat: „Es war das Höchste, das einem jahrtausendealten literarischen Gedanken widerfahren konnte: als verwirklicht in Ehren aus dem Reiche der Dichtung verabschiedet zu werden. Die Theorie, zur materiellen Gewalt geworden, enthebt gleichzeitig ihr mythologisches Vorleben seines idealen Wesens. Bei sich selbst angekommen, findet der durch sich selber wirklich befreite Mensch in dem Bilde seiner eigenen Vorgeschichte nur noch die erhabene Erinnerung an eine durchlittene Unfreiheit. So entscheidet ... auch über diese letzte Prometheus-Aufnahme und ihre literarische Berechtigung nicht das individuelle Bewußtsein, auch nicht das geschichtliche Selbstbewußtsein einer Epoche, sondern schließlich das geschichtliche Wesen, die Tendenzen der Gesellschaftsformation, für die das Symbol als verbindliches Zeichen einer sozialen Übereinkunft beweiskräftig gemacht wurde."[32]

Andererseits ist es ebensowenig zufällig, daß André Gide (in Prométhée mal enchaîné) den Prometheus-Mythos zur Vorlage einer Satire macht, in der der Held den ihn peinigenden Adler verzehrt ... und – in Ketten verbleibt.

In beiden Fällen ist die literarische Vorlage die gleiche. Doch während Becher, sich eins wissend mit der revolutionären Arbeiterklasse und ihrem sozialistischen Staat, seine Prometheus-Dichtung einerseits zum Abschied von der Vorgeschichte der Menschheit, andererseits zum Vor- und Zugriff auf ihre eigentliche Geschichte werden läßt (werden lassen kann!), reduzierte Gide den humanistischen Mythos des Prometheus auf eine Mythe, die die Mythe der Geschichte einer zum Untergang verurteilten Klasse ist. Ging es den Ideologen der aufstrebenden Bourgeoisie bei ihrem Rückgriff auf das humanistische Erbe um die Herleitung ihrer Legitimität aus der Tradition, so ist es ihren imperialistischen Nachfahren um die Zurücknahme dieser Tradition, ja den Bruch mit ihr zu tun. Ihre Bemühungen laufen auf die Begründung einer konterrevolutionären „Menschlichkeit" hinaus.

Die Bourgeoisie brauchte das humanistische Erbe für ihren Eintritt in die Geschichte. „Die Tradition aller toten Geschlechter

[32] C. Träger, Prometheus – unmittelbare und mittelbare Produktion der Geschichte, in: Literaturgeschichte als geschichtlicher Auftrag. Werner Krauss zum 60. Geburtstag, hg. von W. Bahner, Berlin 1961, S. 190.

lastet wie ein Alp auf dem Gehirne der Lebenden. Und wenn sie eben damit beschäftigt scheinen, sich und die Dinge umzuwälzen, noch nicht Dagewesenes zu schaffen, gerade in solchen Epochen revolutionärer Krise beschwören sie ängstlich die Geister der Vergangenheit zu ihrem Dienst herauf, entlehnen ihnen Namen, Schlachtparole, Kostüm, um in dieser altehrwürdigen Verkleidung und mit dieser erborgten Sprache die neue Weltgeschichtsszene aufzuführen."[33] Die Bourgeoisie brauchte die humanistische Tradition der Menschheitsgeschichte vor allem, „um den bürgerlich beschränkten Inhalt ihrer Kämpfe sich selbst zu verbergen und ihre Leidenschaft auf der Höhe der großen geschichtlichen Tragödie zu halten"[34].

Während die bürgerliche Revolution „der weltgeschichtlichen Rückerinnerungen [bedurfte], um sich über ihren eigenen Inhalt zu betäuben", bedarf die sozialistische Revolution solcher „heroischer Illusionen" nicht mehr. Die sozialistische Revolution *darf* nicht nur, sondern „muß die Toten ihre Toten begraben lassen, um bei ihrem eignen Inhalt anzukommen. Dort ging die Phrase über den Inhalt, hier geht der Inhalt über die Phrase hinaus"[35].

Die Arbeiterklasse beherrscht und gestaltet die mit der Oktoberrevolution angebrochene Menschheitsepoche nicht in der Einbildung und durch die Einbildung. Sie vollzieht diese als selbstbewußter Schöpfer. Sie bedarf deshalb keiner traditionsgeladenen Legitimität, sondern leitet ihre Legitimität aus dem Geschichtsprozeß selber, aus der Herrschaft über diesen her.

Herstellung der Rechte der Menschheit

Wo die Rede auf den Humanismus kommt, ist die Problematik der Menschenrechte im Spiel. Humanismus und Menschenrechte sind Zwillingsbrüder. Das war zumindest in der Aufstiegsphase der bürgerlichen Gesellschaft so. Denn die bürgerlichen Menschenrechtsforderungen gehören in das Kapitel der „heroischen Illusionen" der Bourgeoisie.

33 K. Marx, Der achtzehnte Brumaire des Louis Bonaparte, in: K. Marx/F. Engels, Werke, Bd. 8, Berlin 1960, S. 115.
34 Ebenda, S. 116.
35 Ebenda, S. 117.

Schärfer blickende bürgerliche Denker, wie etwa Rousseau und Hegel, waren sich allerdings der innerhalb der bürgerlichen Gesellschaft mit den Menschenrechtsforderungen verbundenen Problematik bewußt. Sie sahen die Menschenrechtsforderungen nicht nur unter dem Gesichtspunkt ihrer juristischen Fixierung, sondern auch im Hinblick auf ihre praktisch-gesellschaftliche Realisierung. Für sie waren die Menschenrechte kein bloß juristisches Problem, das sich mit der vollen Etablierung der bürgerlichen Gesellschaft von selbst löst, sondern ein Anliegen des Daseins des Menschen in der bürgerlich-kapitalistischen Welt. Rousseau hat das mit Schärfe und Konsequenz ausgesprochen. Er war überhaupt der erste bürgerliche Schriftsteller, der die Problematik des Menschen innerhalb der bürgerlichen Gesellschaft und die daraus resultierende Problematik der bürgerlichen Menschenrechte klar gesehen hat.

Unter dem Zwang der kapitalistischen gesellschaftlichen Verhältnisse führt der Mensch der bürgerlichen Gesellschaft gleichsam ein Doppelleben und spaltet sich in zwei voneinander unabhängige Wesen. Er ist einmal *Privatmensch* und das andere Mal *Staatsbürger*. Diese Doppelrolle des Menschen in der bürgerlichen Gesellschaft ist in dem unausgewogenen, ja gegensätzlichen Verhältnis der bürgerlichen *Gesellschaft* zum bürgerlichen *Staat* begründet. In der kapitalistischen Gesellschaftsordnung gehört der Mensch einerseits sich selbst – als solcher ist er Privatmensch *(homme)*, andererseits dem Staat – als solcher ist er Staatsbürger *(citoyen)*. Nach Lage der Dinge ist es dem Menschen innerhalb der bürgerlichen Gesellschaft daher weder möglich, ein ganzer Mensch (eine vollentfaltete Persönlichkeit) noch ein Staatsbürger im Sinne der antiken Polis zu sein. Konsequenterweise muß deshalb die bürgerliche Revolution zur „Reduktion des Menschen, einerseits auf das Mitglied der bürgerlichen Gesellschaft, auf das *egoistische unabhängige* Individuum, andrerseits auf den *Staatsbürger*, auf die moralische Person“[36] führen.

In der „Déclaration des droits de l'homme et du citoyen“ von 1789 ist die von Rousseau angedeutete Problematik des Menschen und der Menschenrechte in der bürgerlichen Gesellschaft durch das

[36] K. Marx/F. Engels, Werke, Bd. 1, Berlin 1961, S. 370.

Bindewort *et* angedeutet. Die Menschenrechtserklärung stellt fest, was den Menschen mit dem Staatsbürger verbindet, zugleich aber – und darauf kommt es an –, was ihn von diesem trennt. Der Titel „Erklärung der Menschen- *und* Bürgerrechte" ist gewollt. Die Menschenrechtserklärung legt das Schwergewicht nicht auf die Pflichten des Bürgers gegenüber dem Staat, besser: *im* Staat – also auf die Seite des *citoyen* –, sondern auf die Rechte des Menschen dem Staat gegenüber – auf die Seite des *homme.* In der Erklärung werden Pflichten und Rechte des Menschen im Staat als selbständige Sphären behandelt und zur Sprache gebracht. Eine Vermittlung findet nicht statt. Die Menschenrechtserklärung zielt nicht auf einen Menschen als öffentlichen Staatsbürger, sondern auf den Menschen als für sich abgeschiedene *Privat*person. Sie fixiert verfassungsrechtlich die Vereinzelung, die Vereinsamung und die von der Konkurrenz bestimmten zwischenmenschlichen Beziehungen des Kapitalismus und spricht sie heilig. Der Mensch, „wie er Mitglied der bürgerlichen Gesellschaft ist, [gilt] für den *eigentlichen* Menschen, für den *homme* im Unterschied von dem *citoyen,* weil er der Mensch in seiner sinnlichen individuellen *nächsten* Existenz ist, während der politische Mensch nur der abstrahierte, künstliche Mensch ist, der Mensch als eine *allegorische, moralische* Person. Der wirkliche Mensch ist erst in der Gestalt des *egoistischen* Individuums, der *wahre* Mensch erst in der Gestalt des *abstrakten citoyen* anerkannt"[37].

Deshalb basiert in der bürgerlichen Gesellschaft „das Menschenrecht der Freiheit . . . nicht auf der Verbindung des Menschen mit dem Menschen, sondern vielmehr auf der Absonderung des Menschen von dem Menschen. Es ist das Recht dieser Absonderung, das Recht des *beschränkten,* auf sich beschränkten Individuums"[38].

Zwangsläufig läuft dadurch die praktische Nutzanwendung des Menschenrechts der Freiheit innerhalb der kapitalistischen Gesellschaftsordnung auf das Menschenrecht des Privateigentums hinaus. „Das Menschenrecht des Privateigentums ist . . . das Recht, willkürlich . . ., ohne Beziehung auf andre Menschen, unabhängig von der Gesellschaft, sein Vermögen zu genießen und über das-

[37] Ebenda.
[38] Ebenda, S. 364.

selbe zu disponieren, das Recht des Eigennutzes. Jene individuelle Freiheit, wie diese Nutzanwendung derselben, bilden die Grundlage der bürgerlichen Gesellschaft. Sie läßt jeden Menschen im andern Menschen nicht die *Verwirklichung*, sondern vielmehr die *Schranke* seiner Freiheit finden."[39]

Dergestalt sind bei näherem Zusehen die *droits de l'homme* gar keine allgemeinen Menschenrechte, sondern bürgerliche Klassenrechte. „Die *droits de l'homme*, die Menschenrechte werden als *solche* unterschieden von den *droits du citoyen*, von den Staatsbürgerrechten. Wer ist der vom *citoyen* unterschiedene *homme*? Niemand anders als das *Mitglied der bürgerlichen Gesellschaft*. Warum wird das Mitglied der bürgerlichen Gesellschaft ‚Mensch', Mensch schlechthin, warum werden seine Rechte *Menschenrechte* genannt? Woraus erklären wir dies Faktum? Aus dem Verhältnis des politischen Staats zur bürgerlichen Gesellschaft, aus dem Wesen der politischen Emanzipation. [...] die sogenannten *‚Menschenrechte'*, die *droits de l'homme* im Unterschied von den *droits du citoyen*, (sind) nichts anderes ... als die Rechte des *Mitglieds der bürgerlichen Gesellschaft*, d. h. des egoistischen Menschen, des vom Menschen und vom Gemeinwesen getrennten Menschen."[40]

Hier ist der Punkt, wo die bürgerliche Gesellschaft an ihre Grenze stößt und zugleich über sich hinausweist. Zu lösen ist die Menschenrechtsproblematik nicht durch ihre Neufassung, Neuformulierung oder Ergänzung, sondern durch Aufhebung der ihr zugrunde liegenden Gesellschaft. Die bürgerliche Gesellschaft muß durch die sozialistische Gesellschaft ersetzt werden. Das setzt voraus, daß der bürgerlichen Revolution, die im Hinblick auf die feudale Abhängigkeit des Menschen nur seine politische Emanzipation darstellt, die sozialistische Revolution folgt, welche die politische Befreiung des Menschen in seine menschliche Befreiung überführt, zugleich aber die Bedingungen dafür schafft, daß die politischen und menschlichen Bestrebungen jedes Angehörigen der sozialistischen Gesellschaft zusammengeführt und in Übereinstimmung gebracht werden können. „Erst wenn der wirkliche individuelle Mensch den abstrakten Staatsbürger in sich zurücknimmt

[39] Ebenda, S. 365.
[40] Ebenda, S. 363 f.

und als individueller Mensch in seinem empirischen Leben, in seiner individuellen Arbeit, in seinen individuellen Verhältnissen *Gattungswesen* geworden ist, erst wenn der Mensch seine ‚forces propres' als *gesellschaftliche* Kräfte erkannt und organisiert hat und daher die gesellschaftliche Kraft nicht mehr in der Gestalt der *politischen* Kraft von sich trennt, erst dann ist die menschliche Emanzipation vollbracht."[41]

Dergestalt fordert die Lösung der Menschenrechtsproblematik in der sozialistischen Gesellschaft zunächst die Herstellung der Einheit von Rechten und Pflichten des Bürgers im sozialistischen Staat. Bereits in den Allgemeinen Statuten der Internationalen Arbeiter-Assoziation von 1871 formulierte Marx zwar lapidar, aber inhaltsschwer: „Keine Pflichten ohne Rechte, keine Rechte ohne Pflichten."[42] Zum anderen läuft die Aufhebung der Menschenrechtsproblematik in der sozialistischen Gesellschaft auf die Verwirklichung vornehmlich zweier Grundrechte (Menschenrechte) hinaus, die zugleich Grundpflichten sind: auf die Verwirklichung des Rechts auf Arbeit (einschließlich des Rechts auf Bildung) und des Rechts auf Politik (zielgerichtetes gesellschaftliches Handeln, einschließlich des Rechts zum Regieren). Beide Grundrechte sind nur verschiedene Seiten ein und desselben Sachverhalts. Das Recht auf Arbeit und Bildung des Menschen ist das Grundrecht auf seine Existenz, das Recht auf Politik das Grundrecht auf die selbständige und kollektive Gestaltung dieser seiner Existenz. Die Voraussetzung hierfür ist allerdings, daß die Ausbeutung des Menschen durch den Menschen abgeschafft, die Arbeit selber, der Arbeitsprozeß keine Spur von Ausbeutung mehr impliziert.[43]

Von hier aus gesehen war der Titel der ersten Verfassung der aus der Oktoberrevolution hervorgegangenen Russischen Sozialistischen Föderativen Sowjetrepublik von 1918: „Deklaration der Rechte des werktätigen und ausgebeuteten Volkes" nicht nur Ausdruck bloßer Namensgebung, sondern historischen und sittlichen Verantwortungsbewußtseins. Und ebenso war im Vergleich zu den

[41] Ebenda, S. 370.
[42] K. Marx/F. Engels, Werke, Bd. 17, Berlin 1964, S. 441.
[43] Zur Grundrechtsproblematik im Sozialismus: H. Klenner, Studien über Grundrechte, Berlin 1964.

bürgerlichen Menschenrechtserklärungen die in dieser Verfassung im Kapitel II abgegebene Erklärung kein illusionäres Versprechen mehr, sondern Zusammenfassung der gesellschaftlichen Grundtendenz des historischen Augenblicks und der gegenwärtigen Epoche: „Der III. Allrussische Sowjetkongreß der Arbeiter-, Soldaten- und Bauerndeputierten (sieht) seine Hauptaufgabe in der Abschaffung jeder Ausbeutung des Menschen durch den Menschen, in der völligen Aufhebung der Teilung der Gesellschaft in Klassen, in der schonungslosen Unterdrückung des Widerstandes der Ausbeuter, in der Schaffung einer sozialistisch organisierten Gesellschaft und im Sieg des Sozialismus in allen Ländern."

Es ging um mehr, als den vorhandenen bürgerlichen Menschenrechtskatalogen einen neuen, wenn auch vom Standpunkt der Arbeiterklasse her formulierten, hinzuzufügen. Hier, das heißt mit der Oktoberrevolution, begann der Prozeß, „die Rechte der Menschheit herzustellen".[44]

1967

[44] I. Kant, Gesammelte Schriften (Akademie-Ausgabe), Bd. XX, Berlin 1942, S. 44.

Was bedeutet mir Marx heute?

Daß die Persönlichkeit von Marx und seine Lehre, der Marxismus, unterschiedlich beurteilt werden kann, ist für mich selbstverständlich. In dieser Hinsicht besteht im Hinblick auf Marx (und den Marxismus) kein Unterschied zu anderen Philosophen, Wissenschaftlern, Schriftstellern, auch Religionsstiftern.

Allein: Marx war nicht nur ein Mann der Wissenschaft. Er war zugleich auch der Initiator einer revolutionären Bewegung, die die gegebenen kapitalistischen gesellschaftlichen Verhältnisse verändern wollte, inzwischen verändert hat und weiter verändern wird. Mit anderen Worten: Marx war Revolutionär *und* Wissenschaftler in einem! Der Revolutionär kann bei Marx nicht vom Wissenschaftler getrennt werden. Und ebenso kann bei Marx der Wissenschaftler nicht vom Revolutionär getrennt werden.

Wer das eine oder das andere beabsichtigt oder gar tut, der hat nicht das Recht, sich auf Marx zu berufen ... – und er sollte es aus Gründen der Lauterkeit und des Anstandes auch nicht tun. Marx' Ziel war es, mit seiner wissenschaftlichen Arbeit in den Gang der Geschichte einzugreifen. Er dachte, schrieb und handelte in den Kategorien des welthistorischen Prozesses. Von diesem her richtete er seinen Blick auf das Proletariat, dem Antipoden der Klasse der Bourgeoisie. Dabei kam er zu der Erkenntnis, die Marx' weltweite Wirkung begründete und heute noch ausmacht, daß nur eine *revolutionäre* Arbeiterklasse im Bündnis mit anderen sozialen Schichten der kapitalistischen Gesellschaft in der Lage ist, eine vom Kapitalismus unterschiedene, ihm entgegengesetzte und für die und den Menschen bessere Gesellschaftsordnung historisch herzustellen. Diesen welthistorischen Prozeß, dessen Notwendigkeit Marx erkannt hatte und für den er wirkte, dachte er nicht als bloße Veränderung eines Zustands und als Herstellung eines bloß neuen Zustands. Er dachte diesen Prozeß als ein Denker der

Geschichte in seiner ganzen historischen Dimension: als einen Generationen umfassenden Kampf für Frieden und sozialen, wissenschaftlichen und künstlerischen Fortschritt, die Ausbeutung des Menschen durch den Menschen abschaffenden, die Klassenspaltung der bisherigen Gesellschaft aufhebenden, die Rechte der Menschheit (Kant) herstellenden Kampf um eine qualitativ neue Form menschlichen Zusammenenlebens, die er Sozialismus nannte.

Marx war dergestalt alles andere als bloß ein Intellektueller. Er war vor allem nicht ein solcher Intellektueller, der meinte, sich über die revolutionäre Bewegung seiner Zeit, voran die revolutionäre Potenz des Proletariats, erheben zu können. Marx war deshalb auch kein Basisvordenker. Er war Teil der revolutionären Bewegung und ist es heute noch, weil jener welthistorische Prozeß, den Marx anzielte, in unserer Gegenwart noch lange nicht abgeschlossen ist. Denn noch gibt es Kriege und Kriegsgefahr, gibt es Ausbeutung und Unterdrückung, gibt es Kräfte, die sich dem gesellschaftlichen Fortschritt, der heute Sozialismus heißt, gefaßt in seiner ganzen historischen Dimension, entgegenstemmen.

Wenn aber Marx Wissenschaftler und Revolutionär in einem war, dann kann es nur *den* Marxismus geben – *den* Marxismus als revolutionäre Wissenschaft *und* revolutionäre gesellschaftliche Bewegung, dann kann die Wissenschaft nicht von der revolutionären Bewegung und die revolutionäre Bewegung nicht von der Wissenschaft getrennt werden. Das hat nichts mit Dogmatismus zu tun, auch nichts mit dogmatischer Einheit. Im Gegenteil. Die Pluralität *des* Marxismus existiert in der Pluralität der revolutionären Bewegungen in den verschiedenen Regionen der heutigen Welt. Und deren Einheit besteht darin, daß diese revolutionären Bewegungen Teile des welthistorischen Prozesses unserer Tage sind, jene Teile nämlich, die diesen insgesamt vorwärtsbewegen. Dieser Prozeß aber geht von *dem* Marxismus aus, ist von diesem inspiriert oder bekennt sich zu ihm.

Die modisch gewordene Rede: „*Den* Marxismus gibt es nicht, es gibt nur Marxismen." – ist bloße Behauptung eines bloßen Intellektuellen, der *neben* den Geschichtsprozeß greift, der sich – vielleicht ohne es zu wissen – vom historischen Fortschritt unserer Epoche abgesetzt hat, der nur sich selbst vertritt. So etwas hat es in der Geschichte als Geschichten immer gegeben und wird es wohl auch immer geben. Aber das hat nichts mehr mit der Geschichte zu tun. Und weil es mit der Geschichte nichts mehr zu tun hat, hat es auch nichts mit Marx und dem Marxismus zu tun, denn diesen ging und geht es darum, „die große Heerstraße der Geschichte zu gewinnen".

Die Aktualität von Marx besteht nicht zuletzt darin, daß er eine für den historischen Fortschritt *kämpfende* Philosophie (Wissenschaft) entwickelte. Der Marxismus ist eine kämpfende Philosophie, eine kämpfende Wissenschaft. Die Marxis*men* dagegen sind *schwätzende* Philosophien (wenn sie überhaupt als solche bezeichnet werden können), die zum Wesentlichen von Marx (*dem* Marxismus) überhaupt nicht vorgedrungen sind, nämlich kämpfende Philosophie (Wissenschaft) zu sein.

Für die „Erfinder" der Marxismen war der Marxismus vielleicht einmal ein Bildungserlebnis – mehr nicht. Doch vor allem intellektuellem Erleben waren diese zum Marxismus als kämpfender Philosophie überhaupt nicht vorgedrungen: diskutieren ist noch nicht kämpfen. Ihr Weg führte deshalb von einem bloß diskutierenden Marxismus zu den Marxismen, die sie nunmehr als den Marxismus (im Plural) der Welt vorsetzen möchten. Es wäre ehrlicher (und sie würden sich selbst nichts vormachen!), wenn sie sagen würden: der Marxismus war für uns eine Jugendsünde, als Etablierte können wir uns *den* Marxismus nicht mehr leisten.

Im Blick auf solche und andere gesellschaftlich nicht notwendige und gesellschaftlich nicht wirksame sowie geschichtlich überflüssige intellektuelle Geschwätzigkeit von den Marxismen, vom Marxismus in der Mehrzahl, der marxistischen Ökumene usw. werde ich immer an den alternden Galileo Galilei erinnert, der am 15. September 1640 in einem Brief schrieb: „Ich bin sicher, daß Aristoteles, käme er heute zurück auf die Welt, mich unter seine Schüler rechnen würde, und zwar wegen meiner nicht zahlreichen, aber triftigen Einwände gegen seine Lehre – sehr viel eher jedenfalls als die zahlreichen anderen, die im Bestreben, jede einzelne seiner Aussagen zur Wahrheit zu erklären, aus seinen Texten Begriffe herausfischen, die ihm niemals in den Sinn gekommen wären."

Die Marxismen fischen aus Marx Begriffe heraus, die ihm niemals in den Sinn gekommen wären, gar nicht kommen konnten, weil er auf den weltgeschichtlichen Prozeß abhob.

Was bedeutet also Marx heute?

Zumindest das: Orientierung in der Weltgeschichte von heute, Aufforderung zum Kampf für Frieden und sozialen Fortschritt, Verpflichtung, die Rechte der Menschheit herzustellen.

Darin besteht meine, unsere Aktualität von Marx!

Nachsatz:

Hegel: „Nicht das eine oder das andere hat Wahrheit, sondern ... ihre Bewegung ..."

Marx: „Wenn der bornierte Bourgeois zu den Kommunisten sagt: Indem Ihr das Eigentum, d. h. meine Existenz als Kapitalist, als Grundbesitzer, als Fabrikant, und Eure Existenz als Arbeiter aufhebt, hebt Ihr meine und Eure Individualität auf ..., so ist daran wenigstens die Offenherzigkeit und Unverschämtheit anzuerkennen. Für den Bourgeois ist dies wirklich der Fall; er glaubt nur insofern Individuum zu sein, als er Bourgeois ist. – Sobald aber die Theoretiker der Bourgeois [und die vermeintlich freischwebenden Intellektuellen – M. B.] hereinkommen und dieser Behauptung einen allgemeinen Ausdruck geben, das Eigentum des Bourgeois [die C-III-Professorenstellen bestimmter Universitäten – M. B.] mit der Individualität auch theoretisch identifizieren und diese Identifizierung logisch rechtfertigen wollen, fängt der Unsinn erst an, feierlich und heilig zu werden."

Frage: Wie lautet der Schlußsatz des „Manifestes der Kommunistischen Partei", das ein gewisser Karl Marx (der hundert Jahre tot sein soll) mit Friedrich Engels *im Auftrage* des „Bundes der Kommunisten" verfaßte? – sehr eindeutig: „Proletarier aller Länder, vereinigt euch!" In der Gegenwart scheinen einige Leute der Meinung zu sein, daß „Proletarier" durch „Intellektuelle" ersetzt werden müsse. Deshalb scheint mir ein weiteres Befragen der Geschichte angebracht.

Robespierre fragte in einer seiner großen Konvent-Reden: „Bürger, habt ihr eine Revolution ohne Revolution gewollt?" Diese

Frage Robespierres scheint uns aktuell. Und auch seine weitere Feststellung: „Die Welt hat sich verändert; sie wird sich weiter verändern müssen." In der Tat! – und frei nach *Heraklit:* Die Welt der Schlafenden sind die Marxism*en,* die Welt der Wachenden aber ist *der* Marxismus.

1983

Marxismus oder Marxismen?

(Äußerungen zu Fragen von *Markku Hongisto, Jukka Nykyri* und *Ilona Keski-Keturi.*)

Fragen: (1) Lukács, Korsch, die Vertreter der Frankfurter Schule u. a. werden zum sogenannten „westlichen Marxismus" gezählt. Das Studium ihrer Publikationen zeigt jedoch, daß dieser „westliche Marxismus" kein einheitliches Gedankengebäude ist. Was den sogenannten „westlichen Marxisten" gemeinsam ist, ist ihre Systemfeindschaft in der Theorienbildung und ihr Bestreben, den weltanschaulichen Charakter des Marxismus etwa dadurch abzustreiten, daß sie diesen auf bloße „Kritik" reduzieren. Wenn dieser „kritische", „negatorische" Charakter des Marxismus vergessen werde (nach Ansicht der „westlichen Marxisten" ist dies in der kommunistischen Bewegung, vor allem im Leninismus, der Fall), dann verwandele sich die Marxsche Theorie aus einer Wissenschaft in eine Ideologie, in eine „Legitimationswissenschaft".

In diesem Zusammenhang wird auch versucht, eine solche theoriengeschichtliche Marx-Interpretation zu entwickeln, nach der das Verhältnis von historischem Materialismus (vor allem „Deutsche Ideologie") und dem „Kapital" ein Verhältnis von vorwissenschaftlicher und wissenschaftlicher, unkritischer und kritischer Theorie sei.

Was verstehst Du unter dem kritischen Charakter des Marxismus (im Vergleich etwa zu den Frankfurtern)? Könnte man hier eine Analogie im Sinne der geschichtlichen Tradition seit der „Heiligen Familie" sehen? Welchen Stellenwert hat der historische Materialismus in dem einheitlichen Gedankengebäude des Marxismus? In welchem Verhältnis stehen etwa „Deutsche Ideologie" und „Kapital" zueinander?

(2) Ebenso wie der weltanschauliche Charakter des Marxismus zu leugnen versucht wird, wird über „viele Marxismen" gesprochen. So etwa W. F. Haug: Der Marxismus ist nicht, er wird. –

Den Marxismus gibt es nicht, es gibt nur Marxismen. Der Marxismus existiert im Plural. – Der Marxismus kann nicht nur Sache einer Partei sein, auch nicht von Parteien. – Was die christlichen Kirchen in langer und blutiger Geschichte gelernt haben, steht dem Marxismus noch bevor: eine ökumenische Haltung, ein marxistischer Zusammenhalt im Widerspruch. – Haug versucht, diese „ökumenische Haltung" in einem um das Projekt PIT gegründeten *International Socialism Discussion*-Forum zu entwickeln. Dieses Forum soll „various currents in the Left ... which give new impulses or contribute to learning processes" zusammenschließen.

Einen ähnlichen Gedanken hat schon K. Korsch in „Marxismus und Philosophie" (1923) geäußert, wo er die Wissenschaft als einen Bestandteil der Wirklichkeit auffaßt und daraus 1950 schließt: „Marx ist heute nur einer unter vielen Vorläufern, Begründern und Weiterentwicklern der sozialistischen Bewegung der Arbeiterklasse." „Der erste Schritt zum Wiederaufbau einer revolutionären Theorie und Praxis besteht darin, mit dem monopolistischen Anspruch des Marxismus auf die revolutionäre Initiative und auf die theoretische und praktische Führung zu brechen."

Indem Korsch, Haug u. a. den wissenschaftlichen Gehalt des Marxismus relativieren, ihn in viele Marxismen, in etwas „überhaupt, überparteiisch Kapitalismuskritisches" auflösen wollen, gelangen sie letzten Endes zu nichts anderem als zu ideologischen Pluralismusvorstellungen der Bourgeoisie mit negativem Vorzeichen. Der Pluralismus gehört ja zu den Wesensmerkmalen der Ideologie der bürgerlichen Klasse, die nicht in der Lage ist, ihren Klasseninteressen mit einer einheitlichen ideologischen Ausdrucksweise zu genügen.

Wie sieht es aus mit der Beteiligung an dieser von Haug konzipierten Ökumene der Marxismen? Unter welchen Voraussetzungen könnte es überhaupt um eine „ideologische Bündnispartnerschaft" gehen?

(3) In dem von W. F. Haug geleiteten PIT-Projekt wird die kommunistische Perspektive als eine kulturelle „selbstzweckhafte Vergesellschaftung von unten" betrachtet. Dieserart Gedankengänge scheinen den nicht-proletarischen Protestbewegungen entgegenzukommen, die sich „antiautoritär", „spontan" etc. verstehen. (Paradox, daß Haug, für den „Ideologie" immer etwas Nega-

tives heißt, jetzt im Begriff ist, selber „positiver" Ideologe zu werden.)

Das „ideologische", „notwendig falsche" Bewußtsein der unter „durchkapitalisierten" Verhältnissen lebenden Arbeiterklasse wird zumindest schon seit Lukács' „Geschichte und Klassenbewußtsein" als Haupthindernis einer sozialistischen Revolution in der marxistisch orientierten Diskussion thematisiert, und neu ist auch nicht mehr die Richtung der Schlußfolgerungen daraus, wonach das revolutionäre Subjekt eben gar nicht mehr in der Arbeiterklasse zu suchen sei, sondern – sofern „Revolution" überhaupt noch angestrebt wird – irgendwo in Randgruppen, Außenseitern der bürgerlichen Gesellschaft, oder aber daß der Kommunismus innerhalb des Kapitalismus in gesonderten Enklaven jetzt zu errichten sei.

Wie erklärst Du dies scheinbare Dilemma „Durchkapitalisierung" – „kapitalistische Formbestimmtheit" *der* Wirklichkeit (Gegenstände, Handeln, Denken)/Möglichkeit und Notwendigkeit einer wissenschaftlichen Ideologie?

Äußerungen: Ihr stellt mehrere Fragen. Ich will versuchen, auf diese in sechs Äußerungen zu antworten.

(I) Zunächst zum sogenannten „westlichen Marxismus". Der Ausdruck „westlicher Marxismus" ist durch die bürgerliche Journalistik verbreitet worden. Seine Stoßrichtung ist eine eindeutig antikommunistische, vor allem antisowjetische. Er soll dazu beitragen, die kommunistische Weltbewegung zu spalten. Die kommunistischen und Arbeiterparteien sollen in einen Gegensatz zur UdSSR gebracht werden, also zu dem Land, in dem 1917 die erste sozialistische Revolution stattfand und das in der Gegenwart die stärkste Bastion des Sozialismus und des Friedens ist.

Es ist bedauerlich, wenn sich Wissenschaftler des Ausdrucks „westlicher Marxismus" bedienen. Seriös wäre es (und ist es), wenn Journalisten aus der Wissenschaft Begriffe übernehmen. Weniger seriös ist es, wenn nicht unseriös, wenn Wissenschaftler mit Begriffen aus der Journalistik arbeiten. Damit wird von mir nicht die Arbeit der Journalisten geringgeschätzt. Im Gegenteil. Aber es ist nun einmal Aufgabe der Journalisten, mehr für den Tag, mehr für die unmittelbare Gegenwart zu arbeiten, sich jeweils mehr dem bloß Besonderen zuzuwenden. Dagegen haben Wissenschaftler immer auf den historischen Prozeß abzuheben, in längeren Zeiträumen zu denken, ohne dabei den Tag, die unmittelbare Gegenwart zu vernachlässigen.

Ihr habt in Eurer Frage schon darauf hingewiesen, daß der sogenannte „westliche Marxismus", oder das, was als „westlicher Marxismus" ausgegeben wird, kein einheitliches Gedankengebäude darstellt. In der Tat ist das so. Die Einheit des sogenannten „westlichen Marxismus" besteht in seiner Uneinheitlichkeit. Schaut man genauer hin, so handelt es sich beim sogenannten „westlichen Marxismus" um eine Reihe von Intellektuellen, denen nur eines gemeinsam ist: ihre Distanz oder Gegnerschaft zur organisierten Arbeiterbewegung, vor allem zur organisierten kommunistischen Bewegung. Mit ihren Ideen artikulieren die sogenannten „westlichen Marxisten" jeweils nur sich selbst, keine Organisation, die in der Lage wäre, in den Verlauf der Geschichte einzugreifen. Nicht selten findet man bei ihnen eine anarchische oder anarchosyndikalistische Haltung, wie etwa bei Korsch; andere wiederum neigen zum Ästhetizismus, ausgeprägt vor allem bei Adorno. Indem ich eben die Namen Korsch und Adorno erwähnte, wollte ich nicht sagen, daß diese „westliche Marxisten" gewesen seien. Und was Lukács angeht, so gehört dieser für mich absolut nicht zum sogenannten „westlichen Marxismus". Daß ein Denker wie Lukács zum sogenannten „westlichen Marxismus" gerechnet wird oder zum sogenannten „westlichen Marxisten" gemacht werden soll, deutet übrigens darauf hin, daß die Erfinder des sogenannten „westlichen Marxismus" darauf angewiesen sind, sich großer Namen zu bedienen, um von sich reden machen zu können.

Für mich gibt es weder einen westlichen noch einen östlichen Marxismus. Es gibt auch keinen südlichen oder nördlichen Marxismus. Eine Lehre, die eine solch weltweite Wirkung erzielt hat wie der Marxismus, kann man nicht nach Himmelsrichtungen oder geographischen Gegebenheiten einteilen. Eine solche Vorgehensweise ist doch wohl mehr als fragwürdig. Es ist immer gut, wenn man die Geschichte befragt. Was ist – von der geschichtlichen Entwicklung her gesehen – vom sogenannten „westlichen Marxismus" geblieben? Welche gesellschaftsverändernde Kraft ist von diesem ausgegangen? Die erste Frage muß mit *nicht viel* beantwortet werden. Man kann in diesem Zusammenhang bestenfalls von Konjunkturen und Modeerscheinungen sprechen. Und die zweite Frage muß mit *keine* beantwortet werden. Beide Fragen erheischen diese Antworten, weil der sogenannte „westliche Marxismus“ keine gesellschaftliche Bewegung artikulierte und artikuliert.

(II) Was das „Kritische“, „die Kritik“ des sogenannten „westlichen Marxismus“ angeht, so mag dieser für freischwebende Intellektuelle sehr kritisch sein. Für die gesellschaftlichen Bewegungen unserer Zeit ist dieser viel zu unkritisch, um von diesen aufgenommen, als theoretische Grundlage ihrer Politik angenommen zu werden. Außerdem überschreitet die Kritik des sogenannten „westlichen Marxismus“ nirgends den Rahmen der bürgerlichen Gesellschaft. Hier ist auch der Punkt, warum der sogenannte „westliche Marxismus“ gegen den Marxismus-Leninismus auftritt, diesen als Dogmatismus verdächtigt, diesen zur sogenannten Legitimationswissenschaft abqualifiziert. Was hier in Frage gestellt wird, ist der historische Realismus des Marxismus-Leninismus, nämlich jeweils nur solche Aufgaben zu formulieren und zu lösen, die auf Grund der gegebenen objektiven Bedingungen zu lösen sind. Wie schwierig das ist, zeigt die Entwicklung des realen Sozialismus seit 1917. Es ist leichter über „Sozialismus“ zu reden, wie die sogenannten „westlichen Marxisten“, als ihn geschichtlich zu gestalten, wie die Marxisten-Leninisten. Eigentlich ergibt sich alles andere aus dem bisher Gesagten. Daß der Marxismus nicht von heute auf morgen entstanden ist, sondern eine Geschichte, eine Entwicklung durchgemacht hat, versteht sich von selbst. Die ganzen Diskussionen, die es über die verschiedenen Zäsuren in der Geschichte des Marxismus gegeben hat, wirkliche oder konstruierte, sind wenig ergiebig. Es ist eigenartig, daß von den Begründern des Marxismus immer wieder Eigenschaften verlangt werden, die die Theologie nur Gott zuschreibt. Will man Marx, Engels und Lenin – den Marxisten überhaupt – den Vorwurf machen, daß sie endliche Wesen waren bzw. sind? Aber darauf läuft doch die ganze Diskussion hinaus. Viel nachzudenken über das Verhältnis von „Heiliger Familie“ und „Kapital“, „Deutscher Ideologie“ und „Kapital“, führt doch kaum an die Probleme heran, die der Menschheit in der Gegenwart aufgegeben sind. Dies alles ist eine Art Politik-Hermeneutik, die den Boden der Geschichte verlassen hat. Die Grundaussagen des „Kommunistischen Manifestes“ sind für einen Marxisten gültig, auch heute noch. Und weil das Lenin wie kein anderer Marxist zu seiner Zeit begriffen hatte, sprechen wir von Marxismus-Leninismus. Außerdem ist der Leninismus als Marxismus-Leninismus geschichtswirksam geworden, die verschiedenen sogenannten „westlichen Marxismen“ nicht. Den Marxismus-Leninismus auf einen wie immer gearteten Marxismus bzw. auf Marxismen herunterzubringen, ist zumindest geschichtsblind. Die Geschichte kann doch nicht rückgängig gemacht werden. Aber darauf laufen doch wohl solche Reduktionen hinaus.

Der kritische Charakter des Marxismus resultiert daraus, daß er die Ideologie der revolutionären Arbeiterklasse und ihrer kommunistischen und Arbeiterparteien ist. Das heißt: der kritische Charakter des Marxismus ist eng mit der welthistorischen Mission des Proletariats verknüpft. Ist das denn nicht kritisch genug, eine neue, von Unterdrückung und Ausbeutung freie Gesellschaft errichten zu wollen? – eine Gesellschaft, deren oberstes Gebot der Frieden ist. Muß man wirklich kritischer als kritisch sein, um als Marxist zu gelten? Muß man auf die arbeitenden Menschen, die nach wie vor den Reichtum jeder Nation schaffen, wirklich von oben herabschauen, nur weil man etwas mehr Bildung besitzt oder sich diese einbildet? Schließlich sind es die arbeitenden Menschen, die den Intellektuellen die materiellen Bedingungen für ihre Intellektuellen-Existenz schaffen.

(III) Die Bedeutung des historischen Materialismus ist zunächst keine andere als die der anderen Bestandteile des Marxismus-Leninismus. Dem historischen Materialismus kommt jedoch insofern eine gewisse Sonderstellung zu, als er die Frage nach dem Woher und Wohin der Geschichte beantwortet. Übrigens ist das die Gretchenfrage aller Gesellschaftstheorie. Erst wenn man diese Frage im Blick hat, können andere Fragen sachgerecht gestellt und beantwortet werden.

Dies allerdings darf nicht so verstanden werden, daß der Marxismus-Leninismus nur Gesellschaftstheorie sei. Das wäre eine Auffassung, die der der Frankfurter Schule, der sogenannten kritischen Theorie, sehr nahe käme. Der Marxismus-Leninismus ist eine in sich einheitliche Weltanschauung, deren Grundlage das materialistische und dialektische Herangehen an alle Erscheinungen der Natur, der Gesellschaft und des Bewußtseins ist. Und dieses Herangehen ist zutiefst historisch. Weil das so ist, bekennt sich der Marxismus-Leninismus dazu, Weltanschauung zu sein. Dies aber wiederum bedeutet nicht, daß der Marxismus-Leninismus ein abgeschlossenes System ewiger Wahrheiten wäre oder ein solches sogar behaupten würde. Das Gegenteil ist der Fall. Der weltanschauliche Charakter des Marxismus-Leninismus besagt, daß die Natur nicht ohne Geschichte, die Geschichte nicht ohne Natur und das Denken nicht ohne Natur und Geschichte gedacht werden können. Er hält so die Totalität der Welt im Blick, den (dialektischen) Zusammenhang von Natur, Gesellschaft und Denken, von Mensch, Gesellschaft und Natur.

(IV) Die neuerdings von F. W. Haug vertretene „alte“ (weil von ihm nicht erfundene) These, daß es den Marxismus nicht gibt, dafür Marxismen, der Marxismus also nur in der Mehrzahl existiere, ist weder stichhaltig noch sachlich gerechtfertigt. Eine solche These ist – man verzeihe mir diesen Ausdruck – intellektuelles Geschwätz. Denn schließlich ist der Marxismus – um mit Schopenhauer zu sprechen – kein streunender Hund, den jeder beliebig einfangen und nach Belieben verwenden kann. Und wenn Haug weiter meint, der Marxismus darf nicht nur Sache einer Partei, nicht von Parteien sein, so ist zu fragen, was darf er dann sein? Eine Sache bloß von Individuen? Wenn Haug das meint, dann kann man die Sache auf sich beruhen lassen. Nur individuell vorgetragene Meinungen sind historisch wirkungslos. Der Marxismus *muß* Sache einer Partei, *muß* Sache von Parteien sein, weil Parteien gesellschaftliche Bewegungen repräsentieren, selber gesellschaftliche Bewegung sind. Mit anderen Worten: eine Theorie, zumal eine Theorie, die auf die Veränderung der Gesellschaft aus ist, muß immer Theorie von gesellschaftlichen Bewegungen sein, weil sie sonst in der Geschichte nichts ausrichtet.

Haug scheint an das, was er schreibt, selber nicht recht zu glauben. Denn aus seinen Marxismen schließt er den organisierten Marxismus aus. Diesen verunglimpft er als Parteimarxismus. Und von anderen Leuten seines Schlages wird von einem parteiamtlichen Marxismus gesprochen. Haug predigt zunächst Unverbindlichkeit in Sachen Marxismus, um dann seine eigene Denk- und Schreibweise als verbindlich zu erklären. Insofern darf man wohl auch sein Wort von der „marxistischen Ökumene“ nicht allzu ernst nehmen.

Revolutionen werden nicht in Schauspielhäusern oder Fußballstadien gemacht, auch nicht durch wissenschaftliche Projektgruppen. Geschichte machen Menschen, die sich zusammenschließen, sich organisieren, um einheitlich zu handeln, auch theoretisch einheitlich zu handeln. Diskussionen führen ist noch nicht Geschichte machen, vor allem nicht in einer Welt wie der unseren, die durch die Existenz des Imperialismus den Krieg noch nicht für immer aus dem Leben der Menschheit gebannt hat.

Der Hinweis Haugs auf das Christentum ist eine Gleichstellung von Ungleichen. Das Christentum hat als Kirche noch nie eine Veränderung gesellschaftlicher Verhältnisse auf dieser Welt angestrebt, sondern solches eher in ein Jenseits verschoben. Der Marxismus will aber gerade diese Welt verändern, hier und heute und für die Menschen.

Haugs Vorstellungen schillern. Ich vermag nicht zu sagen, ob ihm mit diesen an einem Bündnis aller antiimperialistischen Kräfte gelegen ist. Mir scheint, daß Haug solches nicht unbedingt meint. Denn erstens müßte er dann ausdrücklich den in Parteien organisierten Marxismus in dieses Bündnis miteinbeziehen und zweitens auch alle bürgerlichen und kleinbürgerlichen antiimperialistischen Kräfte. Beides ist aber – soweit ich sehe – bei Haug nicht der Fall. Außerdem kann es immer nur politische Bündnisse geben. Ideologische Bündnisse haben vor der Geschichte noch nie bestanden.

(V) Was Korsch betrifft, so scheint mir, daß dieser sich gegen Ende seines Lebens von seinem ursprünglichen Standpunkt entfernt hat und mehr zu sozial-reformistischen Vorstellungen gekommen ist. Die Sätze, die Ihr in Eurer Frage von Korsch zitiert habt, haben Sozialdemokraten in ähnlicher Weise formuliert. Ich möchte in diesem Zusammenhang jedoch davor warnen, Korsch und Haug gleichzusetzen. Eine solche Gleichsetzung wäre meines Erachtens ungerecht. Korsch war ein scharfer Denker. Bei Haug vermisse ich solches scharfes Denken.

Ansonsten muß ich Euch völlig zustimmen, wenn Ihr Haugs

Vorgehen als ideologische Pluralismusvorstellungen der Bourgeoisie mit negativem Vorzeichen bezeichnet.

(VI) Ich kann Eurer Wiedergabe der Hauptidee des PIT-Projektes nur zustimmen. Anders habe ich Haugs und seiner Freunde Anliegen auch nicht verstanden. Ich möchte lediglich hinzufügen, daß Haug usw. ihr Vorhaben sehr anspruchsvoll formulieren – zu anspruchsvoll. Das PIT-Projekt tritt mit dem Anspruch auf, den „Bruch mit dem Ökonomismus" herbeizuführen und dafür mehr eine Theorie des Politischen und des Ideologischen zu entwickeln. Mindestens seit Marx kann es aber keine Theorie des Politischen und des Ideologischen mehr geben, die nicht in der Politischen Ökonomie, besser: in der Ökonomie einer je gegebenen Gesellschaft fundiert ist. Vernachlässigt man die ökonomische Seite der Angelegenheit, dann läuft man Gefahr, das Politische und das Ideologische in selbständige Mächte zu verwandeln. Wesentlich ist immer das dialektische Verhältnis von Ökonomie, Politik und Ideologie, ihr Zusammenhang, der die Totalität jeder Gesellschaft ausmacht. Nun wird in dem PIT-Projekt sicher vieles Richtige und Aufschlußreiche gesagt. Aber der Grundtendenz nach verbleibt es doch im Rahmen von Fragestellungen, die Denker wie etwa Herbert Marcuse aufgeworfen haben. Und wenn eine der Grundthesen des PIT-Projektes die Leugnung der Arbeiterklasse als revolutionäres Subjekt der Geschichte unserer Zeit ist, dann wird dieses ganze Projekt fragwürdig. Ich will sagen, verbleibt man an der Oberfläche der bürgerlichen Gesellschaft, dann scheint diese dem PIT-Projekt recht zu geben. Versucht man jedoch zum Wesen der bürgerlichen Gesellschaft vorzudringen, was man allerdings nur mit Marx und dem Marxismus tun kann, dann wird man in ihm sehr leicht ein Produkt des bloß Ideologischen erkennen. Kein Mensch wird behaupten, daß seit Marx' Zeiten die Bourgeoisie und die Arbeiterklasse, die beiden Grundklassen der bürgerlichen Gesellschaft, nicht eine erhebliche Entwicklung durchgemacht haben. Robert Steigerwald hat das in seinem Marcuse-Buch sehr schön ausgeführt.[1] Seinen Ausführungen ist nichts hinzuzufügen. Vor allem auch deshalb nicht, weil es sich nicht lohnt, sich immer wieder mit den gleichen Fragen alle 10 bis

[1] R. Steigerwald, Herbert Marcuses „dritter Weg", Berlin *und* Köln 1969.

15 Jahre von neuem herumzuschlagen. Es ist doch ein Produkt gerade der kapitalistischen Verhältnisse, wenn Haug und seinesgleichen die Möglichkeit haben, ihre Lernprozesse vor dem Publikum zu demonstrieren. Dagegen kann man im Prinzip nichts haben. Nur sollten die mit diesen Lernprozessen verbundenen Ansprüche bescheidener formuliert werden. Objektiv erzeugt nach wie vor die Arbeiterklasse den Reichtum der Nation, jeder Nation. Aus diesem Grunde ist sie die Klasse, von der die Erneuerung der Gesellschaft ausgeht. Dazu bedarf es aber der Organisation und der Ideologie, der Partei und des Marxismus. Die Partei und der Marxismus haben die „Durchkapitalisierung der ganzen Gesellschaft" und die „kapitalistische Formbestimmtheit" durchbrochen. Aus dieser Tatsache ergibt sich ihre Notwendigkeit. Wenn dies bestritten wird, verbleibt man im Rahmen der „kapitalistischen Formbestimmtheit", zumindest: man wird von dieser immer wieder eingeholt. Haug usw. durchbrechen diese nicht bzw. nur teilweise, weil sie sich nicht den Notwendigkeiten des Geschichtsprozesses stellen. Der Geschichtsprozeß selber hat demonstriert, daß der „Durchkapitalisierung der ganzen Gesellschaft" und der „kapitalistischen Formbestimmtheit" nur durch Organisation, die Solidarität einschließt, begegnet werden kann, die ihrerseits Ideologie, nämlich *den* Marxismus als Marxismus-Leninismus, voraussetzt.

1983

IV

Platzhalter der Vernunft

Es ist ein Gebot der rechten Vernunft, den Frieden zu suchen, sobald eine Hoffnung auf denselben sich zeigt.
Thomas Hobbes (1588–1679)

Historische Verdienste werden nicht danach beurteilt, was historische Persönlichkeiten, gemessen an den heutigen Erfordernissen nicht geleistet haben, sondern danach, was sie im Vergleich zu ihren Vorgängern Neues geleistet haben.
Wladimir Iljitsch Lenin (1870–1924)

Anmerkungen zu Georg Lukács

I

Kein Zweifel. Georg Lukács war einer der bedeutendsten und einflußreichsten Denker des 20. Jahrhunderts. Seine moralische Integrität kann nicht bestritten werden, seine intellektuelle ebensowenig.

Die intellektuelle Entwicklung von Lukács war widersprüchlich – sie mußte es sein, weil die Wirklichkeit, zu der Lukács' Denken drängte, selber Widerspruch war (und ist), der in seiner ganzen historischen Dimension genommen werden muß, nämlich als Epoche des weltweiten Übergangs vom Kapitalismus zum Sozialismus. Das Werk von Georg Lukács und seine Wirkung, besser: seine Werke und seine Wirkungen sind umstritten, wurden und werden gelobt und gescholten, unbeachtet gelassen, verschwiegen, vordergründig hervorgeholt, nicht selten mißbraucht, weniger jedoch wirklich rezipiert und kritisch-konstruktiv angegangen. Das ist der Grund, warum – ungeachtet zahlreich vorhandener aufschlußreicher und wertvoller Arbeiten – Lukács' intellektuelle Biographie noch aussteht.

Eine Begegnung mit Georg Lukács darf den Widerspruch nicht verschweigen, die Übereinkunft nicht herunterspielen und das historisch Bedingte nicht enthistorisieren.[1] Einer solchen Forderung nachzukommen, ist nicht leicht. Sie setzt eine konstruktiv-kritische

[1] Einen fruchtbaren Ansatz, Lukács' Werk und Wirkung sachgerecht angehen zu können, fand Werner Mittenzwei: Dialog und Kontroverse mit Georg Lukács (vgl. Dialog und Kontroverse mit Georg Lukács. Der Methodenstreit deutscher sozialistischer Schriftsteller, hg. von W. Mittenzwei, Leipzig 1975). Dieser Ansatz ist deshalb fruchtbar, weil durch diesen der Widerspruch nicht verschwiegen, die Übereinkunft nicht heruntergespielt und das historisch Bedingte nicht enthistorisiert wird. Insofern kann im übertragenen Sinne als Forderung formuliert werden: Mit Georg Lukács muß der „Dialog" geführt werden, ohne die „Kontroverse" zu umgehen, und die „Kontroverse" gestaltet werden, ohne den „Dialog" beiseite zu schieben.

Haltung voraus, die sich von Verurteilungen ebenso freihält wie von Überhöhungen. Denn: Verurteilungen stehen uns nicht zu, weil wir die Partei der Geschichte ergriffen haben, und Überhöhungen hat Lukács nicht nötig, weil er zur Partei der Geschichte gehört. Diese Forderung hat vor allem Etikettierungen zu vermeiden und muß sich hüten – eben durch Etikettierungen – vor den Schwierigkeiten historischer und ideologiekritischer Forschung vorschnell zu kapitulieren.

Die Begegnung mit Georg Lukács verlangt so den Einsatz subtiler Dialektik, setzt die Kunst, historisch zu relativieren, voraus. Lukács' Werdegang darf nicht für sich, darf nicht isoliert angegangen werden. Seine Werke und seine Wirkungen sind eingebettet zu betrachten in die bürgerliche Ideologieentfaltung unseres Jahrhunderts, in die politischen und ideologischen Kämpfe unserer Zeit, in die Entwicklung der kommunistischen Arbeiterparteien seit dem Roten Oktober, in das Ringen um die Durchsetzung des Leninismus in der internationalen kommunistischen Bewegung; sie kreisen um die Frage nach den Bedingungen der Erhaltung des Friedens, der Beförderung des sozialen Fortschritts und der Herstellung konkreter Humanität in unserer Epoche.

In diesem Sinne stellen Lukács' Werke – und so verstand er sie auch selber – Eingriffe dar – Eingriffe, deren Formen zwar philosophisch, ästhetisch, literaturtheoretisch sind (oder wie man das immer auch nennen will), deren Inhalt jedoch darüber hinausgeht, weil dieser gewollt ins Politische ausläuft. Das gilt auch für jene Werke von Lukács, die er selber als mehr oder weniger „bloß" theoretische Arbeiten verstanden wissen wollte. Seine „Ontologie des gesellschaftlichen Seins" etwa entäußert sich bei allem theoretischen Charakter des Werkes schon deshalb – zumindest auch – als ein politisches Werk, weil er in diesem – um hier nur ein Moment anzusprechen – die Problematik von „Geschichte und Klassenbewußtsein" wieder aufnimmt, diese zwar auf theoretisch höherer Stufenleiter diskutiert und fortzuführen versucht, ihre Prämissen jedoch Fragestellungen implizieren, die auf die Strategie und Taktik der kommunistischen Weltbewegung in der Gegenwart hinauslaufen. Es scheint – jedenfalls uns –, daß sich Lukács dieser Seite der Angelegenheit in seinen letzten Lebensjahren nicht immer voll bewußt war, was nicht selten von „Gesprächs-“ und Interviewbesessenen gegen ihn selber und gegen die von ihm vertretene Sache ausgenützt worden ist. Um so mehr ist es unsere Pflicht, ist es die Pflicht der Marxisten-Leninisten, diesen Sachverhalt in seiner oft mehr als verschlungenen Dialektik aufzuklären. Wenn wir es nicht tun, dann tun dies andere, und zwar unter dem Vorzeichen des Mißbrauchs.

Mit solchem Vorgehen schmälern wir Lukács' bedeutende Rolle in der politischen und ideologischen Dynamik unseres Jahrhunderts nicht. Im Gegenteil. Denn erst dadurch können seine Eingriffe historisch relativiert, die Größe seines Denkens auf den Begriff gebracht und sein Erbe als *unser Erbe* und als ein *aktuelles* in die politischen und ideologischen Kämpfe unserer Tage eingebracht werden. Zugleich können dadurch Lukács' Über- und Verzeichnungen relativiert, das heißt dem Maß des Geschichtsprozesses unterworfen und damit erklärt werden.

Im Falle von Lukács haben wir es dergestalt nicht mit einer bloß intellektuellen Entwicklung zu tun – wenn es eine solche überhaupt gibt. Dies festzuhalten, ist uns wichtig, um Größe und Grenzen des Lukácsschen Denkens und Wirkens sachgerecht, nämlich aus dem historischen Prozeß heraus, zu beurteilen. Eine *Be*urteilung entzieht sich aber immer der *Ver*urteilung. Wer das nicht zu unterscheiden weiß, der denkt nicht in theoretischen, sondern in theologischen Kategorien, verfehlt den Widerspruch, dessen Spannungsfeld zu ertragen ist, um sich in ihm zu erhalten.

II

Seit 1917/18, seit der Großen Sozialistischen Oktoberrevolution (für Lukács *das* Epocheerlebnis), seit seinem Eintritt in die Kommunistische Partei Ungarns, ist Lukács' intellektuelle Entwicklung nicht bloß als Phänomen der Ideologiengeschichte zu betrachten, sondern als eingebettet in die Entwicklung der internationalen kommunistischen Bewegung. Lukács versucht sein Denken mit dieser zu konformieren. Doch sein theoretisches Denken überspielt diese nicht selten, überzeichnet, verzeichnet, bleibt hinter dieser zurück, gibt ihr Impulse, eilt ihr voraus, stellt sich gelegentlich quer zu dieser, um eine Formulierung von ihm selber zu verwenden. Aus diesem Grunde wird durch eine Beschäftigung mit Lukács „Gewinn" und „Verlust" geborgen. „Gewinn", den es zu bewahren, zu verteidigen, fruchtbar zu machen und weiterzuführen gilt. „Verlust", der festzuhalten und nicht zu unterschlagen ist. Die notwendige Kritik an Lukács – es ist für uns nicht überflüssig, das zu sagen – darf allerdings nicht dem Verdikt der Verdammung unterliegen.[2] Denn Kritik als Verdammung tritt in Existenz immer als Banalität, von der Isaak Babel sagte, daß sie die Konterrevolution sei.

Die Rose im Kreuz von Lukács sind die Metamorphosen seines Denkens, sind dessen Zäsuren, die – und das ist die Schwierigkeit – doch auch wieder keine sind. Wird der Bogen von „Die Seele und die Formen" bis „Zur Ontologie des gesellschaftlichen Seins" geschlagen, also Lukács' intellektuelle Entwicklung in ihrer Totalität zu erfassen versucht, dann scheinen Motive auf, die diesen Sachverhalt verdeutlichen.

Die Behauptung einer einheitlichen Entwicklung des Lukácsschen Denkens? Mitnichten! Wohl aber die Behauptung durchgängiger Motive seines Denkens.

Ein, wenn nicht *der* Schlüssel für diese unsere Behauptung ist jener Satz aus „Die Seele und die Formen": „Novalis ist hier bisher nur selten erwähnt worden und doch war immer von ihm die Rede. Hartnäckiger hat keiner die ausschließliche Geltung der letzten Ziele betont, als dieser weiche, dem Tode geweihte Jüngling."[3] Wir vereinfachen etwas, wenn wir festhalten: Lukács hat in seinen verschiedenen Schaffensperioden Novalis sicher mehr als einmal überspielt, doch niemals – so meinen wir – wirklich hinter sich gelassen.

Diese Feststellung soll keine Schelte sein, auch keine Denunziation,[4] sondern nur eine nüchterne, schlichte Bemerkung. Für

[2] Vgl. R. Steigerwald, Bürgerliche Philosophie und Revisionismus im imperialistischen Deutschland, Berlin *und* Frankfurt am Main 1980, S. 98 Anm.

[3] G. von Lukács, Die Seele und die Formen. Essays, Berlin 1911, S. 111.

[4] Denunziationen sollten wir getrost den William Schlamms und den Theodor W. Adornos und ihren jüngeren Nachbetern überlassen. Durch die Anführung dieser beiden Namen wollen wir die extreme, ja extremistische Spannweite denunziatorischen Verhaltens Lukács gegenüber innerhalb bestimmter Gruppierungen der spätbürgerlichen Geistigkeit andeuten.

diese gibt es im Werk von Lukács – so sehen wir es – zahlreiche Indizien. Etwa sein sich zwar wandelnder, der Sache nach aber in seinen Werken immer wieder aufscheinender Totalitätsbegriff, der klassisch-romantischen Ursprungs ist und klassizistische Bewertungsmaßstäbe nach sich zieht. Ein weiteres Indiz: Lukács' wiederholte und in „Zur Ontologie des gesellschaftlichen Seins" erneute Suche nach dem, *„was Sein ist"*, voran seine Suche nach dem menschlichen Sein.

In der Dynamik des Lukácsschen Denkens mischen sich aufklärerisch-klassisch-romantische Tradition, Festhalten an Bürgerlichkeit und Opposition gegen diese, Marxismus als Befreiungsideologie, Befreiungskampf, Bildungserlebnis und marxistische Analyse, Kontinuität und Bruch, revolutionäre Ungeduld und romantische Sehnsucht. Und dies ist bei Lukács verbunden mit Moralität als Lebenshaltung, Sensibilität von Krisenbewußtsein, missionarischem Drang zur Rettung der Kultur vor der Barbarei, heroischen Illusionen und historischem Optimismus.

Ob dieses Sachverhaltes ist dem Werk und Wirken von Lukács nur beizukommen mit Denkschärfe und dem Wissen um die klassische und romantische Tradition. Das Denken von Lukács entzieht sich der Schablone und dem Etikett, gleich gar der Typologie. In Sachen Lukács muß tief gelotet werden.

III

Georg Lukács und die bürgerliche Ideologie der Gegenwart – das impliziert zwei Sachverhalte, auf die wir hinweisen möchten:

1. Lukács als Teil spätbürgerlicher Ideologieentwicklung;
2. Lukács als Kritiker der spätbürgerlichen Ideologie.

Zu 1.: Es wird oft (eigentlich immer wieder) übersehen, daß Lukács der Pate einflußreicher und tragender spätbürgerlicher ideologischer Gebilde gewesen ist, mehr noch: ihr geheimer, weil in der Regel verschwiegener Urheber. Schon um der historischen Gerechtigkeit willen darf dieser Tatbestand nicht verschwiegen werden. Dies um so weniger, als durch die gängige Formel, Lukács habe sich vom bürgerlichen Intellektuellen zum Marxisten entwickelt, Lukács begann als bürgerlicher Intellektueller und endete als Marxist, dieser Tatbestand verdeckt wird. Wir meinen damit nicht, daß diese Formel falsch ist. Allein, sie ist zu einfach und zu geradlinig und deshalb geeignet, den Entwicklungsgang von Lukács, seinen Denkweg, zu beschneiden, auch: diesen nachträglich zu verarmen. Sie verhüllt darüber hinaus wichtige Vorgänge in der Dynamik spätbürgerlicher Ideologieentwicklung, die ja unter anderem auch dadurch gekennzeichnet ist, sich immer wieder mit Denkinhalten anzureichern, die in Opposition zur Bürgerlichkeit stehen, Übergangserscheinungen zum Marxismus bezeichnen oder marxistisches Gedankengut darstellen.

Im Entwicklungsgang von Lukács sind alle diese Momente enthalten und – was nicht übersehen werden darf – damit verfügbar.[5] Die Behauptung, daß Lukács auch die Rolle eines Initiators von einflußreichen Gebilden spätbürgerlicher Ideologie zukommt, bedeutet aber keine Negation seines Marxismus. Sie verweist im Gegenteil auf eine Schwachstelle spätbürgerlicher Ideologieentwicklung.

Ohne weiter auszuholen oder gar vollständig sein zu wollen (oder auch sein zu können), sei auf folgendes aufmerksam gemacht. Da ist Lukács' großer Kierkegaard-Essay aus dem Jahre 1909 mit der bezeichnenden Überschrift „Das Zerschellen der Form am Leben: Sören Kierkegaard und Regine Olsen", der als Beginn der Entwicklung der Existenzphilosophie angesehen werden kann, welcher auch deren Anfang ist, weil er an Ausdruckskraft und Ausdruckstiefe alle spätere existenzphilosophische Schulphilosophie hinter sich läßt. (Übrigens: Keine Darstellung der neueren bürgerlichen Philosophie verzeichnet diesen und andere – analoge – Sachverhalte.) Im Kierkegaard-Essay lesen wir den Satz, den wir als Probe anführen wollen: „Die Geste ist das große Paradox des Lebens, denn nur in ihrer starren Ewigkeit hat jeder wegschwindende Augenblick des Lebens Platz und wird in ihr zur wahren Wirklichkeit."[6]

Im engsten Zusammenhang mit dem Kierkegaard-Essay steht Lukács' „Metaphysik der Tragödie" aus dem Jahre 1910, die

[5] ... *verfügbar* von unterschiedlichen Klassenkräften und politischen Gruppierungen.

[6] G. von Lukács, Die Seele und die Formen, a. a. O., S. 65.

Lebensphilosophie in vollendeter Form bietet. Wir zitieren: „Das Leben ist eine Anarchie des Helldunkels: nichts erfüllt sich je in ihm ganz und nie kommt etwas zum Ende ... Leben: das ist, etwas ausleben können."[7] Nimmt man die Novalis-Abhandlung mit der Überschrift „Zur romantischen Lebensphilosophie" aus dem Jahre 1909 zur „Metaphysik der Tragödie" hinzu, ergänzt man diese mit der Stefan-George-Betrachtung von 1908, die als Kernsatz die Feststellung enthält: „Kunst ist: Suggestion mit Hilfe der Form"[8], dann haben wir die Grundkategorien der spätbürgerlichen deutschen Lebensphilosophie zwischen den beiden Weltkriegen beisammen, deren konsequenter und glänzender marxistischer Kritiker 20 Jahre später Lukács werden sollte.

Wir haben auf diese Seite des Lukácsschen Denkens aufmerksam gemacht, um auf die Verschlungenheit seines Denkweges und der von diesem ausgegangenen Wirkungen hinzudeuten und um zu unterstreichen, daß das denunziatorische Gehabe bestimmter Teile der spätbürgerlichen Geistigkeit Lukács gegenüber – kenntlich an Bezeichnungen wie „Geheimrat", „Schriftgelehrter", „Großmufti der marxistischen Literaturkritik", „offizieller Parteikritiker", „erpreßte Versöhnung" u. a. m. – nicht von der Auseinandersetzung mit einem Geist von Format, sondern vom schlechten Gewissen dem Ideenspender gegenüber und geistloser antikommunistischer Pauschalität diktiert ist.

Auf mögliche Beziehungen von „Geschichte und Klassenbewußtsein" und Heideggers „Sein und Zeit" ist öfter verwiesen worden.[9] Karl Mannheims Wissenssoziologie, besonders „Ideologie und Utopie", ist ohne „Geschichte und Klassenbewußtsein" nicht zu denken. Die Wirkung, die von Lukács' „Theorie des Romans" ausgegangen ist (als Exempel nennen wir nur Herbert Marcuse und Theodor W. Adorno), ist beträchtlich. Und man kann

[7] Ebenda, S. 328. [8] Ebenda, S. 175.

[9] Zuletzt von W.-D. Gudopp, Der junge Heidegger. Realität und Wahrheit in der Vorgeschichte von „Sein und Zeit", Berlin *und* Frankfurt am Main 1983, S. 128 ff.; auch W.-D. Gudopp – von Behm, „Zum Fallen geneigt" – Anmerkungen zu Heideggers Politik, in: M. Buhr/H. J. Sandkühler (Hg.), Philosophie in weltbürgerlicher Absicht und wissenschaftlicher Sozialismus, Köln 1985, K. 106 ff. (dazu Errata, in: Dialektik. Beiträge zu Philosophie und Wissenschaften, Bd. 10, Köln 1985, S. 279).

die nicht nur rhetorisch gemeinte Frage stellen: Was wäre die Frankfurter Schule eigentlich ohne den von ihr immer wieder gescholtenen, denunzierten *und* ausgeschriebenen Lukács, was wäre diese kritischste der kritischen Theorien ohne die „Theorie des Romans" und ohne „Geschichte und Klassenbewußtsein"?

In diesem Zusammenhang am Rande eine kleine Anmerkung. In Adornos Schriften zu Hegel findet sich kein Bezug auf Lukács' Buch „Der junge Hegel", obwohl Adorno über weite Strecken die gleiche Problematik behandelt wie Lukács: Rolle der Arbeit und der Entäußerung für die Herausbildung der Hegelschen Dialektik. Man muß also annehmen, daß Adorno Lukács' Hegel-Buch nicht gekannt hat. Nun befindet sich aber im Archiv des Instituts für Sozialforschung eine zwei Seiten lange Zusammenfassung von Lukács' Hegel-Buch, die – man staune – von Adorno stammt. Sie trägt die Überschrift: „Ad: Ökonomie und Gesellschaft beim jungen Hegel" und unterstreicht durch ihre Anlage, daß Adorno das Hegel-Buch von Lukács mit Gewinn gelesen hat. Auch scheint ihm bei der Lektüre einiges aufgegangen zu sein, denn gleich zweimal auf nur zwei Seiten hält Adorno, für ihn ungewöhnlich, fest: „großartiges Zitat". Am Schluß der insgesamt positiven Zusammenfassung vermerkt Adorno jedoch dann, daß Lukács „aus Angst vor den Bonzen" es nicht gewagt habe, „die materialistischen Motive" Hegels bei Hegel selber aufzuzeigen, sondern nur aus der Perspektive von Marx.[10]

Dieser Tatbestand spricht für sich selber und bedarf nicht des Kommentars. Er verweist auf das mehr als gebrochene Verhältnis von Adorno zu Lukács und zum Marxismus. Adorno vermochte sich der Hypnose Lukács' nicht zu entziehen; sie wurde zu seiner Neurose, die er durch Verleugnung und Denunziation kompensierte.

Begnügen wir uns mit den eben gemachten Andeutungen über Lukács' Wirkungen in der spätbürgerlichen Geistigkeit. Sie erscheinen uns ausreichend, um von Lukács als dem Urheber einer grundlegenden Denkweise spätbürgerlicher Ideologie, der deut-

[10] Vgl. die instruktive Studie von N. Tertulian, Lukács, Adorno et la philosophie classique allemande, in: Archives de Philosophie, Paris, 47/1984, S. 177 ff.

schen Lebensphilosophie, zu sprechen. Wir haben diesen Punkt der Wirkung von Lukács deshalb kenntlich zu machen versucht, weil er zu sehr unterschätzt, ja oft übersehen wird und in der Kontroverse über Lukács' Marx-Nähe oder Marx-Ferne unterzugehen droht, andererseits aber einen wichtigen, noch zu wenig erhellten Grund darstellt, dieser Kontroverse beizukommen. Darüber hinaus besteht, bei Vernachlässigung dieser Seite, die Gefahr, daß das Lukácssche Denken halbiert wird. Und, um diesen Satz noch anzufügen, dies ist keine Besonderheit von Lukács. Bei Gestalten wie Walter Benjamin oder Ernst Bloch und anderen stehen wir vor einer analogen Problematik, die zunächst keine der Subjektivität, sondern eine des Geschichtsprozesses und seiner ideellen Artikulation ist. Und der Geschichtsprozeß ist ohne die Kategorie „Übergang" nicht zu denken, um das Bild von der „Zwischenwelt" Ernst Blochs im Blick auf Lukács nicht zu verwenden.

Zu 2.: Lukács als Kritiker der bürgerlichen Ideologie der Gegenwart. Verweilt man beim eben Angedeuteten, dann kann, ja muß gesagt werden, daß Lukács angesichts seiner intellektuellen *und* politischen Entwicklung wie kaum ein anderer die Voraussetzungen mitbrachte, die spätbürgerliche Ideologie in wesentlichen Erscheinungsformen der Kritik zu unterziehen. Die Kritik spätbürgerlicher Ideologie durch Lukács stellt einen Bruch mit Teilen seines eigenen Denkens dar. Dieser Bruch zeugt von moralischer und intellektueller Redlichkeit. Lukács kannte sich in der spätbürgerlichen deutschen Lebensphilosophie nicht nur aus, sondern hat diese mitgestaltet und – es sei uns gestattet, das zu sagen – diese auch mit durchlitten. Die Abrechnung Lukács' mit der deutschen Lebensphilosophie war so auch eine Abrechnung mit seinem eigenen Denken. Spätestens Ende der zwanziger Jahre wurde Lukács bewußt, welches politische und ideologische Verhängnis solches Denken impliziert.

Lukács' nunmehr konsequent einsetzende Kritik der spätbürgerlichen Ideologeme ist verbunden mit einer erneuten Marx-Beschäftigung, dem Einbringen des Leninismus in sein Denken (vor allem „Materialismus und Empiriokritizismus") und dem Rückgriff auf die klassische deutsche Philosophie, insbesondere Hegels. Für Lukács war dies, wie er selber rückblickend gestand, ein „begeisterter Rausch des Neuanfangens". Lukács fand nun seinen festen Platz im ideologischen Kampf der revolutionären Arbeiterklasse gegen den Imperialismus, gegen die heraufziehende faschistische Gefahr und gegen den Faschismus selber, insbesondere seine Ideologie.

In diesem Prozeß der Abrechnung und Auseinandersetzung entdeckt Lukács die revolutionären und mobilisierenden Potenzen des klassischen bürgerlichen Vernunftdenkens, so wie es sich in der klassischen deutschen Philosophie und Literatur entfaltet hatte. Lukács' Ideologiekritik ist jetzt auf drei Ziele hin orientiert, deren Zusammenhang gesehen werden muß: a) auf die Bereicherung des Marxismus im Lichte der klassischen bürgerlichen Tradition, b) auf die Aufarbeitung des Erbes der klassischen deutschen Philosophie und Literatur und seine Fruchtbarmachung für den Kampf gegen die imperialistisch-faschistische Ideologie und c) auf die Zurückweisung der Verfälschungen und Fehlinterpretationen der klassischen bürgerlichen deutschen Tradition durch die imperialistische und faschistische Ideologie.

Als übergreifende Summe dieser Orientierung wird in den Jahren während und nach dem zweiten Weltkrieg das Programm der *Zerstörung der Vernunft* stehen.

Lukács' ideologiekritische Orientierung ist dabei nicht nur auf den theoretischen Gewinn aus, der aus solcher Beschäftigung zu erzielen ist, sondern stellt sich, indem er auf seine Lenin-Beschäftigung zurückgreift, der Forderung der „Aktualität der Revolution". Das heißt: Lukács versteht seine ideologiekritische Tätigkeit als ein weltanschaulich eingreifen wollendes Denken, das ein Beitrag sein soll zur Epochenproblematik, deren Inhalt von ihm – bereits sehr früh – so umschrieben wird: „. . . den Eintritt in die letzte Phase des Kapitalismus und die Möglichkeiten, den hier unvermeidlich gewordenen Entscheidungskampf zwischen Bourgeoisie und Proletariat zugunsten des Proletariats, zur Rettung der Menschheit zu wenden."[11]

Inwieweit Lukács in diesem Zusammenhang heroischen Illusionen unterliegt, lassen wir dahingestellt. Für uns, um das noch

[11] G. Lukács, Lenin. Studie über den Zusammenhang seiner Gedanken [1924], Neuwied und Berlin (West) 1969, S. 8.

zu sagen, ist ihr Vorhandensein bei Lukács ausgemacht. Uns scheint, daß an diesem Punkt das fragende Bekenntnis Walter Benjamins von der „geheimen Verabredung zwischen den gewesenen Geschlechtern und unserem“ im Blick auf Lukács zu bedenken ist, nämlich: „Dann ist uns wie jedem Geschlecht, das vor uns war, eine *schwache* messianische Kraft mitgegeben, an welche die Vergangenheit Anspruch hat.“[12]

Doch ungeachtet dessen: Der Hauptstoß von Lukács' ideologiekritischer Tätigkeit richtet sich seit Anfang der dreißiger Jahre (und setzt sich fort bis in die fünfziger Jahre) gegen die Ideologie des deutschen Faschismus, gegen seine Vorbereitungsideologien, gegen ihre Nachwirkungen und gegen ihre Restaurationen im imperialistischen System der BRD in den Jahren nach dem zweiten Weltkrieg.

Mit dieser Hauptstoßrichtung ist Lukács, bei allem was man im einzelnen gegen seine Ergebnisse einwenden kann und einwenden muß, aktuell – *aktuell* angesichts des in der Gegenwart wieder vordergründigen Vordringens der lebensphilosophisch-irrationalistischen Denkweise in der spätbürgerlichen Ideologie.

IV

Lukács bemerkt als ein übergreifendes Phänomen der weltanschaulichen Struktur der faschistischen Ideologie, als einer besonders reaktionären Form spätbürgerlicher Geistigkeit, ihren allgemeinen Eklektizismus (von „eklektischen Bettelsuppen“ hatte bereits Friedrich Engels gesprochen). In diesem finden wir pervertierte Kritikformen (in denen das Ressentiment vorherrscht) mit biologistischen Menschen- und Gesellschaftsauffassungen (in denen rassistische Ideologeme dominieren), verwoben mit einer quasireligiösen Mythentümelei. Als Nährboden für diese schon formal grotesken weltanschaulichen Gebilde der faschistischen Ideologie macht Lukács vor allem die lebensphilosophischen Entwicklungen in Deutschland seit Schopenhauer und Nietzsche verantwortlich.

[12] W. Benjamin, Über den Begriff der Geschichte, in: Allegorien kultureller Erfahrung. Ausgewählte Schriften 1920–1940, hg. v. S. Kleinschmidt, Leipzig 1984, S. 157.

In der deutschen Lebensphilosophie drückt sich die theoretische Ohnmacht der Bourgeoisie aus, Wesenserkenntnis (wenn überhaupt!) noch mit diskursiven Mitteln und Methoden vollziehen zu wollen und zu können. Die Anstrengung des Begriffs und der Mut des Erkennens, die paradigmatisch das klassische bürgerliche Denken bis Hegel und Goethe auszeichneten, werden zunehmend als Sisyphos-Arbeit beklagt und dann verweigert. Bald aber wird diese Not zur Tugend umfunktioniert, und es beginnt eine Verklärung des Nicht-Wissens, ein Total-Dementi bezüglich der Erkennbarkeit der Welt, ihrer Vernünftigkeit, des sinnvollen Handelns in ihr und ganz allgemein eine Fetischisierung der Rätselhaftigkeit der Geschichte.

Lukács prangert an dieser Entwicklung nicht nur das offensichtliche theoretische und gedankliche Defizit an, sondern auch und vor allem die Gefahr des praktisch-geistigen Vakuums, die dadurch droht, weil es mit verschiedenen Gebrauchsformen von jeweils tagesaktuellen, modischen Versatzstücken von mehr oder weniger bizarren Eklektizismen besetzt werden kann.

Das praktisch-ethische Folgeproblem dieses Verfallsprozesses spätbürgerlicher Ideologie sieht Lukács in der Destruktion des Humanismus, als *dem* programmatischen Wert der progressiven Bourgeoisie.

Die Psychopathographie des deutschen Bürgertums, die Lukács in seinen ideologiekritischen Arbeiten zwischen den dreißiger und fünfziger Jahren vorführt, mit unterschiedlicher Akzentsetzung sicher und eine Genese ausmachend, ist Anklage und Warnung angesichts „selbstverschuldeter Unmündigkeit“ (Kant) und zugleich ein Appell zur Besinnung auf die Vernunft und die Werte des Humanismus. Lukács ist sich dabei durchaus im klaren, daß sich Vernunft nur insoweit durchsetzt, wie sich die Vernünftigen durchsetzen, um es mit der Wendung eines auf der gleichen Seite der Barrikade stehenden Gegenspielers von ihm, nämlich Bertolt Brecht, zu umschreiben. Lukács ist (und war es immer) ein konsequenter Streiter für die Vernunft. Dadurch aber ist er, konfrontiert man das eben skizzenhaft angegebene Ergebnis von Lukács' ideologiekritischer Arbeit mit Teilen spätbürgerlicher ideologischer Entwicklung der Gegenwart, unmittelbar aktuell, wenn man an Stichwörter denkt, wie: konservative und irrationale

Denkweise, „konkretes Ordnungsdenken“, Nietzsche-Renaissance, Biologismus, Revanchismus, Wiederentdeckung von Carl Schmitt, Freyer, Gehlen, Bäumler oder Krieck, der Fall André Glucksmann, wobei die Aufzählung beliebig fortgesetzt werden könnte.

In Lukács' Programm der Zerstörung der Vernunft finden sich manche – weitgehend historisch bedingte – Verzeichnungen des Gegenstandes und der Methode.[13] Diese aber sind kein zureichender Grund, das Programm der Zerstörung der Vernunft überhaupt in Frage zu stellen, es gar durch Banalitäten ersatzlos streichen zu wollen. Zu erkennen und anzuerkennen sind die Voraussetzungen dieses Programms: der historische Optimismus, das unbedingte Beharren auf Vernunft, die Forderung des Koalierens der Vernünftigen, das Ins-Bewußtsein-Rufen der Gefahren für die Menschheit, die jede Abkehr von Vernunft heraufbeschwört.

Auch ist das Jahr der Einlösung des Programms der Zerstörung der Vernunft zu bedenken: 1952, es ist – dies am Rande – das Jahr der Europäischen Verteidigungsgemeinschaft und damit das Jahr der Remilitarisierung Westdeutschlands. Es verbleiben dann ganze zwei Jahre bis zum Beitritt der BRD zur NATO.[14]

Und zu unterschreiben ist der Satz dieser Einlösung: „... die Stellungnahme pro oder contra Vernunft entscheidet zugleich über das Wesen einer Philosophie als Philosophie, über ihre Rolle in der gesellschaftlichen Entwicklung“ *und* „es gibt keine 'unschuldige' philosophische Stellungnahme“.[15] Wer zu diesem Satz die

[13] W. Heise ist diesem im „Aufbruch in die Illusion“, Berlin 1963, produktiv begegnet.

[14] 1956 hat Lukács dann im Zusammenhang mit dem Verbot der KPD in der BRD gemahnt: „Mit dem Verbot der KPD macht die westdeutsche Restauration einen großen Schritt vorwärts der Faschisierung zu ... Darum muß jeder, dem Frieden und Freiheit teuer sind, gegen diese eklatante Gesetzwidrigkeit protestieren ... Die heutige Reaktion ist jedoch nur gewalttätig, nicht wirklich stark. Sogar kaum für eine vorübergehende Spanne. Der Gang der Welt zu Frieden und Koexistenz ist unaufhaltbar. Die Wucht dieser Bewegung nimmt von Tag zu Tag zu. Die faschisierende Tendenz des Adenauer-Regimes wird früher oder später scheitern, so wie selbst die reaktionärsten Kreise der USA gezwungen waren, sich vom McCarthyismus zu distanzieren. – Es lebe die verbotene KPD! Sie wird leben und siegreich in die Legalität zurückkehren.“ (G. Lukács, Es lebe die verbotene KPD, in: Aufbau, 9/1956, S. 754.)

[15] G. Lukács, Die Zerstörung der Vernunft, Berlin 1954, S. 6, 28 f.

Unterschrift verweigert, der gleicht jenem Wilden, von dem Lichtenberg berichtet: „Ein kanadischer Wilder, dem man alle Herrlichkeiten von Paris gezeigt hatte, wurde am Ende gefragt, was ihm am besten gefallen hätte. Die *Metzger*-Läden, sagte er."[16]

Außerdem – im Anschluß an Nikolai Gogol – mit Werner Krauss: „Es ist nicht die Schuld des Spiegels, wenn der Gespiegelte sich schaudernd vor seinem Abbild zurückzieht."[17]

V

Lukács ist oft vorgeworfen worden, daß er die ideologische Entwicklung seinen Schemata untergeordnet habe. Als Beispiele hierfür werden meist Schelling und Nietzsche angeführt. Sicher sind – wir haben bereits darauf abgehoben – Verzeichnungen im Werk von Lukács vorhanden, zum Teil sogar erhebliche. Hebt das aber unseren Hinweis auf die Bedeutung und die Aktualität von Lukács auf? Wir antworten: nein. Zunächst sind Verzeichnungen in der Ideologiengeschichtsschreibung an der Tagesordnung und insofern nichts Besonderes. Denn Philosophiegeschichte, Literaturgeschichte, Ideologiengeschichte werden überhaupt von endlichen Wesen geschrieben. Aber darum geht es nicht. Es geht darum, die Zweck-Mittel-Relation im ideologischen Klassenkampf zu beachten, denn verzichten darauf können wir nicht, es sei denn um den Preis der Ästhetisierung, das heißt: des Abkoppelns der ideologischen Entwicklung von Politik und Geschichte.

Nachgeborene haben die Pflicht, die gesellschaftlich-historischen Bedingungen zu beachten, unter denen ein kämpfender Ideologe seine Ergebnisse vorgetragen hat – und dann, gegebenenfalls, ihre Korrekturen einzubringen. Das Maß der Beurteilung der Ideologiengeschichte kann nicht aus einem Später, sondern nur aus einem Zugleich, das die historische Perspektive im Auge hat, hergeholt werden. Dies gilt auch für Lukács und im Blick auf Lukács, also in einem doppelten Sinne.

16 G. C. Lichtenberg, Sudelbücher, hg. von F. H. Mautner, Frankfurt am Main 1983, S. 365.

17 W. Krauss, Literaturtheorie, Philosophie und Politik, hg. von M. Naumann, Berlin und Weimar 1984, S. 6.

Werner Krauss, in manchem Gegenspieler von Lukács (wir verweisen auf Manfred Naumann: Divergenzen im Literaturbegriff: Krauss und Lukács[18]) – also Werner Krauss formulierte in diesem Zusammenhang wohl gültig: „Es ist eine geschichtliche Ungerechtigkeit, zu der man sich indessen immer wieder mutig machen muß, die Bedeutung einer vergangenen Ideologie an ihrer Wirkung auf die Folgezeit zu ermessen."[19]

VI

Im Nachwort der „Zerstörung der Vernunft" (Januar 1953) verweist Lukács auf William Faulkner, der in seiner Rede bei der Verleihung des Nobelpreises 1950 ausführte: „Die Tragödie unserer Zeit ist eine allgemeine, die ganze Welt beherrschende Angst. Wir tragen sie schon so lange in uns, daß wir sie sogar ertragen können. Es gibt keine geistigen Probleme mehr, es gibt nur noch die Frage: wann werde ich in die Luft gesprengt?"[20] Lukács weist diese Feststellung Faulkners angesichts der imperialistischen Politik des kalten Krieges nicht zurück. Er bleibt jedoch bei dieser sicher zwar realistischen, aber doch auch düsteren Prognose für die Menschheit nicht stehen. Dies verbietet ihm sein im Marxismus-Leninismus begründeter historischer Optimismus. Lukács fordert dagegen *„den Schutz der Vernunft als Massenbewegung"*[21]. Diese Massenbewegung sieht er in der sich herausbildenden weltweiten Friedensbewegung: „Das ... neue Moment in der aktiven massenhaften Verteidigung der Vernunft ist die Friedensbewegung."[22] Wenige Zeilen vorher hatte Lukács festgehalten, was nicht übersehen werden darf, und zwar weder bei Lukács noch überhaupt beim Wirken in gesellschaftlichen Bewegungen in unserer Epoche: „Um 1848 ist der große, der wirklich entscheidende Gegner der Zerstörung der Vernunft zuerst aufgetreten: der Marxismus; seit 1917 entwickelt er sich nicht nur zur Weltanschauung der Völker eines Sechstels der Erde, sondern erscheint auch gei-

[18] M. Naumann, Blickpunkt Leser, Leipzig 1984, S. 22.
[19] W. Krauss, Graciáns Lebenslehre, Frankfurt am Main 1947, S. 160.
[20] G. Lukács, Die Zerstörung der Vernunft, a. a. O., S. 671.
[21] Ebenda, S. 673.
[22] Ebenda, S. 670.

stig auf höherer Stufe, als Marxismus-Leninismus, als Weiterentwicklung des Marxismus ..."[23]

Der reale Sozialismus, die kommunistische Weltbewegung, der Marxismus-Leninismus und der Kampf um die Erhaltung des Friedens – das waren Lukács' Orientierungspunkte. Sie verbürgen die Aktualität seines theoretischen Denkens und seines gesellschaftlichen Wirkens. Sie machen zugleich sein eigentliches Erbe aus, das wir zu bewahren und fortzuführen haben. Und bei dieser Aktualität der Lukácsschen Fragestellung angekommen, lassen Sie mich meine Anmerkungen zu Georg Lukács bekennend mit Lukács selber beschließen. Auf dem „Weltkongreß der Kulturschaffenden für den Schutz des Friedens" 1948 in Wrocław mahnte er eindringlich: „Heute ist es ein Lebensinteresse der imperialistischen Bourgeoisie, die *gesellschaftlich-geschichtliche Orientierungsfähigkeit der Intelligenz* zu vernichten. Wenn schon ein beträchtlicher Teil der Intelligenz nicht zu bedingungslosen Anhängern der imperialistischen Reaktion gemacht werden kann, so soll er wenigstens hilflos, ohne Orientierungsfähigkeit in einer unverstandenen Welt umherirren." Doch – so Lukács weiter: „Viele Intellektuelle fühlen bereits heute, *von wo* Freiheit und Kultur wirklich bedroht werden. Viele wenden sich – sogar mit starkem moralischem Pathos – gegen den Imperialismus, gegen die Kriegsvorbereitung. Aber unsere Würde als Vertreter der Intelligenz fordert gerade von uns, aus diesem *Gefühl* ein *Wissen* zu machen ... – Die Intelligenz steht am Scheidewege. Sollen wir, wie die Intelligenz Frankreichs im achtzehnten, Rußlands im neunzehnten Jahrhundert, Vorbereiter und Vorkämpfer einer fortschrittlichen Weltenwende werden – oder, wie die deutsche Intelligenz der ersten Hälfte des zwanzigsten Jahrhunderts, hilflose Opfer, willenlose Helfershelfer einer barbarischen Reaktion? Es ist keine Frage, welches Verhalten dem Wesen, dem Wissen, der Kultur der Intelligenz würdig, welches ihrer unwürdig ist."[24]

Daß beim Vollzug solcher Haltung Divergenzen bleiben, bleiben müssen, darüber bestand bei Lukács Klarheit. Gleichsam erläuternd fügte er fünf Jahre später seiner Wrocławer Mahnung

[23] Ebenda, S. 669.
[24] G. Lukács, Schicksalswende, Berlin 1956, S. 244 f.

hinzu: „Sowenig aber die Friedensbewegung einen 'Konformismus' kennt, ihre blose Existenz, ihr Wachsen, ihr Konkretwerden beinhaltet ein Aufwerfen und Beantworten der großen Weltanschauungsfrage: für oder wider die Vernunft. Natürlich sind Fragen und Antworten innerhalb der neuen Einheit [der Friedensbewegung] individuell und gruppenweise äußerst verschieden, oft völlig entgegengesetzt. Das große gemeinsame Prinzip solcher Divergenzen ist gerade: die Verteidigung der menschlichen Vernunft, und zwar nicht bloß ihrer Existenz überhaupt, sondern gerade ihrer Wirksamkeit, ihrer Durchschlagskraft in der Geschichte, deren mehr oder weniger aktive Teilnehmer wir alle sind."[25]

Georg Lukács war ein unbeugsamer Platzhalter der Vernunft. Und weil er das war, konnte er zugleich ein konsequenter Kämpfer für den Frieden und konkrete Humanität sein.

Georg Lukács dachte und wirkte nach dem Gebot des Rabelais: Wissen ohne Gewissen ist Untergang der Seele. Nehmen wir dies als Vermächtnis von Georg Lukács.

1985

[25] G. Lukács, Die Zerstörung der Vernunft, a. a. O., S. 672.

V

Zwischen den Welten

Versuche nichts zu verbergen: denn die alles sieht und alles hört, sie faltet alles auf – die Zeit.
Sophokles (496–406 v. u. Z.)

Empfinge der Mensch alles aus sich und entwickelte es abgetrennt von äußeren Gegenständen, so wäre zwar eine Geschichte des Menschen, aber nicht der Menschen, nicht ihres ganzen Geschlechts möglich.
Johann Gottfried Herder (1744–1803)

Die Ewigkeit beschäftigt nur die, die Zeit zuviel haben.
Paul Valéry (1871–1945)

Der religiöse Ursprung und Charakter der Hoffnungsphilosophie Ernst Blochs

In der Diskussion um Ernst Blochs Hoffungsphilosophie sind in erster Linie seine Veröffentlichungen der letzten Jahre, vor allem „Subjekt – Objekt" und „Prinzip Hoffnung", herangezogen und der Kritik unterworfen worden,[1] weniger dagegen seine frühen und mittleren Werke: „Geist der Utopie" (1918 und 1923), „Thomas Münzer als Theologe der Revolution" (1921), „Spuren" (1930), „Erbschaft dieser Zeit" (1935) – zu Unrecht, wie wir meinen. Und zwar deshalb, weil Bloch in seinen *Grund*anschauungen so gut wie keine Entwicklung durchgemacht, ihre Prinzipien schon in den Jahren zwischen 1915 und 1923, im „Geist der Utopie" und im „Thomas Münzer", später – ausbauend und erläuternd – in den „Spuren" und der „Erbschaft dieser Zeit" mehr oder weniger feststehend konzipiert hat. „Prinzip Hoffnung" ist, genauer betrachtet, nur ein anderer Name für „Geist der Utopie". Hinter beiden verbirgt sich und steht ein und dasselbe Anliegen. In seinem letzten Buch, dem „Prinzip Hoffnung", beruft sich Bloch auch ausdrücklich auf seine früheren Veröffentlichungen. Nachdem er die Hauptaufgabe des „Prinzips Hoffnung" dahin gehend festlegt, „an die Hoffnung, als eine Weltstelle, die bewohnt ist wie das beste Kulturland und unerforscht wie die Antarktis, Philosophie zu bringen", schreibt er weiter, daß dies im kritischen und weiter durchgeführten Zusammenhang „mit dem Inhalt der bisher erschienenen Bücher des Autors, den 'Spuren', besonders dem 'Geist der Utopie', dem 'Thomas Münzer', der 'Erbschaft dieser Zeit', dem 'Subjekt – Objekt'" geschieht.[2] Auch zitiert Bloch in

[1] Ernst Blochs Revision des Marxismus, Berlin 1957 [Sammelband]; R. O. Gropp, Mystische Hoffnungsphilosophie ist unvereinbar mit Marxismus, in: Wissenschaftliche Beilage des „Forum", Berlin 6/1957; H. Ley, Ernst Bloch und das Hegelsche System, in: Einheit, Berlin 3/1957.

[2] E. Bloch, Das Prinzip Hoffnung, Bd. I, Berlin 1954, S. 16.

seinem letzten Buch – ganz gegen seine sonstige Gewohnheit – des öfteren aus dem „Geist der Utopie“ oder verweist auf ihn;[3] an einer Stelle wird dann direkt festgehalten: „Die Erweiterung einer bisher so beschränkt aufgefaßten Antizipationsmacht [der Utopie – M. B.] wurde in Ernst Blochs ‘Geist der Utopie’, 1918, begonnen ...“[4] Es entspricht also durchaus nicht den Tatsachen, daß Bloch die in seinen früheren Werken entwickelten Ideen wesentlich korrigiert oder gar verworfen hätte. Im Gegenteil.

Insbesondere werden Blochs frühe und mittlere Veröffentlichungen für die Kritik seiner Anschauungen dann unentbehrlich, wenn man Fragen in den Mittelpunkt rückt wie: Worum geht es Bloch in letzter Instanz? Wo ist der Ursprung seiner Anschauungen zu suchen? Welches ist sein Hauptanliegen und immer wiederkehrendes Grundthema? – die Kritik also aufs Ganze des Blochschen Philosophierens gerichtet wird.

Im folgenden Beitrag soll vor allem die Frage nach Ursprung und Charakter und damit nach dem letztendlichen Sinn der Hoffnungsphilosophie von Ernst Bloch zu beantworten versucht werden. Dabei werden wir so verfahren, daß wir zunächst die „Erbschaft dieser Zeit“, gleichsam – zeitlich wie sachlich – Blochs Werk der Mitte, heranziehen, dann auf den „Geist der Utopie“ und den „Thomas Münzer“ zurückgreifen, um uns schließlich dem „Subjekt – Objekt“ und dem „Prinzip Hoffnung“ zuzuwenden – immer unter dem Aspekt, Ursprung, Charakter und Sinn des Blochschen Philosophierens herauszuschälen.

Der *Ursprung* der Hoffnungsphilosophie Blochs liegt in der *Religion*, konkret: in der Offenbarung Johannis und dem zweiten Buch Mose, der Apokalypse und dem Exodus; ihr *Charakter* ist religiös-*teleologisch* und geht aufs *Metaphysisch-Übersinnliche*, besser: Mystisch-Schwärmerische; ihr letztendlicher *Sinn* ist das Bestreben, die *Religion zu erhalten*, womit der Versuch einhergeht, den Marxismus mit der Religion auszusöhnen (frühe Werke), religiöse Probleme als für den Marxismus brauchbares Erbe vorzuführen (mittlere Werke), religiöse Anliegen in marxistischer Terminologie aufzuwerfen, als aus dem Marxismus hervorge-

[3] Ebenda, z. B.: S. 315, S. 331.
[4] Ebenda, S. 172 f.

hende vorzustellen (letzte Veröffentlichungen). Damit ist das Ergebnis vorweggenommen. Die folgenden Zeilen sollen es erhellen, näher ausführen und begründen.

Innerhalb der philosophischen Anschauungen Ernst Blochs nimmt die Frage nach der Bedeutung des kulturellen Erbes (im weitesten Sinn: das Erbe aus Philosophie, Literatur, Kunst, Wissenschaft überhaupt – und auch Religion) für die philosophiehistorische wie jede philosophische Arbeit allgemein, die Frage nach der Aufbewahrung und Aufhebung dieses Erbes im Marxismus-Leninismus, seiner „Fruchtbarmachung" für ihn und damit für den politisch-ideologischen Kampf der Gegenwart einen breiten Raum ein. Vom Beginn seiner schriftstellerischen Tätigkeit an bis hin zu seinen jüngsten Veröffentlichungen, vom „Geist der Utopie" bis zum „Prinzip Hoffnung", kommt Bloch mehr oder weniger ausführlich auf diese Frage und die mit ihr zusammenhängenden Probleme immer wieder zurück. Ja, bei Bloch wird die Art, *wie* die Frage nach dem kulturellen Erbe zu stellen ist, gleichsam zu einem Maßstab der Beurteilung – der Beurteilung darüber, ob die darauf gegebenen Antworten von ihm als „marxistisch" oder „vulgärmarxistisch" eingeschätzt werden. Wird die Frage im Sinne Blochs aufgeworfen und beantwortet, dann lautet das Urteil – das versteht sich – „marxistisch", stehen die Fragestellung und die gegebenen Antworten Blochs Lösungen entgegen, dann lautet das Urteil – das versteht sich ebenfalls – „vulgärmarxistisch", wobei er in diesem Zusammenhang argumentiert, der Hauptfehler der „vulgärmarxistischen" Fragestellung und Antworten bestehe darin, daß sie ihren Gegenstand zu *entschieden* beurteilen, *„auskreisen"*, wie er es nennt, und eben dadurch „auch nichts nach Hause" bringen.[5] Was von Bloch damit des näheren gemeint ist, werden wir gleich sehen.

Nun ist – das steht außer Zweifel – die Frage nach dem kulturellen Erbe eine Hauptfrage nicht bloß der philosophie-, literatur- und kunsthistorischen Arbeit, sondern auch des politisch-ideologischen Kampfes, vor allem im Rahmen der Auseinandersetzung mit der bürgerlichen Ideologie. Ihr kommt nicht bloß eine

[5] E. Bloch, Erbschaft dieser Zeit, Zürich 1935, S. 100.

theoretische, sondern auch gesellschaftlich-praktische Bedeutung zu. Von ihrer richtigen Beantwortung hängt es mit ab, inwieweit man die großen kulturellen Leistungen vergangener Epochen und Geschlechter richtig einzuschätzen, für den politisch-ideologischen Kampf der Gegenwart und die sozialistische Bewußtseinsbildung der Massen fruchtbar zu machen und auszunützen vermag. Die Klassiker des Marxismus-Leninismus haben dieser Frage stets ihre Aufmerksamkeit geschenkt und selber zahlreiche Beispiele einer konsequent marxistischen Einschätzung hervorragender Kulturleistungen der Vergangenheit, zugleich aber auch ihrer Fruchtbarmachung für den politisch-ideologischen Tageskampf und die sozialistische Bewußtseinsbildung, gegeben. Es sei hier nur an die Bemerkungen von Marx über die griechische Kunst, an die Einschätzung Goethes durch Engels und seine Ausführungen zu Hegel und Feuerbach, an Lenins Aufsätze über Tolstoi oder seine Hinweise auf die Bedeutung der Anschauungen der französischen Materialisten des 18. Jahrhunderts für die atheistische Aufklärung und Erziehung erinnert.

Bloch wirft also eine – auch für den Marxismus-Leninismus – nicht unwichtige Frage auf. Doch mit welchem Erfolg und zu welchem Zweck?

Am eingehendsten hat sich Bloch mit dem Problem des kulturellen Erbes in seinem Buch „Erbschaft dieser Zeit" auseinandergesetzt. Ein Werk, das von ihm in der Emigration zum Druck vorbereitet wurde, 1935 in der Schweiz herauskam, in Deutschland zur Zeit seines Erscheinens – aus verständlichen Gründen – nicht bekannt geworden, noch heute kaum bekannt ist, doch in der Reihe seiner größeren Veröffentlichungen einen nicht unwichtigen Platz einnimmt, insofern die „Erbschaft" für das Verständnis von Blochs Anliegen, nicht bloß für seine Stellung zum Problem des Kulturerbes, sondern seines *Grund*anliegens, des Sinns und Zwecks seines Philosophierens überhaupt, dessen Würdigung und vor allem Kritik von besonderer Bedeutung ist.

Man kann gegen die Heranziehung der „Erbschaft dieser Zeit" einwenden, daß sie immerhin schon vor über 20 Jahren erschienen ist, Bloch also kaum noch zu den darin entwickelten Gedanken stehe, sie doch sicher kritisch überprüft habe. Soweit man das auf einzelne Gedanken, Gedankenkomplexe und Urteile des

Buches bezieht, etwa auf die dort entwickelte Theorie einer „Dialektik der Ungleichzeitigkeit", mag das stimmen. Es stimmt jedoch nicht für *den* oder *die* Grundgedanken und -probleme. Diese sind die gleichen geblieben. Bloch beruft sich im „Prinzip Hoffnung" auch ausdrücklich auf die „Erbschaft" und seine anderen, vor ihr erschienenen Werke, macht auf diesen Sachverhalt also selber aufmerksam. Hinzu kommen, die „Erbschaft" betreffend, zwei weitere Momente. Erstens ist in der „Erbschaft" Blochs Grundgedanke, ist das, worum es ihm letztendlich geht, trotz der aus seinem Stil resultierenden sprachlichen Schwierigkeiten, die auch dieses Buch dem Leser bietet, offener, klarer und verständlicher niedergelegt als im „Prinzip Hoffnung". Zweitens bekennt sich Bloch in der „Erbschaft" das erste Mal energisch zum Marxismus – und das, wie es scheint, vorbehaltlos und konsequent. „Der Tenor dieser Blätter", schreibt er, „der Standort, von dem untersucht wird, ist durchgehend marxistisch."[6] Und etwas später, gleichsam als Begründung des marxistischen Standpunktes: „Denn wer einmal marxistische Kritik gekostet hat, den ekelt auf immer ... alles ideologische Gewäsche ..."[7]

Nun darf man von der „Erbschaft dieser Zeit" keine marxistischen Analysen ihrer Gegenstände – der bürgerlichen philosophischen und literarischen Produkte zwischen 1918 und 1933, vor allem der deutschen – erwarten. Das Buch setzt sich zum überwiegenden Teil aus kleinen, im Feuilletonstil geschriebenen Aufsätzen zusammen, die schon in den Jahren der Weimarer Republik im Literaturblatt der „Frankfurter Zeitung" und anderen Zeitungen und Zeitschriften erschienen waren. Die Themen reichen von Betrachtungen zu Karl May, Brechts „Dreigroschenoper", über Strawinsky und Joyce bis Husserl, Spengler, Jaspers und Heidegger. Man findet so ziemlich alles in ihm, was in der bürgerlichen und kleinbürgerlichen Welt von damals Rang und Namen hatte. „... das Buch ist ein Handgemenge", urteilt Bloch selber, „und zwar mitten unter Anfälligen, ja, mitten im Feind ..."[8]

Bloch entschuldigt sich beim Leser ob dieses Umstands: „Es [die „Erbschaft" – M. B.] beschränkt sich auf aktuelle Züge,

[6] Ebenda, S. 11.
[7] Ebenda, S. 16.
[8] Ebenda, S. 14.

Namen und das Symptom, das mit ihnen gesetzt ist; Aufgabe eines zweiten Buches bleibt", so fährt er fort, „aktuelle Gehalte auch ohne Beinamen zu dialektisieren. Erst dieses folgende Buch hat auch die marxistischen Probleme gleichsam an Ort und Stelle, an jener Stelle, worauf das vorliegende nur bezogen sein kann. Kritisch weitergehende Lektüre also mag diesen Umstand im Auge behalten, soweit der marxistische Tenor hier expressis verbis nicht ausgeführt werden kann; die Grenzen eines Buches sind nicht die Grenzen der identischen Sache."[9] Es scheint so, als sei das hier angekündigte zweite Buch, das die in der „Erbschaft" aufgeworfenen Probleme marxistisch behandeln und darstellen soll, niemals erschienen. Doch der Schein trügt. Dieses Buch ist erschienen – wenn auch nicht in der Gestalt, wie es Bloch 1935 ankündigte. Es ist das „Prinzip Hoffnung". Dies bleibt wichtig festzuhalten, weil damit schon jetzt gesagt werden soll, daß Blochs Grundanliegen in der „Erbschaft" und im „Prinzip Hoffnung" das gleiche geblieben ist – ja, wir können noch weitergehen und sagen, daß es immer das gleiche war, daß es sich wie ein roter Faden vom „Geist der Utopie" und dem „Thomas Münzer" über die „Erbschaft" bis hin zum „Subjekt – Objekt" und dem „Prinzip Hoffnung" zieht. Die „Erbschaft" nimmt freilich – aus den schon genannten Gründen – in dieser Linie eine Sonderstellung ein. Bloch beruft sich in seinem letzten Werk insofern mit vollem Recht auf sie und seine anderen früheren Veröffentlichungen.

Worum geht es Bloch in der „Erbschaft dieser Zeit"? Welches ist sein Grundanliegen? Lassen wir ihn zunächst selber sprechen!

Bloch stellt eingangs fest, daß sich die bürgerlich-kapitalistische Welt in einem Zustand der Fäulnis befindet, ihre Zeit abgelaufen und ihr Ende nicht mehr weit ist, das – darüber können keine Zweifel aufkommen – nicht bürgerlich sein wird. Obwohl aber nun der kapitalistischen Gesellschaftsordnung nur durch die Tat der Arbeiterklasse ihr Ende bereitet werden kann, ist auch außerhalb des Proletariats, argumentiert Bloch, ein antikapitalistischer Zug vorhanden, im Kleinbürgertum generell, in der Großbourgeoisie vereinzelt, vor allem bei ihren ideologischen Vertretern. „Ein antikapitalistischer 'Trieb' ist auch außerhalb der pro-

[9] Ebenda.

letarischen Schicht, obwohl diese allein, theoretisch wie praktisch, das wirkliche Werden trägt. Obwohl die proletarische Befreiung und damit, letzthin, die aller Menschen nur das Werk der Arbeiterklasse sein kann."[10] Dieser „antikapitalistische 'Trieb'", der außerhalb der Arbeiterklasse vorhanden ist oder sein soll, veranlaßt Bloch dann zu der Frage, ob das Proletariat von den ideologischen Produkten der Spätbourgeoisie, die ja den „antikapitalistischen 'Trieb'" widerspiegeln müßten, in denen unter anderem auch der „antikapitalistische 'Trieb'" als Substanz enthalten sein müßte, ein Erbe antreten kann. Eine Frage, die – Bloch wiederholt das mehrere Male – der Marxismus (an solchen Stellen spricht er meist von „Vulgärmarxismus") zu Unrecht und der proletarischen Bewegung zum Verhängnis nicht stelle, obgleich diese Frage doch eigentlich aus der Theorie des Marxismus folge. Gerade innerhalb des Marxismus müsse, „mittelbar, an der ideologischen Bewegung der klein-, erst recht der großbürgerlichen, kulturellen Schicht", diese Frage aufgehen. Bloch formuliert sie näher so: „. . . trägt das untergehende Bürgertum, eben als untergehendes, Elemente zum Aufbau der neuen Welt bei, und welche sind, gegebenenfalls, diese Elemente?"[11] Und zur Erläuterung: „Es ist eine rein mittelbare Frage, eine des diabolischen Gebrauchs; als solche ist sie bisher, wie es scheint, vernachlässigt worden, obwohl sie durchaus dialektisch ist. Denn nicht nur im revolutionären Aufstieg oder in der tüchtigen Blüte einer Klasse, auch in ihrem Niedergang und den mannigfachen Inhalten, die gerade die Zersetzung freimacht, kann ein dialektisch brauchbares 'Erbe' enthalten sein."[12]

Bloch sagt auch sofort, worin er das „dialektisch brauchbare 'Erbe'" sieht. Sich gegen die konsequent marxistische Kritik am spätbürgerlichen Irrationalismus wendend, führt er aus: „Die marxistische Taktik hat das Verhältnis der 'Irratio' zur völlig unmenschlichen kapitalistischen 'Ratio' vielleicht allzu abstrakt ausgekreist, statt daß es von Fall zu Fall untersucht worden wäre und der eigene Widerspruch dieses Verhältnisses gegebenenfalls konkret besetzt . . . Hier werde die 'Irratio' nicht in Bausch und

[10] Ebenda, S. 11.
[11] Ebenda, S. 11 f.
[12] Ebenda, S. 12.

Bogen verlacht, sondern besetzt ...“[13] Damit aber nicht genug. Bloch will noch mehr „erben“ und empfiehlt dem Marxismus, es ebenso zu tun. Bis hierher war es ihm um den ideologischen Zustand des Kleinbürgertums zu tun, den der Marxismus berücksichtigen und dessen Irrationalismen er für sich „fruchtbar“ machen müsse, um dem Kleinbürgertum gegenüber die richtige Sprache zu finden. Aber es ist auch seine Überzeugung, daß bei den ideologischen Produkten der Großbourgeoisie für den Marxismus ebenfalls etwas zu holen ist: „... auch die untergehende Oberschicht stellt Elemente her oder setzt sie frei, die nicht durchaus zu ihr gehören. Daß die jeweils letzte Maschine, welche die spätbürgerliche Technik erzeugt, die beste sei, wird marxistisch nicht bestritten. Jedoch fast gar kein Erbe wird an den ideologischen Erscheinungen und Produkten der Spätzeit anerkannt.“[14] Soweit zunächst Bloch selber.

Man fragt sich: Was soll das alles? Wozu der Katzenjammer über die ideologischen Produkte einer Klasse, die historisch längst überfällig ist und von Bloch auch durchaus richtig als „untergehende“ bestimmt wird? Wie kommt Bloch hierzu? Wo liegt der Ansatzpunkt seiner, man muß sagen: abenteuerlichen Fragestellung? Sie bleibt abenteuerlich, trotz aller Vorbehalte, die Bloch macht, wenn er sagt, daß „diese Fragestellung weder mit sozialdemokratischer Verwässerung noch mit trotzkistischen Quertreibereien das mindeste gemein“[15] hat. Wozu also das Ganze?

Es ist Blochs *Angst vor der Zukunft,* die ihn die Ehrenrettung der ideologischen Verfallsprodukte der Spätbourgeoisie – wenn auch „diabolisch“ – vornehmen läßt. Es ist seine – völlig unbegründete – Angst davor, daß im Sozialismus das ganze kulturelle Erbe der Vergangenheit über Bord geworfen oder – zumindest – „banausisch“ verwertet werde, daß das siegreiche Proletariat mit einem literarischen und philosophischen Nichts anfange und eine kulturelle Leere entstehe, daß die Errichtung der sozialistischen Gesellschaftsordnung in ihren Anfängen gleichsam mit einer mehr oder weniger „kulturlosen“ Zeit identisch sei.

[13] Ebenda, S. 12 f.
[14] Ebenda, S. 13.
[15] Ebenda, S. 15.

Zugrunde liegt einer solcher Auffassung die nicht nur von Bloch eingenommene Haltung des Suchens nach vorwiegend literarischen und philosophischen *Spitzen*leistungen. Bloch findet diese innerhalb der bürgerlichen Literatur und Philosophie und macht sie dann zum Maßstab für die Beurteilung von Literatur und Philosophie der Arbeiterklasse. Dabei wird einmal der qualitative Unterschied zwischen der Literatur und Philosophie der Bourgeoisie und der des Proletariats übersehen oder mißachtet, zum anderen unhistorisch davon ausgegangen, als sei zum Beispiel die klassische deutsche Literatur und Philosophie gleichsam von heute auf morgen entstanden, wird das Entstehen der bürgerlichen Klassik nicht als langer und widerspruchsvoller Prozeß gesehen, der sich über mehrere Generationen erstreckt und die Leistungen von, an ihr gemessen, weniger bedeutenden Dichtern und Philosophen zur Voraussetzung hat. Ganz zu schweigen von dem in einer solchen Haltung zum Ausdruck kommenden Pessimismus gegenüber den schöpferischen Kräften der Arbeiterklasse und der Volksmassen überhaupt. Vor allem aber wird in solchem Zusammenhang der Frage nach dem kulturellen Erbe ein untragbarer Sinn beigelegt. Wenn innerhalb des Marxismus vom kulturellen Erbe die Rede ist, dann niemals im Sinne des Suchens nach Spitzenleistungen aus Literatur und Philosophie vergangener Epochen zum Zwecke des Findens von Maßstäben für die Literatur und Philosophie der Arbeiterklasse oder der Forderung ihrer Orientierung an diesen. Das, was vom Marxismus mit kulturellem Erbe gemeint wird, ist objektiv bestimmbar. Das Kriterium ist immer und in jedem Fall, inwieweit die Literatur, Philosophie usw. vergangener Gesellschaftsformationen die Wirklichkeit richtig und wahr widergespiegelt haben; mit anderen Worten: inwieweit sie tatsächliche Stufen oder Momente im Prozeß der Annäherung unserer Erkenntnis an die objektive, unabhängig vom Bewußtsein existierende natürliche und gesellschaftliche Wirklichkeit darstellen. Dabei darf dann, so richtig das eben Gesagte auch ist, eines nicht vergessen werden: Es gibt kein kulturelles Erbe an sich, kein Kulturerbe, das ein für allemal feststünde. Die Brauchbarkeit und Verwertbarkeit kultureller Leistungen der Vergangenheit ist an bestimmte historische, vor allem von der jeweiligen Klassenkampfsituation her gegebene, Voraussetzungen gebunden, das heißt, der Inhalt des kulturellen Erbes ändert sich mit der Entwicklung der sozialistischen Gesellschaft.

Sehr deutlich kommt die eben charakterisierte Haltung in einer Polemik Blochs gegen Lukács zum Ausdruck. Lukács hatte 1934 in einem Aufsatz über „'Größe und Verfall' des Expressionismus" richtig geschrieben: „Der Faschismus, als Sammelideologie der reaktionärsten Bourgeoisie der Nachkriegszeit, beerbt alle Strömungen der imperialistischen Epoche, soweit in ihnen dekadent-parasitäre Züge zum Ausdruck kommen; auch alles Scheinrevolutionäre oder Scheinoppositionelle gehört dazu. Freilich bedeutet dieses Beerben zugleich ein Umgestalten, ein Umbauen: was an früheren imperialistischen Ideologien noch schwankend oder nur verworren war, verwandelt sich ins offen Reaktionäre. Aber wer dem Teufel des imperialistischen Parasitentums den kleinen Finger gibt – und das tut jeder, der auf die pseudokritische, abstrakt-verzerrende, mythisierende Wesensart der imperialistischen Scheinopposition eingeht –, dem nimmt er die ganze Hand."[16] Gegen diese Sätze von Lukács sich wendend, schreibt Bloch: „Diese Abkehr, diese a priori klare Analyse eines sonst so bedeutenden Denkers hat zwar den Vorteil, entschieden über ihren Gegenständen zu kreisen und ihnen nicht den kleinsten Finger zu reichen, doch sie bringt auch nichts nach Hause; sie verwischt den Unterschied zwischen kleinbürgerlich-romantischer und proletarisch-konkreter Opposition durch keine Brücke, doch sie schlägt auch keine Enterbrücke."[17] In der Tat, hier kommt trefflich zum Vorschein, was wir eben sagten: Blochs Angst vor einer möglichen kulturellen Leere im Sozialismus ist so groß, daß er dem Marxismus vorschlägt, Brücken zur reaktionären und nichts als reaktionären Ideologie der imperialistischen Bourgeoisie zu schlagen, um etwas „nach Hause" zu bringen.

Was soll nun – konkret – nach Hause gebracht werden? Bloch bringt zunächst die waschechten *irrationalistischen* Kategorien in Vorschlag. Jene Kategorien, die als Grundkategorien in den verschiedenen Richtungen der imperialistischen Philosophie ihr zu Hause haben. Bloch empfiehlt, sie zu „erben", empfiehlt dem

[16] G. Lukács, Probleme des Realismus, Berlin 1955, S. 157.
[17] E. Bloch, Erbschaft dieser Zeit, a. a. O., S. 100.

Marxismus, sie in sich aufzunehmen, zwar nicht in der Form, wie sie dort erscheinen, aber in das Kategoriensystem des Marxismus aufzunehmen sind sie auf jeden Fall. Bloch schreibt: „'Leben', 'Seele', 'Unbewußtes', 'Nation', 'Ganzheit', 'Reich' und ähnliche Anti-Mechanismen wären nicht so hundertprozentig reaktionär verwertbar, wollte die Revolution hier nicht bloß, mit Recht, entlarven, sondern, mit ebensoviel Recht, konkret überbieten und sich des alten Besitzes gerade dieser Kategorien erinnern."[18] Wer aber nun glaubt, daß Bloch mit der Rehabilitierung der irrationalistischen Grundkategorien der imperialistischen Philosophie zu Hause angelangt sei, der irrt. „Leben", „Seele", „Unbewußtes" usw. sind gewissermaßen nur eine Vorstufe, sind nur ein Stück des Weges, den Bloch einschlägt und den zu gehen er bis zum bitteren Ende bereit ist. Sie sind ein Stück jenes Weges, der zwangsläufig zur *Religion* führt, führen muß, denn von hier aus ist es zur Religion – eingedenk des Leninschen Satzes, daß Idealismus (bei diesem ist Bloch mit der Rehabilitierung der irrationalistischen Kategorien schon längst angelangt) ein Weg zum Pfaffentum ist – nur noch ein kleiner Schritt. Und Bloch gelangt denn auch folgerichtig bei der Religion an.

Wichtig ist in diesem Zusammenhang, daß er die irrationalistischen Kategorien als „Anti-Mechanismen" einführt. Das kann zweierlei bedeuten. Das kann heißen: Diese irrationalistischen Kategorien bergen ein dialektisches Problem in sich, dessen Bloßlegung und Bearbeitung sich keine Philosophie entheben kann, auch der Marxismus nicht. In diesem Falle wäre zumindest ein Problem gestellt; ob es richtig aufgeworfen und wirklich so ist, sei dahingestellt. Das kann aber auch heißen: Das Kategoriensystem des dialektischen und historischen Materialismus reicht zur adäquaten Erfassung der Wirklichkeit nicht aus und muß durch solche Kategorien wie „Leben", „Seele", „Ganzheit" usw. ergänzt, erweitert werden. Zwar müssen diese von ihm „umfunktioniert", müssen von ihm in einen anderen Zusammenhang als in den der reaktionären spätbürgerlichen Philosophie gebracht werden, aber umgehen kann er sie nicht, ohne Gefahr zu laufen, sich einzuengen, in der Tradition steckenzubleiben, sich in Histo-

[18] Ebenda, S. 14.

rismus aufzulösen oder zum mechanischen Materialismus herabzusinken. Mit anderen Worten und in der Folge: Die Welt ist rational nie ganz zu fassen, es bleibt immer ein irrationaler Rest, dessen Bewältigung zwar versucht werden muß, ob seine Bewältigung aber je gelingt, kann noch nicht entschieden werden. Denn die Welt und mit ihr der Mensch sind noch nicht dort, wo ihre/seine eigentliche Bestimmung liegt. Vorläufig hat der Mensch nur ein Dämmern, zum Teil auch ein Bewußtsein von dieser seiner Bestimmung. Und da dies nun einmal so ist, kann sich auch der Marxismus dieser Tatsache nicht verschließen, ohne sich selber zu beschneiden, indem er die Irratio allzu abstrakt auskreist und dadurch wichtige Bereiche des menschlichen Daseins außer acht läßt. Noch mehr: Da der Marxismus der „Schlüssel und Hebel der Lage" ist, *muß* er die irrationalistischen Kategorien „umfunktioniert" aufnehmen und bestimmte religiöse Probleme als *seine* Probleme sehen lernen, um nicht nur dem Proletariat den Weg zu seiner Befreiung zu weisen, sondern der Menschheit überhaupt ihren Weg „nach Hause", in die „Heimat" zu zeigen und so mit der „Tendenz" des Weltgeschehens übereinzustimmen.

Bloch entscheidet sich in der Tat für die zweite Auslegung. Was er fordert, ist nicht mehr und nicht weniger, als daß der Marxismus auch bei der Religion ein „Erbe" antrete. Hören wir ihn selber: „Die Geschichte ist nicht bloß Spuk und Kehrichthaufen . . ., weil so viel Vergangenheit noch nicht zu Ende geworden ist . . . Die deutsche Walpurgisnacht verschwindet erst und kommt in keinem neuen Jahr, wenn der erste Mai sie ganz hell macht; auch bilden sich 'Museen der religiösen Vergangenheit' erst wirklich, wenn die echten Reliquien aus ihnen entfernt sind. Wenn sie dem 'Himmel auf Erden' dienen müssen und den Willen zu ihm wachhalten. In einem anderen Raum als dem des Opiumdampfs und *nicht in keiner Religion, sondern in einer Religion* ohne Lüge."[19] Bloch ist der Meinung, daß bestimmte religiöse Probleme auch im Sozialismus, auch in der klassenlosen Gesellschaft dem Menschen aufgegeben sind und bleiben. Ja, die Religion wird erst in der sozialistischen Gesellschaft ihre wahre, ihre eigentliche Funktion erfüllen, erst in ihr wird sie frei sein von

[19] Ebenda, S. 101 (Hervorhebung – M. B.).

Lüge und Dogmen, zu ihrer Eigentlichkeit zurückkehren, deren sie in den Klassengesellschaften als ideologisches Herrschaftsinstrument der Ausbeuterklassen so lange entbehren mußte. Die eigentliche Funktion der Religion wird in der klassenlosen Gesellschaft darin bestehen, dem Menschen die Sorgen des Wohin, die ihn auch in dieser beschäftigen und quälen werden, erträglich zu machen, denn es gibt Geheimnisse – Bloch nennt sie „rote" Geheimnisse – in der Welt, die immer von neuem Fragen aufwerfen, die von der Philosophie zu beantworten sind. Bloch schreibt: „Bleiben gewisse religiöse Probleme länger als ihre 'Aufklärungen', erst recht länger als ihre mythologisch abschließenden 'Dogmen': so dürfte eine sogenannte Kirche, wenn überhaupt, doch nur als *Ort dieser Probleme* 'zeitentronnen' sein ... Auch ohne Klerus wird in der klassenlosen Gesellschaft die Frage des Wohin und Wozu brennen, ja, sie wird die mächtigste sein und unerbittlicher als heute ... Dann wird vielleicht – nicht die ökonomisch entzauberte und überflüssig gemachte Kirche, nicht dies alte Herrschaftsinstrument, wohl aber eine Erziehungs- und Lehrmacht (wenn nicht Glaubensmacht) des Wohin jene Sorgen entgiften und jene Fragen erhellen, die die Menschen auch nach getaner Arbeit nicht gut ruhen lassen. Nietzsche sagt: 'Ich weiß nicht aus noch ein; ich bin alles, was nicht aus noch ein weiß, seufzt der moderne Mensch' – *dieser Mensch ist auch der religiös bedürftige von morgen*[20], der Mensch im Westchor des Anti-Nichts. Je mehr der Alltag stimmen wird, desto fragwürdiger bleibt der Tod, der ins Leben hereinfällt und seine Ziele bleicht; desto vermittlungswerter der Raum, worin menschliches Leben emportreibt. Daher die Losung, dem Dasein, das geht und von selbst nicht weiß, wohin es geht, seinen angelegten Weg zu stellen, seinen dialektischen Weg zum menschlichen Haus. Es gibt riesige Täuschung der Unwissenheit, Betrug an falscher Phantasie, Weihrauch über durchschaubaren Gefühlen. Doch es gibt auch rote Geheimnisse in der Welt, ja, nur rote."[21] Damit ist Bloch zu Hause angekommen; sein zu Hause heißt: Religion. Denn es geht Bloch nicht nur darum, daß der Marxismus auch bei der Religion ein Erbe

[20] Hervorhebung – M. B.

[21] E. Bloch, Erbschaft dieser Zeit, a. a. O., S. 310.

antrete, anzutreten habe, sondern seine Bemühungen laufen schlechterdings auf *Erhaltung der Religion* hinaus. Ja, der Marxismus kann – nach Bloch – bei der Religion ein Erbe nur deshalb antreten, weil auch in der klassenlosen Gesellschaft die Religion ihre Rolle spielen wird: Denn es gibt, wie im „Geist der Utopie" gesagt wird, „ewige Probleme unserer Sehnsucht"[22], die überhistorisch sind, die auch in Zukunft, bis in alle Ewigkeit, bis zum Tage des Jüngsten Gerichts, bis „zum furchtbaren Erntefest der Apokalypse"[23] dem Menschen auf der Seele brennen werden und die das „religiöse Gewissen"[24] des Menschen ausmachen.

Damit sind wir aber auch an jenem Punkt angelangt, an dem erneut die Frage nach dem Grundanliegen von Blochs Philosophieren gestellt und beantwortet werden muß. Wir werden uns dabei nicht bloß auf die „Erbschaft dieser Zeit" berufen, sondern auch Blochs frühe Werke, den „Geist der Utopie" und den „Thomas Münzer", mit heranziehen. Dabei werden wir sehen, daß Bloch in diesen Werken die gleichen Ideen entwickelt, wie er sie als Ergebnis in der „Erbschaft" mitteilt. Oder von Blochs eigener Entwicklung her formuliert: Blochs Grundauffassung ist in den drei genannten Werken die gleiche geblieben. Die Unterschiede, die dennoch bestehen, gehen auf die Form und treffen nirgends den Inhalt.

Bloch geht im „Geist der Utopie" und im „Thomas Münzer" von der Grundvoraussetzung der christlichen Religion aus, daß der Mensch ein Erdenpilger und *diese* Welt ein Hort der Unruhe, der Ungeborgenheit ist. Weder Mensch noch Welt wissen um ihr letztes Wohin und Wozu. Das liegt im dunkeln, ist das große Geheimnis allen Daseins. Etwas entschleiert ist dieses Geheimnis in den messianischen Partien der Bibel, vor allem in der Apokalypse und dem Exodus. In ihm sind Richtung und Ziel von Mensch und Welt festgelegt, und so nimmt es nicht wunder, daß Bloch die Sehnsucht nach dem Messiasreich als den eigentlich treibenden Faktor der geschichtlichen Entwicklung betrachtet. Diese „Sehnsucht", dieser „Traum", dieser „Wille zum Reich",

[22] E. Bloch, Geist der Utopie, Berlin ^{2}1923, S. 318.
[23] Ebenda, S. 365.
[24] Ebenda, S. 318.

oder wie es Bloch sonst noch umschreibt (er hat dafür die verschiedensten Ausdrücke und Begriffe), ist jenes Moment der Geschichte, das – hier wendet sich Bloch gegen den historischen Materialismus – auch dem Widerspruch von Produktivkräften und Produktionsverhältnissen, dem Klassenkampf und anderen Grundtatbeständen und Grundkategorien des historischen Prozesses *über*geordnet ist und überhaupt erst deren Basis abgibt. „... so gerät", schreibt er, „das Erz der sozialen Welt doch gerade erst durch Einguß der Zielinvention in eine Gärung und einen Prozeß, der dem Zungenreden selber den Übergang ... zum Problem eines Reichs sittlicher Wesen eröffnet",[25] wobei es „Pflicht und Problem" der Philosophie ist, „das eingesehen Dauernde an uns über das empirisch Widrige, Unzulängliche an uns triumphieren zu lassen, das ist: den falschen Leib, das ungerechte Schicksal, die in ihrer Ganzheit unerlebbare Geschichte durch die Kraft der seelenwanderischen Streuung und schließlich durch die Apokalypse, als dem absoluten Werk des Menschensohns, zu besiegen"[26]. Woraus folgt, daß die „Mystik des Reichs" das „identisch aufgegebene Universalthema menschlicher Geschichte" ist,[27] weil „unaufhaltsam ... unsere Straße des Ratschlusses bis zu jenem geheimen Sinnbild hinüber[zieht], auf das sich die dunkle, suchende, schwierige Erde seit Anbeginn der Zeiten zubewegt."[28] „Dergestalt leben die Seelen bis zuletzt den mitverantwortlichen Kreislauf zwischen Hier und dem Dort, das kein Drüben in Wahrheit ist, wenn das Hier nicht endlich voll in ihm erscheint; und fungieren bis zuletzt als Organe jenes großen Seelenzugs, jenes *kosmischen Selbsterkenntnisprozesses,* den der verirrte, zerrissene unbekannte Seelengott oder Heilige Geist beschreibt: in der Welt als seinem Zaubergrab und in den Menschen als den Häuptern der Welt, als dem schließlichen Bereitungs-, Auferstehungsort, dem heißen Problemumlauf der *noch nicht gefundenen Weltidee.*"[29]

[25] Ebenda, S. 320.
[26] Ebenda, S. 339.
[27] E. Bloch, Thomas Münzer als Theologe der Revolution, München 1921, S. 144.
[28] Ebenda, S. 297.
[29] E. Bloch, Geist der Utopie, a. a. O., S. 347.

Von dieser Position aus formuliert Bloch seine Einwendungen dem Marxismus gegenüber. Zwangsläufig muß der Marxismus in solchem Zusammenhang nur als Teilwahrheit erscheinen. Bloch räumt zunächst ein, daß Marx eine durchaus richtige Analyse der kapitalistischen Produktionsweise, der bourgeoisen Gesellschaftsordnung gegeben und aus dieser auch die richtigen Schlußfolgerungen gezogen habe, wie: politische Machtergreifung des Proletariats, Vergesellschaftung der Produktionsmittel, Abschaffung der Ausbeutung des Menschen durch den Menschen, kurz: Errichtung der sozialistischen Gesellschaftsordnung. Aber alles das, so notwendig es für das Hier und Jetzt auch sein mag und ist, bleibt nur die halbe Wahrheit, weil „damit ... weder die utopische Tendenz ... begriffen noch die Substanz ihrer Wunderbilder getroffen und gerichtet noch gar der religiöse Urwunsch verabschiedet"[30] worden ist. „So weithin das Äußere auch wichtig und zu besorgen ist, so legt es doch nur nahe, es erschafft nicht ... Was wirtschaftlich kommen soll, die notwendig ökonomisch-institutionelle Änderung, ist bei Marx bestimmt, aber dem neuen Menschen, dem Sprung, der Kraft der Liebe und des Lichts, dem Sittlichen selber ist hier noch nicht die wünschenswerte Selbständigkeit in der endgültigen sozialen Ordnung zugewiesen."[31] Und indem Marx unterlassen hat, dem kommenden Menschen der sozialistischen Gesellschaftsordnung sittliche Leitbilder voranzustellen, sich von der Religion abwandte, den „religiösen Urwunsch" der Menschen nicht berücksichtigte, sich „nur" auf die Analyse der kapitalistischen Produktionsweise „beschränkte", hat er „die uralte sozialistische Bewegung ... mannigfach verkürzt, irre gemacht und verflacht".[32]

Der Hauptvorwurf Blochs richtet sich gegen den atheistischen Charakter des Marxismus. Er bezeichnet den Atheismus als „Gouvernantenideal", das der Marxismus von der Bourgeoisie übernommen habe. Für Bloch ist es eine Tatsache, daß eine Gesellschaft aus lauter Atheisten nicht möglich ist. Ja, er traut Marx einen konsequenten Atheismus gar nicht zu,[33] sondern betrach-

[30] Ebenda, S. 327.
[31] Ebenda, S. 325 f.
[32] Ebenda, S. 326.
[33] Ein Argument übrigens, das seit jeher und immer wieder gegen oder „für"

tet ihn als „Arbeitshypothese" des Marxismus, die in dem Augenblick in Wegfall kommt, in dem die Bedingungen für den Sozialismus eingetreten oder geschaffen worden sind. Die „moralische und kulturelle Konsequenz", die „Gesinnungs- und Kulturweise" des Sozialismus, schreibt er, kann nicht „gemäß den sozialistischerseits übernommenen Gouvernantenidealen der Bourgeoisie, freigeistig und atheistisch schlechthin bestimmt sein".[34] Denn „daß wir selig werden, daß es das Himmelreich geben kann, daß sich der evident eingesehene Trauminhalt der menschlichen Seele auch setzt, daß ihm eine Sphäre wie immer bestimmter Realität korrelativ gegenübersteht, das ist nicht nur denkbar, das heißt formal möglich, sondern schlechterdings notwendig"[35].

Und so beschwört Bloch den Marxismus, daß er ein Bündnis mit der Religion eingehe, daß er bei seinem Blick auf das Diesseits das Jenseits nicht vergesse. Er zitiert ein altes Manuskript des Sohar: „Wisse, daß es einen doppelten Blick für alle Welten gibt. Der eine zeigt ihr Äußeres, nämlich die allgemeinen Gesetze der Welten nach ihrer äußeren Form. Der andere zeigt das innere Wesen der Welten, nämlich den Inbegriff der Menschenseelen." Diese Sätze zitierend und sich zu ihnen bekennend, führt Bloch weiter aus: „In solcher Funktionsbeziehung zwischen Entlastung und Geist, *Marxismus und Religion,* geeint im Willen zum Reich, fließt sämtlichen Nebenströmen ihr letzthiniges Hauptsystem: die Seele, der Messias, die Apokalypse, als welche den Akt des Erwachens in Totalität darstellt, geben die letzten Tat- und Erkenntnisimpulse, bilden das Apriori aller Politik und Kultur."[36]

Damit sind wir an derselben Stelle angelangt, an der wir die „Erbschaft dieser Zeit" verlassen hatten: Marxismus *und* Religion! – war dort die Forderung, in die Frage nach dem kulturellen Erbe eingekleidet. Sie ist es auch hier. Die Parallelen und der Gleichklang sind offensichtlich.

Eine Frage muß noch, ehe wir Blochs frühe Werke verlassen, um zum „Subjekt – Objekt" und zum „Prinzip Hoffnung" über-

Marx vorgebracht worden ist; zuletzt von Bertrand Russell, Philosophie des Abendlandes, Darmstadt 1951, S. 652.

[34] E. Bloch, Geist der Utopie, a. a. O., S. 326.

[35] Ebenda, S. 362 (im Original gesperrt!).

[36] Ebenda, S. 364 (Hervorhebung – M. B.).

zugehen, behandelt werden: Blochs Stellung zur Philosophie, konkret: welche Aufgabe weist er der Philosophie zu, und wie ist in diesem Zusammenhang seine Beurteilung der marxistischen Philosophie? Nach dem zuletzt Ausgeführten bedarf es eigentlich keines besonderen Hinweises, daß für Bloch die marxistische Philosophie keine Philosophie im echten Sinne ist. Interessant ist dabei zu sehen, daß für ihn wieder der Atheismus zum Maßstab seines negativen Urteils über die marxistische Philosophie wird. Für ihn ist es nämlich „kein besonderes philosophisches Verdienst, wenn der Marxismus atheistisch konsequent bleibt, um der Menschenseele nichts anderes als einen mehr oder minder eudämonistisch eingerichteten 'Himmel' auf Erden ohne Musik zu geben, die aus diesem mühelos funktionierenden Mechanismus der Ökonomie und des Soziallebens zu ertönen hätte"[37]. Bloch bringt damit deutlich zum Ausdruck, daß der Marxismus die atheistische Konsequenz seiner Weltanschauung ablegen müsse, um zu echter Philosophie emporzusteigen. Der nächste Schritt ist dann zwangsläufig die Aufnahme von religiösen Problemen in die marxistische Philosophie, vor allem das des Messiasreiches, das der Zukunft, wie er es später – säkularisiert – ausdrücken wird. In diesem Sinne beschwört er seine Leser: „So werfen wir unser Teil in die mit uns, durch uns steigende Flamme, in die Gärung des Ziels, das wir selber sind ... Die bestehende Welt ist die vergangene Welt und das geistentleerte Objekt der Einzelwissenschaft; aber die menschliche Sehnsucht in beiderlei Gestalt: als Unruhe und als Wachtraum, ist das Segel in die andere Welt." Hieraus ergibt sich die Aufgabe der Philosophie, die von Bloch folgendermaßen beschrieben wird (wobei man sich fragt: Was soll zu wem werden – die Philosophie zur Religion oder die Religion zur Philosophie?): „Dieses Intendieren auf einen Stern, eine Freude, eine Wahrheit gegen die Empirie ... ist der einzige Weg, noch Wahrheit zu finden; die Frage nach uns ist das einzige Problem, die Resultante aller Weltprobleme, *und die Fassung dieses Selbst- und Wirproblems in allem, die weltdurchschwingende Eröffnung der Pforten der Heimkehr ist das letzthinige Grundprinzip der utopischen Philosophie.*"[38] Utopische Philosophie? – damit meint

[37] Ebenda, S. 327.
[38] Ebenda, S. 251 f.

Bloch sein eigenes Philosophieren. Wodurch gesagt ist, daß die marxistische Philosophie das Prädikat „Philosophie" nicht verdient. Bloch gesteht freilich dem Marxismus auch einige philosophische Verdienste zu, doch reichen sie bei weitem nicht aus, um ihn zu wahrhafter Philosophie zu machen, zumindest bedarf der Marxismus in dieser Hinsicht entscheidender Ergänzungen.

Bloch umschreibt, worin er Richtung und Ziel der Ergänzungen der marxistischen Philosophie sieht, treffend durch einen Vergleich des Marxismus mit Kants Kritik der reinen und praktischen Vernunft. Dieser Vergleich ist auch in anderer Beziehung nicht uninteressant, weil er vorzüglich Blochs Absicht, wie er sie dann im „Prinzip Hoffnung" verwirklicht hat, zum Ausdruck bringt bzw. vorwegnimmt. An der oben angeführten Stelle, daß der Marxismus dem Menschen „einen mehr oder minder eudämonistisch eingerichteten 'Himmel' auf Erden ohne Musik zu geben" verspreche, führt er weiter aus: „Man kann darum sagen, daß gerade die scharfe Betonung aller ökonomischen und die vorhandene, aber noch im Geheimnis bleibende Latenz aller transzendentalen Momente den Marxismus in die Nähe einer Kritik der reinen Vernunft rückt, zu der noch keine Kritik der praktischen Vernunft geschrieben worden ist. Die Wirtschaft ist hier aufgehoben, aber die Seele, der Glaube fehlt, dem Platz gemacht werden sollte; der tätig kluge Blick hat alles zerstört . . ."[39] Also, der Marxismus insgesamt ist gleichsam eine Kritik der reinen Vernunft, zu der die Kritik der praktischen Vernunft noch geschrieben werden muß, natürlich – überflüssig, das hier hervorzuheben – auf der Grundlage der von Bloch im „Geist der Utopie" entwickelten Anschauungen.

Bloch hat die Überzeugung von der Ergänzungsbedürftigkeit des Marxismus durch eine Kritik der praktischen Vernunft nie aufgegeben, als Absicht hat er sie in Gestalt des „Prinzips Hoffnung" verwirklicht. Gewiß, es bestehen zwischen dem „Geist der Utopie" und dem „Prinzip Hoffnung" Unterschiede, die Form und die Wahl der Worte sind zuverlässig anders, aber trifft das auch auf den Inhalt zu? Gewiß, es wird im „Prinzip Hoffnung" nicht

[39] Ebenda, S. 327.

mehr, wie im „Geist der Utopie“ und im „Thomas Münzer“, vom Messiasreich, von chiliastischer Güte, von der Apokalypse und dem Heiligen Geist gesprochen und geschrieben, hier geht es um Zukunft, Front, Novum, reale Möglichkeit, Noch-Nicht und Hoffnung, aber haben sich die Inhalte der einst und jetzt gebrauchten Kategorien geändert? Sind mit Zukunft, Front, Novum usw. nicht die gleichen Sachverhalte, *vermeintlichen* Sachverhalte wie im „Geist der Utopie“ gemeint, nur eben kategorial anders umschrieben? Diese Fragen gilt es jetzt zu beantworten!

Blochs Ausgangspunkt im „Subjekt – Objekt“ und im „Prinzip Hoffnung“ ist derselbe wie im „Geist der Utopie“ und im „Thomas Münzer“: die für ihn feststehende Tatsache, daß sich Mensch und Welt in einem unfertigen Zustand befinden. Der Schluß- und Hauptabschnitt seines Hegel-Buches, „Dialektik und Hoffnung“ überschrieben, der in gedrängter Form Blochs Grundanschauungen enthält und bis zu einem gewissen Grade den Inhalt des „Prinzips Hoffnung“ auf kurzem Raum vorwegnimmt, beginnt gleich mit einer solchen Feststellung: „Man hat den Menschen, wie er ist, eine verfrühte Geburt genannt. Er kommt hilfloser und unfertiger als irgendein Tier zur Welt, braucht weit länger zur Reife und ist auch von sich selber dabei bedroht ... Sitzt oft im Dunkeln, weiß nicht aus noch ein ...“[40] Kurz danach wird alles menschliche Tun Stückwerk genannt[41] und ausgeführt, daß „unsere Sache selbst noch ungelungen ist“[42]. Und so wie der Mensch eine verfrühte Geburt, sein Tun Stückwerk und seine Sache selbst noch ungelungen ist, so ist auch die ihn umgebende Welt noch unfertig, ungelungen. Diese Ansicht wiederholt Bloch in den verschiedensten Variationen. Im „Prinzip Hoffnung“ heißt es beispielsweise: „Das Leben des Jetzt ... ist noch nicht vor sich selbst gebracht ... Woraus auch das Seltsame aufgeht, daß noch kein Mensch richtig da ist, lebt. Denn Leben heißt doch Dabeisein ... Aber indem gerade unser nächstes eigentlichstes, unaufhörliches Dabeisein keines ist, lebt noch kein Mensch wirklich ...“[43] Oder an anderer Stelle: „... die Menschen wie die

[40] E. Bloch, Subjekt – Objekt. Erläuterungen zu Hegel, Berlin 1951, S. 467.
[41] Ebenda, S. 468 f.
[42] Ebenda, S. 471.
[43] E. Bloch, Das Prinzip Hoffnung, Bd. I, a. a. O., S. 318 f.

ganze Welt befinden sich rebus sic stantibus immer noch in der Vorgeschichte, im Exil."[44]

Aus diesen wenigen Zitaten ist klar ersichtlich, daß diese Auffassung in der religiösen Anschauung vom Menschen als Kreatur und Erdenpilger und der Welt als Hort der Unruhe und Ungeborgenheit ihre Wurzeln hat. Diese Zitate zeigen aber auch erneut, daß Blochs Ausgangspunkt im „Subjekt – Objekt" und im „Prinzip Hoffnung" dem des „Geistes der Utopie", des Müntzer-Buches und der „Erbschaft dieser Zeit" analog ist. Da aus diesem Ausgangspunkt bei Bloch alles Weitere folgt, ist das Ergebnis seiner letzten Veröffentlichungen ebenfalls dem seiner frühen und mittleren Werke zwangsläufig analog. Ehe wir dies jedoch im einzelnen nachzuweisen versuchen, einige Bemerkungen zu den vorhandenen Unterschieden zwischen den frühen und letzten Veröffentlichungen Blochs.

Die Unterschiede zwischen den einzelnen Büchern Blochs gehen stets nur, wie bemerkt, auf die Form, niemals auf den Inhalt. Während er im „Geist der Utopie" und im „Thomas Münzer" seine Ideen messianisch, beschwörend, hin und wieder pastoral vertritt, bemüht er sich in den theoretischen Partien der „Erbschaft dieser Zeit" um eine mehr nüchterne, im untersuchenden Ton gehaltene Darstellung. Das letzte ist noch mehr der Fall im „Subjekt – Objekt" und im „Prinzip Hoffnung". Doch ist in diesen auch wieder ein Rückgriff auf seine frühen Werke zu verzeichnen, insofern in ihnen die Beschwörung durch das Diktat ersetzt ist. Bloch macht hier seine Ideen nicht zum Gegenstand der Diskussion, sondern führt sie als feststehende Tatsachen und Gegebenheiten vor. Das resultiert natürlich aus dem Bestreben, seine Ideen nunmehr unter Begriffe zu bringen, sie zu systematisieren, seine Lehre überhaupt kategorial bestimmt vorzuführen.

Am deutlichsten sind die Formunterschiede der einzelnen Bücher Blochs an seinem jeweiligen Verhältnis zum Marxismus zu demonstrieren. Selbstverständlich ist auch hier kein wirklicher Unterschied abzulesen oder gar ein Wandel zu verzeichnen – das im Sinne eines *inhaltlichen* Unterschieds oder Wandels. Während Bloch im „Geist der Utopie" und im „Thomas Münzer" seine

[44] Ebenda, S. 337.

Einwendungen gegen den Marxismus, wie wir sehen konnten, rückhaltlos vorbringt, wirft er sie in der „Erbschaft dieser Zeit" als Probleme auf, empfiehlt sie als für eine Diskussion innerhalb des marxistischen Lagers würdig, macht also auf den fraglichen Charakter mancher seiner Ideen immerhin selber noch aufmerksam. Im „Subjekt – Objekt" und im „Prinzip Hoffnung" ist das ganz anders, hier sind weder Einwendungen gegen den Marxismus vorgebracht noch solche als Probleme aufgeworfen. Im Gegenteil: Alles ergibt sich – so jedenfalls nach Bloch – zwingend aus der marxistischen Theorie. Das gelingt Bloch aber nur dadurch, daß er seine Hoffnungsphilosophie einfach mit dem Marxismus identifiziert, sie als Marxismus ausgibt.[45] Dergestalt schreibt er: „Und die neue Philosophie, wie sie durch Marx eröffnet wurde, ist dasselbe wie die Philosophie des Neuen, dieses uns alle erwartenden, vernichtenden oder erfüllenden Wesens."[46] Oder: „Das Thema der Philosophie steht ... einzig auf dem Topos eines unabgeschlossenen gesetzmäßigen Werde-Felds im abbildend-eingreifenden Bewußtsein und in der Welt des Gewußtseins. Dieser Topos ist erst vom Marxismus mit Wissenschaft entdeckt worden – eben mit der Entwicklung des Sozialismus von der Utopie zur Wissenschaft."[47] Zweifellos ist das ein Formunterschied, der festgehalten werden muß. Doch sieht man genauer hin, dann werden einem auch Sätze begegnen wie dieser: „Und

[45] Dabei geht es natürlicherweise nicht ohne Gewaltsamkeiten ab, wie z. B. an dieser Stelle des „Prinzips Hoffnung": „Die marxistische Philosophie als diejenige, welche sich endlich adäquat zum Werden und zum Heraufkommenden verhält, kennt auch die ganze Vergangenheit in schöpferischer Breite, weil sie überhaupt keine Vergangenheit außer der noch lebendigen, noch nicht abgegoltenen kennt. Marxistische Philosophie ist die der Zukunft, also auch der Zukunft in der Vergangenheit; so ist sie, in diesem versammelten Frontbewußtsein, lebendige, dem Geschehen vertraute, dem Novum verschworene Theorie-Praxis der begriffenen Tendenz. Und entscheidend bleibt: das Licht, in dessen Schein das prozeßhaft-unabgeschlossene Totum abgebildet und befördert wird, heißt *docta spes, dialektisch-materialistisch begriffene Hoffnung*. Das Grundthema der Philosophie, die bleibt und ist, indem sie wird, ist die noch ungewordene, noch ungelungene Heimat, wie sie im dialektisch-materialistischen Kampf des Neuen mit dem Alten sich herausbildet, heraufbildet." (Bd. I, S. 19.)

[46] E. Bloch, Das Prinzip Hoffnung, Bd. I, S. 17.

[47] Ebenda, S. 162.

die so bezeichnete Reife der utopischen Funktion [allgemein: Blochs Hoffnungsphilosophie – M. B.] ... bezeichnet nicht zuletzt den Tendenzsinn des *philosophischen Sozialismus, zum Unterschied* vom schlechten 'Tatsachensinn' des *empiristisch abgeglittenen.*“[48] Nimmt man diesen Satz für sich, so ist man geneigt, ihn dahingehend auszulegen, daß Bloch hier gegen bestimmte positivistische Entgleisungen innerhalb des Marxismus polemisiert. Betrachtet man diesen Satz jedoch im Zusammenhang und zieht den „Geist der Utopie“ als Schlüssel heran, dann ist leicht zu sehen, daß er hier seinen alten Einwand von der Ergänzungsbedürftigkeit des Marxismus durch eine Kritik der praktischen Vernunft wieder hervorholt.

Bloch kann gar nicht anders. Würde er seine Einwendungen gegen den Marxismus fallen lassen, so würde er seine Hoffnungsphilosophie selber aus den Angeln heben, weil es zwischen Marxismus und Religion, gleich welcher Spielart, aus der Blochs Philosophieren wesentlich entspringt, keine Gemeinsamkeiten gibt, noch innerhalb des Marxismus Platz für irgendwelche religiösen Probleme ist. So ist die Hoffnungsphilosophie seit jeher an bestimmte Einwendungen dem Marxismus gegenüber gebunden, ja, setzt diese voraus, wird von ihnen geradezu getragen und gespeist. Bloch kann also gar nicht anders. Er hat immer vor dem Dilemma gestanden: entweder den Marxismus ohne alle Vorbehalte anzuerkennen oder ihn nur bedingt, in Gestalt einer Kritik der reinen Vernunft, der eine Kritik der praktischen Vernunft folgen, noch zugeordnet werden müsse, zu akzeptieren. Das erste hätte den Verzicht auf sein Ideengebäude zur Folge gehabt – dazu hat sich Bloch nicht entschließen können, das zweite hat sein „Prinzip Hoffnung“ zur Welt gebracht, das, da es die alten Einwendungen gegen den Marxismus aus dem „Geist der Utopie“ zur Voraussetzung hat und indem es als marxistisches Buch deklariert wird, zwangsläufig zu einer Revision des Marxismus führen mußte, führte.[49]

[48] Ebenda, S. 161 (Hervorhebung – M. B.).

[49] Wir entheben uns hier näherer, ins einzelne gehender Ausführungen darüber, daß die Blochsche Hoffnungsphilosophie weder Marxismus noch mit ihm in irgendeiner Weise vereinbar ist. Das Wesentliche hierzu ist bereits gesagt (vgl. Anm. 1), und wir betrachten die Diskussion *darüber* als abgeschlossen.

Und so wie Bloch, genauer besehen, in seinen letzten Veröffentlichungen die alten Einwände gegen den Marxismus aus seinen frühen Werken, lediglich in der Form unterschieden, wieder hervorholt, so sind auch die darin behandelten Probleme seine alten Probleme von ehemals. Daß der Ausgangspunkt Blochs in seinen letzten Büchern dem seiner früheren Veröffentlichungen analog ist, haben wir bereits ausgeführt. Aus diesem ergab sich im „Geist der Utopie" und im „Thomas Münzer", daß der „Wille zum Reich", die „Sehnsucht nach dem Messiasreich" der eigentlich treibende Faktor des Geschichtsprozesses ist. „So gerät das Erz der sozialen Welt", hieß es dort, „doch gerade erst durch Einguß der Zielinvention in eine Gärung und einen Prozeß". Jetzt, im „Prinzip Hoffnung", wird ausgeführt: „Die deutschen Bauern von 1525, die Massen der Französischen, der Russischen Revolution hatten neben den Parolen gewiß auch eine Art Triebbilder der Revolution; in 'Ça ira' lag Peilung. Doch die Triebbilder waren angezogen und erhellt von einem wirklich zukünftigen Ort: vom Reich der Freiheit."[50] An anderer Stelle: „Utopisch Gewolltes leitet sämtliche Freiheitsbewegungen, und auch alle Christen kennen es in ihrer Art, mit schlafendem Gewissen ... aus den Exodus- und messianischen Partien der Bibel."[51] Die Parallele ist offensichtlich; der Unterschied ist „bloß", daß das „Messiasreich" des „Geistes der Utopie" im „Prinzip Hoffnung", in formaler Anlehnung an Marx und Engels, zum „Reich der Freiheit" wird.

In diesem Zusammenhang muß ein Wort über Blochs Verhältnis zur Dialektik gesagt werden. Da für Bloch die historische Entwicklung von einem „zukünftigen Ort" her bestimmt wird, so ist diese – muß diese zunächst zwangsläufig *teleologisch* sein, erst in zweiter Linie ist sie dialektisch. Und das auch nur, weil und

Was im Zusammenhang mit Bloch noch aussteht, ist der Nachweis, daß die Hoffnungsphilosophie eine Erscheinungsform religiösen Gedankenguts ist (was mit diesem Beitrag versucht werden soll), und das Aufzeigen der Verwandtschaften und Übereinstimmungen zwischen der Hoffnungsphilosophie und ähnlichen Strömungen innerhalb der spätbürgerlichen Philosophie der Gegenwart (in diesem Zusammenhang müßte dann auch die Frage nach dem Klassensinn des Blochschen Philosophierens gestellt und beantwortet werden).

50 E. Bloch, Das Prinzip Hoffnung, Bd. I, a. a. O., S. 158.

51 Ebenda, S. 17.

solange „die Sache der Totalität noch nicht heraus" ist. Wird der „zukünftige Ort: das Reich der Freiheit" einmal erreicht oder hergestellt und damit „die Sache der Totalität heraus" sein, dann hört die Dialektik auf. Denn für Bloch gibt es nur deshalb Dialektik, weil Mensch und Welt noch im argen liegen, nur weil „unsere Sache selbst noch ungelungen ist, deshalb geht sie in dem ihr Gewordenen immer wieder widersprechend um".[52] Bloch ordnet so die Dialektik letztlich der Teleologie unter und begrenzt sie zeitlich. Marx' Vorwurf gegen die Vulgärökonomen, daß es für sie Geschichte zwar gegeben hat, aber keine mehr gibt, trifft auch für Bloch zu: Für ihn gab es eine dialektische Entwicklung, gibt es sie noch, aber es wird keine mehr geben.

Weiter: Im „Geist der Utopie" ist das „Intendieren auf einen Stern, eine Freude, eine Wahrheit gegen die Empirie" als der „einzige Weg noch Wahrheit zu finden" ausgegeben, „die Frage nach uns" als die „Resultante aller Weltprobleme", als das „letzthinige Grundproblem der utopischen Philosophie" festgelegt. Im „Prinzip Hoffnung" wird inhaltlich ähnlich ausgeführt: „Das Intendieren ist nicht in seinem allemal antizipierenden Klang gehört, die objektive Tendenz nicht in ihrer allemal antizipatorischen Mächtigkeit erkannt. Das Desiderium, die einzig ehrliche Eigenschaft aller Menschen, ist unerforscht. Das Noch-Nicht-Bewußte, Noch-Nicht-Gewordene, obwohl es den Sinn aller Menschen und den Horizont alles Seins erfüllt, ist nicht einmal als Wort, geschweige als Begriff durchgedrungen."[53] Und wenige Zeilen später: „Es gibt seit Marx keine überhaupt mögliche Wahrheitsforschung und keinen Realismus der Entscheidung mehr, der die subjektiven und objektiven Hoffnungs-Inhalte der Welt wird umgehen können; es sei denn bei Strafe der Trivialität oder der Sackgasse. *Philosophie wird Gewissen des Morgen, Parteilichkeit für die Zukunft, Wissen der Hoffnung haben, oder sie wird kein Wissen mehr haben.*"[54]

Die zuletzt herangezogene Stelle ist für Blochs Einstellung im „Prinzip Hoffnung" charakteristisch. In der vollsten Überzeugung von der eigenen Bestimmung und Sendung wird hier nicht

[52] E. Bloch, Subjekt – Objekt, a. a. O., S. 471.
[53] E. Bloch, Das Prinzip Hoffnung, Bd. I, a. a. O., S. 15.
[54] Ebenda, S. 17.

aufgeworfen, dargestellt, gefragt oder bewiesen, sondern *diktiert:* der Philosophie Aufgabe, Gegenstand und Ziel regelrecht *zugewiesen.* Die Philosophie hat als Aufgabe, das „Gewissen des Morgen“ zu haben, die „subjektiven wie objektiven Hoffnungs-Inhalte der Welt“ zu ihrem Gegenstand und das „Wissen der Hoffnung“ zu ihrem Ziel zu machen – darüber kann es keine Diskussion geben; diese wird von vornherein abgeschnitten, indem die „Trivialität“ oder die „Sackgasse“ als die einzigen sonst noch verbleibenden Auswege angeführt werden.

Man könnte über die Art und Weise, wie Bloch hier vorgeht, hinwegsehen und sie auf das Konto der Leidenschaft für die von ihm erwählte Sache – ohne die nach seiner Überzeugung und nicht ganz zu Unrecht nichts Großes in der Welt zustande gekommen ist – buchen, wenn er nicht laufend Marx ins Feld führen und seine Auffassung von Philosophie mit der *marxistischen* Philosophie gleichsetzen würde. Bloch geht nämlich in der Tat so weit, die marxistische Philosophie auf das Problem Hoffnung zu reduzieren; er würde allerdings formulieren: den Marxismus mit dem Problem Hoffnung zu befruchten, zu erweitern. Dabei ist es interessant zu sehen, wie auch bei dieser Gelegenheit ein alter Gedanke aus dem „Geist der Utopie“ im neuen Gewand auftaucht. Im „Geist der Utopie“ wurde die „bestehende Welt“ als schon „vergangene Welt“ von der Philosophie weg an die „Einzelwissenschaften“ verwiesen, deren „geistentleertes Objekt“ sie sei. Im „Prinzip Hoffnung“ taucht derselbe Gedanke auf, nur daß er diesmal direkt auf den Marxismus angewandt wird. Bei Gelegenheit der Interpretation der Marxschen Thesen über Feuerbach fragt Bloch nach dem „archimedischen Punkt“ des Marxismus und sieht ihn nicht in dem „proletarischen Auftrag“ (das heißt in der Errichtung der sozialistischen Gesellschaftsordnung), zumindest in diesem nicht allein, sondern in der Reflexion auf den „Horizont der Zukunft“, worunter man natürlich alles und nichts verstehen kann.[55] Denn Bloch fixiert nirgends konkret, was er eigentlich unter der von ihm strapazierten Zukunft als Objekt der Philosophie versteht. Offenbar ist er der Ansicht, daß der Aufbau des Sozialismus und alles, was damit zusammenhängt, „Objekt der

[55] Ebenda, S. 307 f.

Einzelwissenschaften" ist, mit dem die Philosophie schon nichts mehr zu schaffen hat; sie hat gleichsam die sozialistische *Gegenwart* zu überspringen, den Einzelwissenschaften zu überlassen und ihre Bemühungen auf ein weitergestecktes Ziel zu richten, das konkret nicht – oder *noch nicht* bestimmbar ist und von Bloch, je nachdem, mit „Horizont der Zukunft", „Novum", „Überhaupt", „höchstes Gut", „Heimat" usw. umschrieben wird.

Bloch merkt es irgendwie, daß er sich mit dieser Aufgabenstellung für die Philosophie von der *marxistischen* Philosophie entfernt, und ist bemüht, hierfür eine Erklärung zu geben. Das versucht er dadurch, daß er zunächst das Neue seines Philosophierens herausstreicht. An der eben angeführten Stelle über den „archimedischen Punkt" des Marxismus schreibt er deshalb: „... dasjenige, was endgültig zum archimedischen Punkt führte ..., kam in gar keiner Philosophie bisher vor" und ergänzt: „ja ist in und an Marx selber noch kaum völlig reflektiert worden". Da es Bloch in diesem Zusammenhang darum zu tun ist, inwieweit Marx das Problem Hoffnung „bewältigte", stimmt das letzte natürlich. Aber darum geht es hier nicht. Wichtiger ist, festzuhalten, daß Bloch damit selber ausspricht, daß er mit seiner Hoffnungsphilosophie Bereiche und Probleme in die marxistische Philosophie einbezieht, die „in und an Marx selber noch kaum völlig reflektiert worden" sind (wir müssen hinzufügen: weil es für Marx keine Probleme waren). Wir sagen besser: ... in die marxistische Philosophie *einbeziehen will.* Denn dieses „in und an Marx selber noch kaum völlig reflektiert worden" hat doch nur den einen Sinn, daß der Marxismus in dieser Beziehung, in Beziehung auf das Problem Hoffnung, noch entscheidend zu ergänzen, zu erweitern ist. Und damit sind wir wieder bei jener Forderung Blochs aus dem „Geist der Utopie" angelangt, die „Marxismus und Religion, geeint im Willen zum Reich" lautete. Jetzt, im „Prinzip Hoffnung", lautet sie: Marxismus und Hoffnungsphilosophie, geeint im Willen, „unsere Sache selbst" an den Tag zu bringen, auf die der Marxismus nicht genügend reflektiert und eben deshalb die Ergänzung durch die Hoffnungsphilosophie vonnöten hat.

Man kann das „Prinzip Hoffnung" anfassen, wo man will, immer wird man den Blochschen Gedanken von ehemals begegnen.

Und noch eins: In der „Erbschaft dieser Zeit“ wurden bestimmte irrationalistische Kategorien und religiöse Probleme als philosophisch brauchbares Erbe vorgestellt, im „Prinzip Hoffnung“ ist es nicht anders. Bloch schreibt, daß „die Ratio des noch fortschrittlich gewesenen bürgerlichen Zeitalters das nächste Erbe“ für die marxistische Philosophie sei und fährt fort: „Aber diese Ratio ist nicht das einzige Erbe, vielmehr, auch die vorhergehenden Gesellschaften und selbst mancher Mythos in ihnen . . . geben einer Philosophie, die die bürgerliche Erkenntnisschranke überwunden hat, gegebenenfalls fortschrittliches Erbmaterial ab, wenn auch, wie sich von selbst versteht, besonders aufzuklärendes, kritisch anzueignendes, umzufunktionierendes. Man denke etwa an die Rolle des Zwecks (Wohin, Wozu) in vorkapitalistischen Weltbildern oder auch an die Bedeutung der Qualität in ihrem nichtmechanischen Naturbegriff. Man denke an den Mythos des Prometheus, den Marx den vornehmsten Heiligen im philosophischen Kalender nennt. Man denke an den Mythos vom Goldenen Zeitalter und an dessen Zukunfts-Verlegung im messianischen Bewußtsein so vieler unterdrückter Klassen und Völker.“[56] Es ist überflüssig, noch einmal darauf hinzuweisen, daß Bloch auch hier seine alten Thesen von neuem serviert. In diesem Punkt ist das besonders bedauerlich. Als er 1935 seine „Erbschaft dieser Zeit“ veröffentlichte, konnte ihm bei aller Fragwürdigkeit, Falschheit und in der Folge auch Gefährlichkeit seiner Argumentation immerhin zugute gehalten werden, daß der Faschismus in Deutschland gerade erst an die Macht gekommen war und der Beitrag, den die spätbürgerliche Philosophie zu dieser Machtergreifung geleistet hatte, noch nicht so offenkundig hervortrat wie nach seiner Zerschlagung. Bloch stand mit seiner Forderung, in der spätbürgerlichen Philosophie nicht nur Reaktion zu sehen, sondern ihr auch positive Seiten abzugewinnen, ja durchaus nicht allein. Eine solche Anschauung – getragen von einer gewissen Ahnungslosigkeit dem *wirklichen* Charakter der imperialistischen Pihlosophie gegenüber – war damals, besonders innerhalb sozialdemokratischer intellektueller Kreise, weit verbreitet. Man denke in diesem Zusammenhang etwa an Siegfried Marck, der die Forderung auf-

[56] Ebenda, S. 19.

stellte, eine einheitliche Front aller geistigen Kräfte, vom Marxismus über Thomas Mann, Paul Tillich und Huizinga zu Benedetto Croce und Ortega y Gasset, dem Faschismus entgegenzustellen.[57] Man kann also Bloch bei seiner Argumentation 1935 zugute halten, eine antifaschistische Einheitsfront aller nichtfaschistischen geistigen Kräfte, in Verkennung ihres teilweisen präfaschistischen Charakters, im Auge gehabt zu haben; nach der Zerschlagung des Faschismus, nach dem für jedermann Offenbarwerden der vorbereitenden Rolle, die gerade die spätbürgerliche Philosophie (einschließlich ihres aus den Ideologien vergangener Epochen übernommenen Erbes) für die faschistische Herrschaft gespielt hat, muß dieses wegfallen. Aber es zeigt sich auch hier, was wir oben ausführten: Bloch kann gar nicht anders. Würde er die reaktionäre Rolle der spätbürgerlichen Philosophie und darüber hinaus jeder Religion und auch – letztendlich – jeder idealistischen Philosophie konsequent anerkennen, womit sollte er dann seine Ideen belegen? Denn seine Probleme und Ideen sind ja zum größten Teil aus dem Arsenal idealistischer Philosophien und der Religion entnommen. Und das einsehen und zugeben, das hieße für Bloch, seiner Philosophie den wesentlichen Kern nehmen.

Genug der Beispiele: sie könnten beliebig vermehrt werden. Es waren religiöse Probleme, die das Hauptanliegen des „Geistes der Utopie“ ausmachten, von Bloch selber dort als solche gekennzeichnet, sie sind es auch im „Prinzip Hoffnung“, nur daß sie hier nicht mehr als solche gekennzeichnet werden. Das „Messiasreich“ des „Geistes der Utopie“ wird zum „Reich der Freiheit“ im „Prinzip Hoffnung“. Das „Zielahnen“, „Zielwissen“ wird zum „Traum nach vorwärts“, zum „aus der Zukunft erst heraufdämmernden Bewußtseinsinhalt“. Das „religiöse Gewissen“ wird zur „Hoffnung“ als Prinzip usw. usf. Daran ändert nichts, daß Bloch ausführt: „Erwartung, Hoffnung, Intention auf noch ungewordene Möglichkeit: das ist nicht nur ein Grundzug des menschlichen Bewußtseins, sondern, konkret berichtigt und erfaßt, eine Grundbestimmung innerhalb der objektiven Wirklichkeit insgesamt“[58] – die Materie also mit Eigenschaften ausstattet, die sonst nur, in

[57] S. Marck, Der Neuhumanismus als politische Philosophie der Gegenwart, Zürich 1938.

[58] E. Bloch, Das Prinzip Hoffnung, Bd. I, a. a. O., S. 17.

den idealistischen Philosophien, der Idee, dem Weltgeist oder Gott selber zukommen, die Idealismen somit in die Materie hineinverlegt. Durch solche Manipulationen entsteht kein Materialismus, von Marxismus ganz zu schweigen, bestenfalls wird daraus ein mystisch-schwärmerischer Pantheismus, wie ihn die Geschichte der Ketzerbewegungen in verschiedensten Gestalten kennt.

Mit all dem soll keineswegs jedes Positivum des Blochschen Philosophierens verneint werden. Aber es ist eines klar und unmißverständlich auszusprechen: Blochs richtige Erkenntnisse bleiben nur *Teil*erkenntnisse, weil sie von ihm fortwährend in Übereinstimmung mit seinem religiösen Grundanliegen gebracht werden und – darüber hinaus – eben dadurch in einen falschen, ja zweifelhaften Gesamtzusammenhang zu stehen kommen. In der Frage: Philosophie *oder* Religion? hat sich Bloch stets – ob ihm das bewußt ist oder nicht, sei dahingestellt – zugunsten der Religion entschieden. Materialistische Philosophie aber beginnt und begann seit jeher jenseits aller Religion, entwickelte und entwickelt sich im Kampf gegen sie, war und ist ihr entgegengesetzt, und zwischen beiden gibt es keine Brücken. Wem daran gelegen ist, am Aufbau einer besseren Welt mitzuhelfen – das ist und kann nur sein: am Aufbau des Sozialismus –, der tut gut daran, mitzuhelfen, daß das religiöse Denken aus den Köpfen der Menschen bald und für immer verschwindet und die Religion selber bald und für immer ins historische Museum kommt.

Der religiöse Ursprung, Charakter und Sinn der Hoffnungsphilosophie schließt natürlich ein, daß sie mit dem Marxismus unvereinbar ist, wirft aber zugleich die Frage auf, inwieweit Blochs Ansichten mit ähnlichen Bestrebungen innerhalb der verschiedenen Strömungen der gegenwärtigen bürgerlichen Philosophie konform gehen, sich gar decken. In der Tat ist das der Fall.

Wir meinen, daß die Proklamierung von Geheimnissen in der Welt, die Voraussage eines religiös bedürftigen Menschen im Sozialismus, die Behauptung des notwendigen Weiterbestehens der Religion auch in der klassenlosen Gesellschaft, das Stellen der Frage nach dem Sinn des Daseins überhaupt und – nicht zuletzt – das Aufwerfen der Frage nach dem Sinn des Todes[59],

59 Das Problem des Todes nimmt in dem noch nicht veröffentlichten III. Band des „Prinzips Hoffnung" einen breiten Raum ein (s. Bd. I, S. 26).

wie die Zurückführung aller Probleme auf das sogenannte Phänomen der Entfremdung und ihre Abrichtung auf das Problem Hoffnung – wir meinen, daß alles das Bloch in die Nähe einer bestimmten Richtung innerhalb des Existentialismus bringt. Wie weit in dieser Beziehung Übereinstimmungen und Gemeinsamkeiten vorliegen, soll hier nicht näher ausgeführt, untersucht und diskutiert werden. Aber eines kann und muß gesagt werden: Bloch steht mit seinem Unternehmen, die Hoffnung zu einem Zentralproblem der Philosophie zu machen, nicht allein. Innerhalb der gegenwärtigen bürgerlichen Philosophie in Frankreich und Westdeutschland gibt es eine starke, vom Existentialismus ausgehende und zu ihm gehörende Strömung, die dasselbe unternimmt. Wir führen hier nur die Tatsachen an. Bereits 1935 erschien von dem katholischen Philosophen Josef Pieper ein Buch, inzwischen ist 1949 die vierte Auflage herausgekommen, das die Hoffnung, in Rückgriff auf Thomas von Aquin und in Auseinandersetzung mit Heideggers „Sein und Zeit", als eine Zentralgestalt der Philosophie auszuweisen versucht.[60] Darin heißt es: „Die einzige Antwort, die der wirklichen Existenz-Situation des Menschen entspricht, ist die Hoffnung."[61] Natürlich wird die Hoffnung von Pieper zunächst als christliche Tugend eingeführt, zugleich und sofort aber auch als eine der „Ur-Gebärden des Lebendigen" gefaßt, das auf ein Noch-Nicht weist: „Die Hoffnung ist, wie die Liebe, eine der ganz einfachen Ur-Gebärden des Lebendigen. In der Hoffnung reckt der Mensch sich 'unruhigen Herzens' in vertrauend auslangender Erwartung empor nach dem bonum arduum futurum, nach dem steilen 'Noch-Nicht' der Erfüllung, der natürlichen wie der übernatürlichen."[62] Die Hoffnung, so wird dann an einer anderen Stelle formuliert, „ist die eigentliche Tugend des „Noch-Nicht""[63]. Hier ist zumindest, ohne die Frage näher zu untersuchen, auffallend, daß Pieper ebenso wie Bloch die Hoffnung als Ur-Gebärde (Bloch würde Grundtrieb sagen) faßt und mit einem Noch-Nicht in Beziehung setzt.

Ähnliches kann man bei dem Haupt des katholischen Existen-

[60] J. Pieper, Über die Hoffnung, Leipzig 1935, München ^{4}1949.
[61] Ebenda, S. 21.
[62] Ebenda, S. 27.
[63] Ebenda, S. 22.

tialismus in Frankreich, Gabriel Marcel, beobachten. In seinem Hauptwerk, „Sein und Haben", im wesentlichen 1928–1933 entstanden, ist neben der Treue, der Liebe und dem Glauben die Hoffnung sein wesentlichstes Anliegen.[64] Hauptpunkte der Diskussion sind darin vornehmlich: Hoffnung und Tendenz, Hoffnung und Heimat, Hoffnung und Fortschritt.[65] Eine Auswahl aus seinen Werken für den deutschen Leser trägt – nicht zufällig – den Titel „Philosophie der Hoffnung"[66], sein zweites großes Werk – ebenfalls nicht zufällig – den Titel „Homo viator"[67], der bei der deutschen Übersetzung durch den Zusatz „Philosophie der Hoffnung" ergänzt ist.[68] In einem anderen Werk, „Geheimnis des Seins", überschreibt Marcel einen der Hauptabschnitte: „Der Tod und die Hoffnung".[69] In jedem seiner Bücher nimmt die Hoffnung eine zentrale Stelle ein.

In Westdeutschland ist es, neben dem schon genannten Pieper, vor allem Otto Friedrich Bollnow, der sich dem Problem Hoffnung zum Zwecke der Überwindung des Existentialismus zuwendet. Zu ihm gesellen sich von medizinischer Seite H. Plügge[70] und W. Bredow[71], von psychologischer R. Bilz[72] und von geschichtsphilosophischer G. Häuptner[73], letzterer beruft sich unter anderem auch direkt auf Bloch[74]. Besonders in einem seiner letzten Bücher, „Neue Geborgenheit. Das Problem einer Überwindung des Existentialismus"[75], widmet Bollnow eingehende Darlegungen dem Problem Hoffnung. In einer Anmerkung bezieht er sich dann auf

64 G. Marcel, Sein und Haben, Paderborn 1954.

65 Ebenda, S. 56–70.

66 München 1957.

67 Paris 1944.

68 G. Marcel, Homo viator. Philosophie der Hoffnung, Düsseldorf 1949.

69 Wien 1952, S. 464 ff.

70 H. Plügge, Die Wirkung des Nichts, in: Psyche, Heidelberg, Bd. IV, 1950/51; Über suizidale Kranke, in: ebenda, Bd. V, 1951/52; Die Hoffnung, in: Jahrbuch Situation, Bd. I, Utrecht 1954.

71 W. Bredow, Der Mensch und die Hoffnung, in: Die Sammlung, Göttingen, Jg. 9, 1954.

72 R. Bilz, Schrittmacherphänomene, in: Psyche, a. a. O., Bd. II, 1948.

73 G. Häuptner, Über „Schrittmacherphänomene" und „vollendete Rollen", in: Psyche, a. a. O., Bd. IV, 1950/51.

74 Ebenda, S. 189.

75 Stuttgart 1955.

Bloch und schreibt: „Bloch endlich erfaßt das Problem (der Hoffnung – M. B.) in seiner größten Weite ... Auch er setzt genau beim Gegensatz zum existentialistischen Menschen ein.“[76] Bollnow stellt also Übereinstimmung mit Bloch im Ansatzpunkt fest. Sollte das von Bollnow ein Irrtum sein? Wir meinen: nein! Wir meinen, daß es in der Tat Gemeinsamkeiten zwischen Bloch und den oben angeführten Vertretern des Existentialismus gibt. Das sind keine bloßen Gemeinsamkeiten der Buchtitel, obwohl auch das schon bezeichnend wäre, sondern hier sind inhaltliche Gemeinsamkeiten und Verwandtschaften vorhanden. Wie gesagt, diese Frage soll hier nicht behandelt und diskutiert werden. Doch scheint sie uns für eine richtige Einschätzung und Beurteilung der Blochschen Hoffnungsphilosophie unumgänglich, deshalb haben wir auf sie hingewiesen. Der Schlüssel zur Beantwortung dieser Frage liegt unseres Erachtens in dem von uns oben über Blochs Angst vor der Zukunft Ausgeführten – nicht der Kategorie Zukunft, sondern der *konkreten* Zukunft. Das Auffallende ist, daß sich Bloch mit diesen Strömungen des Existentialismus nirgends auseinandersetzt noch von ihnen abgrenzt,[77] das Tragische daran ist, daß Bloch sie gar nicht zu kennen scheint.

Wenn wir Blochs Nicht-Kenntnis von Parallelerscheinungen seiner Hoffnungsphilosophie innerhalb der gegenwärtigen bürgerlichen Philosophie als tragisch bezeichnen, so entbehrt auch sein Gesamtwerk nicht eines gewissen tragischen Charakters. Bloch

[76] Ebenda, S. 119.

[77] Der einzige Existentialist, mit dem sich Bloch auseinandersetzt, ist Heidegger. Aber auch diese Auseinandersetzung wird nur halb geführt, insofern Bloch bei „Sein und Zeit“ stehenbleibt und die letzten Auslassungen Heideggers unberücksichtigt läßt. Aber gerade in diesen gibt Heidegger seiner Lehre eine Richtung, von der sich Bloch hätte abgrenzen *müssen*, um jeden Verdacht eines Gleichklangs zwischen ihm und Heidegger von sich zu weisen. Heidegger fügt nämlich seiner Lehre in den „Holzwegen“ (Frankfurt am Main 1950, S. 301) eine „optimistische“ Variante zu (ähnlich den Bestrebungen der eben erwähnten Richtungen des Existentialismus), indem er gegen das gegenwärtig erreichte Zivilisationsstadium die „früheste Frühe“, damit das „Einst der Frühe des Geschickes ... als (dem) Einst zur Letze ..., d. h. zum Abschied des bislang verhüllenden Geschickes des Seins“ kommt, anruft. Für das „bislang verhüllte Geschick des Seins“ steht bei Bloch, ungeachtet der wesentlichen Verschiedenheit von ihm und Heidegger, das „Noch-Nicht-Gewordene“.

hat seit jeher gegen die reaktionäre imperialistische Philosophie Front gemacht – und unterlag doch auch wieder bestimmten ihrer Erscheinungsformen. Bloch hat sich seit jeher zum Sozialismus bekannt – und unterlag doch auch wieder objektiv ideologischen antisozialistischen Kräften. Bloch wollte mit seiner Philosophie mithelfen, das Tor zur Zukunft, zum Sozialismus weit aufzustoßen – und merkte nicht, daß die von ihm gemeinte Zukunft, der Sozialismus, seit 1917 und erst recht seit 1945 kein Gegenstand mehr bloßer philosophischer Spekulationen, sondern historisch-konkret auf den Plan getreten, die Zukunft also Wirklichkeit und Gegenwart geworden ist; daß es somit darauf ankommt, nicht eine Dialektik des „Noch-Nicht-Bewußten" und „Noch-Nicht-Gewordenen" zu entwickeln, sondern die Dialektik des sozialistischen Aufbaus, die „Dialektik unseres Kampfes" um den Sozialismus zu studieren und den Menschen bewußt zu machen. Das wird aber eben nicht erreicht durch ein Gedankengebäude, das zum Ausgangspunkt die religiöse Auffassung hat, daß Mensch und Welt noch im argen liegen, sondern durch Philosophie, die sich bewußt in den Dienst der Veränderung der gesellschaftlichen Praxis stellt und diese dabei zum einzig richtigen Ausgangspunkt wählt, weil es objektiv so ist, daß seit Marx und Engels theoretisch, seit Lenin und der Oktoberrevolution praktisch, Mensch und Welt sich nicht im argen befinden und dem Augenblicksdunkel unterliegen, sondern – wenn man so will – ins Reich der Freiheit eingetreten sind. Woraus folgt, daß es vornehmste Aufgabe der Philosophie ist, mitzuhelfen, die sozialistischen Errungenschaften mit allen ihr zu Gebote stehenden Mitteln zu erweitern, zu befestigen und zu verteidigen. Die marxistische Philosophie hat also dem Menschen eine Perspektive zu geben – eine Perspektive, die nur Sozialismus heißen kann, der nicht identisch ist mit einem historisch und konkret nicht fixierten, weil nicht fixierbaren Prinzip Hoffnung, das als solches noch am Horizont läge, sondern das Heute und Jetzt ist, aus der Gegenwart, aus *unserer* Gegenwart hervorgeht und sich im ständigen Kampf des Neuen mit dem Alten entwickelt und festigt. Das ist Aufgabe der marxistischen Philosophie und nichts anderes. Oder philosophiehistorisch ausgedrückt: Alle Formen des Platonismus und der Transzendenz haben keinen Bestand mehr, sind vom historischen Prozeß, der unaufhaltsam zum Sozialismus schreitet, in die Geschichte als Vergangenheit verwiesen worden und werden immer wieder von neuem nach dort verwiesen. Mit anderen Worten: Bloch meinte, den Marxismus, den er als eine Kritik der reinen Vernunft ansah, durch eine Kritik der praktischen Vernunft ergänzen zu müssen. Nun ist in der Tat die Kritik der praktischen Vernunft des Marxismus noch nicht geschrieben, sie wird aber auch niemals *geschrieben* werden, jedenfalls nicht mit Tinte und auf Papier. Unsere Kritik der praktischen Vernunft ist die Praxis des sozialistischen Aufbaus. Gibt es eine schönere und erhabenere Aufgabe für einen Philosophen als sich *tätig* in diesen Prozeß einzureihen?

1958

Kritische Bemerkungen zu Ernst Blochs Hauptwerk „Das Prinzip Hoffnung"

Mit dem Erscheinen des *dritten* Bandes liegt Ernst Blochs Hauptwerk „Das Prinzip Hoffnung" nunmehr geschlossen vor uns. Damit ist jene Voraussetzung eingetreten, die es ermöglicht, Blochs Werk in seiner Gesamtheit, dazu letzten und definitiven Fassung zu beurteilen, ohne auf Mutmaßungen über dessen Fortgang und eigene Weiterführungen seiner Gedanken angewiesen zu sein.

Was den dritten Band des „Prinzips Hoffnung" generell angeht, so ist sein Inhalt mehr als alles andere in den letzten Jahren von Bloch Erschienene dazu angetan, Widerspruch herauszufordern. Darüber hinaus zeigt er vorzüglich und viel offensichtlicher als die vorangegangenen beiden Bände, daß Bloch an der bereits im „Geist der Utopie" (1918, 2. Aufl. 1923) entwickelten Konzeption grundsätzlich, aber auch starr festhält. Das verarbeitete Material ist im „Prinzip Hoffnung" zwar zahlreicher und vielschichtiger, doch sind an den Grundzügen des Blochschen Philosophierens kaum Veränderungen festzustellen. So nimmt es nicht wunder, daß der dritte Band keine Berücksichtigung geübter Kritik oder Abgrenzung ihr gegenüber kenntlich macht. Bloch führt konsequent weiter, was er im ersten und zweiten Band seines Hauptwerkes zu entwickeln begonnen hat, bzw. baut das zentrale Anliegen des „Geistes der Utopie" weiter aus. Allerdings geschieht das im dritten Band des „Prinzips Hoffnung" mit einer Konsequenz, die, wäre das Anliegen Blochs ein anderes, eines, das in unserem Kampf um den endgültigen Sieg des Sozialismus seinen Ort hätte, dem Autor zur Ehre gereichen würde. Bedauerlicherweise ist das nicht so. Bloch befindet sich auch hier auf Pfaden, die abseits der großen Heerstraße liegen, die zum Sozialismus führt. Die von ihm aufgeworfenen Probleme und versuchten Lösungen stellen heute, im Jahre 1960, einen Anachronismus dar und sind objektiv die Restauration eines Denkens, über das die Geschichte hinweggeschritten ist.

Nachfolgende Zeilen wollen eine *erste* kritische Stellungnahme zu Blochs Hauptwerk „Das Prinzip Hoffnung" sein, wie sie sich durch das Erscheinen des abschließenden Bandes notwendig macht. Sie erheben keinen Anspruch, die *Gesamt*problematik von Blochs Philosophieren aufzuzeigen und der ausführlichen und zusammenfassenden Kritik zu unterwerfen. Das wäre angesichts der Breite und Vielschichtigkeit seines Werkes in einem Zeitschriftenbeitrag kaum möglich. Viele Fragen müssen offen bleiben, wie ebenso viele Probleme nicht behandelt werden können. Trotz dieser Einschränkung glauben wir aber mit dieser Kritik, die eine Fortführung unseres ersten kritischen Beitrags[1] ist, die Kerngedanken Blochs zu treffen und Klarheit über das Wesen seines Philosophierens zu schaffen. Weitergeführter Kritik muß es vorbehalten bleiben, Blochs Philosophie im einzelnen zu untersuchen und die von ihr erhobenen Ansprüche zurückzuweisen.

Vier Probleme stehen im Mittelpunkt unserer Ausführungen: 1. Blochs Sprache. Diese ist nicht von der Form, sondern vom Inhalt her zu betrachten. Denn wo sich eine Sprache wesentlich in Bildern, Gleichnissen, Metaphern gefällt, ist ihr Inhalt fraglichen Charakters. 2. Die Beziehungen von Hoffnung und Gesellschaft. Es verhält sich nicht so, wie Bloch ausführt, daß das Problem Hoffnung seit eh und je als zentrale Aufgabe vor der Philosophie gestanden hätte. Nur von bestimmten gesellschaftlichen Schichten wurde unter bestimmten historischen Bedingungen die Hoffnung zum Problem gemacht. 3. Das von Bloch in seiner Philosophie verarbeitete Gedankenmaterial. Hier liegen die Dinge so, daß das Blochsche Philosophieren weitaus mehr den Überlieferungen der deutschen Mystik, der Tradition der jüdischen und christlichen Religion und nicht zuletzt der deutschen Romantik verbunden ist als dem Erbe der großen idealistischen Philosophen: Aristoteles, Leibniz, Hegel. 4. Hoffnungsphilosophie und Religion. Gerade der dritte Band des „Prinzips Hoffnung" erhärtet unser

[1] Vgl. M. Buhr, Der religiöse Ursprung und Charakter der Hoffnungsphilosophie Ernst Blochs, in: Deutsche Zeitschrift für Philosophie (im folgenden: DZfPh), Berlin, 4/1958, S. 576–598 (S. 225–259 in diesem Band).

Urteil, daß die Philosophie Blochs eine Erscheinungsform religiösen Gedankenguts darstellt. Auf eine Formel gebracht: Die Hoffnungsphilosophie *ist* Religion.

Diese vier Probleme treffen unseres Erachtens den Kern der Blochschen Philosophie. Insofern müssen sie als erstes der Kritik unterzogen werden. Alle anderen Bestandteile der Hoffnungsphilosophie, etwa ihre Materieauffassung, der von ihr behauptete innige Zusammenhang jeder Kunst mit dem Mythos, die versuchte Wiedereinführung der Teleologie als entscheidender Kategorie der gesellschaftlichen Entwicklung usw., sind Folgerungen aus den Lösungsversuchen und -arten der genannten Probleme. Zwischen ihnen besteht ein enger Zusammenhang, auch wenn er in unseren Ausführungen nicht fortlaufend betont wird. Die Sprache Blochs ist ohne das Wissen um seine zutiefst religiösen Anliegen kaum zu verstehen. Die Kenntnis des in der Hoffnungsphilosophie verarbeiteten Gedankenmaterials ist die Voraussetzung für das Verständnis der in ihr entwickelten Materieauffassung. Andererseits bleibt alles das eine Halbheit, wenn nicht darauf hingewiesen wird, daß Blochs Philosophie aus der „Seelennot der Zeit" (Gerlich), wie man anfangs der zwanziger Jahre sagte, geboren wurde, das heißt eine Reaktion auf den Zustand der Hoffnungslosigkeit des bürgerlichen Menschen in der Periode der allgemeinen Krise des Kapitalismus darstellt. [. . .]

1. Das Sprachdunkel und seine Gründe

Dem Unternehmen einer Kritik der Blochschen Philosophie stehen eine Reihe von Schwierigkeiten entgegen, als deren erste die sprachliche Form, in der sie vorgetragen wird, zu nennen ist. Sie hat *Esoterik* zur Voraussetzung und ist durch *Dunkelheit* gekennzeichnet. Wir sagen damit zunächst noch gar nichts gegen Ausführungen wie diese: „Das Nicht ist nicht da, aber indem es derart das Nicht eines Da ist, ist es nicht einfach Nicht, sondern zugleich das Nicht-Da. Als solches hält es das Nicht bei sich nicht aus, ist vielmehr aufs Da eines Etwas treibend bezogen. Das Nicht ist Mangel an Etwas und ebenso Flucht aus diesem Mangel;

so ist es Treiben nach dem, was ihm fehlt ... Das Nicht liegt im Ursprung als das noch Leere, Unbestimmte, Unentschiedene, als Start zum Anfang; das Nichts dagegen ist ein Bestimmtes. Es setzt Bemühungen voraus, lang ausgebrochenen Prozeß, der schließlich vereitelt wird; und der Akt des Nichts ist nicht wie der des Nicht ein Treiben, sondern eine Vernichtung. Auf das *Nicht* bezieht sich das Dunkel des gelebten Augenblicks, auf das *Nichts* erst das negative Staunen, genau wie das positive sich auf das *Alles* bezieht."[2]

Zweifellos ist hier die Abstraktion auf die Spitze getrieben, und man kann fragen, ob sich der gemeinte Sachverhalt nicht etwas weniger in Manier einflußreicher Richtungen spätbürgerlicher Philosophie hätte umschreiben lassen. Sicher auch könnten etwas mehr sprachliche Disziplin und Rücksichtnahme auf den Leser solche Partien verständlicher gestalten helfen. Trotzdem werden von uns die Schwierigkeiten nicht übersehen und anerkannt, die der in diesem Abschnitt des „Prinzips Hoffnung" darzustellende Inhalt mit sich bringt. Kein philosophisches Werk kommt ohne eine bestimmte Abstraktionshöhe aus.

Wenn Bloch jedoch im weiteren den Gebrauch von Gleichnissen, Bildern, Metaphern zum Prinzip der Darstellung erhebt und sich fast ausschließlich in diesen mitteilt, dann muß es hierfür Gründe – keineswegs gute Gründe geben. Dann ist der Gegenstand der Darstellung fraglichen Charakters; oder aber der Autor verzichtet über weite Strecken bewußt auf Wissenschaftlichkeit und redet mystischen „Grundbefindlichkeiten" das Wort, für die in der Tat Gleichnisse, Bilder, Metaphern die angemessene sprachliche Form sind, wie die Geschichte der Literaturen zeigt.

Als Belege für die Eigenart der sprachlichen Aussage Blochs nur wenige Beispiele aus dem „Prinzip Hoffnung", wahllos herausgegriffen:

„Dann erst melden sich süß gewordene Lüste, schäumen sogleich. Die Liebe läßt keinen allein ins geträumte Schloß oder auf die See."[3]

„Am einladendsten blieb es, Geld aus dem Dreck zu backen,

[2] E. Bloch, Das Prinzip Hoffnung, Bd. I, Berlin 1954, S. 332 f.
[3] Ebenda, S. 36.

der herumliegt. Ist jeder seines Glückes Schmied, dann wird es am besten an seinem metallenen Ursprung geschmiedet."[4]

„Wie bekannt, mögen gute Tage in anderer Art glücklich sein. Sie gelten als schwer ertragbar, der Whisky ist zu billig, zu viel Ruhe ist da, zu viel Eintracht. Die Wahrscheinlichkeit dieses Zustandes ist freilich gering, die Sorge um ihn ist verfrüht, die Predigt gegen ihn reaktionär."[5]

Bloch mag mit solchen und ähnlichen Ausführungen – sie nehmen in dieser Art über die Hälfte der Darstellung ein – durchaus richtige Tatbestände angehen, aber werden sie in dieser sprachlichen Einkleidung verstanden und mitteilbar?

Die Dunkelheit und Unverständlichkeit seiner Sprache hat Bloch im Hegel-Buch zu erklären versucht. In „Subjekt – Objekt" schreibt er: „Kants Sprache ist von berauschender Genauigkeit; der Leser merkt ihren Wert, sobald er sie nicht in Philosophie, sondern in Dichtung wahrnimmt, so bei Kleist, dessen Prosa an der Kantischen gebildet ist. Hegels Sprache zeigt überall dort, wo der Leser die eigenwillige Terminologie durchdrungen hat, Musik aus Lutherdeutsch, versehen mit der jähesten Anschaulichkeit. Mit der Anschaulichkeit, wie sie ein Blitz, aus keineswegs wolkenleerem Himmel, verleiht, wenn er mit einem Schlag die ganze Landschaft erleuchtet, präzisiert, zusammenfaßt. Hegels Sprache bricht die übliche Grammatik nur deshalb, weil sie Unerhörtes zu sagen hat, zu dem die bisherige Grammatik keine Handhabe bietet ... Hegel wühlt, indem er aufwühlt und klärt, er denkt, ganz gegen die landläufige Meinung über ihn, lange im Gemüt ... Darum kann von der Mächtigkeit eines solchen Denkers nicht erwartet werden, daß er so komfortabel sich darstelle wie ein Locke ... Und wird dem Leser bei einiger Bemühung nicht jeder Satz klar, so bedenke er: es gibt auch undurchsichtige Edelsteine. Soll heißen: Dunkles, das exakt als solches ausgedrückt wird, ist ein ganz Anderes wie Klares, das dunkel ausgedrückt ist; das Erste ist wie Greco oder Gewitterlicht, das Zweite ist Stümperei."[6]

[4] Ebenda, Bd. II, Berlin 1955, S. 204.
[5] Ebenda, Bd. III, Berlin 1959, S. 22.
[6] E. Bloch, Subjekt – Objekt. Erläuterungen zu Hegel, Berlin 1949, S. 15 f.

Diese Hinweise stehen nicht nur als „Erläuterungen zu Hegel", sondern stellen auch eine Entschuldigung für Blochs eigene Sprache dar. Gewiß, es ist richtig, daß Neues, kaum oder noch nicht Gedachtes, das unter den Zugriff philosophischer Reflexion kommt, seine ihm angemessene sprachliche Form finden muß. Gewiß ist es auch richtig, zumindest steckt ein richtiger Kern in diesem Gedanken, daß Dunkles, was nur heißen kann: noch Unbekanntes, nicht mit landläufigen Kategorien, geschweige Formulierungen ausgedrückt, mehr oder weniger „unklar", nur vorläufig umschrieben werden kann. Allein, wenn solches über 1 500 Seiten hinweg praktiziert wird, so geht einiges nicht in Ordnung, und zwar weniger von der Sprache als vielmehr vom Inhalt, vom Gegenstand her. Anders: *dann lebt die Sprache nicht von der Sache, sondern die Sache von der Sprache.* Womit gesagt werden soll, daß die Sache keine Bestimmung der Wirklichkeit, sondern eine vermeintliche ist – als solche vorgefunden und zum Objekt philosophischer Reflexion gemacht in den verschiedensten Formen falschen Bewußtseins, die wissenschaftsgeschichtlich nicht erst seit Marx und Engels, sondern schon seit den Anfängen der bürgerlichen Neuzeit, zumindest aber seit der Aufklärung, ihren Ort in der Ideologienforschung gefunden haben. Dergestalt sind sie zwar von historischem, niemals aber sachlichem Interesse. Es sei denn, man ignoriert 400 Jahre ernsthafter Auseinandersetzung mit vor- und unwissenschaftlichen Theoremen und knüpft an Denkformen an, die – historisch bedingt – aus einstiger Ohnmacht des Menschen der Natur und Gesellschaft gegenüber entsprungen sind.

So muß festgehalten werden, daß Blochs Werk über weite Strecken nicht vom Inhalt, sondern von der sprachlichen Formulierung lebt, wie die Kritik schon vor Jahren richtig hervorgehoben hat. Und das macht eine kritische Betrachtung der Blochschen Philosophie nicht leicht. Immer muß gefragt werden, inwieweit bei Bloch wirkliche Sachverhalte vorliegen bzw. inwieweit nur der Schein solcher durch die geistreiche Form der Aussage hervorgerufen wird.

Hinzu kommt ein weiteres Moment: Bloch verzichtet darauf, seine Anschauungen zunächst in Form von Thesen zu entwickeln, dann interpretierend auszuführen und durch Analysen zu untermauern. Bloch ist gleichsam immer mitten drin, so daß man seine Philosophie eigentlich nirgends richtig zu fassen bekommt. Er spricht seine Grundanliegen nur gelegentlich und aufs Ganze verteilt aus. Die laufenden und ermüdenden Wiederholungen in seinen Werken sind eine Folge dieser Darstellungsart, wie ebenso die durchgängige Gleichstellung von Wesentlichem und Unwesentlichem. Der Kritik ist es ob solcher Tatsachen fast unmöglich, systematisch vorzugehen oder gar dem Gang der Blochschen Untersuchung selber zu folgen, was als weitere Schwierigkeit von vornherein geltend zu machen ist.

Der Kern der Kritik an Blochs Sprache allerdings muß sein: Wir haben es bei der besonderen Art der sprachlichen Aussage Blochs nicht mit einem bloßen *Form*problem, sondern mit einem *inhaltlichen* Problem zu tun. Die Form seiner sprachlichen Aussage, die Esoterik und Dunkelheit auszeichnet, deren wesentliche Bestandteile Gleichnisse, Bilder, Metaphern sind, wozu sich Aperçu und Bonmot gesellen, ist Folge eines in Frage stehenden Inhalts, Gegenstands der Darstellung.[7] Bloch hat in dem oben angeführten Zitat aus „Subjekt – Objekt" auf Kant verwiesen und festgestellt, daß die Sprache des kritischen Philosophen „von berauschender Genauigkeit" sei. Wir stimmen Bloch darin vollkommen zu. In Stellvertretung weiterer Kritik an Blochs Sprache soll Kant abschließend und als Zusammenfassung stehen. Sein Aufsatz „Von einem neuerdings erhobenen vornehmen Ton in der Philosophie", erschienen 1796 in der „Berlinischen Monatsschrift", gerichtet gegen Jacobi, macht darauf aufmerksam, daß es Philosophen gibt, die, statt in Prosa zu schreiben, wie es dem Wesen der Philosophie entspreche, sich eines poetischen Sprachstils befleißigen. Damit begibt man sich, so führt Kant aus, in die Gefahr, „in schwärmerische Vision zu geraten, die der Tod aller Philosophie ist". Und Kant fährt dann fort – die auf Jacobi ge-

[7] Man kann natürlich die Sprache Blochs auch als bloßes Formproblem betrachten und etwa die Frage stellen, ob sie nicht weniger an Hegel als vielmehr an Nietzsche geschult ist, wie das Klaus Mann einmal feststellte; oder inwieweit sie vom Expressionismus abhängig ist, was tatsächlich zutrifft. Immer muß dabei aber beachtet werden, daß Blochs Sprache kein bloßes Formproblem, sondern in erster Linie ein solches des Inhalts ist und weltanschauliche Gründe hat.

münzten Ausführungen könnten auch gegen Bloch geschrieben sein: „Jene Göttin also *ahnen* zu können, würde ein Ausdruck sein, der nichts mehr bedeutete als: durch sein moralisches *Gefühl* zu Pflichtbegriffen geleitet zu werden, ehe man noch die Prinzipien, wovon jenes abhängt, sich hat *deutlich* machen können; welche Ahnung eines Gesetzes, sobald es durch schulgerechte Behandlung in klare Einsicht übergeht, das eigendliche Geschäft der Philosophie ist, ohne welche jener Ausspruch der Vernunft die Stimme eines *Orakels,* welches allerlei Auslegungen ausgesetzt ist, sein würde." Zu „Orakel" macht Kant eine köstliche Anmerkung, deren letzter Satz lautet: „Im Grunde ist wohl alle Philosophie prosaisch; und ein Vorschlag, jetzt wiederum poetisch zu philosophieren, möchte wohl so aufgenommen werden, als der für den Kaufmann: seine Handelsbücher künftig nicht in Prose, sondern in Versen zu schreiben."[8]

Wir glauben, Kants Feststellungen sprechen für sich selber und bedürfen keiner Erläuterungen. Schließlich beendet Kant seine kleine Abhandlung mit dem Satz: „Übrigens, 'wenn', ohne diesen Vorschlag zum Vergleich anzunehmen, wie Fontenelle bei einer anderen Gelegenheit sagte: 'Hr. N. doch durchaus an die Orakel glauben will: so kann es ihm niemand wehren.'"

2. Die Hoffnung als gesellschaftliches Problem

An die Hoffnung Philosophie zu bringen, wird von Bloch als Grundanliegen seines Hauptwerkes bezeichnet. „Es kommt darauf an, das Hoffen zu lernen."[9] Solches wird in den verschiedensten Formulierungen und ungezählte Male in allen drei Bänden durchgängig wiederholt. Näher und zusammengefaßt so ausgeführt: „Das Intendieren ist nicht in seinem allemal antizipierenden Klang gehört, die objektive Tendenz nicht in ihrer allemal antizipatorischen Mächtigkeit erkannt. Das Desiderium, die einzig ehrliche Eigenschaft aller Menschen, ist unerforscht. Das Noch-Nicht-Bewußte, Noch-Nicht-Gewordene, obwohl es den Sinn aller Men-

[8] I. Kant, Werke in sechs Bänden, hg. von W. Weischedel, Wiesbaden 1956 ff., Bd. III, S. 396 f.

[9] E. Bloch, Das Prinzip Hoffnung, Bd. I, a. a. O., S. 13.

schen und den Horizont alles Seins erfüllt, ist nicht einmal als Wort, geschweige als Begriff durchgedrungen. Dies blühende Fragengebiet liegt in der bisherigen Philosophie fast sprachlos da ... Die Hoffnung, mit ihrem positiven Korrelat: der noch unabgeschlossenen Daseinsbestimmtheit, über jeder res finita, kommt derart in der Geschichte der Wissenschaften nicht vor, weder als psychisches noch als kosmisches Wesen und am wenigsten als Funktionär des nie Gewesenen, des möglich Neuen. Darum: besonders ausgedehnt ist in *diesem Buch* der Versuch gemacht, an die Hoffnung, als eine Weltstelle, die bewohnt ist wie das beste Kulturland und unerforscht wie die Antarktis, Philosophie zu bringen ... *Docta spes, begriffene Hoffnung,* erhellt so den Begriff eines Prinzips in der Welt, der diese nicht mehr verläßt. Schon deshalb nicht, weil dieses Prinzip seit je in ihrem Prozeß darin war, philosophisch so lange ausgekreist. Indem es überhaupt keine bewußte Herstellung der Geschichte gibt, auf deren tendenzkundigem Weg das Ziel nicht ebenso alles wäre, ist der im guten Sinn des Worts: utopisch-prinzipielle Begriff, als der der Hoffnung und ihrer menschenwürdigen Inhalte, hier ein schlechthin zentraler."[10]

Zumindest zweierlei wird hier festgestellt: Erstens, die Hoffnung ist eine objektive Bestimmung der Wirklichkeit, sie ist nicht nur ein psychisches, sondern auch ein „kosmisches Wesen"; zweitens, die bisherige Philosophie hat der Hoffnung kein Gewicht beigemessen, ihr Problemkreis ist kaum abgesteckt, noch weniger erforscht. Dem letzteren und seiner Problematik wollen wir uns zuwenden.

Zweifellos ist es richtig, daß die bisherige Philosophie auf das Problem Hoffnung, im Unterschied zu anderen Problemen, verhältnismäßig wenig reflektiert hat. Es dürfte von den Quellen her schwer sein, eine Geschichte des Problems Hoffnung zu schreiben, während es leicht ist, etwa eine Geschichte des Einheit-Vielheit-Problems auszuführen. Doch ist nicht entscheidend, daß das so ist, sondern *warum* das so ist. Und gerade diese Frage wird in ihrer Bedeutung von Bloch nirgends erkannt noch genügend herausgearbeitet und demgemäß auch nicht zureichend beantwortet,

[10] Ebenda, S. 15 ff.

obgleich sie auf ein Schlüsselproblem des „Prinzips Hoffnung“ geht. Hätte Bloch diese Frage in ihrer ganzen Schärfe und Problematik erfaßt, dann wäre ihm aufgegangen, daß es sich beim Problem Hoffnung allgemein um ein ausschließlich *gesellschaftliches* Problem handelt, speziell um ein gesellschaftliches Problem bestimmter gesellschaftlicher Situationen. Wann und wo, in welchem Ausmaß und mit welcher Intensität das Problem Hoffnung der denkerischen Betrachtung unterzogen wird, ist abhängig von spezifischen historisch-gesellschaftlichen Bedingungen, wie das übrigens – seit Marx und Engels bekannt – bei jedem philosophischen Problem der Fall ist.

In der Tat hat man sich nur zu bestimmten Zeiten und unter bestimmten historischen Bedingungen mit der Hoffnung als Problem im Bereich der Philosophie und weltanschaulichen Dichtung auseinandergesetzt. Um nur einige und die vielleicht wichtigsten Gestalten zu nennen: Die Stoa, die sich bemühte, der Hoffnung als Problem und begrifflich beizukommen; von ihr gehen alle neuzeitlichen Bestrebungen in dieser Richtung aus, was mit dem kontemplativen Charakter jeder bürgerlichen Philosophie zusammenhängt. Dann die Philosophie des 17. und 18. Jahrhunderts innerhalb ihrer Affektenlehre, nicht zuletzt Spinoza und die klassische bürgerliche deutsche Dichtung. Allerdings ist hier nirgends der Versuch unternommen worden, die Hoffnung zu *dem* oder wenigstens einem Zentralproblem der Philosophie zu machen. Von der Stoa bis zur klassischen deutschen Dichtung wird die Hoffnung durchweg als ein Problem unter anderen genommen. Und noch eins: Bis zur klassischen bürgerlichen deutschen Literatur wird die Hoffnung – soweit sie als Problem in die philosophische Besinnung überhaupt Eingang fand – immer, beispielhaft in Spinozas Ethik, mit der Furcht gekoppelt. Hoffnung und Furcht wurden als Korrelativa angesehen. Zudem war sie meist und wesentlich der psychologischen Forschung zugeordnet.

Bestrebungen gegenteiliger Art sind – und das ist das Auffallende – erst ab etwa 1900 zu beobachten, dauern in der bürgerlich-kapitalistischen Welt bis heute an und bleiben durchaus nicht auf Bloch beschränkt, obwohl er in diesem Zusammenhang als der mit Abstand originellste, ursprünglichste, auch positivste und fortschrittlichste Denker angesehen werden muß. Bemerkenswert ist, daß derartige Bestrebungen dem Übergang des Kapitalismus in das Stadium des Imperialismus parallel laufen und mit seiner weiteren Entfaltung an Intensität zunehmen. Tatsächlich hängen sie mit der allgemeinen Krise des Kapitalismus eng zusammen und sind nur von dieser Basis aus zu verstehen und zu erklären. Sie zeichnen sich sichtbar zuerst, wie immer bei solchen ideologischen Vorgängen, im Bereich der Dichtung ab. Als einflußreichste Gestalten dieser Art sind Hugo von Hofmannsthal in Österreich, Rainer Maria Rilke in Deutschland und Charles Péguy in Frankreich zu nennen. Die bürgerliche Philosophie nach der Jahrhundertwende faßt das Problem Hoffnung zunächst betont negativ, von seinem Gegenteil aus, der Angst. Zum Durchbruch kommen diese Bemühungen in der gesamten *Existenzphilosophie,* wie sie sich nach dem ersten Weltkrieg entwickelte und in den dreißiger Jahren ihre Blüte erlebte. Erst in jüngster Zeit wird die Hoffnung vom Existentialismus direkt angegangen. Besonders der katholischen Philosophie und protestantischen Theologie nahestehende Anhänger dieser Lehre zeichnen sich hierin aus. Man versucht, den Existentialismus mit Hilfe des Problems Hoffnung aus der Sackgasse zu bringen. Die „Grundbefindlichkeit" Hoffnung soll die „Grundbefindlichkeit" Angst ersetzen.[11] Als Absicht deutlich ausgesprochen und in Rückgriff auf Hofmannsthal, Rilke und Péguy durchgeführt wird dies vor allem von Otto Friedrich Bollnow in Westdeutschland und Gabriel Marcel in Frankreich. Sie stehen mit ihrem Vorhaben aber bei weitem nicht allein. Im Gegenteil: Solche Bestrebungen sind geradezu ein Grundzug des Existentialismus aller Schattierungen in den letzten Jahren. Selbst Heidegger machte unlängst Anstalten in dieser Richtung. In seinem Vortrag auf der Gesamtsitzung der Heidelberger Akademie vom 26. Juli 1958 über „Hegel und die Griechen" entwickelte er im Anschluß zu Hegels Satz: „Es ist nur bis zu einem gewissen Grade darin [in der griechischen Philosophie – M. B.] Befriedigung zu finden", die These, daß über dem Gang der ganzen Philosophie ein Rätselhaftes waltet, ein „Noch-nicht des Ungedachten, der auf- und vorbehaltenen Wesensfülle, kein Noch-Nicht,

11 Vgl. M. Buhr, Der religiöse Ursprung und Charakter der Hoffnungsphilosophie Ernst Blochs, in: DZfPh, 4/1958, S. 595 f.

das, weil mangelhaft und dürftig, uns nicht befriedigt, sondern ein Noch-nicht, dem wir nicht genügen und kein Genüge tun"[12].

Es ging uns im eben Ausgeführten nicht darum, einen Abriß der Geschichte des Problems Hoffnung zu geben, sondern lediglich um die Feststellung, daß, abgesehen von Ansätzen im Altertum und in der Periode der klassischen bürgerlichen Philosophie und Literatur, die Hoffnung erst seit der Jahrhundertwende verstärkt zu einem *zentralen* Anliegen der Reflexion spätbürgerlicher Ideologen geworden ist. Daß die Anfänge solcher Bestrebungen genau mit dem Übergang des Kapitalismus in das Stadium des Imperialismus zusammenfallen, ist, so meinen wir, nicht zufällig. Werner Krauss bezeichnete einmal das Entstehen der sogenannten geisteswissenschaftlichen Psychologie mit ihren allumfassenden Ansprüchen im letzten Drittel des 19. Jahrhunderts als „einfach die Antwort darauf, daß die anderen Wissenschaften seelenblind geworden waren"[13]. Analog dieser treffenden Feststellung kann in unserem Zusammenhang – mutatis mutandis – formuliert werden: Die Hinwendung der bürgerlichen Philosophie und Dichtung zum Problem Hoffnung ist einfach die Antwort darauf, daß mit Beginn der allgemeinen Krise des Kapitalismus das Dasein des bürgerlichen Menschen immer hoffnungsloser wird; womit einhergeht bzw. woraus folgt, daß die wesentlichen Inhalte des Problems Hoffnung und jeder Philosophie, die es, positiv oder negativ gewendet, ins Zentrum der Betrachtung stellt, ihren Ursprung im Dasein des spätbürgerlichen Menschen finden. Auf Bloch bezogen: die gesellschaftlichen Wurzeln seines Philosophierens sind bürgerlicher Natur. Bloch reflektiert weitaus mehr über das Dasein des Menschen in der bürgerlich-kapitalistischen Welt, wie sie sich seit der Jahrhundertwende herausgebildet hat, als daß er, um mit ihm selber zu sprechen, dem „proletarischen Auftrag" gehorcht, der über diese Welt hinweggeschritten ist. Wir sagen damit nicht, daß Bloch das bewußt tut. Subjektiv ist er vom geraden Gegenteil überzeugt. Aber es kommt nicht darauf an, wofür sich ein einzelner Denker hält, sondern darauf, was er objektiv ist, das heißt, welche konkreten gesellschaftlichen Inhalte er ausspricht.

[12] Deutsche Literaturzeitung, Berlin, Jg. 80, 10/1959, Sp. 938.
[13] W. Krauss, Graciáns Lebenslehre, Frankfurt am Main 1947, S. 39.

Unsere Feststellung kann noch von einer anderen Seite aus erhärtet werden: Wird die Literatur von etwa 1905 bis 1925 durchgegangen, so begegnet man einer Menge gleichgelagerter Bestrebungen, wie sie Bloch im „Geist der Utopie“ unternommen und ausgeführt hat. Bücher, Zeitschriftenartikel, Theaterstücke und Broschüren ähnlichen Inhalts schießen in diesen Jahren wie Pilze aus der taufrischen Walderde. Der Bogen kann in dieser Beziehung nicht weit genug gespannt werden. Er reicht – das Stichwort ist: „Seelennot der Zeit“ – von Kafka und Werfel über Simmel, Scheler und Theodor Lessing bis hin zu Lask und Karl Kraus. Die Reihenfolge bedeutet natürlich keine Rangordnung. Die Namen stehen, um zu zeigen, wie allgemein verbreitet damals solche Bestrebungen waren. Die Titel der literarischen Produkte der zweiten Garnitur zeigen schlaglichtartig, worauf diese Bestrebungen in letzter Instanz abzielen und aus welcher geistigen Atmosphäre sie hervorgehen. Einige Beispiele: Haas, „Weltende“; Nithack-Stahn, „Dies illa“; Ulitz, „Ararat“; Berger, „Sündflut“; Guggenheim, „Das Reich“; Peuckert, „Apokalypse 1618“; Strindberg, „Das Tausendjährige Reich“. Die Aufzählung könnte beliebig erweitert und fortgeführt werden. Urs von Balthasar hat in seiner „Apokalypse der deutschen Seele“ das Material, zwar in anderer Absicht, aber im großen und ganzen vollständig zusammengetragen; es ist kaum zu überblicken. In diesen Zusammenhängen und von dieser geistigen Atmosphäre überwiegender Teile des deutschen Bürgertums in den ersten Jahrzehnten des neuen Jahrhunderts her muß man Blochs Fragestellung ihrem Ursprung nach sehen (übrigens auch Lukács in seiner frühen Essay-Sammlung „Die Seele und die Formen“ und noch in wesentlichen Teilen von „Geschichte und Klassenbewußtsein“). Die allgemeinen Voraussetzungen dieser geistigen Atmosphäre aber sind die angeführten gesellschaftlichen Momente: der Übergang des Kapitalismus in das Stadium des Imperialismus und der damit verbundene soziale Umschichtungsprozeß innerhalb des Bürgertums. Daß Bloch die spezifische Frage des bürgerlichen Menschen nach *seinem* Dasein in den ersten Jahrzehnten des 20. Jahrhunderts zu einem allgemein menschlichen Problem ausweitet, ändert nichts an der Tatsache, daß der bürgerliche Spiegel seiner Philosophie nirgends gebrochen wird. Sie bleibt ursprunghaft dem Dasein des bürgerlichen Menschen auf einer bestimmten Stufe der Entwicklung, der Periode der allgemeine Krise des Kapitalismus, verhaftet.

3. Das Gedankenmaterial

Betrachtet man die Blochsche Philosophie unter dem Aspekt des in ihr verarbeiteten und von ihr aufgenommenen Gedankenmaterials, so ist leicht einzusehen, daß dieses fast ausschließlich der Religion und ihr nahestehenden Ideologien entstammt. Insofern muß das Blochsche Philosophieren als ein Denken bezeichnet werden, das mit Vorzug Probleme aufwirft und zu lösen versucht, die seit jeher religiöser Natur waren. Daran ändert auch die Tatsache nichts, daß Bloch im Zusammenhang der Behandlung und Darstellung seiner Probleme idealistische Philosophen als Gewährsmänner anführt. Die engen Beziehungen zwischen idealistischer Philosophie und Religion sind seit Feuerbach hinreichend aufgedeckt und bedürfen keines Nachweises mehr. Hinzu kommt: Religiöse Probleme sind nicht dadurch zu *echten* philosophischen Anliegen geworden, weil sie einst in die idealistische Philosophie eingegangen sind und in ihr über Jahrhunderte hinweg eine beträchtliche Rolle gespielt haben. Sie bleiben als Bestandteile der idealistischen Philosophie das, was sie ihrem Ursprung gemäß waren: „phantastische Widerspiegelung, in den Köpfen der Menschen, derjenigen äußern Mächte, die ihr alltägliches Dasein beherrschen, eine Widerspiegelung, in der die irdischen Mächte die Form von überirdischen annehmen“[14] – als solche Produkte einer bestimmten historischen Entwicklung, bestimmter gesellschaftlicher Zustände und damit weder von Ewigkeit her noch bis in alle Ewigkeit Probleme philosophischen Bemühens. Gerade diese phantastische Widerspiegelung äußerer Mächte, die das alltägliche Dasein der Menschen auf bestimmten Stufen seiner Entwicklung beherrschen, führt Bloch nicht, wie es richtig wäre, als historische Probleme, als Anliegen der Ideologiengeschichte vor, sondern als spezifisch moderne, als Probleme des 20. Jahrhunderts. Damit

[14] K. Marx/F. Engels, Werke, Bd. 20, Berlin 1962, S. 293 f.

aber nicht genug: Bloch geht noch weiter und deklariert sie als ewig menschliche, dem Menschen und der gesamten Menschheit ewig gestellte Aufgaben. Speziell ist es Bloch in diesem Zusammenhang darum zu tun, die religiösen Mythen als wesentliche Bestandteile der Philosophie auszugeben. Besonders im dritten Band des „Prinzips Hoffnung" ist ein solches Bestreben augenscheinlich.

Stellt man die Frage nach dem von Bloch verarbeiteten Gedankenmaterial jedoch nicht bloß in dieser Allgemeinheit, sondern spezifischer, so ist zunächst festzuhalten, daß es weder Aristoteles noch Leibniz oder Hegel sind, die, vom philosophischen Erbe her gesehen, die Basis der Hoffnungsphilosophie abgeben. Bloch bemüht diese drei großen idealistischen Philosophen in seinen Werken zwar oft und zitiert sie ausgiebig, trotzdem stecken Aristoteles, Leibniz und Hegel weder den Problemkreis seiner Philosophie ab, noch bestimmen sie ihn. In der Hoffnungsphilosophie Blochs ist von der Geschichte der Philosophie aus zunächst ein ganz anderes Erbe wirksam als das der genannten großen idealistischen Philosophen.

Vor allem hat die *deutsche Romantik* bei der Ausarbeitung der Hoffnungsphilosophie Pate gestanden: Schelling, Baader, Novalis. Von ihr führt der Weg zurück in die Tradition der *deutschen Mystik* und *jüdisch-religiösen Überlieferung,* einschließlich der Kabbala. In diesen Strömungen ist das eigentliche philosophische Erbe zu suchen, das Bloch angetreten und weitergeführt hat – und nicht in den Philosophien Aristoteles', Leibniz', Hegels, wie fälschlicherweise, besonders im Hinblick auf den letzten, immer wieder behauptet wird. Das Erbe der drei großen idealistischen Denker fungiert innerhalb der Blochschen Philosophie stets nur auf der Grundlage bestimmter Lehren der deutschen Romantik, Mystik und jüdisch-religiösen Überlieferung, die zusammen das in erster Linie von Bloch verarbeitete Gedankenmaterial darstellen. Mit anderen Worten und etwas überspitzt: Die Lehren der deutschen Romantik, der Mystik und der jüdisch-religiösen Überlieferung sind konstitutive Bestandteile des Blochschen Denkens, während die Theorien von Aristoteles, Leibniz und Hegel als Beiwerk und Ausschmückung der Hoffnungsphilosophie stehen. Die Blochsche Materieauffassung wird zum Beispiel ohne die Aristotelische Definition der Materie in ihrem Gehalt kaum gemindert, allein ohne die Schellingsche Potenzlehre oder Baaders „Zentralerde“ ist sie undenkbar. Die Blochsche Auffassung der Geschichte kommt aus ohne die Hegelsche Entwicklungslehre; ohne die Lehre vom „Cogitor“ Baaders oder vom Heilungsplan Novalis’ bleibt sie jedoch unverständlich.

Es würde zu weit führen, allen in der Blochschen Philosophie vorhandenen mystischen Lehren im einzelnen nachzugehen; es genügt, auf einige Lehren der deutschen Romantik zu verweisen, und zwar schon deshalb, weil die deutsche Romantik gerade die in der ideologischen Entwicklung Deutschlands vorhandenen mystischen Überlieferungen verarbeitet und in die offizielle Philosophie eingeführt hat. Die Romantik spielte ja in dieser Hinsicht die Rolle eines Vermittlers.

Im „Subjekt – Objekt“ hat Bloch seine Auffassung über die deutsche Romantik am deutlichsten dargelegt. Die Romantik ist für ihn eine durchaus positiv zu bewertende ideologische Erscheinung im deutschen Geistesleben. Daß Bloch sich mit dieser Auffassung in nichts von dem überwiegenden Teil der bürgerlichen Literatur- und Philosophiegeschichtsschreibung unterscheidet, die – in reaktionärer Absicht – aus der Romantik die „Vollendung der Klassik“ macht, bemerken wir nur am Rande. Zwei Momente hebt Bloch an der deutschen Romantik als Verdienst hervor: die „Besinnung auf das geschichtlich Wachsende und Erwachsene“[15] und die Hervorkehrung eines durch die Vernunft nicht auflösbaren „Restes“ im geschichtlichen Werden.[16] Das letzte wird für Bloch geradezu zum Schicksal, dergestalt, daß er den von der deutschen Romantik konstituierten Agnostizismus der historischen Erkenntnis als Tatsache nimmt („Dämmerung nach vorwärts“, „Dunkel des gelebten Augenblicks“).[17]

Im einzelnen sind von Schelling, Baader und Novalis vor allem folgende Lehren von Bloch aufgenommen worden: von Schelling neben der Potenzlehre der Naturphilosophie die eigenartig dunkle, religiös-mystische „Geschichtsauffassung“; die Lehre, daß der

15 E. Bloch, Subjekt – Objekt, a. a. O., S. 60.

16 Ebenda, S. 57.

17 In seinen frühen Werken hat das Bloch direkt ausgesprochen, indem er von einem „Agnostizismus aus Verantwortung“ schrieb. Den letzten Werken ist dieser Tatbestand immanent, wird aber nicht als Begriff hervorgehoben.

Mensch, im Hier und Jetzt zwar unfertig, sich dennoch „a priori mitbringt", daß das Modell seiner Zukunft in ihm angelegt sei, so daß er über diese verfügt und demgemäß die von Gott zugedachte Rolle nur in der Zeit zu spielen braucht.

Ähnlich liegen die Dinge bei Baader. Von ihm schrieb Bloch bereits im „Geist der Utopie", daß „wir" Sozialisten über den Blick aufs Wirkliche den Geist Baaders nicht vergessen hätten. Zweifellos ist damit jener Teil der Baaderschen Philosophie gemeint, der das menschliche Erkennen zu einem Mitwissen (Conscientia) des göttlichen Wissens macht, in dem behauptet wird, daß der Mensch bei der Ausübung seiner Vernunftkraft nicht allein bestimmend, sondern von einem überirdischen Wesen abhängig ist (Lehre vom „Cogitor"). Von Novalis sind unzweifelhaft seine Lehre vom „Heilungsplan" und die damit zusammenhängende Anschauung von der Überführung der politischen Revolution in eine „heilige Revolution" zum Zwecke der Wiederherstellung der Religion als Elemente in die Blochsche Philosophie eingegangen.

Die Zusammenhänge zwischen den eben genannten Lehren der deutschen Romantik und der Hoffnungsphilosophie sind so offensichtlich, daß es überflüssig ist, sie im einzelnen durch Zitate aus Blochs Werken zu belegen. Nur zwei Stellen seien angeführt: „Die Welt ist vielmehr voll Anlage zu etwas, Tendenz auf etwas, Latenz von etwas, und das so intendierte Etwas heißt Erfüllung des Intendierenden. Heißt eine uns adäquatere Welt, ohne unwürdige Schmerzen ... Diese Tendenz aber steht im Fluß als einem, der gerade das Novum vor sich hat."[18] „Das Realproblem dieses Da-Seins lebt aber nur innerhalb des Prozesses, der es betreibt, ja: *es gäbe gar keinen Prozeß, wenn dieses sein Realproblem nicht wäre, und es gäbe nicht dieses Realproblem, wenn kein Prozeß wäre.* Das Daß, das im Menschen, aber auch im problematischen Subjekt der Natur zur absoluten Bedarfsdeckung, also zum höchsten Gut gelangen will, setzt kraft dieses objektiven Leit-Realproblems erst die Zukunft, in die die unerfüllte Augenblickswelt immer weiter treibt, mit intendiertem Endziel. Und es setzt ebenso erst die Vergangenheit, in die die Augenblickswelt immer wieder

[18] E. Bloch, Das Prinzip Hoffnung, Bd. I, a. a. O., S. 27.

versinkt, weil noch nichts Erschienenes, zur Erscheinung Gelöstes dem intendierten Endziel oder höchsten Gut entspricht."[19]

Im Grunde genommen findet man die von Bloch aus den Lehren der deutschen Romantik übernommenen Momente natürlich ebenso in den messianischen Partien der Bibel, und sie haben dort auch letztlich ihren Ursprung und ihr eigentliches Zuhause. Insofern verwundert es nicht, wenn Bloch an zentraler Stelle im dritten Band des „Prinzips Hoffnung" formuliert: „Wo Hoffnung ist, ist Religion", und so gleichsam Hoffnung und Religion in eins setzt. Damit können wir zu unserer letzten Frage übergehen, der Frage nach dem Verhältnis der Hoffnungsphilosophie zur Religion.

4. Nochmals: Der religiöse Ursprung und Charakter der Hoffnungsphilosophie Ernst Blochs

An sich bringt Bloch im dritten Band seines Hauptwerkes im Hinblick auf die Religion wenig Neues, obgleich ihre Behandlung und Darstellung den weitaus größten Raum des Buches einnimmt. Wir greifen nur einige Momente heraus, um unsere früher an Bloch geübte Kritik, die durch den Schlußband des „Prinzips Hoffnung" vollauf bestätigt wird, an bestimmten Stellen zu erhärten.

Gegenüber allen anderen ideologischen Erscheinungen hat für Bloch die Religion das mit Abstand größte „Erbsubstrat" aufzuweisen, indem sie *„Hoffnung in Totalität"* ist.[20] Die Religion ist das *„Totum einer Hoffnung, das die ganze Welt mit einer ganzen Vollkommenheit in Rapport setzt"*[21]. Genauer besehen, identifiziert Bloch Religion und Hoffnung. Im ersten Band seines Hauptwerkes war die Hoffnung nicht nur als „Wissen", sondern ebenso als „Gewissen", in seiner höchsten Vollkommenheit als „Wissen-Gewissen" vorgestellt worden. Im dritten Band wird dieses „Wissen-Gewissen" ohne Einschränkung nur der Religion zugestan-

[19] Ebenda, Bd. III, S. 433 f.
[20] Ebenda, S. 290.
[21] Ebenda, S. 289.

den und damit Hoffnung und Religion in eins gesetzt, wie folgende Sätze erhellen: „Ihr [der Religion – M. B.] Obskurum – 'Der Herr hat geredet, er wolle im Dunkel wohnen' (1. Kön. 8, 12) – ist nicht eines des Aberglaubens, der zu wenig Wissen ans Schicksal gesetzt hat, sondern eines des Wissen-Gewissens, das sich von Nicht-Geheurem in der Tiefe dauernd umgeben sieht und es nicht anders aufgelöst, nicht anders vermittelt hofft als zum – Wunderbaren. Der Phöbus post nubila, in dem vor allem der messianische Glaube sein kämpfendes Licht und sein wahrhaft rotbrünstiges hatte, ist keinerlei bereits vorhandene Konsonanz und überhaupt keine, die schlechterdings die Wolken vernichtet hätte; sie hat ihnen nur das Heimatlose genommen. Solches Wissen-Gewissen als das angegebene Erbsubstrat der Religion, das ist als das Eingedenken dessen, *Hoffnung in Totalität* zu sein, erfaßt zugleich das Wesen der Welt in ungeheurer Schwebe, zu einem Ungeheuerlichen hin, von dem die Hoffnung glaubt, die aktive Hoffnung betreibt, daß es ein gutes sei. Des Sinns, daß Religion die Sphäre bezeichnet, wo die Furcht des Menschen – vor dem Nicht-Geheuren in ihm selbst und im Weltwesen – aus tiefer Nähe, tiefer Ferne zurückhallen kann als Ehrfurcht."[22]

Nun wurde dieses „Wissen-Gewissen" in den bisherigen Werken Blochs als das die historische Entwicklung bestimmende Grundprinzip ausgegeben. Konsequenterweise müßte daraus folgen, daß die Religion der eigentlich treibende und in letzter Instanz bestimmende Faktor der menschlichen Geschichte ist. In der Tat wird solches im dritten Band des „Prinzips Hoffnung" von Bloch mit Nachdruck hervorgehoben. Er schreibt: „Numen, Numinosum, Mysterium, gar Nein zur vorhandenen Welt sind nie ein anderes als das *geheime Humanum* selber. Wohlverstanden: das geheime, das sich noch verborgene, das durch den Sprung des Ganz Anderen vom bekannten und seiner immanent-gewohnten Umwelt verschiedene. Die nie erschienenen Inhalte im Abgrund des Existierens erhalten im religiösen Ineffabile das Zeichen, daß sie nicht vergessen und nicht zugeschüttet werden. Sie erhalten, dezidiert in der Bibel, die allemal offen gehaltene Hoffnung, daß ihnen eine Zeit wie ein Raum der Adäquatheit utopisch

[22] Ebenda, S. 295.

zugeordnet ist, gedacht als Reich. Und sowenig wie das religiöse Selbst sich mit dem kreatürlich vorhandenen Menschen deckt und sowenig wie religiöse Geborgenheit mit dem selbstgefälligen Einspinnen des Positivismus in den empirischen Lebensinhalt zusammenfällt: sowenig fällt der religiöse Reichsgedanke, seinem intendierten Umfang und Inhalt nach, selbst mit irgendeinem der Sozialutopie ganz zusammen. Der Reichsgedanke ... enthält, in seinen Antizipationen, ein Absolutum, worin noch andere Widersprüche als die sozialen aufhören sollen, worin auch der Verstand aller bisherigen Zusammenhänge sich ändert."[23]

Also: historische Entwicklung findet statt, nur und insofern die Religion das „geheime Humanum", auf das sich Mensch und Welt zubewegen und von dem sie seit eh und je angezogen werden, wachhält. Womit natürlich – überflüssig das zu betonen – der Agnostizismus der historischen Erkenntnis in seine Rechte eingesetzt wird.

Bloch geht noch weiter. Er behauptet: „Die religiöse Reichsintention als solche *involviert Atheismus, endlich begriffenen.*" Und erläutert: „Sofern dieser [der Atheismus – M. B.] ja nicht nur den Aberglauben vertreibt, um an dessen Stelle ein ebenso dürftiges Negativum zu setzen, wie der Aberglaube ein windiges Positivum war. Sondern sofern Atheismus das unter Gott, das heißt unter einem *Ens perfectissimum* Gedachte aus dem Anfang und aus dem Prozeß der Welt entfernt und es statt eines Faktums zu dem bestimmt, was es einzig sein kann: zum höchsten utopischen Problem, zu dem des Endes. Die Stelle, die in den einzelnen Religionen durch das unter Gott Gedachte besetzt, durch das zu Gott Hypostasierte scheinreal ausgefüllt worden ist, ist nach Wegfall ihrer scheinrealen Ausfüllung nicht selber weggefallen. Denn sie erhält sich allemal als Projektionsort an der Spitze utopisch-radikaler Intention; und das metaphysische Korrelat zu dieser Projektion bleibt das Verborgene, das noch Undefiniert-Undefinitive, das real Mögliche im Geheimnis-Sinn."[24] Bedarf es weiterer An- und Ausführungen, um zu zeigen, in welchen Räumen sich Bloch bewegt? Der Agnostizismus ist offensichtlich.

Wenige Zeilen später wird das Paradoxon wiederholt: „Atheis-

[23] Ebenda, S. 296. [24] Ebenda, S. 297.

mus“, so schreibt Bloch, „ist ... so wenig der Feind religiöser Utopie, daß er deren Voraussetzung bildet: *ohne Atheismus hat Messianismus keinen Platz.* Religion ist Aberglaube, wo sie nicht das ist, was sie ihrem gültigen Intentionsinhalt nach in ihren historischen Erscheinungen wachsend bedeuten konnte: unbedingteste Utopie, Utopie des Unbedingten.“[25]

Was soll hierzu gesagt werden? Bloch glaubt, aller Kritik von vornherein die Spitze abzubrechen, indem er dekretiert: einzig ein Wissensbegriff kann der Religion gerecht werden, der sich selbst um das religiöse Gewissen bereichert hat. Ob solcher Argumentation scheiden sich natürlich die Geister, und alle Brücken werden abgebrochen. Die Igelstellung ist ausgebaut. Argumente der Vernunft und Logik, der Erkenntnis und Tatsachen versagen. Daß der Marxismus in diesem Zusammenhang noch ins Spiel gebracht wird, ist Ironie, wenn nicht grotesk. *„Verwandlung“*, schreibt Bloch, „... macht im Atheismus der Religion, über ihr, das letzte Kriterium ihrer Sphäre aus, ein Kriterium, das ebenfalls aus dem frommen Eindringen ins Oben, ins Werdenwollen wie das unter Gott Intendierte erfließt. Judentum, Christentum, als die höchsten Religionen, zeigen den ganzen intendierten Ernst dieser Verwandlung; gerecht werden kann ihm freilich einzig ein Wissensbegriff, der sich selbst um das religiöse Gewissen bereichert hat. Und das Ende der Religion ist so, in diesem Wissen, als begriffener Hoffnung in Totalität, nicht einfach keine Religion, sondern – in den Weiterungen des Marxismus – Erbe an ihr, meta-religiöses Wissens-Gewissen des letzten Wohin-, Wozu-Problems: Ens perfectissimum.“[26]

Gleichsam als Zusammenfassung fährt Bloch dann fort: *„Der Messianismus ist das Salz der Erde – und des Himmels dazu; damit nicht nur die Erde, sondern auch der intendierte Himmel nicht dumm werde.“* Und weiter: „Der unter Gott gedachte und ersehnte Inhalt ist der vorhandenen Wirklichkeit so überlegen, daß er, trotz aller Realitäts-Hypostasen, wachsend ein utopisches Ideal darstellt, das von seinem Nicht-Sein nicht widerlegt wird ... Atheismus, der weiß, was das heißt, geht nicht ... zur Gottmacherei zurück, wohl aber geht er, *mit ein für allemal weggefallener*

[25] Ebenda, S. 298. [26] Ebenda, S. 299.

Gott-Hypostase, zu dem unbedingten und totalen Hoffnungsinhalt, der unter dem Namen Gottes so wechselnd experimentiert worden ist."[27] Schließlich fordert Bloch: „Notwendig ist dergestalt – kraft des besonders totalen Wunschzugs von dieser Sphäre her – eine neue *Anthropologie der Religion.* Und fällig ist – kraft des besonders total intendierten Vollkommenheitswesens in dieser Sphäre – eine neue *Eschatologie der Religion.*"[28]

Wir haben aus dem dritten Band des „Prinzips Hoffnung" absichtlich jeweils längere Abschnitte angeführt, weil wir uns außerstande sehen, Blochs Paradoxien mit eigenen Worten wiederzugeben, ohne daß ihre Glaubwürdigkeit vom Leser angezweifelt wird. Darüber hinaus sprechen die herangezogenen Stellen in ihrer Ausführlichkeit auch besser für sich selber. Wenn wir einst schrieben, daß der Ursprung der Hoffnungsphilosophie in der Religion liege, ihr Charakter religiös-teleologisch und letzter Sinn der sei, die Religion zu erhalten, so müssen wir auf Grund des Inhalts des dritten Bandes heute präzisierend hinzufügen: *Die Hoffnungsphilosophie ist Religion* – nicht mehr und nicht weniger.

Zum Abschluß die Frage, die Bloch selber stellt und so formuliert: „Gerade am Atheismus bleibt ... diese *letzte Frage:* was ist *mit dem Hohlraum,* den die Erledigung der Gott-Hypostase hinterläßt oder auch nicht hinterläßt?"[29] Es versteht sich, daß Bloch auf dem Standpunkt steht, die Erledigung der Gott-Hypostase hinterlasse einen Hohlraum, der ausgefüllt werden müsse. Seine Bemühungen gipfeln geradezu darin, diesen vermeintlichen Hohlraum auszufüllen, um Ersatz für die Gott-Hypostase zu schaffen. Wie, haben wir gesehen. Aber darum geht es hier nicht. Vielmehr um *die* Frage: Spricht aus solchem Ansinnen nicht ein tiefer Unglaube an die Kraft des Menschen? Ist es nicht eigentlich Pessimismus, wenn der Optimismus nicht im Hier und Jetzt, sondern im Dunkel und Geheimnis ferner Zukunft fundiert wird?

Eine Frage stellen, heißt bekanntlich, sie zu beantworten.

1960

[27] Ebenda, S. 300 f.

[28] Ebenda, S. 301.

[29] Ebenda, S. 401.

Sieben Bemerkungen zur Philosophie Ernst Blochs

1. Ernst Bloch war – dies kann nicht angezweifelt werden – ein bedeutender Denker des 20. Jahrhunderts. Mit seinem philosophischen Werk hat er eine Weltanschauungs- und Kulturnorm entwickelt, die zur Kenntnis zu nehmen und kritisch-produktiv anzugehen ist. Wir wären schlecht beraten, dies nicht zu tun, solches nicht zu versuchen. Mit anderen Worten: Wir wären schlecht beraten, das Werk von Bloch nicht marxistisch-leninistisch zu befragen. Das deshalb, weil es innovative Züge trägt.[1]

Dies bedeutet nun aber nicht, sich in Blochs Denkschemata zu ergehen, sich an seinen barocken Formulierungen zu ergötzen, ihn gar als eine Art Geheimtip zu nehmen, um ein Mehr an Denkkraft vorzugaukeln, unhinterfragt auf Utopie, Hoffnung, Noch-Nicht usw. abzuheben, um sich so der Anstrengung des Begriffs *und* – vor allem – der konkreten Analyse zu entheben. Gerade das letzte nämlich ist eine Schwachstelle der Gedankenwelt Blochs – eine Schwachstelle, die dazu anfällig macht, den von ihm immer wieder beschworenen aufrechten Gang durch Wirbelblockierungen zu krümmen. Anders: Bilder können beeindruckend sein, sie

1 Als Stichwörter: Humanismus, Optimismus, Übergang, Zukunft, Gedankenreichtum, Querlage zum Hauptstrom bürgerlicher Gegenwartsphilosophie. Zu Blochs Philosophie vgl. in diesem Band M. Buhr, Der religiöse Ursprung und Charakter der Hoffnungsphilosophie Ernst Blochs *und* Kritische Bemerkungen zu Ernst Blochs Hauptwerk „Das Prinzip Hoffnung"; H. H. Holz, Logos spermaticos. Ernst Blochs Philosophie der unfertigen Welt, Darmstadt – Neuwied 1975 *und* Ernst Bloch – Denker der Zwischenwelten, in: Marxistische Blätter, Frankfurt am Main, 4/1985, S. 75 ff.; E. Fromm/M. Kunze, Hoffnung auf die „konkrete Utopie", in: Deutsche Zeitschrift für Philosophie (im folgenden: DZfPh), 7/1985; H. Seidel, Metaphysik des Utopischen, in: ebenda; St. Dietzsch/J. Schreiter, Marxismus auf eigene Faust?, in: Sinn und Form, Berlin, 6/1985, S. 1329 ff.

ersetzen jedoch in keinem Falle das Aufspüren der gesellschaftlichen Voraussetzungen *und* Wirkungen ideologischer Phänomene.

Die innovativen Züge des Blochschen Werkes unterscheiden dieses vom Hauptstrom spätbürgerlicher Art zu denken – unterscheiden Ernst Bloch, ungeachtet der durchaus nicht zufällig vorhandenen strukturellen Gemeinsamkeiten, von Heidegger und Jaspers, von Wittgenstein und Popper. Die Denkgebilde des Hauptstroms bürgerlicher Gegenwartsphilosophie sind Indizien kultureller Regression, ideologische Zugaben einer historisch überlebten Gesellschaft, die Existenzweise ihres Denkens ist Armut.

Blochs Denken dagegen will Progression sein, ist durch kulturellen Reichtum und Fülle gekennzeichnet. Es enthält nicht wenig Ornamente, auch Schnörkel, deren rationaler Nachvollzug schwierig, zum Teil unmöglich ist. Dennoch: Blochs Werk ist, bei aller ihm eigenen Widersprüchlichkeit und bei allem ihm eigenen Sprachdunkel, in seinem Grundanliegen optimistisch und voller Perspektiv*en* (der Plural ist in diesem Zusammenhang von uns gewollt). Es begnügt sich nicht mit dem gegebenen Jetzt, sondern versucht, vorwärtsweisend in das Wesen des *Welt*prozesses einzudringen, Zukunft an- und aufzurufen, wachzuhalten, auch in Vergangenem, damit Vergangenes und Gegenwärtiges nicht festgeschrieben, gar apologisiert, sondern als prozeßhaft-offene Zukunft präsentiert werden kann. Uns scheint, daß Bloch dabei schlechter Unendlichkeit verfällt. Das Problem der Objektivität und der Alternativen des Geschichtsprozesses scheint ungenügend auf.[2] Doch ausschlaggebend ist zunächst Blochs Ausgangspunkt:

[2] Unser Bezugspunkt ist der von Marx, der in der „Deutschen Ideologie" festhielt: „Schließlich erhalten wir noch folgende Resultate aus der entwickelten Geschichtsauffassung: [. . .] 4. daß sowohl zur massenhaften Erzeugung [des] kommunistischen Bewußtseins wie zur Durchsetzung der Sache selbst eine massenhafte Veränderung der Menschen nötig ist, die nur in einer praktischen Bewegung, in einer *Revolution* vor sich gehen kann; daß also die Revolution nicht nur nötig ist, weil die *herrschende* Klasse auf keine andre Weise gestürzt werden kann, sondern auch, weil die *stürzende* Klasse nur in einer Revolution dahin kommen kann, sich den ganzen alten Dreck vom Halse zu schaffen und zu einer neuen Begründung der Gesellschaft befähigt zu werden." (K. Marx/F. Engels, Werke, Bd. 3, Berlin 1962, S. 69 f.) – Im Hinblick auf Ernst Blochs Philosophie heben wir hervor: *praktische Bewegung* und *den ganzen alten Dreck vom Halse schaffen.* Bloch vernachlässigte die

Tendenzen der Perspektiven des/der Menschen bloßzulegen, diese kenntlich zu machen, festzuhalten und sich zu diesen parteinehmend (wir sagen absichtlich nicht: parteilich) zu verhalten.

Blochs Werk ist dergestalt Unruhe, besser: es wird von Unruhe getragen. Dieses Zeichen macht es sicher großartig, zugleich aber auch schwärmerisch. Das um so mehr, als es mit Selbstgewißheit, von keinem Skrupel befallenem Selbstbewußtsein und mit Sprachgewalt vorgetragen wird. In diesem Punkt ähnelt Blochs Werk dem von Nietzsche, wie es denn auch an Nietzsche geschult ist. Die Warnung Hegels: „Die Philosophie aber muß sich hüten, erbaulich sein zu wollen"[3] ist von Bloch beiseite geschoben worden.

Gleichwohl: Perspektivisches, unruhiges, innovatives Denken, Gedankenreichtum, Humanismus, Optimismus – diese Merkmale im Blick auf Blochs Werk festzuhalten, ist uns wichtig, weil es sich dadurch vom Hauptstrom spätbürgerlichen Philosophierens unterscheidet und abgrenzt. Allein: der *Ort* von Blochs Philosophie liegt nicht *außerhalb* der spätbürgerlichen Geistigkeit. Drükken wir es mit einer paradoxen Formulierung aus: Bloch war kein spätbürgerlicher Denker im eigentlichen Sinne, und doch gehört er mit den Konsequenzen seines Werkes zur spätbürgerlichen Geistigkeit.[4]

2. Eine persönliche Bemerkung. Wir haben 1958 und 1960 in der „Deutschen Zeitschrift für Philosophie" zum Hauptaspekt des Werkes von Ernst Bloch, zu seinem religiös-messianischen Inhalt,

praktische Bewegung; in seiner Philosophie war er darauf aus, *den ganzen alten Dreck* undifferenziert zu bewahren.

3 G. W. F. Hegel, Werke in zwanzig Bänden, Frankfurt am Main 1969 ff., Bd. 3, S. 17.

4 Die „Sonderstellung" von Figuren wie Bloch in der spätbürgerlichen Geistigkeit kennzeichnete Georg Lukács einmal als „Verschmelzung von 'linker' Ethik und 'rechter' Erkenntnistheorie (Ontologie etc.)". Im direkten Blick auf Bloch hält Lukács in diesem Zusammenhang fest, und zwar 1962: „Daß Ernst Bloch, bis jetzt nicht erschüttert, an seiner Synthese von linker Ethik und rechter Erkenntnistheorie festhält ..., ehrt seinen Charakter, kann aber die Unzeitgemäßheit seiner theoretischen Einstellung nicht mildern." Grundsätzlich fügt Lukács dieser Feststellung dann an: „Soweit eine wirkliche, fruchtbare und fortschrittliche Opposition sich in der westlichen Welt ... wirklich regt, hat sie mit der Verkopplung von linker Ethik und rechter Erkenntnistheorie nichts mehr zu tun." (G. Lukács, Die Theorie des Romans, Vorwort, Darmstadt – Neuwied 1984, S. 15 f.)

geschrieben. Wir sehen keinen Grund, unsere damalige Stellungnahme in ihren Grundzügen zu revidieren oder gar zurückzunehmen. Von der heutigen Situation her gesehen, fiele manche von uns damals gewählte Formulierung sicher etwas anders aus. Wir würden zum Beispiel die Philosophie Blochs nicht mehr mit der Bezeichnung „Hoffnungsphilosophie" belegen. Einmal, weil in der Zwischenzeit mit dieser Bezeichnung Konjunktur getrieben worden ist, zum anderen aber (und darauf kommt es uns an), weil *Prinzip* Hoffnung, womit wir nicht den Buchtitel meinen, ein ziemlich später, auf den Tag genau datierbarer, auf das Jahr 1951 zurückgehender Einfall Blochs war. Wir hätten das damals wissen müssen und haben es auch gewußt. Die Grundaussage unserer damaligen Betrachtungen aber, die auf die Akzentuierung des *religiösen Ursprungs und Charakters* der Philosophie von Bloch insistierte, halten wir aufrecht, weil sie dieser adäquat ist.

Bei unserer Bemerkung ist keine Eitelkeit im Spiel. Und es ist bei dieser auch nicht der zuweilen anzutreffende Komplex anwesend, nicht zugeben zu wollen, sich geirrt oder zumindest überzeichnet zu haben. Im Gegenteil. Es ist nicht nur unsere Überzeugung, die wir mit dieser Bemerkung erneut bekräftigen wollen. Von der von uns 1958 zum erstenmal formulierten Aussage abzurücken, wäre auch Bloch gegenüber unfair, insofern nämlich, weil er selber die Adäquatheit unserer Feststellung über den religiösen Ursprung und Charakter seiner Philosophie zugestand (wir drükken uns betont zurückhaltend aus). Bloch versah seinerzeit unsere Einschätzung lediglich mit dem „Zusatz": warum gerade jetzt, das ist doch gefährlich, hätte er nicht das Übliche schreiben können. Das „jetzt" bezog sich auf die „Situation" und das „gefährlich" auf die Grundaussage, die Bloch zu jener Zeit nicht öffentlich gemacht wissen wollte (vgl. Anm. 8). Der „Zusatz" bezog sich so nicht auf die Sachaussage. Diese war Bloch seit 1950 bekannt, eigentlich seit dem Abend des Tages seiner Antrittsvorlesung 1949 in Leipzig, in der – nebenbei – aus *Geist* der Utopie nicht zufällig betont *konkrete* Utopie wurde. Doch verfallen wir nicht ins Memoirenschreiben; schließlich sind wir noch keine Sechzig.

Unsere Bemerkung gehorcht also nicht einem wie immer gearteten Rechtfertigungstrieb, sondern primär dem Bestreben, der

Legendenbildung um Ernst Bloch, die kräftig im Schwange ist, entgegenzutreten.[5]

3. Mit der eben gemachten Bemerkung soll auch angedeutet werden, daß manche Äußerungen Blochs im Blick auf sein Gesamtwerk vernachlässigt werden können. Das deshalb, weil Bloch sich sehr gern in der Rolle des Schrittmachers und auch in der des Schiedsrichters gefiel. Dieser Sachverhalt könnte als ein Charakterzug von Bloch abgetan werden. Doch wäre das zu einfach. Bloch war ein viel zu bewußter Denker, als daß mit einer solchen Beschreibung der angesprochene Sachverhalt erklärt werden könnte. Der zureichende Grund von diesem ist Blochs Verhältnis zur Organisation, zur Hegemoniefrage, zur Rolle der/des Intellektuellen in der Gesellschaft – ist seine Stellung zur marxistisch-leninistischen Partei. Bei allen Bekenntnissen zu dieser, die in seinem

[5] Die Legendenbildung um Bloch ist von ihm selber in Szene gesetzt worden (seine Interviews, vor allem nach 1961, seine Briefe und die Art und Weise der Zusammenstellung seiner Gesamtausgabe bei Suhrkamp sind dafür Zeichen). Aufgezogen wird die Legendenbildung aber vor allem von Leuten, die darauf aus sind, ein bemerkenswertes Denken, nämlich das von Bloch, zu vermarkten. Hier ist nicht das Denken Blochs der Gegenstand, sondern die Sensation oder zur Sensation hochstilisierte Episoden im Leben Blochs. Ein typisches Produkt dieser Art ist das an sich materialreiche, doch schlecht und einseitig recherchierte und zum Teil oberflächlich erarbeitete Buch von P. Zudeik (Der Hintern des Teufels, Ernst Bloch – Leben und Werk, Moos und Baden-Baden 1985). Im angenehmen Kontrast dazu steht das quellenmäßig solide erarbeitete, Sensationshascherei vermeidende, kenntnisreiche (besonders was Blochs politische Herkunft angeht) Buch von T. Franz über Blochs politisches Denken und Wirken (Revolutionäre Philosophie in Aktion. Ernst Blochs politischer Weg, genauer besehen, Hamburg 1985.) – An Legendenbildung um Bloch sind – ob bewußt oder unbewußt – auch solche Einlassungen beteiligt, wie man sie in den Zeitschriften „Weimarer Beiträge" (4/1985, S. 533 ff.) und „Sinn und Form" (4/1985, S. 838 ff.) zur Kenntnis nehmen kann. – Eine der *Grundlegenden:* Das Zusammenspannen von Bloch und Lukács. Ihre Wege gingen in den Jahren nach dem ersten Weltkrieg auseinander. Bloch hat Lukács' aktive Teilnahme an der Organisation der revolutionären Arbeiterklasse, sein Wirken innerhalb der marxistisch-leninistischen Partei, nie verstanden, vor allem nicht gebilligt. Bloch betrachtete diesen Tatbestand in Lukács' Leben als „Verrat", dessen Folgen Verarmung des Denkens und verdorbener sprachlicher Stil gewesen seien. – H. Mayer hat in seinem einfühlsamen Vortrag „Ernst Bloch oder die Selbstbegegnung" mit Recht festgehalten: „Heute wächst das Gestrüpp der Legenden um Ernst Bloch." (In: Süddeutsche Zeitung, München, 29./30. 6. 1985, S. 145 f.)

Werk, vor allem in vielen Äußerungen von ihm während der Zeit des Faschismus, zu finden sind – es sind Bekenntnisse, die von *außen* kommen und deshalb den Mangel an sich haben, das *Innen* nicht zu kennen. Mehr noch: Blochs philosophisches Grundanliegen ist mit dem Innerhalb der Organisation nicht zu konformieren, nämlich mit der Disziplin der Organisation, und zwar auch und gerade im Denken, die ja weder Phantasie verweigert noch Einförmigkeit oder gar dogmatische Enge nach sich zieht. Die intellektuelle Biographie von Bloch weist keinen Bruch auf (wie etwa die von Georg Lukács), den auf sich zu nehmen er nicht bereit war, genauer: von den Grundprinzipien seines Philosophierens her gar nicht auf sich nehmen konnte. Ein solcher hätte die Aufgabe des *Geistes* der Utopie (ohne Anführungsstriche) bedeutet. Bloch ging es immer und bis zuletzt um eine Einvernahme (nicht Ergänzung – das wäre zu einfach) des Marxismus in seine eigene Philosophie, was er mit der Ergänzungsbedürftigkeit des Marxismus durch eine Kritik der praktischen Vernunft motivierte, wie er schon in der ersten Auflage des „Geistes der Utopie" (1918) formulierte.

Im „Geist der Utopie" schrieb Bloch: „Man kann darum sagen, daß gerade die scharfe Betonung aller ökonomischen und die vorhandene, aber noch im Geheimnis bleibende Latenz aller transzendentalen Momente den Marxismus in die Nähe einer Kritik der reinen Vernunft rückt, zu der noch keine Kritik der praktischen Vernunft geschrieben worden ist. Die Wirtschaft ist hier aufgehoben, aber die Seele, der Glaube fehlt, dem Platz gemacht werden sollte; der tätig kluge Blick hat alles zerstört ..." Diese Forderung, die als Motiv bei Bloch von Anfang an vorhanden ist und die von ihm nie aufgegeben wurde, unterstreicht er durch die Anführung eines alten Manuskripts des Sohar: „Wisse, daß es einen doppelten Blick für alle Welten gibt. Der eine zeigt ihr Äußeres, nämlich die allgemeinen Gesetze der Welten nach ihrer äußeren Form. Der andere zeigt das innere Wesen der Welten, nämlich den Inbegriff der Menschenseelen." Dieses Manuskript zustimmend zitierend, fügt Bloch hinzu: „In solcher Funktionsbeziehung zwischen Entlastung und Geist, Marxismus und Religion, geeint im Willen zum Reich, fließt sämtlichen Nebenströmen ihr letzthiniges Hauptsystem: die Seele, der Messias, die Apokalypse, als welche den Akt des Erwachens in Totalität darstellt, geben die Tat- und Erkenntnisimpulse, bilden das Apriori aller Politik und Kultur."[6]

In seiner politischen Publizistik dieser Zeit nimmt sich das – zum Exempel – bei Bloch so aus. 1918 gab er in einem Artikel, „Preußen und der Bolschewismus", folgende Einlassung: „Lenin läßt einsperren und schickt drohende Noten an Englands und Amerikas Adresse, weil einige Kontingente in Archangelsk und Wladiwostok gegen die dortigen deutschen Umtriebe gelandet sind. Er gefällt sich in der souveränen Skepsis des Marxisten, der überall nur Kapitalinteressen, sonst nichts sieht, und macht den Engländern das Protektorat über das ferne Ägypten zum Vorwurf."[7]

Man könnte gegen unsere Anführungen einwenden, daß diese in Blochs Anfangszeiten liegen. Doch es geht uns hier nicht um den Buchstaben, sondern um das durchgängige Grundmotiv seines Philosophierens, das er von Anfang bis Ende durchhält. Zur Illustration ein Beleg aus der Wilhelm-Wild-Straße in Leipzig. Brieflich hält Bloch am 9. 7. 1952 fest: „Schönes Haus mit großem Garten (ist uns jetzt geschenkt worden), einflußreiche Professur, großes Gehalt, keine Katastrophe des Zusammenstoßens von Philosophie (meiner) mit der Schablone, im Gegenteil." Mit Philosophie meint Bloch hier seine eigene; mit Schablone die marxistisch-leninistische. Und weiter: „Dem Hegelbuch folgen jetzt erst 'Geschichte des Begriffs Materie' und 'Naturrecht und Sozialismus' nach. Dazwischen wird das dreibändige 'Prinzip Hoffnung' (zuverlässig ein Stein des Anstoßes) herauskommen." Abgesehen davon, daß Bloch den Titel „Naturrecht und Sozialismus" später in „Naturrecht und menschliche Würde" änderte, ist seine Einlas-

6 E. Bloch, Geist der Utopie, Berlin ^{2}1923, S. 327, S. 364.

7 G. Heinemann/W.-D. Schmied-Kowarzik (Hg.), Sabotage des Schicksals, Tübingen 1982, S. 85. – An anderer Stelle: „Weil also Marx allein mit dem Hochkapitalismus zu rechnen gelehrt hatte, gab man der beginnenden proletarischen Fabrikverschmutzung Rußlands als der programmgemäßen Antithese in kommunistisch-kapitalistisch-sozialistischer Wirtschaftsdialektik den gottlosen Segen; und machte gerne, mit der Minderheit an Soldatenpöbel und Fabrikarbeitern, preußisch-zaristische 'Diktatur des Proletariats'" (E. Bloch, Vademecum für heutige Demokraten, Bern 1919).

sung „'Prinzip Hoffnung' (zuverlässig ein Stein des Anstoßes)" beachtenswert. Mit „zuverlässig ein Stein des Anstoßes" ist der *Geist* der Utopie (wieder ohne Anführungsstriche) gemeint.[8]

Um diesen, für Bloch der Hauptpunkt seines Denkens, kreiste er mit seiner Philosophie, mußte er kreisen, weil diese den Spiegel der bürgerlichen Gesellschaft niemals gebrochen hat. Deshalb blieb Bloch jene Einsicht verschlossen, daß die Kritik der prak-

[8] 1978 meinte Bloch behaupten zu müssen: „In Leipzig las ich scheinbar nur Geschichte der Philosophie. Bei dieser Gelegenheit konnte ich jedoch alles unterbringen, was ich wollte, freilich oft nur in Form einer Andeutung ... Mich selbst habe ich dabei scheinbar immer völlig versteckt; dies war jedoch eine List ..." (A. Münster [Hg.], Tagträume vom aufrechten Gang. Sechs Interviews mit Ernst Bloch, Frankfurt am Main 1978, S. 78). Daß Bloch selber hier an Legendenbildung arbeitet, muß nicht besonders hervorgehoben werden. Er brauchte sich in Leipzig weder zu verstecken, noch mußte er in Andeutungen reden. Den *Geist* der Utopie hat er bei jeder Gelegenheit heraufbeschworen; ansonsten bewegte er sich eher „anpassend", was von ihm nicht verlangt wurde. – Allein der spärliche und von Bloch immer wieder in Gang gesetzte Briefwechsel mit Georg Lukács aus der Leipziger Zeit spricht eine andere Sprache. Bloch gefiel sich in der Rolle des Ordinarius! – Wenn es so gewesen wäre, wie Bloch es 1978 darstellte, wie sollte dann etwa der Brief vom 12. 8. 1952 an Peter Huchel erklärt werden? „... Wichtig erscheint mir, daß Dein Vorschlag [zum Nationalpreis] von einem 'engeren Fachkollegen' und ebenfalls Preisträger unterstrichen wird. Ich denke dabei an Prof. Baumgarten (wohnhaft Neubabelsberg). Dieser ist nicht nur Philosoph, Akademiegröße, Präsident der Ulbricht-Akademie und so weiter, sondern eine anima candida, ich bin mit ihm befreundet, und er schätzt meine Sachen." – Eine Persönlichkeit, die sich verstecken will, ist nicht auf öffentliche Ehrungen aus, sondern versucht doch wohl möglichst weitgehend im Hintergrund zu bleiben. – Es geht uns nicht darum, Bloch in irgendeiner Weise etwas nachzureden oder vorzuwerfen. Uns geht es um die Zurückweisung jedweder Legendenbildung, die Bloch selber – leider – kräftig besorgt hat. – Durch die Bildung von Legenden werden die harten Fakten des Klassenkampfes eingeschmolzen, akute Klassenkampfsituationen in bloße Handlungen von Individuen umgemünzt, gleichsam als Eitelkeiten und Intrigen ausgegeben, was auf Verfälschung des Geschichtsprozesses hinausläuft. Menschliche Schwächen, womit wir es hier wohl zu tun haben, müssen als solche genommen und jeder Persönlichkeit, auch Bloch, ohne Vorwurf zugestanden werden, auch wenn sie nicht selten peinlich sind. (W. Abendroth spricht allerdings davon, daß Bloch nach 1961 „notwendige solidarische Kritik zu unsolidarischer Negation übersteigert" habe, was wohl richtig und in diesem Zusammenhang bei Bloch immer mitzudenken ist. [W. Abendroth, Die Aktualität der Arbeiterbewegung, Frankfurt am Main 1985, S. 189])

tischen Vernunft (des Marxismus) die geschichtlichen Kämpfe der Arbeiterklasse und ihrer Organisation, der Partei, sind.[9]

Das eben Gesagte hebt das zu Beginn Angeführte nicht auf. Es verweist aber auf den Ort und die Weise des Blochschen Denkens. Der *Ort:* Blochs Denken verbleibt im Rahmen der bürgerlichen Gesellschaft; die *Weise:* Blochs Denken ist ein Denken des Übergangs. Das von Bloch immer wieder bemühte *Überschreiten* des Denkens ist von hier aus gesehen eher ein *Überspringen,* insofern nämlich, als er den realen Geschichtsprozeß der Epoche, vor allem das historische Subjekt dieses Geschichtsprozesses und seine Kämpfe, Klassenkämpfe, mit seinen Höhen und seinen Niederungen, mit seinen Siegen und seinen Niederlagen, mit seinen Diskontinuitäten und seinen Kontinuitäten, nicht *konkret* ausmacht – und eben dadurch überspringt. Den Geschichtsprozeß der Epoche und sein historisches Subjekt ersetzt Bloch (und das eben ist sein Überspringen) durch ein Endziel, das er nicht in der gesellschaftlichen Bewegung festmacht, sondern *primär* in der Welt (wobei ein Philosoph vom Range Blochs durchaus weiß, was er sagt, wenn er „Welt" schreibt).[10]

9 1965 erklärte Bloch: „. . . Marx hat nicht klar alle Wendungen offengelassen . . . Das hatte katastrophale Wirkungen. Wir haben keine unverwechselbare Kulturpolitik des Marxismus. Das geht weit über das Fehlen des linken Naturrechts hinaus. Dadurch hat man einen dauernden Ökonomismus und eine ausschließliche Politisierung als Marxismus betrachtet. So habe ich also in meinem ersten Buch dieser Art, im *Geist der Utopie,* 1918 den Satz geschrieben: So erscheint der Marxismus, wie er vorliegt, als eine Art von Kritik der reinen Vernunft, zu der eine Kritik der praktischen Vernunft noch nicht geschrieben worden ist. Das muß man erläutern. – Es bedeutet, daß Kritik der reinen Vernunft eine Rechenschaftslegung und eine Grenzbestimmung der reinen theoretischen Vernunft, des Newtonschen Determinismus ist. Bei Kant als Kritik der physikalischen Gesetzmäßigkeit, bei Marx als Kritik ökonomischer Gesetzmäßigkeit. Die Kritik der praktischen Vernunft, bei Kant also der moralischen Vernunft, geht auf die Ideen des Unbedingten, die zwar in der Welt nicht vorkommen, die nicht erkennbar sind durch facts, aber denkbar sind und so Denkinhalte für Postulate liefern . . . Die Kritik der praktischen Vernunft in diesem Sinn – als eine der Perspektiven, die über einen nächsten Fünfjahrplan hinausgehen, als eine des Wohin und Wozu der ganzen Freiheitsbewegung – ist im Marxismus überhaupt nicht ausgeführt." (Gespräche mit Ernst Bloch, hg. von R. Traub und H. Wieser, Frankfurt am Main 1975, S. 86 f.)

10 Geschichtsprozeß – Endziel, Welt *nicht* Gesellschaft . . . der tiefere Grund

4. Dadurch ist Blochs Denken im Hinblick auf *konkrete gesellschaftliche Verpflichtung* verbindlich-unverbindlich, unverbindlich-verbindlich. Das soll heißen: Gesellschaftliche Verpflichtung erschöpft sich nicht nur in Protest, sondern zum Protest müssen Organisation und Strategie hinzukommen, um *konkrete* gesellschaftliche Verpflichtung, das heißt geschichtlich wirksame, werden zu können.

für Blochs Verfehlung des Geschichtsprozesses ist in seinem Religionsverständnis zu suchen. Bloch mahnt Lukács am 24. 9. 1952: „Die normalerweise etwas deplazierte Bitte um eine Antwort überhaupt muß ich unterstreichen, weil bisher nie eine nach hierher [Leipzig] eingetroffen ist. Ich muß annehmen, daß Du auch mein Hegel-Buch und zuletzt die kleine Schrift ad 'Avicenna' nicht erhalten hast." Darauf antwortet Lukács am 13. 10. 1952, nachdem er formell den Eingang des Hegel- und des Avicenna-Buches bestätigt hatte, wobei er durchblicken läßt, daß er eine auf die Sache gehende Antwort für überflüssig hält: „Bei Hegel dachte ich, daß Du über die Differenz, die wir in dieser Frage haben, sowieso vollkommen im Bilde bist. Du hast ja in dem Buch meine Hegelarbeit gerade von dem Standpunkt aus kritisiert, welcher Standpunkt Deine eigene Interpretation des Hegelschen Erbes bestimmt. Und ich glaubte, Du würdest selbst wissen, daß Deine Kritik mich nicht überzeugt hat. Ich bin nach wie vor der Ansicht, *daß das lebendige Hegelsche Erbe gerade darin besteht, worin es kritisch bearbeitet in den Marxismus aufgegangen ist.* Daß der Marxismus seine Entwicklung nicht vollständig abgeschlossen hat, ist richtig. Ich bin aber tief überzeugt, *daß sich dies nicht auf jene Probleme bezieht, die Du als solche heranziehst. Ich denke dabei in erster Linie an die Frage der Religion.* Mit der materialistischen Dialektik hört die Triade Kunst – Religion – Philosophie endgültig auf, in der Philosophie zu figurieren. Die dialektische Widerspiegelungstheorie bringt im schroffen Gegensatz zu Hegel eine philosophische Gleichwertigkeit von Wissenschaft und Kunst hervor. Religion wurde von Marx und Lenin endgültig an jene Stelle gesetzt, die ihr in der Entwicklung der Menschheit objektiv gebührt. Hegel ist in dieser Hinsicht – ganz abgesehen von der idealistischen Triade – ein Abschluß jener Entwicklung, die mit der deutschen Aufklärung beginnt: des Versuches, die christliche Religion philosophisch zu rechtfertigen, ihren 'rationalen Kern' herauszuarbeiten. Dieses Bestreben ist aber auch vom bürgerlichen Standpunkt ein verspäteter Abschluß. Das *fortschrittliche Bürgertum* kann damit höchstens in jenem gesuchten und gewaltsamen Sinn etwas anfangen, wie es Heine und Bruno Bauer getan haben; einen esoterischen atheistischen Hegel zu konstruieren. Die *reaktionäre Bourgeoisie* geht dagegen den subjektivistisch-irrationalistischen Weg, den als erster Schleiermacher eingeschlagen hat. Die Entstehung des dialektischen Materialismus schafft aber hier eine qualitativ neue Fragestellung, bei welcher Hegel nicht einmal als Vorläufer in Frage kommt." (Hervorhebungen – M. B.)

Diese unverbindliche Verbindlichkeit (und umgekehrt) macht Blochs Philosophie in einem besonderen Maße verfügbar – verfügbar für unterschiedliche gesellschaftliche Gruppierungen und für freischwebende Individuen – für solche des Protestes; für solche, die auf philosophische Verzierung des Status quo aus sind; für solche des Konformismus, in dem Protest eine Alibifunktion hat; für solche eines dritten Weges, deren Vertreter jenseits und über den Grundklassen der modernen Gesellschaft zu stehen glauben; für unfertige Individuen, die sich in einer unfertigen Welt eingerichtet haben und sich es in dieser auch wohlgehen lassen; gar für eine dritte Philosophie, wie der „Vorwärts“ am 5. Januar 1985 drucken ließ, für eine dritte Philosophie von Aussteigern und Außenseitern, deren einzige Entscheidung die gesellschaftliche Verweigerung schlechthin ist, das heißt, die ihrer selbstvollzogenen Entlassung aus der Geschichte huldigen.

Wohlgemerkt, wir sprechen hier über die objektive Verfügbarkeit der Blochschen Philosophie in unserer Epoche, nicht aber über die subjektiven Absichten und das subjektive Wollen ihres Schöpfers. Die Philosophie von Ernst Bloch, des Humanisten und Antifaschisten, des beeindruckenden Weltanschauungs- und Kulturnorm setzenden Denkers, hat mit Blochismus nichts zu tun. Blochs Denken sperrt sich gegen jedweden Ismus. Und Bloch hat sich auch immer wieder einer Einvernahme durch Laue und Richtungslose ironisch und polternd zugleich verweigert. Und doch war Bloch gerade gegen solche Einvernahme wehrlos. So sehr sich die Persönlichkeit Bloch gegen diese Art von Einvernahme wehrte, sein Denken stellte für sie Zugänge bereit.

Blochismus ist sicher Mißbrauch der Philosophie von Bloch, aber doch auch wieder nicht nur Mißbrauch. Denn dieser findet in der Gesamtkonzeption der Blochschen Philosophie seine Gründe. Dieser Tatbestand könnte mit Ereignissen, besser sagt man wohl: Episoden, aus Blochs Biographie belegt werden – etwa: durch seine unglückliche Formulierung von den „Francoländern der Ostseite“[11] oder durch jene, die da 1964 lautet: „Und es liegt auf der Hand, daß diejenigen, die jetzt über die Mauer

[11] E. Bloch, Erbschaft dieser Zeit, Nachschrift 1962, Frankfurt am Main 1977, S. 21 (Gesamtausgabe 4).

springen, von Ost- nach West-Berlin, tatsächlich einen Sprung aus dem Reich der Notwendigkeit in das Reich der Freiheit vollziehen“[12], und zahlreiche andere, aber auch durch seinen 1961 vollzogenen, gar nicht so aufrechten Gang in den *Adenauer*-Staat (die Betonung liegt auf Adenauer!), zu einer Zeit, in der die KPD in *diesem* Staat in der Illegalität kämpfte (wobei wir in diesem Fall die persönlichen Motive Blochs durchaus respektieren, es zugleich aber auch nicht unzumutbar finden, mindestens in anderer geographischer Richtung zu denken).

Allein solche Episoden geben letzten Endes nichts her, weil sie die Gründe der mehrschichtigen Verfügbarkeit der Blochschen Philosophie eher verdecken, statt sie zu erhellen. Die Gründe solcher Verfügbarkeit der Blochschen Philosophie sind in dieser selber zu finden, nämlich in ihrer Geringschätzung des Unten, wo das Leben konkret ist. Dieses *Unten* durchdringt sie nicht analytisch, um es *konkret* zu überschreiten. Sie beschreibt es nach Simmelscher Manier phänomenologisch. Das nun allerdings in einer Weise, die nicht anders als hervorragend genannt werden kann, wodurch die Philosophie Blochs zu einer Fundgrube, ja zu einer Art Phänomenologie spätbürgerlicher Geistigkeit geworden ist, die in ihrer Art konkurrenzlos dasteht. Die Anziehungskraft der Blochschen Philosophie leitet sich weitgehend von diesem Sachverhalt her. Seine Philosophie der *unfertigen Welt* legt Bloch die phänomenologische Beschreibung nahe und läßt ihn zugleich die wirkliche gesellschaftliche Bewegung unserer Epoche, die ja gar nicht unfertig, eben weil sie Bewegung, Prozeß ist, vernachlässigen, überspringen. Bloch betreibt gleichsam (gesellschaftliche) Therapie unter Außerachtlassung der (gesellschaftlichen: Klassenfrage) Anatomie.

5. In dem eben skizzierten Zusammenhang sollte am Beispiel der Philosophie Blochs einmal die Frage näher untersucht werden, inwieweit die Unterschiede zwischen Konformismus und Protest im Rahmen der spätbürgerlichen Geistigkeit letztlich wieder aufgehoben werden, vor allem im Hinblick auf gesellschaftliche Wirksamkeit. Bloch projiziert, worauf Georg Lukács in der „Ontologie des gesellschaftlichen Seins“ aufmerksam macht, „die er-

[12] Gespräche mit Ernst Bloch, a. a. O., S. 21.

lebt-subjektive Zeit in die Geschichte" und spricht ihr damit „eine höchst zeitgemäße Scheinobjektivität" zu. Das aber ist ein durchgängiger Grundzug der grundlegenden spätbürgerlichen Denkweisen, der Lebensphilosophie *und* des Positivismus. Daß dies auch bei Bloch so ist, steht nicht in Frage. Es hängt mit Blochs Vernachlässigung des Unten zusammen, über die wir eben sprachen. Lukács argumentiert bei dieser Problematik spätbürgerlichen Denkens, die er von der Alltagserfahrung des Menschen in der modernen bürgerlichen Gesellschaft her aufzurollen versucht, vom „Verlust des Wirklichkeitsgefühls bei der Mehrzahl der heute lebenden Menschen infolge der wachsenden Manipuliertheit ihres Alltags", mit einem schlagenden Beispiel: „Nach dem modernen Rezept, die Zeitmessung mit der Zeit zu identifizieren, müßte man sagen: eine Herzkrankheit oder ein Krebs fängt erst objektiv an zu wirken, wenn eine Diagnose vorliegt."[13]

Eine Untersuchung des Verhältnisses von Zeit, Geschichte und Objektivität bei Bloch würde unweigerlich zum (im objektiven Sinne) *zeitabgehobenen* religiösen Ursprung und Charakter seiner Philosophie führen. Und das eben wiederum würde den Ort seines Philosophierens konkretisieren, weil die philosophische Förderung von religiösen Bedürfnissen des Menschen in der gegenwärtigen bürgerlichen Gesellschaft auch durch das Denken Blochs zum Aufschein käme. Eine solche Förderung aber steht dem in seiner Philosophie enthaltenen Protest entgegen, hebt ihn in der Konsequenz wieder auf. Beim Lesen Blochs wird man an Justus Möser erinnert, der in die „Patriotischen Phantasien" einrückte: „Predigten helfen wirklich nicht! gedruckte Verordnungen auch nicht, auch keine Satiren gewisser Art, welche eine herrschende Torheit gleichsam anbellen."[14]

Es geht uns hier nicht um einzelne Lehrstücke der Blochschen Philosophie, sondern um ihren eigentlichen Grund und um ihre Stellung in der spätbürgerlichen Geistigkeit – und, in diesem Zusammenhang, auch um ihre Folgen und Nachfolgen, um ihre Wirkungen und Einvernahmen, die zu einer „Utopisierung des Mar-

[13] G. Lukács, Zur Ontologie des gesellschaftlichen Seins, Darmstadt und Neuwied 1984, I. Halbband, S. 404 ff.

[14] J. Möser, Anwalt des Vaterlandes, Leipzig und Weimar 1978, S. 197.

xismus" führen, wie András Gedő 1979 im Zusammenhang mit seinen Untersuchungen zur Utopieproblematik in der spätbürgerlichen Ideologie festgehalten hat.[15]

Wie überhaupt zu fragen ist, was es nach dem „Manifest der Kommunistischen Partei" und der Sozialistischen Oktoberrevolution bedeutet, Philosophie auf Utopie hin anzulegen bzw. aus ihr herausfließen zu lassen, auch wenn der Utopiebegriff, wie bei Bloch, eine geradezu totale Ausweitung erfährt – bis hin zur Gott-Hypostase.

6. Dies führt uns zu einer weiteren Bemerkung, zur Frage des kulturellen Erbes in der Philosophie Blochs. Innerhalb seiner Philosophie nimmt die Frage nach dem kulturellen Erbe einen breiten Raum ein. Dabei wird der Erbebegriff von Bloch, wie schon der Utopiebegriff, sehr weit gefaßt. In dieser weiten Fassung des Erbebegriffs erscheint auch der Marxismus als Erbe. Der Marxismus ist für Bloch ein Erbe, das vom *Geist* der Utopie aufgenommen worden ist.[16] Deshalb konnte er von seinem Standpunkt aus durchaus berechtigt sagen, daß er den Marxismus in sein System eingebaut habe. Dies ist wichtig festzuhalten, weil es die Frage, ob Bloch Marxist war, erledigt. Der Marxismus kann und muß erben. Er kann aber auf der gegebenen Stufe der Entwicklung der Weltgeschichte nicht beerbt werden – es sei denn von einem zeitunabhängigen Gedankengebäude, als welches Bloch seine Philosophie in letzter Instanz wohl begreift. Was Bloch oft aus der Bibel wiedergab, nahm er in den Tiefen seines Herzens auch für sein eigenes Denken in Anspruch: „Ich bin die Auferstehung und das Leben!", „Und siehe, ich mache alles neu, damit man des Vorigen nicht mehr gedenke."[17]

Wir versagen es uns, hier ins einzelne zu gehen. Walter Benjamin hat auf „Erbschaft dieser Zeit", wo sich Bloch am eingehendsten mit der Erbeproblematik beschäftigt hat, so reagiert: „Der schwere Vorwurf, den ich dem Buch mache (wenn auch nicht dem

[15] A. Gedő, Zurück zur Utopie?, in: DZfPh, 11/1979.

[16] „Der Marxismus ist ja sozusagen älter als Marx. Wenn ich ihn durch Sozialismus ersetze, ist er völlig klar; es gab immer Träume der Menschen, der Mühseligen und Beladenen, der Erniedrigten und der Beleidigten nach einem besseren Leben." (Gespräche mit Ernst Bloch, a. a. O., S. 21)

[17] Zum Beispiel: Gespräche mit Ernst Bloch, a. a. O., S. 53, S. 66.

Verfasser machen werde), ist, daß es den Umständen, unter denen es erscheint, in gar keiner Weise entspricht, sondern so deplaziert auftritt wie ein großer Herr, der, zur Inspektion einer vom Erdbeben verwüsteten Gegend eingetroffen, zunächst nichts Eiligeres zu tun hätte, als von seinen Dienern die mitgebrachten – übrigens schon etwas vermotteten – Perserteppiche ausbreiten, die – teils schon etwas angelaufenen – Gold- und Silbergefäße aufstellen, die – teils schon etwas verschossenen – Brokat- und Damastgewänder sich umlegen zu lassen. Selbstverständlich hat Bloch ausgezeichnete Intentionen und erhebliche Einsichten. Aber er versteht nicht, sie denkend ins Werk zu setzen. Seine übertriebenen Ansprüche hindern ihn daran. In solcher Lage – in einem Elendgebiet – bleibt einem großen Herrn nichts anderes übrig, als seine Perserteppiche als Bettdecken wegzugeben und seine Brokatstoffe zu Mänteln zu verschneidern und seine Prachtgefäße einschmelzen zu lassen."[18]

Für Benjamin war „Erbschaft dieser Zeit", in der Bloch die Ideologie des Faschismus und den Faschismus selber mit dem Begriff der Ungleichzeitigkeit zu erklären versuchte, ihrerseits „ungleichzeitig". Thomas Mann urteilte 1936 über Blochs Art zu philosophieren ähnlich. In einem Brief hält er fest: „. . . heute scheint mir seine Sprache den Tatsachen noch weniger angepaßt. Eingesprengt unter 65 Millionen war er nützlich und notwendig. Jetzt, draußen, in Reinkultur nimmt er sich denn doch übler aus, als man öffentlich eingestehen möchte."[19]

Was hier kritisiert wurde, übrigens nicht nur von Walter Benjamin und Thomas Mann, sondern auch von anderen (Georg Lukács[20] und Hans Günther[21], auch Gershom Scholem, zum Beispiel

18 W. Benjamin, Briefe, hg. von G. Scholem und Th. W. Adorno, Frankfurt am Main 1978, S. 648 f.

19 Th. Mann, 12. 12. 1936 (Literatur-Archiv der Akademie der Künste der DDR).

20 Vgl. G. Lukács, *Die Erbschaft dieser Zeit, Wozu brauchen wir das klassische Erbe?, Der Nazi kocht im eigenen Saft;* jetzt veröffentlicht in: Ernst Bloch und Georg Lukács, Dokumente. Zum 100. Geburtstag, MTA Filozófiai Intézet, Lukács Archívum, Budapest 1984, S. 245 ff.

21 Vgl. H. Günther, *„Erbschaft dieser Zeit"?, Antwort an Ernst Bloch;* jetzt in: H. Günther, Der Herren eigner Geist. Ausgewählte Schriften, Berlin und Weimar 1981, S. 336 ff.

argumentierten genauso), war das dem Gegenstand, dem Faschismus, unangemessene Herangehen, gepaart und verstärkt durch einen eigenwilligen literarischen Gestus, und der zu hohe (um nicht zu sagen: anmaßende) Anspruch Blochs (Thomas Mann sprach von „frecher Herablassung“ und nannte Bloch einen „scharfen Typ“), mit dem dieser auftrat, seine Theorien ohne Kenntnisnahme anderer verkündete und zum Kern (zur Richtlinie) antifaschistischer Propaganda machen wollte. Vor allem trat Bloch gegen die seiner Meinung nach kalt rationale Agitation und Propaganda der Kommunistischen Partei auf, die er als vulgärmarxistisch abtat und die er durch eine auf Gefühl und Affekt zielende ersetzt, zumindest ergänzt wissen wollte.

Die herangezogenen Urteile sind hart, insbesondere die ironischen Bemerkungen von Walter Benjamin. Sie klingen vor allem hart angesichts der Umstände, die in diesen angesprochen werden. Doch gerade diese waren es, die Benjamin und andere so hart und unerbittlich urteilen ließen. Denn Bloch hatte den eigentlichen Zugang zum historischen Prozeß, der damals den Faschismus an sich hatte, auch in „Erbschaft dieser Zeit“ nicht gefunden, und konnte ihn vom Grundprinzip seiner Philosophie her auch gar nicht finden. Für Bloch war, ungeachtet aller Feinheit und Großartigkeit in der Einzelanalyse, die Tatsache des zur Macht gekommenen Faschismus in Deutschland nicht zugleich auch die vorübergehende Niederlage des Fortschritts (der Arbeiterbewegung). Er war zu sehr auf sein utopisches, antizipatorisches Prinzip festgelegt (genauer: in dieses versunken), das für ihn das eigentliche Subjekt der Geschichte war. Der Klassenkampf blieb so bei Bloch auf der Strecke. Robert Steigerwald formulierte wohl gültig: „Die Tragik Blochs hängt mit dem Kriterium der Parteilichkeit zusammen.“[22]

1939, drei Monate nach Ausbruch des zweiten Weltkriegs, hatte Walter Benjamin diesen Punkt schon auf den Begriff gebracht. Als er hörte, daß Bloch am Ausbau *des* Geistes der Utopie arbeite, schrieb er: „Ich bin in großer Sorge, was den Fall unseres Freundes Ernst Bloch anbetrifft; nach dem, was man über seinen

[22] R. Steigerwald, Bürgerliche Philosophie und Revisionismus im imperialistischen Deutschland, Berlin 1980, S. 134.

Gegenstand erfährt, scheint er mir gegenwärtig ein wenig entwurzelt; nicht nur auf der Erde, auch in der Weltgeschichte."[23]

Wenn man die Situationsgebundenheit des Benjaminschen Urteils in Rechnung stellt, sie sehr hoch veranschlagt und gewillt ist, dieses im nachhinein zu relativieren – das *auch in der Weltgeschichte* bleibt als gültig stehen, weil es Blochs Philosophie in ihrem Wesen und Kern trifft. Der konkrete Geschichtsprozeß ist die Crux der Blochschen Philosophie.[24]

7. Bleiben wir im Bilde und bei Bildern, was der Art und Weise des Blochschen Philosophierens wohl am angemessensten ist. Die Philosophie Ernst Blochs könnte mit Hilfe eines Bildes von Marc Chagall gedeutet werden, dem Gemälde „Revolution" aus dem

[23] W. Benjamin, Briefe, a. a. O., S. 837.

[24] Im oben schon erwähnten Vortrag von H. Mayer wird festgehalten, daß Bloch immer wieder in „Geschichtslosigkeit" zurückfiel und „Politik eines Unpolitischen" betrieb. Im Wortlaut: „Im ersten Buch von Ernst Bloch wird Geschichte ... immer wieder ausgeklammert. Auch Karl Marx, der in jener berühmten Überschrift 'Karl Marx, der Tod und die Apokalypse' evoziert wird, bedeutet eher einen geistigen Zurechnungspunkt als ein realgeschichtliches Phänomen." „In den Anfängen ... macht sich ... die Verachtung der überprüfbaren Historizität schädlich bemerkbar. Wenn Bloch auch später noch dankbar anmerkt, durch Lukács sei er mit Dostojewski und mit Kierkegaard bekannt gemacht worden, so wies man ihm damit zwei Wege ins Geschichtslose. Er ist sie auch später immer mal wieder gewandelt." „Konkret geschichtliches Denken hat Bloch nur einmal ernsthaft betrieben [im Müntzer-Buch]." – „Ernst Bloch entschied sich, vermutlich ohne wirkliche Dezision, für die Politik eines Unpolitischen. Er hatte keine wirkliche Kenntnis des Alltagslebens, ohne welche ein geschichtlicher Vorgang nicht zutreffend gedeutet werden kann." – Bedenkenswert sind auch die drei folgenden Äußerungen H. Mayers: Bei Bloch „fand keine Wandlung statt. Wie bei anderen Denkern eines großen Gesellschaftsentwurfs, den Platon, Rousseau oder auch Hegel, fehlt bei Bloch im 'Prinzip Hoffnung' fast jeder Hinweis auf das Leid des einzelnen Menschen. Montaigne hatte keinen Stellenwert für ihn." Und: „Wenn man den 'Thomas Münzer', was die Denkmethode betrifft und mithin auch die Denkergebnisse, als dialektische Negation des Buches über den 'Geist der Utopie' interpretiert, so bleibt zu fragen, ob das 'Prinzip Hoffnung' dazu als Synthese konzipiert wurde, gar als eine Negation der Negation." Schließlich: „Poetisch-philosophisch. Hier wird ein Zwiespalt offenbar, den viele Leser Ernst Blochs immer wieder empfunden haben: daß die außerordentliche Begabung des Schriftstellers bisweilen die schöne Formel, die verblüffende Terminologie, sogar die witzige Pointe als 'Anstrengung des Begriffs' zu präsentieren sucht."

Jahre 1933, das nicht mehr existiert, weil sein Schöpfer es später in mehrere Teile zerschnitt.[25] Auf der linken Seite des Bildes malte Chagall von Unruhe getragene, sich empörende bewaffnete Arbeiter, die tiefrote Fahnen hochhalten. Das Ganze dieser Seite ist zu einem dichten, engen Haufen, zu einem Knäuel, in dem alles ineinander überfließt, zusammengeschlossen. Die Gesichter der Arbeiter sind kaum auszumachen, nur ihr trauriger, leidender Blick ist herausgehoben. Auf der rechten Seite des Bildes gestaltete Chagall spielende Tiere, Liebende und fröhliche Musikanten, die Ruhe und Geborgenheit ausstrahlen. Diese Seite des Bildes ist im Gegensatz zu seiner linken weiträumig komponiert. Zwischen diesen beiden Seiten malte Chagall als Zentrum des Gemäldes einen auf der rechten Seite eines viereckigen Tisches kopfüber einhändig balancierenden Lenin mit unstetem Blick, zwischen seinen Beinen eine wehende Fahne in den Farben weiß-blau-rot, rechts neben ihm eine auf dem Boden liegende rote Fahne. Links am Tisch, auf dem Lenin gleichsam Kopf steht, sitzt gelassen und ruhig, in sich versunken, und zwar so, als gehe ihn das, was um ihn herum geschieht, nichts an, weder die Arbeitermassen noch die Liebenden – also sitzt in sich versunken und weltabgewandt ein alter Rabbi mit der Thora-Rolle im rechten Arm, links neben ihm auf der unteren rechten Ecke des Tisches die aufgeschlagene Heilige Schrift. Der gut auszumachende Blick des alten Rabbi deutet auf Ewigkeit, Weltabgehobenheit.

Wir behaupten nun nicht, daß dieses Gemälde Chagalls in einer direkten Beziehung zur Philosophie von Bloch stehe. Dennoch meinen wir, daß die Komposition des Gemäldes zur Erklärung des Grundanliegens der Blochschen Philosophie herangezogen werden kann. Auf dem Bild Chagalls wäre der in sich versunkene, die Welt kaum wahrnehmende alte Rabbi Ernst Bloch und die Thora-Rolle des Rabbi die Blochsche Philosophie – Ernst Bloch in sich versunken nachdenkend *zwischen* den Welten revolutionärer Unruhe *und* illusionärer Ruhe; die Blochsche Philosophie *zwischen* empörten Arbeitermassen, tiefroten Fahnen, einem einarmig Kopf stehenden Lenin *und* weltabgehobenen Liebenden, spielenden Tieren, fröhlichen Musikanten.

[25] Chagalls „Revolution“ ist öfter im Blick auf Bloch herangezogen worden, so von G.-K. Kaltenbrunner und T. Franz.

Wir nannten eine solche Situation oben, das unverbindlich Verbindliche, das verbindlich Unverbindliche der Blochschen Philosophie, ihr auf Weltabgehobensein ausgehendes Grundanliegen.

Dies ist zu berücksichtigen, wenn man Blochs Philosophie verstehen, schätzen und produktiv machen will. Das aber kann man weder durch Legendenbildung noch durch die Hochstilisierung von Partikularitäten. Eine produktive Haltung zur Philosophie von Ernst Bloch aber ist geboten wegen ihres innovativen Charakters, aber auch aus Achtung vor der Persönlichkeit Ernst Bloch. Dies schließt ein die Verteidigung und die Inbesitznahme des Blochschen Bauens an der Vernunft und seiner Bestrebungen, die Rechte der Menschheit herzustellen (Kant), und zwar auf und in dieser Welt.

1985

VI

Wissenschaft braucht Geschichte

Der Matrose, den die genaue Feststellung des Längengrades vor dem Schiffbruch rettet, verdankt sein Leben einer Theorie, die durch eine ganze Kette von Wahrheiten mit jenen Entdeckungen verknüpft ist, welche man in der Schule Platons machte und die zwanzig Jahrhunderte hindurch ungenutzt vergraben lagen.
Marie-Jean Antoine de Condorcet (1743–1794)

Dennoch ist selbst unter dem Heiligsten nichts, das heiliger wäre als die Geschichte, dieser große Spiegel des Weltgeistes, dieses ewige Gedicht des göttlichen Verstandes: nichts das weniger die Berührung unreiner Hände ertrüge.
Friedrich Wilhelm Joseph Schelling (1775–1854)

Wissenschaftsgeschichte – Philosophiegeschichte

Vorbemerkung

Der Gegenstand des V. Deutschlandsberger Symposiums „Strukturen – Regularitäten – Gesetzmäßigkeiten der Wissenschaftsentwicklung“ verführt geradezu, zum Thema „Wissenschaftsgeschichte – Philosophiegeschichte“ zu sprechen, besser und bescheidener gesagt: sich zum Thema „Wissenschaftsgeschichte – Philosophiegeschichte“ zu äußern.

Wir formulieren bewußt, also nicht ohne Absicht, daß der Gegenstand des Symposiums zum Thema „Wissenschaftsgeschichte – Philosophiegeschichte“ *verführt*, zumindest *uns* verführt hat. Im Grunde genommen ist dieses Thema, wollte man es programmatisch abzuhandeln versuchen, vermessen (liefe auf Vermessenheit hinaus). Der Vorwurf, hochzustapeln, wäre leicht einzuhandeln – und sicher auch nicht ungerechtfertigt. Genauer besehen nämlich ist das Thema „Wissenschaftsgeschichte – Philosophiegeschichte“ eines jener unerschöpflichen Themen, die – hinterfragt man sie nicht, zieht man sie ob der Mannigfaltigkeit ihrer möglichen Objekte und ihrer mannigfaltigen möglichen Behandlungsweisen nicht in Zweifel – den menschlichen Geist (als einem endlichen) überfordern. Schon die Literaturlage, die unübersehbar und deshalb in allen ihren Teilen gar nicht mehr nachvollziehbar ist, führt das Denken beim Thema „Wissenschaftsgeschichte – Philosophiegeschichte“ eigentlich vor einen Abgrund. Eine mehr als 2000jährige Tradition ist im Spiel. Und einer Arbeitsteilung und Spezialisierung, die sicher Produkt der zweiten Hälfte des 19. Jahrhunderts sind, die jedoch ebenso sicher nicht nur von dort her erklärt werden können, steht im Wege, das Thema „Wissenschaftsgeschichte – Philosophiegeschichte“ gleichsam problemlos anzugehen, ein- und abzugrenzen.

Angesichts dieser Sachlage haben wir uns entschlossen, das Thema „Wissenschaftsgeschichte – Philosophiegeschichte“ so anzugehen, daß wir uns diesem zu *nähern* versuchen. Wir wollen dies in einigen mehr oder weniger zusammenhängenden Thesen tun, die wir Ihnen vorstellen möchten. Mehr können wir nicht bieten, mehr vermögen wir nicht zu leisten. Insofern erwarten Sie von uns keine Lösungen (im Sinne von Resultaten). Der bei unserem Thema zur Verhandlung stehende Gegenstand bzw. die zur Verhandlung stehenden Gegenstände verbieten solche. Wir beabsichtigen deshalb nur, Ihnen einige Anregungen vorzutragen, die uns geeignet erscheinen, zum Thema „Wissenschaftsgeschichte – Philosophiegeschichte" *hinzuführen.* Sie sollen aber auch nicht – dies sei, um Mißverständnissen vorzubeugen, noch gesagt – vom Thema *wegführen.*

Daß bei unserer Vorgehensweise nicht allein unsere Subjektivität waltet, versteht sich – und wir meinen gerade auch im Rahmen der Deutschlandsberger Symposien als Foren des Gesprächs, von Gesprächen, des Austauschs von Meinungen und von Standpunkten – von selbst. Die Komplexität und die traditionsgeladene und traditionsbeladene Geschichte der Problematik „Wissenschaft – Philosophie", davon abgeleitet „Wissenschaftsgeschichte – Philosophiegeschichte", verbieten vorschnelles Urteilen, vor allem vorschnelle Urteile. Diese wären – mindestens – ein Indiz dafür, daß vor den Schwierigkeiten historischer Forschung, die auf Systematik aus ist, wenigstens zur Systematik hinführen soll (und in Klammern fügen wir an, anders als so, nämlich nur in der Einheit von Geschichte und Systematik, ist historische Forschung nicht produktiv) – also vorschnelle Urteile in der historischen Forschung, vor allem in der wissenschaftshistorischen, sind immer ein Indiz dafür, daß vor den Schwierigkeiten dieser kapituliert worden ist.

These I: Wissenschaft braucht Geschichte

Uns scheint es evident zu sein: Ohne Geschichte kommt man in die Wissenschaft/Philosophie nicht hinein. Aber ebenso evident scheint es uns zu sein: Ohne Wissenschaft/Philosophie kommt man aus der Geschichte nicht heraus. Der aus der „*deutschen* Geistesgeschichte" herkommende und alle historische Forschung immer noch belastende *Historismus* ist – wenn überhaupt – nur ein schwacher Trost sowohl für die Wissenschaft als auch für die Philosophie (ihre Entwicklung eingeschlossen). Unmittelbar zu Gott sind weder die Relativitätstheorie noch Comtes Dreistadiengesetz, sind weder Kuhns Paradigmathese noch die Mendelsche Vererbungslehre oder die Marxsche Mehrwerttheorie. Für die Wissenschaftsgeschichte und für die Philosophiegeschichte gilt das, was für die Geschichte insgesamt gilt: Geschichte ist weder in ihren einzelnen Manifestationen noch in ihrer Totalität ein Absolutum, auch nicht *das* Absolute. Andererseits ist Geschichte aber auch nicht *das* Relative und führt nicht in den Relativismus hinein. (Daß solches artikuliert worden ist und noch wird, bestreiten wir damit nicht.)

Anders formuliert: Philosophiegeschichte ist für die Reflexion über das, was Wissenschaft und ihre Geschichte ist, war oder sein soll, ebenso unabdingbar wie Wissenschaftsgeschichte für die philosophische Reflexion und ihre Geschichte, für das, was Philosophie und ihre Geschichte ist, war oder sein soll.

Hier aber stoßen wir bereits auf eine Schwierigkeit. Es ist in der Gegenwart nicht mehr unumstritten, was Wissenschaft eigentlich ist (oder sein sollte), wie ebenso nicht mehr unumstritten ist, was Philosophie eigentlich ist (oder sein sollte). Wir reden mit dieser Feststellung weder einem Skeptizismus noch einem Relativismus in Sachen Wissenschaft/Philosophie das Wort. Wir wollen damit lediglich andeuten, daß Wissenschaft/Philosophie seit dem letzten Drittel des 19. Jahrhunderts einen Identitätsverlust erlitten haben, der (zumindest in Stellungnahmen von wissenschaftlich/philosophisch Tätigen) als „Identitätskrise" von Wissenschaft/Philosophie erscheint.[1] Dieser Befund ist dann unüberseh-

[1] In seiner Studie „Philosophie in Deutschland 1831–1933 (Frankfurt am Main 1983) ist H. Schnädelbach diesem Prozeß instruktiv und materialreich nachgegangen. Zur anstehenden Problematik sei auf folgende Arbeiten verwiesen (wobei gesagt werden muß, daß die Literaturlage inzwischen unübersehbar geworden ist): T. I. Oiserman, Geschichte der Philosophie – Geschichte der Wissenschaften, in: M. Hahn/H. J. Sandkühler (Hg.), Die Teilung der Vernunft, Köln 1982, S. 12 ff.; R. Mocek, Gedanken über Wissenschaft, Berlin 1980; H.-M. Gerlach/R. Mocek, Bürgerliches Philosophieren in unserer Zeit, Berlin 1982; H. J. Sandkühler, Geschichte, gesellschaftliche Bewegung und Erkenntnisprozeß, Berlin 1984 *und* Frankfurt/Main 1984; H. J. Sandkühler, Philosophie im öffentlichen Leben, Jahrbuch der Wittheit Bremen, Bd. XXI, Bremen 1977, S. 57 ff.; J. Metzger, Für die Wissenschaft, Berlin 1976 *und* Frankfurt/Main 1977 (Zur Kritik der bürgerlichen Ideolo-

bar, vor allem unüberhörbar, wenn wir heutige Stellungnahmen zu Wissenschaft/Philosophie am klassischen Wissenschaftsideal, an der klassischen Wissenschaftsauffassung von Aristoteles bis Hegel messen.

Dieser Identitätsverlust begann um das Jahr 1800, einem, wenn nicht *dem* Schicksalsjahr deutscher Ideologiengeschichte. Das Gegensatzpaar „Hegel" – „deutsche Romantik" ist für diesen Vorgang das gängigste und wohl auch eindrucksvollste Bild. Allenthalben geahnt oder empfunden wurde dieser Identitätsverlust nach Hegels und Goethes Tod 1831 bzw. 1832. Offensichtlich wurde er dann mit der Herausbildung des Marxismus und jenen gesellschaftlichen Erscheinungen, die gemeinhin als industrielle Revolution bezeichnet werden.

Im Bereich der Philosophie (Wissenschaft eingeschlossen) artikuliert sich das Empfinden des Verlustes von Identität (und damit von Selbstgewißheit) unmittelbar nach Hegels und Goethes Tod als Kampf zwischen Philosophie und „Nicht-Philosophie", über den András Gedő so sachkundig geschrieben hat.[2] Dieser Kampf zwischen Philosophie und „Nicht-Philosophie" hält bis in die Gegenwart an und ist nahezu identisch mit dem Prozeß des Verlustes von Identität und Selbstgewißheit in Wissenschaft/Philosophie. In der unmittelbaren Gegenwart wird er meist unter der Fragestellung „Wozu Philosophie?" diskutiert. Aber – so fragen wir hypothetisch, doch nicht ohne Ironie und auch nicht ohne provokative Absicht – ist das Entstehen von „Wissenschaftstheorie", „Wissenschaftsphilosophie", „Wissenschaftsforschung" usw. nicht ebenfalls, wenigstens: auch ein Indiz für diesen Sachverhalt, eine Reaktionsform auf nicht mehr vorhandene oder empfundene „Identität" und „Selbstgewißheit" von Wissenschaft/Philosophie?

gie *68*); Orientierungen der Philosophie, hg. von B. Heidtmann, Dialektik *1* – Beiträge zu Philosophie und Wissenschaften, Köln 1980; Realismus und Dialektik oder Was können wir wissen?, hg. von J. Manninen und H. J. Sandkühler, Dialektik *8* – Beiträge zu Philosophie und Wissenschaften, Köln 1984; T. I. Oiserman, Probleme der Philosophie und der Philosophiegeschichte, Berlin 1972; H. Lübbe (Hg.), Wozu Philosophie?, Berlin und New York 1978; J. Mittelstraß, Wissenschaft als Lebensform, Frankfurt/M. 1982.

2 A. Gedő, Philosophie und „Nicht-Philosophie" nach Hegel, in: Vom Mute des Erkennens. Beiträge zur Philosophie G. W. F. Hegels, hg. von M. Buhr und T. I. Oiserman, Berlin *und* Frankfurt am Main 1981, S. 84 ff.

Um anzudeuten, was wir meinen, sei, ohne weiter auszuholen, darauf verwiesen, daß Hegel in der Nachfolge der europäischen Aufklärungsbewegung, Kants und Fichtes im Namen *der* Philosophie voll uneingeschränkter Überzeugung der Auffassung war, daß „das Wahre nur als System wirklich ... ist"[3]. Demgegenüber hielt einer seiner Gegenspieler im Namen der „Nicht-Philosophie", nämlich Hamann, fest: „Alles unser Wissen ist Stückwerk ..."[4] Hegels Formulierung erscheint vielen unserer Gegenwart als überzogen, wenn nicht als unheimlich. Hamanns Formulierung dagegen klingt, wenn ihre Herkunft überhaupt bekannt ist, vielen unserer Gegenwart vertraut. Beide Stellungnahmen schwingen – bewußt oder unbewußt – in den Reflexionen über Wissenschaft/Philosophie (und damit über Wissenschaftsgeschichte/Philosophiegeschichte) bis auf den heutigen Tag mit. Ja, wir wagen die Behauptung, sie sind – bewußt oder unbewußt – jeweils konstitutiv für das, was jeweils unter Wissenschaft wie Philosophie verstanden, besser: als Wissenschaft wie Philosophie – bewußt oder stillschweigend – vorausgesetzt wird.

Lassen wir es mit diesen kurzen Bemerkungen einstweilen bewenden und halten lediglich fest, daß unserer Meinung nach Wissenschaft und/oder Philosophie, die auf den *Systemanspruch* verzichten, sich (neben anderem) der Möglichkeit begeben, sich der klassischen aristotelisch-hegelschen Tradition von Wissenschaft/Philosophie zu versichern. Die in diesem Zusammenhang oft zu hörende und aus diesem Verzicht resultierende Rede vom „Ende der Philosophie" bedeutet in der Konsequenz nämlich auch die Rede vom „Ende der Wissenschaft" (im Singular). Die literarische und institutionelle Konjunktur von Literatur über Wissenschaft und von Gründungen von Institutionen, die sich der Wissenschaft annehmen sollen, ist (wie *wir* meinen: eben auch) ein Ersatz (wir vermeiden mit Absicht den Ausdruck „Kompensation", obwohl er uns nicht unsympathisch ist) für den weitgehend empfundenen Mangel, Wissenschaft/Philosophie identifizieren zu können. Die Suche nach der „Identität" von Wissenschaft/Philosophie scheint ein Zeichen der „geistigen Situation der Zeit" zu sein.

3 G. W. F. Hegel, Werke in zwanzig Bänden, Frankfurt am Main 1969 ff., Bd. 3, S. 24.

4 J. G. Hamann, Sämtliche Werke, Wien 1951, Bd. III, S. 317.

Doch begibt man sich der klassischen Tradition von Wissenschaft/Philosophie, dann sind weder Wissenschaftsgeschichte noch Philosophiegeschichte möglich, nämlich als historische Forschung, die immer auf Systematik abzielt, deren Zielstellung die Durchführung des System*anspruchs* ist. Die Einheit von Geschichte und Systematik, Systematik und Geschichte scheint uns aber eine, wenn nicht *die* erste Bedingung zu sein, um Wissenschaftsgeschichte und Philosophiegeschichte als Wissenschaft (besser und bescheidener: als wissenschaftliche Tätigkeit), die den relativistischen Historismus hinter sich läßt, produktiv betreiben zu können. Von hier aus gesehen ist das kontinuierliche Gespräch mit den „Klassikern der Wissenschaft" (Beispiele: Aristoteles, Kant, Hegel) unumgänglich, ja unerläßlich. Wissenschaftsgeschichte/Philosophiegeschichte ist so eine Notwendigkeit für Wissenschaft/Philosophie. Für die Philosophie wird dies, wenn auch nicht ganz unumstritten, in der Regel zugegeben. Wir behaupten aber dasselbe allgemein auch im Blick auf „Wissenschaftstheorie" (es ist von uns gewollt, jetzt nicht von *der* Wissenschaftstheorie zu sprechen), insbesondere ist solche Bemerkung dann angebracht, wenn „Wissenschaftstheorie" – ausgesprochen oder unausgesprochen – mit dem Anspruch auftritt, Philosophieersatz zu sein, sanfter formuliert: Philosophie ersetzen zu wollen oder meint, ersetzen zu können.

These II: Wissenschaftsgeschichte ist *denkende* Betrachtung der Wissenschaft

In Wissenschaft und ihrer Geschichte sich umzutun, ist modern. Es scheint, daß alle Welt, die auf sich hält, von Wissenschaft und ihrer Geschichte reden müsse. Bücher über Wissenschaft sind gefragt. Gedanken über Wissenschaft ebenso. (Zwischenfrage: Ist aber das Denken über Wissenschaft, die denkende Betrachtung von Wissenschaft in gleichem Maße gefragt?) Bald könnte man geneigt sein, die Problematik „Wissenschaft" sei das Gespräch der Wiener und Budapester Kaffeehäuser der Jahrhundertwende – mit dem Unterschied, daß die Funktion der damaligen Kaffeehäuser heute Verlagshäuser wie Suhrkamp (und nicht nur dieses) übernommen haben. Jene, die sensibel für den „objektiven Geist" (im Sinne Hegels) sind oder geblieben sind, befällt, angesichts der Fülle von Wissenschaftsangeboten, ein Gefühl, das als Mischung von Nestroy („Einen Jux will er sich machen") und Kafka (Landvermesser K. in „Das Schloß") beschrieben werden könnte. Manche Bücher über Wissenschaft könnten den „Mann ohne Eigenschaften" Robert Musils zum Autor haben. Und der Prozeß, den zu beschreiben man sich in manchen dieser Bücher über Wissenschaft vorgenommen hat, verspricht, Franz Kafkas „Prozeß" mehr zu gleichen als der profanen Wissenschaftsentwicklung. Hugo von Hofmannnsthals „Jedermann" scheint in Sachen „Wissenschaft/Philosophie" nicht mehr das Fürchten zu lehren.

Sollte vielleicht nicht gefragt werden: Wer macht hier wem den Prozeß? Machen die Bücher über Wissenschaft der Wissenschaft (und ihrer Entwicklung) den Prozeß oder die Wissenschaft (und ihre Entwicklung) den Büchern über sie? Die Wirklichkeit drängte und drängt immer wieder zum zweiten Teil der Frage. Das Wahre hat die Natur, durchzudringen, wenn seine Zeit gekommen ist – lautet ein Kernsatz der „Phänomenologie des Geistes". Jedenfalls steht für uns fest, daß Bücher über Wissenschaft noch nicht die Wissenschaft selber sind, woraus sich für uns die Notwendigkeit von Wissenschaftsgeschichte als *denkende* Betrachtung der Wissenschaft herleitet.

These III: Wissenschaftsgeschichte ist modern

Wo über Wissenschaft gesprochen wird, da wird natürlich auch über Wissenschaftsgeschichte geredet. Wissenschaftsgeschichte scheint, zumindest seit der Zeit, als man sich ihrer – von welchen Prämissen her, das sei dahingestellt – auch in den USA annahm, zum guten Ton zu gehören, wenigstens das Bekenntnis zu ihr. Es gibt auch schon Theorien über Wissenschaftsgeschichte, jedenfalls Aufsatzsammlungen, die solche vorzustellen beanspruchen. Ob es Wissenschaftsgeschichte schon gibt, in welchem Umfange es sie schon gibt, vor allem schon gegeben hat (was zu wissen wichtig ist, denn sie hat es gegeben), was zu leisten sie imstande ist, vor allem, was nicht zu leisten sie vermag, wird nicht viel gefragt. Wissenschaftsgeschichte wird als „Faktum", wie das „Faktum Wissenschaft", einfach vorausgesetzt.

Ist – von hier aus gesehen – Wissenschaftsgeschichte der „neuerdings erhobene vornehme Ton“, die „Gefahr, in schwärmerische Vision zu geraten“? Oder handelt es sich bei ihr vielfach, um bei Kant zu bleiben, um eine Krankheit des Kopfes?

Ersparen wir uns die Antwort auf diese Fragen. Sie sind sowieso nur rhetorisch gemeint. Kehren wir zu unserer Feststellung zurück: Wissenschaftsgeschichte ist modern (auch modisch). Sie scheint der Minirock der durch Institutionalisierung festgeschriebenen und überzeichneten Spezialisierung innerhalb des Globus intellektualis zu sein. Ihre – genau besehen: gar nicht so seltene – Funktion: rettender Anker und Schleier zugleich.

Man verspricht sich von der Wissenschaftsgeschichte eine Beschleunigung des wissenschaftlich-technischen Fortschritts und eine Rationalisierung des Denkens. Fallstudien müssen herhalten, um solches zu bekräftigen. Bekräftigen diese wirklich derartige Versprechen? Das Besondere ersetzt das Allgemeine oder wird zum Allgemeinen hochstilisiert. Die Würde des Allgemeinen, einst Zierde von Wissenschaft/Philosophie, wohl auch Impuls für intellektuelles Fortschreiten, bleibt – mehr oder weniger – auf der Strecke. Sie wird zur Sache von Feiertagen und Festreden, bestenfalls die von bloßen Bekenntnissen. Es wird von Forschung und Forschungsprogrammen, von Theorienbildung und Theorienbildungsprozessen sowie von Wissenschaften (im Plural) geschrieben, nicht aber – oder wenig – wird dabei von der Forscherpersönlichkeit gesprochen. In der Literatur wird das Wort Forscher immer seltener; an seine Stelle tritt die Forschergemeinschaft, das Forschungskollektiv usw., die Forschungsprogramme *ab*arbeiten (nicht *be*arbeiten) u. dgl. m. Derjenige, der Wissenschaft eigentlich macht, der Forscher, der Wissenschaftler, der wissenschaftlich tätige Mensch in seiner Einmaligkeit, tritt in den Hintergrund, wird in die Anonymität verbannt. Er wird zur beliebig auswechselbaren Figur.

Sind vielleicht allenthalben nicht mehr Wissenschaftler gefragt, sondern Schauspieler, die das Stück „Wissenschaft“ spielen? Die Rede, daß Leute notwendig seien, die spezialisiert Wissenschaft leiten – das (und noch mehr) deutet auf die soeben gestellte Frage hin. Wissenschaft ist kein Theater, das Regisseure braucht. Wissenschaft braucht Köpfe, die aus der „selbstverschuldeten Unmündigkeit", die „das Unvermögen [ist], sich seines Verstandes ohne Leitung eines anderen zu bedienen", herausgetreten sind, sich aus dieser – wenigstens – heraushalten.[5]

Haben wir überzogen? Möglicherweise. Überzeichnet haben wir auf alle Fälle und mit Absicht. Aber wir glauben ein Problem angesprochen zu haben. Wir haben auf eine Erscheinung abgehoben, die so oder anders in der Wissenschaftsgeschichte schon beschrieben worden ist, ohne zu durchschlagender Wirkung gelangt zu sein.

Helmuth Plessner zum Beispiel stellte im Anschluß an Max Weber schon Anfang der zwanziger Jahre, 1924, das Phänomen der „Entpersönlichung" fest. „Der moderne Forscher", schreibt Plessner, „arbeitet zwar unter Einsatz aller Kräfte, aber unter Ausschaltung seiner Persönlichkeit und ist im Sinne dieser Ausschaltung in der Zucht einer unpersönlichen Fragestellung, im einzelnen Falle vielleicht als genialer Kopf unschätzbar, als Individualität jedoch prinzipiell ersetzbar. Die Logik der Problementwicklung hält seine Wissenschaft in Gang wie der Produktionsplan einen Betrieb." An anderer Stelle finden sich bei Plessner Formulierungen wie diese: „Aufeinanderabgestimmtsein von objektiver Weltansicht und Geschäftsmaxime . . ." oder „Mechanisierung, Methodisierung, Entpersönlichung (bei gänzlicher Abstellung auf individuelle Leistung!) des Produktionsprozesses beherrschen die Herstellung wirtschaftlicher wie geistiger Güter . . .", oder auch: „Die Fächer werden zu *Berufen* . . . Aus der wachsenden Konkurrenz in jedem Fachberuf drängt infolgedessen der einzelne nach neuen Gebieten und schafft damit neue Spezialitäten. Immer engere Stoffgruppen, immer andere Verbindungsformen von Stoffen werden als autonom proklamiert und zu Spezialfächern, das heißt zu Erwerbsmöglichkeiten gemacht."[6]

Auffallend ist, daß die Fragestellungen und Untersuchungen Plessners und anderer, die in die gleiche Richtung gehen (im Falle Plessners gar nicht zu übersehen, weil unter der Überschrift stehend: „Zur Soziologie der modernen Forschung und ihrer Organisation in der deutschen Universität"), von der wissenschaftstheo-

[5] I. Kant, Werke in sechs Bänden, hg. von W. Weischedel, Wiesbaden 1956 ff., Bd. 6, S. 53.

[6] H. Plessner, Diesseits der Utopie, Frankfurt am Main 1974, S. 132, S. 126 f.

retischen Beschäftigung unserer Tage kaum zur Kenntnis genommen werden.

Was nun die Wissenschaftsgeschichte speziell angeht, so hat Jürgen Mittelstraß vor knapp 10 Jahren auf einem Symposion der Leibniz-Gesellschaft folgenden Tatbestand kenntlich gemacht: „Die Wissenschaftsgeschichte ist in einer bisher nicht dagewesenen Weise attraktiv geworden; attraktiv nämlich nicht allein für die Zunft der Historiker, sondern vor allem für die Zunft der Wissenschaftstheoretiker. Wissenschaftstheoretische Daten, Entwicklungsanalysen und Vermutungen über die innere Dynamik vergangener wie andauernder wissenschaftlicher Prozesse werden derzeit in wissenschaftstheoretisch orientierten Debatten, ganz gleich um welche Disziplin es dabei gehen mag, gehandelt wie seltene Steine, ohne die man am Gebäude der Wissenschaften nicht mehr glaubt bauen zu können. Zur Überraschung nicht zuletzt der Wissenschaftshistoriker selbst ist das Fach Wissenschaftsgeschichte in das Zentrum einer von Hause aus ganz und gar nicht historisch gesonnenen Reflexion über Wissenschaft gerückt. Man traktiert heute etwa die Kopernikanische Astronomie, die Newtonsche Physik, die Phlogistontheorie in der Chemie oder romantische Naturphilosophien, als hinge die Zukunft der Wissenschaften von der Kenntnis dieser Theorien und Entwicklungen ab, die doch nüchtern betrachtet selbst nur in geringem Maße noch ihre Spuren in den Lehrbüchern zugehöriger Disziplinen hinterlassen haben. Gleichzeitig entsteht eine neue, metatheoretisch orientierte Einführungsliteratur, kenntlich am gemeinsamen Auftreten der Ausdrücke 'Wissenschaftstheorie' und 'Wissenschaftsgeschichte' in den Titeln wissenschaftstheoretischer Zeitschriften und Werke."[7]

Jürgen Mittelstraß hat zweifellos, unabhängig von den Schlußfolgerungen, die er daran knüpft, eine Erscheinung festgehalten, die offen zutage liegt, und an der uns ebenfalls gelegen ist. Nehmen wir sie zunächst als Tatsache und überspringen das Für und Wider dieser Erscheinung. Nur einen Hinweis wollen wir anfügen. Der beklagte oder gutgeheißene Zustand – je nachdem –

[7] J. Mittelstraß, Historismus in der neueren Wissenschaftstheorie, in: Die Bedeutung der Wissenschaftsgeschichte für die Wissenschaftstheorie. Studia Leibnitiana, Sonderheft 6, Wiesbaden 1977, S. 43.

solcher wissenschaftsgeschichtlicher Betätigung hat – nicht immer, aber doch wohl weitgehend – zur Voraussetzung, daß Wissenschaftsgeschichte mit Theoriengeschichte irgendwie zusammenfalle. Zu fragen ist: sind die Theorienbildungsprozesse wirklich das Wesentliche der Wissenschaftsgeschichte (genommen als Wissenschaftsentwicklung)? Führt so verstandene Wissenschaftsgeschichte nicht zur Reduktion tatsächlicher (profaner) Wissenschaftsgeschichte? Und: verstellt solche Wissenschaftsgeschichte nicht den Blick für das, was – zunächst – eigentlich zur Untersuchung ansteht (anstehen sollte): Wissenschaftsentwicklung als Teil des jeweiligen gesellschaftlichen Produktions- und Reproduktionsprozesses? Ist Wissenschaftsgeschichte für das Ganze der Wissenschaft (im Singular!) da oder nur für die Sparte Wissenschaftstheorie? Muß Wissenschaftsgeschichte nicht *die* Wissenschaft (unter der Voraussetzung der Wissenschaften als Erscheinungsweisen von Wissenschaft) im Blick haben? Muß Wissenschaftsgeschichte nicht ob ihrer je gesellschaftlichen Einbettung, wie übrigens Philosophiegeschichte auch, als Gesellschaftsgeschichte betrieben werden?

Das sind Fragen, die Besinnung und Rückbesinnung herausfordern.

These IV: Besinnung auf die Tradition

Am 19. September 1822 findet in Leipzig die „erste Zusammenkunft deutscher Naturforscher und Ärzte" statt. Auf dieser hält ein gerade 33 Jahre alter Naturforscher eine Rede zum Thema „Von den Anforderungen an eine künftige Bearbeitung der Naturwissenschaften". Sein Name: Dr. Carl Gustav Carus, später Leibarzt des Königs von Sachsen. Was dieser Dr. Carus „aus innerer tiefster Überzeugung", wie er selbst bekennt, seinen Zuhörern vorhalten zu müssen meint, ist ungewöhnlich und auch nicht ohne intellektuellen existentiellen Trotz. Carus' Ausführungen sind auch unerhört, wenn man das Maß ihrer Beurteilung vom Zustand der Wissenschaftsentwicklung der zweiten Hälfte des 19. Jahrhunderts und ihrem weiteren Fortgang bis in unsere Tage hinein herholt. Man sage nicht, daß Carus romantischer

Naturphilosoph gewesen sei. Sicher schwingt in seinem Denken die romantische Naturphilosophie mit. Doch es erschöpft sich nicht in dieser. Was Carus 1822 als „Anforderungen an eine ... Bearbeitung der Naturwissenschaften" formuliert, übersteigt – wie wir meinen wesentlich – die bloße Zuordnung zu dem, was gemeinhin mit „romantische Naturphilosophie" bezeichnet wird. Es ist auf das Verhältnis von Empirie und Theorie unter dem Gesichtspunkt des Allgemeinen in der Wissenschaft/Philosophie überhaupt aus.

Carus beschreibt in seiner Rede ein von ihm als mißlich empfundenes Verhältnis: „Betrachten wir aber den gegenwärtigen Stand der Naturwissenschaften, von welcher Seite wir wollen, so ist nicht zu verkennen, daß die philosophische Seite, die Seele derselben, unverhältnismäßig in ihrer Ausbildung hinter der sinnlichen Seite, gleichsam dem Leibe derselben, zurückgeblieben sei. Eine fast unübersehbare Masse einzelner Beschreibungen und Beobachtungen hat sich gesammelt, und unermüdet werden immer neue Formen, immer verwickeltere Erscheinungen aufgesucht. Weit weniger aber sieht man ein ruhiges und klares Bestreben, die Bedeutung der bekannten Formen zu erforschen, in der Mannigfaltigkeit der Phänomene die einfachsten, die Ur-Phänomene, zu erkennen, und aus diesen kombinatorisch die Vielheit abzuleiten."

Soweit zunächst Carus. Stoßen wir uns nicht an Ausdrücken wie „Ur-Phänomene", „Beschreibung" oder „Beobachtung". Diese sind sicher einem bestimmten Zeitgeist geschuldet. Richten wir vielmehr unsere Aufmerksamkeit auf das, worauf Carus mit dem Anspruch auf Allgemeingültigkeit für Wissenschaft/Philosophie abheben will. Seine Grundthese in diesem Zusammenhang lautet: „Naturbetrachtung und spekulative [philosophische – M. B.] Betrachtung können und dürfen ... nicht geschieden sein, ja sie können es nie ganz, und nur ein Mehr oder Weniger von einer Seite bedingt Abirrungen wissenschaftlicher Tätigkeit, als welche in voller Kraft immer nur bei vollkommen gleichmäßiger Ausbildung beider Seiten sich darstellen wird. Wie denn da, wo von Seele und Leib eines auf Kosten des andern das Übergewicht nimmt, ein nicht rein menschlicher Zustand gedacht werden kann, so auch da, wo im Wissenschaftlichen bald Beobachtung allein, bald bloße Spekulation auftreten; dahingegen die gleiche Verbindung beider auch die vollkommenste Befriedigung ausspricht."[8]

Was ist das Bemerkenswerte an der Rede von Carus?

In der Zeit des sich anbahnenden positivistischen Wissenschaftsverständnisses, in der Zeit der Abkapselung der Wissenschaften von der Philosophie und der Philosophie von den Wissenschaften, in der Zeit der in Gang kommenden Trennung des Corpus Wissenschaft/Philosophie in Naturwissenschaften und sog. Geisteswissenschaften (bzw. sog. Kulturwissenschaften) – in dieser Zeit beschwört Carus methodologische Prinzipien, die für die klassische Wissenschaftstradition selbstverständlich *und* verbindlich waren. Carus erinnert an Prinzipien, die in ihrer Selbstverständlichkeit und Verbindlichkeit wohl auch – wie wir meinen – den Erfolg und die Wirkung der klassischen Wissenschaftsentwicklung ausmachten. Keine Trennung von Empirie und Theorie, keine Trennung der Naturforschung von der Philosophie, keine Trennung der Philosophie von der Naturforschung – das ist die Grundaussage von Carus.

Das Verhältnis von Philosophie und Wissenschaft, von Wissenschaft und Philosophie wurde dergestalt von Carus noch in einem produktiven Sinne verstanden. Das Zusammengehen von Wissenschaft und Philosophie, von Philosophie und Wissenschaft forderte Carus; ihr bloßes Nebeneinander, gar ihr Gegeneinander lehnte er ab, hielt er für verhängnisvoll.

Anders: Empirie und Theorie, denkende (philosophische) Betrachtung der Wissenschaft und der Entwicklung von Wissenschaft und Philosophie wurde von ihm als zusammengehörig, als voneinander abhängig angesehen.

Allein diese „Anforderung" von Carus halten wir für bedenkenswert, vor allem auch deshalb, weil die Gegenwart sich zu vorschnell mit einem Nebeneinander (und den Folgen dieses Nebeneinander) von Wissenschaft und Philosophie zufriedengibt.

Lorenz Oken hatte das, worum es uns durch die Anführung der Rede von Carus aus dem Jahre 1822 ging, 1804 in seiner „Übersicht der Grundrisse des Systems der Naturphilosophie" noch ohne Vorbehalte so ausgedrückt: „Die Empirie ist das Ob-

[8] C. G. Carus, Von den Anforderungen an eine künftige Bearbeitung der Naturwissenschaften, Hamburg 1928, S. 12, S. 8.

jekt ohne Handeln, die Spekulation das Handeln ohne Objekt – auf beiden ruht der Fluch der Vernichtung, wenn diese voll Stolz ihren Flug nach der Unendlichkeit nimmt, und jene niedrig im Staube kriecht. Die Aussöhnung beider gebärt dem Menschen das Wissen."[9]

Und wenige Jahre vorher hatte Novalis in den „Materialien zur Enzyklopädistik" 1798/99 niedergeschrieben:

„623. Phil[osophie]. Jedes läßt sich auf eine höchst mannigfaltige und dennoch regulative Weise machen und erreichen.

Die Geschichte d[er] Phil[osophie] ist die allg[emeine] phil[osophische] Gesch[ichte] aller W[issenschaften] – das Schema aller speciellen Litteraturgeschichte – So wie jede specielle Litteraturge[schichte] ein speciell phil[osophisches] Exempel ist, das sich auf eine allg[emeine] Form reducieren läßt.

Die W[issenschaft] ist selbst eine specifizierte Phil[osophie]. Die Phil[osophie] ist die Vernunft des Wissensch[aftlichen] Wesens, das ebenfalls aus Leib und Seele besteht.

624. DITO. Die W[issenschafts]L[ehre] oder die reine Phil[osophie] ist das Relationsschema der W[issenschaften] überhaupt. Sie entsteht aus dem *Einfall* statt würcklicher nahmhafter, individ[ueller] Dinge – allg[emeiner] Dinge, denen jedes Ding substituirt ..."[10]

Eine „philosophische Geschichte aller Wissenschaften"? – nach wie vor sicher ein uneingelöstes Projekt! Doch ist es nur das? Sollte dieses uneingelöste Projekt, vielleicht gar nicht einzulösende Projekt, uns nicht als regulative Idee immer dann begleiten, wenn wir von Wissenschaft/Philosophie, von Wissenschaftsgeschichte/Philosophiegeschichte sprechen, denkend diese Problematik zu durchschreiten und darzustellen versuchen?

Natürlich schwebte Novalis bei seinen Gedankengängen mehr als eine bloße Klassifikation der Wissenschaften vor. Er war auf eine „Enzyklopädistik" aus, dabei explizit an Leibniz anknüpfend, die ein „lebendiges wissenschaftliches Organon", eine „Konstruktionslehre des schaffenden Geistes" sein sollte.

9 L. Oken, Übersicht der Grundrisse des Systems der Naturphilosophie, Leipzig 1822, S. 8.

10 Novalis, Schriften, hg. von P. Kluckhohn und R. Samuel, Stuttgart 1960 ff., Bd. III, S. 378.

Leibniz stand soeben als Stichwort. Der Hinweis auf Kant erübrigt sich eigentlich, vorausgesetzt, daß die „Metaphysischen Anfangsgründe der Naturwissenschaft“ (zu beachten ist der Singular!) des Jahres 1786 als legitim zur Kantschen Philosophie gehörig gezählt werden und nicht nur die drei großen Kritiken. Fichte wollte Philosophie als Wissenschaftslehre entwickeln und darstellen. Alles Stichwörter, die Erinnerungen wachrufen und Besinnung hervorrufen sollen (sollten!).

Es war eben nicht nur der Geist der romantischen Naturphilosophie oder der Romantik überhaupt, wie durch die Namen Novalis, Oken oder Carus nahegelegt werden könnte, was sich hier artikulierte. Es war das Beharren auf einer bestimmten Art von Wissenschafts-/Philosophieauffassung, die wir die klassische genannt haben, auf die trotz kritischer Distanz der einzelnen Persönlichkeiten oder Richtungen zueinander, eben von verschiedenen Seiten insistiert wurde.

Die „Metaphysischen Anfangsgründe der Naturwissenschaft“ formulieren: „Eine jede Lehre, wenn sie ein System, d. i. ein nach Prinzipien geordnetes Ganzes der Erkenntnis sein soll, heißt Wissenschaft.“[11] Allgemeingültigkeit, Notwendigkeit und Wahrheit sollen so Wissenschaft/Philosophie charakterisieren, bestimmen und bewerkstelligen: sie garantieren. Die „Phänomenologie des Geistes“ formuliert analog: „Die wahre Gestalt, in welcher die Wahrheit existiert, kann allein das wissenschaftliche System derselben sein.“[12] Daß Wahrheit hier nicht (oder nicht nur oder noch nicht) als Urteilsqualität, als Aussagenwert genommen wird, vermerken wir – um Mißverständnisse zu vermeiden – nur am Rande. Wissenschaft/Philosophie hat die Wahrheit zum Gegenstand. Und die Notwendigkeit des Wissens, von Wissenschaft/Philosophie wird durch seinen/ihren Systemcharakter gesichert.

Uns ist es darum zu tun, festzuhalten, daß hier Wissenschaft/Philosophie durch die Bestimmungen „Allgemeingültigkeit“, „Notwendigkeit“ und „Wahrheit“ definiert wird. Wenn diese Bestimmungen aber für Wissenschaft/Philosophie maßgebend sind, dann müßten diese Bestimmungen vor allem dasjenige sein, auf das Wissenschaftsgeschichte/Philosophiegeschichte abzuheben hätte.

[11] I. Kant, Werke in sechs Bänden, Bd. 5, a. a. O., S. 11.

[12] G. W. F. Hegel, Werke in zwanzig Bänden, Bd. 3, a. a. O., S. 14.

Dies zumindest für die Wissenschaftsentwicklung bis zum ersten Drittel des 19. Jahrhunderts (wenn wir für diese Entwicklung Deutschland als Beispiel nehmen).

Mag man die klassische Wissenschaftsauffassung als überholt betrachten, sie der Vergangenheit anheimzugeben, wäre jedoch Frevel. Für uns ist es durchaus nicht ausgemacht, daß diese Wissenschaftsauffassung durch die „moderne" Wissenschaftsentwicklung eingeholt, gar überholt worden ist. Machen wir uns nicht selber zu jungen Katzen durch eine Entwicklung, die es gegeben hat, und die selbstverständlich zur Kenntnis genommen werden muß, die aber im Hinblick auf die klassischen Bestimmungen der Wissenschaft – im Hinblick auf „Allgemeingültigkeit", „Notwendigkeit" und „Wahrheit" – noch nicht aufgearbeitet worden ist.

Die von Justus von Liebig angeregte Übersetzung von Mills Logik erscheint im Jahre 1849 und ist sofort großer Verbreitung sicher. 13 Jahre später, schon 1862, verweist Helmholtz in „Über das Verhältnis der Naturwissenschaften zur Gesamtheit der Wissenschaften" (man beachte hier den Plural!) auf Mill als denjenigen, der das naturwissenschaftliche Verfahren endlich methodologisch normiert habe. Für Helmholtz ist „echte Wissenschaft ... nichts anderes als eine methodisch und absichtlich vervollständigte und gesäuberte Erfahrung"[13]. 1870 hat dann Friedrich Albert Lange in Zürich einen Lehrstuhl für „Philosophie der induktiven Wissenschaften", und Ernst Mach bekommt 1895 die „Lehrkanzel" für Philosophie in Wien, die der „Geschichte und Theorie der induktiven Wissenschaften" dienen soll. Der Empirismus hält in der zweiten Hälfte des 19. Jahrhunderts Einzug in die Wissenschaft/Philosophie, auch – und vor allem – institutionell.

Inwieweit hat diese angerissene Entwicklung wirklich „Fortschritte" gebracht? („Fortschritte" im Sinne der Preisfrage der Königlichen Akademie der Wissenschaften zu Berlin aus dem Jahre 1791). Diese Frage ist um so berechtigter, als nahezu gleichzeitig zur eben stichwortartig angerissenen Entwicklung von Wissenschaft/Philosophie allenthalben ein Hunger nach Weltanschauung konstatiert wird, den Lebensphilosophien aller Schattierun-

[13] H. von Helmholtz, Philosophische Vorträge und Aufsätze, hg. von H. Hörz und S. Wollgast, Berlin 1971, S. 79 ff.

gen schnell zu stillen versuchen, und das Ausscheren der sog. Geisteswissenschaften aus dem Corpus Wissenschaft beginnt: 1896 ist Rudolf Eucken mit seinem Buch „Der Kampf um einen geistigen Lebensinhalt. Neue Grundlegung einer Weltanschauung" zur Hand (der Nobelpreis für Literatur kommt 1908, die fünfte Auflage dieses Buches erscheint 1925), und Wilhelm Dilthey war 1883 mit seiner „Einleitung in die Geisteswissenschaften" vorangegangen, der 27 Jahre später, 1910, „Der Aufbau der geschichtlichen Welt in den Geisteswissenschaften" folgt, um nur auf zwei Momente *dieser* Wissenschaftsentwicklung zu verweisen.

Ist mit dieser angedeuteten Entwicklung die regulative Idee einer „Enzyklopädistik", einer „allgemeinen philosophischen Geschichte aller Wissenschaften" ein für allemal dahin? Sind durch diese Entwicklung Sätze, wie wir sie oben aus den „Metaphysischen Anfangsgründen der Naturwissenschaft" und der „Phänomenologie des Geistes" anführten, endgültig zu Sprüchen geworden? Bei einem zu schnellen Ja auf diese Fragen bleibt – zumindest – Unbehagen zurück. Die bloße empirische Beschreibung der Entwicklung von Wissenschaft/Philosophie (einschließlich der Entwicklung ihrer jeweiligen institutionellen Verankerung) ist nicht *die* Wissenschafts-/Philosophiegeschichte. Sie ist ein notwendiges Vorfeld, das es weiter zu bearbeiten gilt und das nicht intensiv genug bearbeitet werden kann.

Dennoch bleibt als Aufgabe, die Lenin, im Anschluß an Marx und Engels und unbeirrt von der Oberfläche aller empirischen Wissenschaftsentwicklung, so formulierte: „Die Fortführung des Werkes von Hegel und Marx muß in der *dialektischen* Bearbeitung der Geschichte des menschlichen Denkens, der Wissenschaft und der Technik bestehen."[14] An anderer Stelle geht Lenin noch weiter. Er möchte die „Geschichte der Philosophie" überhaupt aus dem „ganzen Gebiet des Wissens" aufgebaut sehen. Er setzt Gleichheitszeichen zwischen „Geschichte der Philosophie" und „Geschichte der einzelnen Wissenschaften", verweist auf die „Geschichte der Sprache", „der geistigen Entwicklung des Kindes", „der Tiere", auf „Psychologie" und „Physiologie der Sinnesorgane", um dann zu unterstreichen: „kurz, Geschichte der Erkennt-

[14] W. I. Lenin, Werke, Bd. 38, Berlin 1964, S. 137.

nis überhaupt". Und fügt schließlich an: „Die griechische Philosophie hat alle diese Momente angedeutet."[15]

Ersetzen wir aus dem ersten Zitat „dialektische Bearbeitung" durch denkende (philosophische) Betrachtung, dann scheint uns über den zu beschreibenden empirischen Verlauf von Wissenschaft/Philosophie, ihre Bezüge zur Gesamtkultur, ihre gesellschaftlichen Einbettungen usw. für die Wissenschafts-/Philosophiegeschichte ein Mehr gefordert zu sein – ein Mehr, das auf die klassische Wissenschaftstradition verweist, ein Mehr, um das man in Sachen Wissenschafts- und Philosophiegeschichte nicht herumkommt.

Wir brechen dergestalt eine Lanze für die Besinnung auf die klasssische Wissenschafts-/Philosophieauffassung, wenn es um Wissenschafts- und Philosophiegeschichte geht.

These V: Wissenschaft/Philosophie als das Eine sind Gegenstand von Wissenschafts- und Philosophiegeschichte

Wissenschaftsgeschichte und Philosophiegeschichte sind als wissenschaftliche Tätigkeit, die auf Bedingungen, Regularitäten, Gesetzmäßigkeiten von Wissenschaft/Philosophie aus ist, nur möglich, wenn die, besonders in Deutschland aufgekommene, kultivierte und noch fortwirkende Trennung von Natur- und sogenannten Geisteswissenschaften, wozu in den letzten Jahrzehnten noch als Drittes die Technikwissenschaften gekommen sind, hinter sich gelassen wird. Wir bestreiten damit nicht die Spezifik der Naturwissenschaften gegenüber den sogenannten Geisteswissenschaften, auch nicht die Sonderstellung der Technikwissenschaften. Uns scheint es jedoch fraglich, wenn nicht fragwürdig, wenn Wissenschaftsgeschichte (und auch Philosophiegeschichte) sich jeweils nur an das halten, was aus Gründen der Arbeitsteilung, der Institutionalisierung, vielleicht auch der Organisation getrennt gegeben ist. Von den politischen und ideologischen Gründen, die es für diese Trennung gibt, sehen wir hier einmal ab. Wissenschaft/

[15] W. I. Lenin, Werke, Bd. 38, Berlin 1964, S. 335.

Philosophie als das Eine sollte der Gegenstand von Wissenschaftsgeschichte und Philosophiegeschichte sein.

Eine Utopie? – eine uneinlösbare Forderung, die von vornherein zum Scheitern verurteilt ist? Setzt man diese Forderung absolut, dann ist sie sicher eine uneinlösbare. Nimmt man diese als Regulativ, nimmt man sie als lösbare Aufgabe, deren Inangriffnahme Voraussetzung für die Feststellung von Bedingungen, Regularitäten und Gesetzmäßigkeiten der Wissenschaftsentwicklung ist, so gewinnt man zumindest eine Haltung, die einem wie immer gearteten Relativismus in Sachen Wissenschaft/Philosophie entgegensteht, zu verhindern in der Lage ist, einzelne Forschungsprozesse zur Wissenschaft selber zu überhöhen, einzelne Methodologien für *die* wissenschaftliche Methode oder *die* Methode *der* Wissenschaften auszugeben, Hypothesen zu Tatsachen zu stilisieren. Zum anderen würde eine solche Haltung interdisziplinäres Denken fördern, Totalitätsblick wachrufen und wachhalten, Verantwortlichkeit und Bescheidenheit der Wissenschaftler (Forscher) schärfen gegenüber der Gesellschaft, aber auch dafür, zu sagen, was Wissenschaft auf einer je gegebenen Entwicklungsstufe kann, vor allem aber auch, was sie nicht kann. Schließlich würde eine solche Haltung auch das Aufeinanderangewiesensein der einzelnen Wissenschaftszweige und der in ihnen tätigen Wissenschaftler herausstellen. Und nicht zuletzt würde eine solche Haltung die Kulturfunktion der Wissenschaft zu steigern vermögen, dem allgemeinen Bewußtsein zugänglich machen. Es würde eingesehen, daß Weltanschauung aus der Wissenschaft hervorgeht, gleichsam aus ihr herausfließt und umgekehrt Wissenschaft in Weltanschauung eine Heimstätte hat, vorausgesetzt, daß sie den Geschichtsprozeß artikuliert.

Notwendig hierzu ist, daß zunächst Wissenschaftsgeschichte und Philosophiegeschichte zwar in ihrer Gleichzeitigkeit und Ungleichzeitigkeit, wohl aber auch – vor allem – in ihrem Zusammen befragt und dargestellt werden. Wissenschaftsgeschichte ohne Philosophiegeschichte ist blind, Philosophiegeschichte ohne Wissenschaftsgeschichte ist leer – auch das Umgekehrte gilt –, so könnte in unserem Zusammenhang eine aktuelle Konjektur des Kantschen Diktums lauten, ohne uns damit Imre Lakatos anzuschließen.

These VI: Anregungen – Aufgaben

Ausgangspunkt von Wissenschafts- und Philosophiegeschichte muß zunächst immer die *profane* Wissenschafts- und Philosophieentwicklung sein, in ihrer Einbettung in die je gegebenen gesellschaftlichen und kulturellen Strukturen und Situationen, die immer alternativ sind, weil der Geschichtsprozeß selber alternativ ist, sowie in das je gegebene Traditionsgefüge. Die narrative Geschichte ist so für uns der Ausgangspunkt. Man darf dabei aber nicht stehenbleiben. Man darf aber andererseits von hier aus auch nicht fortschreiten zu einer Metatheorie, die Regeln normativen Charakters für die Geschichtsschreibung verbindlich vorgibt. Geschichte, der Geschichts*prozeß* selber ist immer phantasiereicher *und* komplexer als jede wie immer geartete Geschichtsschreibung oder alle Geschichtsschreibung zusammen. Der Geschichtsprozeß ist von der Geschichtsschreibung weder einzuholen noch einzufangen, wohl aber zu überholen, indem man ihm sein Recht einräumt.

Um abzukürzen, dürfen wir im folgenden mit einigen Beispielen arbeiten und einige Anregungen bzw. Aufgaben formulieren, die einerseits das Gesagte zu verdeutlichen vermögen und andererseits – jedenfalls für uns – notwendige Themen wissenschaftsgeschichtlicher Forschung wären.

a) Weitaus stärker als bisher zu pflegen ist die Disziplingeschichte, weil man nur über diese zu einer komplexen Wissenschaftsgeschichte, die auf das Ganze von Wissenschaft/Philosophie aus ist, gelangen kann – und auch nur so „die große Heerstraße der Geschichte" gewinnt, also das, was wir Gesellschaftsgeschichte genannt haben. Mit Marx, der gegen Proudhon einwendet, daß nicht jedes Prinzip sein Jahrhundert gehabt habe, sondern eher jedes Jahrhundert sein Prinzip, was für jede Geschichtsschreibung, auch für die Philosophie- und Wissenschaftsgeschichtsschreibung gilt, muß darauf bestanden werden, daß „die wirkliche, profane Geschichte der Menschen eines jeden Jahrhunderts [zu] erforschen [ist], diese Menschen dar[zu]stellen [sind], wie sie in einem Verfasser und Schausteller ihres eigenen Dramas waren". Und Marx fügt an: „Aber von dem Augenblick an, wo man die Menschen als die Schausteller und Verfasser ihrer eigenen Geschichte hinstellt, ist man auf einem Umweg zum wirklichen Ausgangspunkt zurückgekehrt, weil man die ewigen Prinzipien fallengelassen hat, von denen man ausging."[16]

Zu fragen in diesem Zusammenhang wäre: Was ist eine wissenschaftliche Disziplin? Kurze Antwort: Biologie und nicht Molekularbiologie, Physik und nicht Festkörperphysik, Politische Ökonomie und nicht Betriebswirtschaftslehre, Jurisprudenz und nicht Arbeitsrecht.

Zu fragen in diesem Zusammenhang wäre weiter: Was ist Gesellschaftsgeschichte? Kurze Antwort: Einmal Verweis auf das eben wiedergegebene Marx-Zitat, zum anderen – mit Manfred Hahn –: „Geschichte bedeutet das Geschehene, den Gang des Geschehens, aber auch die Darstellung des Geschehenen, die Wissenschaft vom Gang des Geschehens. Entsprechend meint Gesellschaftsgeschichte ... den Gegenstand und die Wissenschaft von diesem Gegenstand. Sind bestimmte Stufen der Gesellschaftsgeschichte zu benennen, lauten die einwandfreien Bestimmungen Geschichte der bürgerlichen Gesellschaft, Geschichte der feudalen Gesellschaft, etc."[17] Dies gilt auch für die Wissenschafts- und Philosophiegeschichte.

Doch, um keine Mißverständnisse aufkommen zu lassen: Wenn wir hier auf Wissenschaftsgeschichte als Gesellschaftsgeschichte (im Sinne einer Zielorientierung) abheben, so identifizieren wir uns nicht mit jenen – teils als marxistisch ausgegebenen, teils für marxistisch gehaltenen oder mißverstandenen – Versuchen, die Wissenschaftsgeschichte (und ihre jeweiligen Gegenstände) in einer Herleitung und Zurückführung von der bzw. auf die jeweilige Produktionsweise aufgehen lassen möchten, um nicht zu sagen: erschöpfen lassen. Titel, programmatisch gemeint, wie „Naturtheorie und Produktionsweise" klingen fürs erste zwar einleuchtend, erweisen sich aber bei näherem Zusehen als kurzschlüssig, als untaugliche Mittel, aufklärende Funktionen in Sachen Philosophie/Wissenschaft mit Hilfe von Wissenschafts- und Philosophiegeschichte zu erfüllen. Die bloße „sozialgeschichtliche Bearbeitung der Wissenschaftsgeschichte" bringt keinen Aufschluß über tatsächliche Zusammenhänge. Im Gegenteil, sie verführt zu einer

16 K. Marx/F. Engels, Werke, Bd. 4, Berlin 1959, S. 135.

17 M. Hahn, Historiker und Klassen, Frankfurt am Main – New York 1976, S. 77.

kausalen Zuordnung von Wissenschaft und Philosophie zur jeweiligen Produktionsweise, was nicht möglich und von marxistischer Seite ziemlich früh zurückgewiesen worden ist. Am schärfsten geschah das bei Friedrich Engels in seinem Brief an Conrad Schmidt vom 17. Oktober 1890. Wissenschafts-/Philosophiegeschichte ist keine Produktionsweisengeschichte.

b) Jürgen Mittelstraß hat in den letzten Jahren mehrfach darauf hingewiesen – und wir stimmen darin mit ihm weitgehend überein –, daß sich in der wissenschaftstheoretischen Forschung zwei Entwicklungen abzeichnen, die so beschrieben werden können: „1. durch den Rückzug der Wissenschaftstheorie aus der Philosophie (diese verstanden als ein *begründungsorientiertes* Unternehmen). 2. durch eine eigentümliche Konjunktur der Wissenschaftsgeschichte im Rahmen wissenschaftstheoretischer Reflexionen."

Mittelstraß knüpft an diese Beobachtung zwei Thesen: „These 1: Die neuere Theorie der Wissenschaftsgeschichte dient primär der Entlastung von Wissenschaftstheorie in Begründungsfragen. These 2: Innerhalb der (analytischen) Wissenschaftstheorie entsteht ein neuer Historismus." Wenn die Beobachtung von Mittelstraß richtig ist – und sie scheint uns richtig zu sein –, dann ist diese Entwicklung bedenklich. Mit Recht fordert er deshalb: „historische Genesen nicht nur in Form von *Wirkungszusammenhängen,* sondern auch in Form von *Gründezusammenhängen* rekonstruieren zu lassen."[18] Nach Mittelstraß sind Wirkungszusammenhänge *ursachenbedingt* und Gründezusammenhänge *orientierungsbestimmt.* Wir stehen nicht nach, diese Warnung, sollte sie als solche gemeint sein, ernst zu nehmen. Wer in der Geschichtsschreibung nur auf Wirkungszusammenhänge aus ist, der verfehlt Wissenschaft/Philosophie und sitzt tatsächlich einem alt-neuen – elenden – Historismus auf. Auf orientierungsbestimmte Gründezusammenhänge nicht aus sein zu wollen, geht unseres Erachtens in der Wissenschafts-/Philosophiegeschichte nicht, weil diese dann auf Allgemeinheit verzichten würde. Inwieweit wir Jürgen Mittelstraß nicht mehr folgen können, lassen wir hier beiseite und ist

[18] J. Mittelstraß, Historische Analyse und konstruktive Begründung, in: Konstruktionen versus Positionen, hg. von L. Krüger, Berlin (West) – New York 1979, S. 256, S. 266 f.

für unseren Zusammenhang auch gar nicht wichtig. Um es kurz anzudeuten: Bedenken kommen uns überall dort, wo die Forderung, „Historische Genesis ... auch in Form von Gründezusammenhängen" wiederzugeben, auf eine metatheoretische Normierung von Geschichtsschreibung hinausläuft, wenn sie überhaupt darauf hinauslaufen sollte. Für uns liegen – um auch das noch anzudeuten – mit der materialistischen Dialektik Orientierungen für die Wissenschafts- und Philosophiegeschichte vor, die zwar Orientierungen, zugleich aber *keine* Normierungen sind.

c) Sollten sich Wissenschaftsforschung und Wissenschaftsgeschichte, die nach unserem Dafürhalten nicht zu trennen sind, nicht die Frage vorlegen, ob es nicht so etwas wie eine jeweils herrschende, durch Institutionalisierung abgesicherte Wissenschaft gibt? Unserer Meinung nach gibt es das. Wir meinen damit allerdings nicht solchen Unsinn wie „bürgerliche Physik" oder „proletarische Physik". Es brauchen nicht Marx und Engels in den Zeugenstand gerufen zu werden, um solchen „Blödsinn", wie Engels gesagt hat, vom Tisch zu wischen. Wir rufen Leibniz als Zeugen auf, der am 9. April 1716 an Conti schrieb: „Ich wundere mich, mein Herr, daß Sie sagen, man müsse in der Methode zu philosophieren übereinkommen, bevor man über die Philosophie Newtons spricht: *Gibt es eine andere Logik in London als in Hannover?* Wenn man in guter Form über wohl gesicherte Tatsachen oder über unbezweifelbare Axiome urteilt, wird man nicht verfehlen, Recht zu haben."

Und noch einmal Leibniz (Lenin formulierte bekanntlich analog, ohne Leibniz' Schriften gekannt zu haben): „Wenn die Geometrie unseren Leidenschaften und gegenwärtigen Interessen so entgegenstände wie die Moral, würden wir sie nicht weniger bestreiten und verletzen, trotz aller Beweise des Euklid und des Archimedes, die man als Träume behandeln würde, im Glauben, sie seien voller Trugschlüsse."[19]

Das letzte Leibniz-Zitat verweist auf jenen Sachverhalt, den wir mit dem Ausdruck „herrschende Wissenschaft" meinen. Geschichte der Wissenschaft ist sicher nicht die Geschichte der herr-

[19] Bei den beiden Leibniz-Belegen folgen wir der Übersetzung von G. Freudenthal (Atom und Individuum im Zeitalter Newtons, Frankfurt am Main 1982).

schenden Wissenschaft der herrschenden Klasse (die Dinge, die hier zur Debatte stehen, sind komplizierter und komplexer). Aber: Die Geschichte der Wissenschaft, jedenfalls so wie sie bisher in den meisten Fällen zu schreiben versucht wurde, ist die Geschichte der jeweils herrschenden (institutionalisierten) Wissenschaft. Wir meinen aber, daß die Opposition gegen die jeweils herrschende Wissenschaft mit zur Wissenschaftsgeschichte gehört, jedenfalls stärker als bisher in die wissenschaftsgeschichtliche Forschung einbezogen werden sollte.

Beispiele hierfür wären etwa, wahllos herausgegriffen: Die Reaktionen auf Schellings Naturphilosophie in den vierziger Jahren des vorigen Jahrhunderts; die Wissenschaftsauffassungen des vormarxistischen Sozialismus; die Stellung der Arbeiterbewegung im 19. Jahrhundert zur Wissenschaft. Diese drei Beispiele mögen genügen, um anzudeuten, worauf wir mit unserer Frage nach der „herrschenden Wissenschaft" hinauswollen.

d) Wenn wir uns für eine empirisch orientierte, das heißt an der Wissenschafts-/Philosophieentwicklung selber orientierte Wissenschafts-/Philosophiegeschichtsschreibung eingesetzt haben, so meinen wir damit nicht eine Geschichtsschreibung, die empiristischem Reduktionismus unterliegt. Sondern wir meinen damit die Garantie der Empirie (durch Quellen, Quellenkritik usw.) *und* des (Historisch-) Allgemeinen. Anders als so verfiele man, um mit Schelling zu sprechen, „in höchste Barbarei". Diese Stelle im Zusammenhang der „Vorlesungen über die Methode des akademischen Studiums": „Den Bewegungen der äußeren Welt entsprechen nach einem notwendigen Gesetz die stilleren, aber deswegen nicht minder tiefgreifenden Metamorphosen, die in dem Geiste des Menschen selbst vorgehen. Zu glauben, daß die geistigen Veränderungen, die Revolutionen der Wissenschaft, die Ideen, die sie erzeugt, die Werke selbst, in denen sich ein bestimmter wissenschaftlicher oder Kunst-Geist ausgesprochen hat, ohne Notwendigkeit seien, und nicht nach einem Gesetz, sondern durch Zufall entstehen, ist die höchste Barbarei."[20]

e) Übrigens Schelling. In einem unveröffentlichten Manuskript, das überschrieben ist „Welchen Nutzen kann jetzt noch das Stu-

20 F. W. J. Schelling, Vorlesungen über die Methode des akademischen Studiums, hg. v. W. E. Ehrhardt, Hamburg 1984, S. 20.

dium der Geschichte der Wissenschaften bei den Alten haben, nachdem wir in denselben so große Fortschritte gemacht haben?", schreibt Schelling: „*Geschichte* der Wissenschaften entsteht erst dann, wenn der wissenschaftliche Geist selbst erschöpft ist." Wir glauben, daß Schelling hier etwas angesprochen hat, das uns heute noch – bei allen Veränderungen, die es inzwischen gegeben hat – in der Wissenschafts- und Philosophiegeschichtsschreibung beschäftigen sollte, wir meinen: die unterschiedlichen nationalen Traditionen in der Wissenschaftsentwicklung, die es gegeben hat und die es ja gibt. Als Stichwort in diesem Zusammenhang nur: Frankreich – Deutschland.

f) Wissenschafts- und Philosophiegeschichtsschreibung sollte immer auch das berücksichtigen, was Kant am 26. Januar 1796 an Plücker schrieb: „... was wir von anderen lernen sollen, davon, wenn es geistige Dinge sind, können wir nie gewiß sein, ob wir es recht verstehen, und, die sich zu Auslegern aufwerfen, ebenso wenig." Warum wollen Spätere immer die Früheren besser verstehen? Anders: Wir meinen, strenge Hermeneutik findet in der Wissenschafts- und Philosophiegeschichtsschreibung keine Bewährung. Geradezu prophetisch schrieb der alternde Galileo Galilei aus seiner Verbannung in Arcetri an Fortunio Liceti am 15. September 1640: „Ich bin sicher, daß Aristoteles, käme er heute zurück auf die Welt, mich unter seine Schüler rechnen würde, und zwar wegen meiner nicht zahlreichen, aber triftigen Einwände gegen seine Lehre – sehr viel eher jedenfalls als die zahlreichen anderen, die im Bestreben, aus seinen Texten Begriffe herauszufischen, die ihm niemals in den Sinn gekommen wären ..." Wissenschafts- und Philosophiegeschichte sollte sich also hüten, die Vergangenheit zu belehren (belehren zu wollen), sollte andererseits aber dafür sorgen, daß die Vergangenheit Gegenwart ist, produktiv in der jeweiligen Gegenwart wirkt.

Beschluß

Wissenschafts- und Philosophiegeschichte bewegen sich nicht in der „Zerrissenheit", sondern allein in der „Erinnerung", deren Leben zugleich und in einem „erzeugt und genießt".

1983

Warum Philosophiegeschichte?

Innerhalb des Marxismus kann Philosophiegeschichte weder auf bloße Doxographie noch auf bloße Begriffsgeschichte beschränkt bleiben; sie kann auch nicht nur als Geschichte (im Sinne von Denken der Vergangenheit oder vergangenes Denken, das für die Gegenwart nur mehr historisches Interesse beanspruchen kann) betrieben werden. Im Gegenteil. Philosophiegeschichte hat im Marxismus einen philosophisch-systematischen Stellenwert. Für den Marxismus ist systematische Philosophie ohne Philosophiegeschichte fruchtbar ebensowenig denkbar wie Philosophiegeschichte ohne systematische Philosophie. Das zunächst deshalb, weil es kaum ein philosophisches Problem gibt, das nicht seine Geschichte hätte. Man braucht nur an solche Probleme zu denken wie das der Wahrheit, das der Unendlichkeit, das des Gesetzes usw. Oder man braucht nur an solche philosophischen Grundfragen zu denken wie die nach dem Menschen, wie die nach dem Verhältnis von Mensch und Natur usw. Die Bewältigung oder Beantwortung von philosophischen Problemen oder Fragen im systematischen Zusammenhang oder unter systematischen Gesichtspunkten ist ohne Philosophiegeschichte nicht möglich. Anderseits wird jede philosophiegeschichtliche Untersuchung – mehr oder weniger – von systematisch-philosophischen Gesichtspunkten getragen, zumindest tangiert.

Die Geschichte der Philosophie spielt in der Philosophie auch deshalb eine so große Rolle, weil es keine Philosophie, insbesondere keine große Philosophie gibt, die mit ihrer Zeit abgegolten wäre. Zwar ist jede Philosophie das Produkt ihrer Zeit (historisch, gesellschaftlich, wissenschaftshistorisch), erschöpft sich aber nicht darin. Von der Philosophie werden Fragen aufgeworfen und zu beantworten versucht, die die Menschheit als Ganzes angehen. Immer hat es Philosophie auch damit zu tun, was Kant im Anschluß an Rousseau „die Rechte der Menschheit herstellen" nannte. Es ist also zunächst einmal das Humanismusproblem, die Frage nach dem Menschen, nach seiner Funktion und seiner Rolle in der Geschichte und in der Gesellschaft, das eine Beschäftigung mit der Geschichte der Philosophie nahelegt.

Weiter: Die Geschichte der Philosophie, insbesondere die klassische bürgerliche Philosophie, hat viele theoretische Vorleistungen für den Marxismus erbracht. Und der Marxismus hat sich seit jeher betont um seine geschichtliche Herkunft bemüht. Dies ist – kurz gesagt – ein weiterer Grund für die Notwendigkeit der Beschäftigung mit der Geschichte der Philosophie.

Schließlich: Aristoteles, Kant, Hegel, um nur diese zu nennen, sind zu Einsichten gelangt, deren man sich immer wieder vergewissern muß, und zwar nicht nur aus philosophiehistorischen, sondern ebensosehr aus systematisch-philosophischen Gründen. Es kann keine Philosophie geben, die Aristoteles oder Kant oder Hegel umgehen könnte. Diese Philosophen – und, wie gesagt, nicht nur diese – sind gleichsam Konsultanten gegenwärtiger Philosophie, gegenwärtigen Philosophierens. Der Unterschied zwischen der marxistischen und der spätbürgerlichen Philosophie besteht hier darin, daß der Marxismus diese Konsultationen bewußt aufnimmt, während solches innerhalb der spätbürgerlichen Philosophie zufällig bleibt.

Hinzu kommt, daß die Philosophiegeschichte als philosophisches Erbe (vor allem das der progressiven Bourgeoisie) verfügbar ist für gegensätzliche Klassenkräfte. Die spätbürgerliche Philosophie hat sich immer wieder bemüht, im Namen der klassischen bürgerlichen Philosophie den Marxismus zu widerlegen. Dies geschah zwar mit untauglichen Mitteln, blieb aber trotzdem nicht ohne Wirkung. Die philosophische Auseinandersetzung, die sich in diesem Zusammenhang abspielt, muß in ihrer ganzen historischen Dimension erfaßt und ausgetragen werden. In dieser Beziehung spielt das progressive philosophische Erbe, an welches der Marxismus angeknüpft hat und anknüpft, eine bedeutende Rolle. Auch das unterstreicht die Bedeutung der Philosophiegeschichte für systematisch-philosophische Arbeit innerhalb des Marxismus.

1980

Philosophieentwicklung und Kultur

Überblickt man die Entwicklung der menschlichen Kultur, so ist offensichtlich, daß die Philosophie an dieser einen hervorragenden Anteil hatte, daß die Philosophie einer jeweiligen historischen Epoche ein wichtiger, ja tragender Bestandteil der jeweiligen Kultur war. Repräsentativ für diese Feststellung ist die Entwicklung der klassischen griechischen Philosophie und die klassische bürgerliche Philosophie, insbesondere die Philosophie der europäischen Aufklärung und die klassische deutsche Philosophie.

Erstens: Auf dem Stuttgarter Hegel-Kongreß im Sommer 1981 machte Jürgen Habermas in einem Vortrag im Hinblick auf die spätbürgerliche Philosophie eine ganz andere, ja entgegengesetzte Aussage. Habermas sprach über die Rolle der Philosophie in der gegenwärtigen Kultur in den kapitalistischen Ländern. Das Resümee seines Vortrages lautete: Nachdem die Philosophie als Wissenschaft die Reputation als Orientierungshelfer, Sinngeber und kritische Instanz im Kreis der sogenannten exakten Wissenschaften verloren habe und die Einzelwissenschaften immer mehr dahin tendierten, alles zu wissen, aber nichts mehr zu verstehen oder gar zu verantworten, bleibe die Philosophie einsam zurück als Statthalter und Interpret der Vernunft. Habermas sieht so die Philosophie an die Peripherie der Kultur in den gegenwärtigen kapitalistischen Ländern gedrängt.[1]

Wir lassen es dahingestellt, inwieweit Habermas mit seiner Feststellung recht hat und vor allem, ob er tief genug lotet. Unabhängig davon bringt Habermas jedoch eine allgemein verbreitete Haltung zur Philosophie in den kapitalistischen Ländern zum Ausdruck. Betrachtet man die von Hermann Lübbe in dem Band „Wozu Philosophie?“[2] zusammengefaßten Stellungnahmen zur

[1] Vgl. Kant oder Hegel?, hg. von D. Henrich, Stuttgart 1983, S. 42 ff.

[2] Wozu Philosophie?, hg. von H. Lübbe, Berlin(West) 1978.

Rolle und Funktion der spätbürgerlichen Philosophie im geistig-kulturellen Leben der kapitalistischen Gesellschaft der Gegenwart, so werden in diesen analoge Auffassungen vorgetragen. Und in der Tat ist die spätbürgerliche Philosophie in den kapitalistischen Ländern ins kulturelle Abseits geraten.

Dieses Abschieben der spätbürgerlichen Philosophie an die Peripherie der gegenwärtigen kapitalistischen Kultur ist verursacht durch ihr Unvermögen, die gegenwärtige kapitalistische Gesellschaft in ihren komplexen Strukturen theoretisch zu durchdringen und zu erfassen sowie Mittel zu ihrer praktischen Beherrschbarkeit bereitzustellen. Marx hat in den „Grundrissen" auf diesen Tatbestand und seine gesellschaftlichen Ursachen verwiesen: „Eine Analyse der spezifischen Form der Teilung der Arbeit, der Produktionsbedingungen, worauf sie beruht, der ökonomischen Verhältnisse der Gesellschaftsmitglieder, worein sich diese Bedingungen auflösen, würde zeigen, daß das ganze System der bürgerlichen Produktion vorausgesetzt ist, damit der Tauschwert als einfache[r] Ausgangspunkt an der Oberfläche erscheine und der Austauschprozeß, wie er sich in der einfachen Zirkulation auseinanderlegt, als der einfache, aber *die ganze Produktion wie Konsumtion umfassende gesellschaftliche Stoffwechsel.* Es würde sich also ergeben, daß schon *andre* verwickeltere, und mehr oder minder mit der Freiheit und Unabhängigkeit der Individuen kollidierende Produktionsbeziehungen, ökonomische Verhältnisse derselben vorausgesetzt sind ... Die Individuen treten sich nur als Eigentümer von Tauschwerten gegenüber, als solche, die sich ein gegenständliches Dasein füreinander durch ihr Produkt, die Ware, gegeben haben. Ohne diese objektive Vermittlung haben sie keine Beziehung zueinander, vom Standpunkt des in der Zirkulation vor sich gehenden sozialen Stoffwechsels aus betrachtet. Sie existieren nur sachlich füreinander, was in der Geldbeziehung, wo ihr Gemeinwesen selbst als ein äußerliches und darum zufälliges Ding allen gegenüber erscheint, nur weiterentwickelt ist. Daß der gesellschaftliche Zusammenhang, der durch den Zusammenstoß der unabhängigen Individuen entsteht, zugleich als sachliche Notwendigkeit, und zugleich als ein äußerliches Band gegenüber ihnen erscheint, stellt *eben ihre Unabhängigkeit* dar, für *die das gesellschaftliche Dasein zwar Notwendigkeit,* aber nur *Mittel ist, also den Individuen selbst als ein Äußerliches erscheint, im Geld sogar als ein handgreifliches Ding.* Sie produzieren in und für die Gesellschaft, als gesellschaftliche, aber zugleich erscheint dies als bloßes Mittel ihre Individualität zu vergegenständlichen. Da sie weder subsumiert sind unter ein naturwüchsiges Gemeinwesen, noch andrerseits als bewußt Gemeinschaftliche das Gemeinwesen unter sich subsumieren, muß es ihnen als den Unabhängigen Subjekten gegenüber als ein ebenfalls unabhängiges, äußerliches, zufälliges, Sachliches ihnen gegenüber existieren. Es ist dies eben die Bedingung dafür, daß sie als unabhängige Privatpersonen zugleich in einem gesellschaftlichen Zusammenhang stehn."[3]

Für eine Betrachtung des Verhältnisses von Philosophie und Kultur in der gegenwärtigen kapitalistischen Gesellschaft sind diese Ausführungen von Marx grundlegend.

Zweitens: Um sich die Dimension dieses kulturellen Abseits der Philosophie in der kapitalistischen Gesellschaft der Gegenwart zu verdeutlichen, ist an den großen Anteil der Philosophie für die Kultur der Menschheit zu erinnern.

Der Begriff „Philosophie" entstand in der griechischen Antike, namentlich bei Plato und Aristoteles. Er bezeichnete das, was wir heute mit dem Begriff „Wissenschaft" umreißen. Das heißt, Philosophie entwickelte sich im engsten Zusammenhang mit der Wissenschaft (und umgekehrt). Philosophie und Wissenschaft sind ungefähr zur gleichen Zeit entstanden, und Wissenschaft ist zunächst als Philosophie ins Leben getreten. Aber Philosophie war von Anfang an zugleich auch nicht nur Wissenschaft (Einzelwissenschaft), sondern mehr. Sie ging immer zugleich auf das Ganze des gesellschaftlichen und geistigen Lebens aus, kurz: auf die Durchformung der (materiellen und geistigen) Kultur. Sokrates, Demokrit, Plato, Aristoteles sind, jeder auf seine Art, exemplarische Gestalten für die kulturelle Allseitigkeit philosophischen Wirkens und Strebens. Philosophie war so eine lebendige und vorwärtstreibende Kraft im Hinblick auf die kulturelle Entwicklung der Menschheit. Neben Erkenntnis und Wahrheit war auch das Gute für die Gesellschaft Ziel philosophischer Bemühungen. Neben dem Denken ging es Philosophie immer auch zugleich um

[3] K. Marx, Grundrisse der Kritik der Politischen Ökonomie, Berlin 1974, S. 907 ff.

das Handeln. Die Formel: Philosophie gleich Wissenschaft und Praxis hat die klassische griechische Philosophie durchgehalten. Mit ihrem Verfall in der hellenistisch-römischen Kultur wurde diese Formel preisgegeben. Mit dieser Preisgabe war der kulturelle Verfall der Philosophie verbunden, der im europäischen christlichen Mittelalter kulminierte. Hier gab es durch die kulturelle Dominanz der christlichen Theologie eine deutliche Verschiebung der kulturellen Funktion der Philosophie zum Negativen hin.

Drittens: Mit dem Beginn der bürgerlichen Ära, vor allem mit dem Entstehen der neuen Naturwissenschaft kam es auch wieder zu einem Aufschwung der Philosophie. Die Philosophie rückte nunmehr wieder ins Zentrum der Kultur. Dabei griff sie ausdrücklich auf die Tradition der klassischen griechischen Philosophie zurück. Die Philosophie erhält nunmehr die Bedeutung einer allgemeinen Wissenschaftslehre und macht die Wissenschaft zunehmend zu ihrem Problem. Zugleich werden alle anderen Bereiche der materiellen und geistigen Kultur zum Gegenstand philosophischer Bemühungen: Literatur, Kunst, Jurisprudenz, Geschichte, Technik, Ökonomie, gesellschaftliches Leben.

Die bürgerliche Philosophie der Aufklärung identifizierte Vernunft mit Philosophie. Mit dem Vernunftbegriff überschreitet die Aufklärungsphilosophie die traditionellen Bereiche der Philosophie, wie Logik und Erkenntnistheorie. Sie formuliert mit dem Vernunftbegriff das Grundproblem der Epoche, den Übergang von der feudalen zur bürgerlichen Gesellschaft. Der Anspruch der Vernunft, der in der Aufklärungsphilosophie radikal formuliert wird, hat einen Schock der traditionellen (feudal-absolutistischen) Kultur zur Folge. Denn jetzt wird von der Philosophie das der Kritik unterworfen, was bislang als Ausdruck einer höheren, von Gott hergeleiteten Kultur genommen wurde.

Dem Begriff der Vernunft wurde durch das beginnende bürgerliche Denken ein Inhalt gegeben, der ihn radikal von der „Vernunft" der Tradition unterscheidet. Das sich herausbildende bürgerliche Denken schaffte die Vernunft als göttliches Prinzip und nur von Gott her zu legitimierende Größe ab und setzte die Vernunft innerweltlich als autonome und aktive Vernunft. Sie wird jetzt in der Aufklärungskultur universal und säkularisiert. Sie ist

Tätigkeit schlechthin, Mittel der Kritik des Bestehenden und Vermögen zur Beherrschung von Natur und Gesellschaft.

Prototypisch für Deutschland wirkt in diesem Zusammenhang eine solche Gestalt wie Leibniz. Er hatte gleichermaßen akademische wie staatsmännische Begabung. Er begründete die Differentialrechnung (1684), und er machte sich im Bergbau nützlich. Er war zugleich Historiker, und nicht zuletzt war er Gründer einer der wichtigsten europäischen Akademien, der Berliner Akademie der Wissenschaften. Mit seinem Namen wird in Deutschland die Philosophie der Aufklärungsperiode verbunden. Von unmittelbar praktisch-geistiger, weltanschaulicher Bedeutung war sein Wirken auf dem Gebiete philosophischer Betrachtung der Religion. War doch das Religionsproblem eines der weltanschaulich brisantesten und theoretisch am meisten bearbeiteten Probleme der Aufklärungsphilosophie. Hier schlägt Leibniz die Brücke zu Lessing. Und an diesem Problem sehen wir zugleich den eminenten Anteil aufklärerischer Philosophie an der Gestaltung geistiger Kultur der Aufklärungsperiode.

Kant hat dann mit der Kennzeichnung seines Zeitalters als eines Zeitalters der Kritik die theoretischen Stichworte gegeben bzw. die theoretische Brücke geschlagen zum Problem *Vernunft und Revolution.* In seinem Diktum von der „Revolution der Denkungsart" wird die enge Verflechtung der Philosophie Kants in die geistige Kultur des bürgerlichen Revolutionszeitalters verdeutlicht. Die Wirkungen der Philosophie Kants blieben nicht nur auf die Neuordnung in der Vernunftwissenschaft beschränkt, sondern hatten Auswirkung auf das gesamte System der Wissenschaften (von der Theologie bis zur Ästhetik).

Aber auch in die zeitgenössische Alltagskultur dringt die Revolution der Denkungsart, die durch Kant bewirkt wurde, ein. Goethe hat dieses Faktum deutlich ausgesprochen, als er am 11. April 1827 im Gespräch mit Eckermann bemerkte: „Ich fragte Goethe, welchen der neueren Philosophen er für den vorzüglichsten halte. 'Kant', sagte er, 'ist der vorzüglichste ohne allen Zweifel. Er ist auch derjenige, dessen Lehre sich fortwirkend erwiesen hat und die in unserer deutschen Kultur am tiefsten eingedrungen ist. Er hat auch auf Sie gewirkt, ohne daß Sie ihn gelesen haben'."

Die Einbindung der Philosophie in die geistige und auch materielle Kultur erfährt einen Höhepunkt mit der Französischen Revolution. Viele philosophische Aufklärer nannte man direkt „Sturmvögel der Revolution". Ihre Zeitkritik bereitete wesentlich das geistige Potential für die großen Ereignisse vor. Für die deutsche Philosophie vor allem hat andererseits die Französische Revolution befruchtend auf den weiteren theoretischen Fortschritt gewirkt, namentlich ist darauf zu verweisen, daß hier die Philosophie explizit das politische Ereignis in seiner kulturellen Bedeutung würdigen will. Besondere Folgerungen hatte dies für die Geschichtsphilosophie. Während Herder etwa vorzugsweise die Geschichte als Kulturgeschichte begriff und das Gesetz des Fortschritts in der Geschichte quasi als Naturgesetz der Fortentwicklung zur Humanität auffaßte, knüpften Kant und die transzendentalphilosophische Schule unmittelbar an das große Ereignis der Zeit an. Bedeutsam ist hier, daß die Umbrüche in der materiellen Kultur, die durch die Französische Revolution bewirkt werden, durch die Philosophien Kants, Fichtes, Schellings und Hegels die adäquate weltanschauliche Begründung erfahren, exemplarisch bereits bei Kant, der die Französische Revolution als ein Geschichtszeichen zu werten weiß, das ungeachtet aller die Revolution begleitenden Unfertigkeiten dennoch für eine moralische Tendenz im Menschengeschlecht angesehen werden müsse.

Nicht weniger deutlich geschieht die weltanschauliche Begründung des Revolutionsereignisses bei Fichte in seinen Revolutionsschriften, aber auch in der Wissenschaftslehre.

Die klassische deutsche Philosophie trägt so an zentraler Stelle innerhalb der geistigen Kultur ihres Zeitalters dazu bei, in Deutschland jene klassische Kultur mitzubegründen, die zu den Gipfelleistungen des Bürgertums und der Menschheit zu zählen ist.

Für die klassische deutsche Philosophie und Literatur (Kultur) konstituiert erst die Einheit von Individuum und Gesellschaft, Natur und Geist, Sinnlichkeit und Verstand den Menschen zu einem sittlichen Wesen. Dieses garantiert dann in derartiger Harmonie eine sittliche, auf Humanität basierende Gesellschaft, in der das Individuum – und zwar durch seine Gesellschaftlichkeit, die zugleich seine Beziehung zur Natur involviert – den Grund zur Entfaltung seiner Persönlichkeit und damit zur Erfüllung seines Strebens findet. Die klassische deutsche Philosophie sieht und formuliert zwar die Gegensätze, denen das Individuum unter den Bedingungen der Klassengesellschaft ausgesetzt ist. Doch sie richtet ihr Augenmerk auf den Ausgleich dieser Gegensätze, wenn auch mit unterschiedlicher Akzentsetzung. Natur und Mensch, Wirklichkeit und Gott, Individuum und Gesellschaft – diese von der Aufklärung und noch von Kant herausgestellten Gegensätze will die klassische deutsche Kultur zur Wahrheit ihres Ausgleichs führen. Sie stellt insofern in der Entwicklungsgeschichte der klassischen deutschen Philosophie im engeren Sinne eine wichtige Vermittlung zwischen dem Denken Kants, Fichtes und Schellings einerseits und dem Hegels andererseits dar, eben weil sie den Gesichtspunkt der konkreten Totalität, der Einheit von Mensch und Natur, von Verstand und Sinnlichkeit, von Pflicht und Neigung usw. betont und in der Idee der Humanität und der sittlichen Gesellschaft zum Ausdruck bringt. Dabei stößt sie zu den Schranken ihrer Gesellschaft, das heißt zu jener Erkenntnis vor, daß die von ihr angestrebte Harmonie von Individuum und Welt in der bürgerlichen Gesellschaft als Zustand nicht zu realisieren ist, und weist in diesem Zusammenhang über diese hinaus.

Viertens: Mit dem Ende der klassischen deutschen Kultur (Hegel, Goethe) setzt ein erneuter Umbruch bzw. eine erneute Differenzierung hinsichtlich der Wirkung der Philosophie für die Kultur ein. Mit zunehmender *Professionalisierung* der Philosophie wird der breite Strom der Philosophie reduziert auf eine – wie es dann heißen wird – akademische Schulphilosophie. Die bürgerliche Philosophie wird zunehmend das Werk von amtlich bestallten Philosophieprofessoren. Mit dieser Reduzierung der Philosophie begann nicht nur ein Abstieg des Vernunftanspruchs in der Philosophie, sondern es begann auch eine Verarmung der kulturellen Totalität überhaupt. Dieser Prozeß setzt ein ungefähr mit dem Beginn der industriellen Revolution in der Mitte der dreißiger Jahre des 19. Jahrhunderts. Das Schlagwort lautete damals: Zusammenbruch des deutschen Idealismus. Es entstanden als Philosophie der Positivismus und die Lebensphilosophie, die als grundlegende Denkweisen der spätbürgerlichen Philosophie bis in die Gegenwart hineinwirken. Der Positivismus verzichtete auf jeden kulturellen Anspruch, und die Lebensphilosophie verstand sich als Kultur*kritik.* Das Band zwischen Philosophie und der übrigen Kultur wurde zerschnitten, ebenso das zu den Einzelwissenschaften. Der nunmehr von der spätbürgerlichen Philosophie eingeschlagene Weg führte durchaus folgerichtig in das von Habermas beklagte kulturelle Abseits. Und dies um so mehr, als sie sich konstant weigerte, den Marxismus konstruktiv zur Kenntnis zu nehmen.

1982

Lebensphilosophie und Kulturkritik

Für die weltanschauliche Beschaffenheit des spätbürgerlichen Denkens konstitutiv, überschreitet Lebensphilosophie den Rahmen einer deutlich konturierten speziellen philosophischen Richtung oder Schule. Sie bezeichnet eine Grundverfassung (auch: grundlegende Denkweise) der spätbürgerlichen Philosophie. In diesem Sinne stellt sie – im Hinblick auf das Ganze bürgerlichen Bewußtseins – das komplementäre Gegenstück zum Positivismus dar und durchdringt, wie dieser, Einstellungen, Haltungen, Denkweisen, Theorien usw. Lebensphilosophisches Denken ist bürgerlich-krisenbewußtes, krisenankündigendes oder auch krisenahnendes Denken. Es ist Widerspiegelung der krisenhaften Entwicklung der bürgerlichen Gesellschaft seit dem letzten Drittel des 19. Jahrhunderts.

Spätestens seit der Zeit des ersten Weltkriegs wird die Lebensphilosophie zu einer weltanschauungsdominierenden Größe innerhalb der bürgerlichen Geistigkeit. Existenzphilosophie und philosophische Anthropologie etwa, gleichermaßen weltanschauungsgesättigt und daher einflußreich, verdanken ihre Wirkung wesentlich einem lebensphilosophischen Credo, zu welchem sich die Phänomenologie ebenfalls verstanden hatte und dem sich auch der Neukantianismus prinzipiell nicht verschloß (H. Rickert). Daß die „Auferstehung der Metaphysik" (P. Wust) nicht bloß Buchtitel bleibt und sich ein zu fiebriger Unruhe gesteigertes „Unbehagen in der Kultur" (Freud) nur allzu bereitwillig lebensphilosophischer Verheißung leib-seelischer Totalerneuerung überantwortet, entsprach der praktisch-geistigen Bedürfnislage großer Teile des Bürgertums angesichts der durch Weltkrieg und Machtergreifung des Proletariats in Rußland gesellschaftlich offenbar gewordenen Hinfälligkeit von als festgefügt oder gar immerwährend geglaubten Werten, Normen, Handlungs- und Erkenntnisweisen.

Wenn solcherart Krisenbescheid auch seinen Ausgang von der krisenhaften Entwicklung der bürgerlichen Gesellschaft nahm, so mußte er sich durch die Verwechslung (oder: das Zusammenfallen) der Existenzbedingungen und Interessen des Bürgertums mit denen der Menschheit überhaupt zur Katastrophenankündigung schlechthin verklären. Wo das Bewußtsein, in einer Krise zu stehen, solcherweise von dem Affekt begleitet war, daß nunmehr Zivilisation, Vernunft, Menschheit überhaupt vor dem Abgrund stünden, nährten sich Hoffnung auf Rettung und Wille zur Krisenüberwindung überwiegend von der Vorstellung einer möglichen Wende im Zeichen der Besinnung auf geschichtsfern-ursprüngliche, nicht relativierbar-stabile, verfallsimmune und daher – illusorisch – eine neue Wesenhaftigkeit gestattende Identitäten (Werte). Mochten diese als im Archaisch-Primitiven, Transzendent-Mystischen, Kosmisch-Allheitlichen, Mythisch-Vorrationalen, Vital-Ganzheitlichen oder ähnlichen weiter nicht zurückführbaren Instanzen quasireligiöser Art verwurzelt gedacht sein, nur mußten sie jenes „Eigentliche" ausmachen, von dem ein krisengestimmtes, „tragisches" Bewußtsein einzig noch die gebotene Entschlossenheit zum fälligen „wahren Leben" zwischen heroischem Aushalten und umstürzender Aktivität hernehmen zu können glaubte.

Lebensphilosophie neigt dazu, dialektisch vermittelte Gegensätze in abstrakt-alternative Polaritäten von „tragischer" Unaufhebbarkeit umzudeuten. Nietzsche folgend, der auf diese Weise Dionysisches und Apollinisches entgegengesetzt hatte, entwirft sie eine Vielzahl von Gegensatzpaaren, die alle nach dem gleichen Muster einer für archetypisch erachteten Antinomie von Lebendigem und Erstarrtem gebildet sind und deren eine Seite dann jeweils als das Schöpferische, Ursprüngliche, Organische, wahre Wirkliche, die andere als das Tote, Abkünftige, Mechanische, Abstrakte gedacht wird: innen – außen, Dynamik – Statik, konkrete Zeit – abstrakte Zeit, Freiheit – Determination, Intuition – Intellekt, Gedächtnis – Materie (Bergson); Geschichte – Natur, Verstehen – Erklären, Erleben – Denken (Dilthey); Schicksal – Kausalität, Richtung – Ausdehnung, Tiefe – Oberfläche, Seele – Verstand, Weisheit – Wissenschaft, Gestalt – Gesetz (Spengler); Schauung – Verstand; Seele – Geist (Klages); Drama – Ding

(Ortega y Gasset); Zeit – Raum, Kontinuität – Diskontinuität, Leben – Form (Simmel).

Mit solcher alternativen lebensphilosophischen Sondierung der Wirklichkeit rüstete sich seit der Jahrhundertwende zunehmend eine Kulturkritik, welche die disparatesten Zeiterscheinungen unterschiedslos als Zeichen einer siegreich gewordenen Lebensfeindschaft identifizierte und verurteilte: die von ihr als „Vermassung", „Entseelung", „Verdinglichung", „Nivellierung", „Entfremdung", „Mechanisierung", „Entpersönlichung", „Bürokratisierung", „Generalisierung" etc. angeklagten Phänomene wachsender Ohnmacht der Menschen gegenüber den gesellschaftlichen Entwicklungsprozessen und Institutionen ebenso wie den vermeintlichen „Materialismus" kapitalistischen Profitstrebens oder den demokratischen, aufklärerisch-rationalistisches Gedankengut bewahrenden Charakter der sozialistischen Arbeiterbewegung.

So radikal diese lebensphilosophisch dominierte Kulturkritik im einzelnen auch ausfallen mochte, indem sie ihre Gegenstände hinsichtlich der ihnen eigenen geschichtlich-konkreten, sozialökonomischen Formbestimmtheit nicht befragte und dergestalt die realgesellschaftliche Problematik von „Kultur" unterlief, konnte ihr betonter „Antikapitalismus" kaum mehr als auf spezifische Weise „romantisch" sein.

Gewiß: das hier deutliche Verlangen nach Beseelung und Vertiefung des menschlichen Lebens, nach neuen, „organischen" Formen der Gemeinschaft, nach umfassender leiblich-seelischer Gesundung etc. hatte die Erfahrung eines immer übermächtiger werdenden, sich automatenhaft-starr an den menschlichen Bedürfnissen vorbeibewegenden, traditionelle Eigentums-, Organisations- und Bewußtseinsformen zerstörenden gesellschaftlichen Gesamtprozesses sowie das damit verbundene Gefühl permanenten Bedrohtseins zur Voraussetzung und bestand – auf den gegebenen Zustand der bürgerlichen Gesellschaft bezogen – schon deshalb zu Recht. Daß die entsprechenden Bestrebungen dennoch, ihrer antikapitalistischen Gebärde ganz entgegen, in eine – indirekte – Apologie des Bestehenden mündeten oder gar, wie in Deutschland, einem rassistisch-völkisch, religiös-mythisch oder elitär-nationalistisch gefärbten Aktivismus vorarbeiten konnten, resultierte nicht zuletzt aus den sie leitenden weltanschaulich-ideologischen

Doktrinen. Wo man nämlich mit Nietzsche „Reaktion als Fortschritt" zu nehmen entschlossen war oder sich, wie F. Gundolf, eine „Erneuerung nur aus dem Fernsten" kommend vorstellen konnte, wo man erfahren zu haben meinte, „daß das Geheimnis des Lebens 'Seele' heißt" und sich von deren Bergung aus den auf ihr lastenden Ablagerungen der „materialistischen" Utilitätsgesinnung einer in entfremdender Hast dem Fortschritt nachjagenden Massengesellschaft die Wiedererlangung verlorenen lebenstief-ursprünglichen Heils versprach, überall dort wurden antikapitalistische Wunschvorstellungen in demokratie-, fortschritts- und sozialismusfeindliche Affekte umgelenkt, konnten illusionäre, Ohnmacht und Lebensnot letztlich noch stabilisierende Zeitüberwindungskonzepte Einfluß erlangen. Der in letzterem wirksame Gedanke, daß sich die soziale Realität allein nach dem Gebot einer weltanschaulichen Grundentscheidung erneuern ließ, war nun freilich ganz vordergründig auf die lebensphilosophische Antithetik „Leben versus Starrheit" und das ihr immanente Wertschema festgelegt. R. Eucken, W. Rathenau, O. Spengler sind Zeichen dieser lebensphilosophischen Geistigkeit.

Von der wiederkehrenden Eigenart und Breite der Tendenz, die soziale Wirklichkeit von lebensphilosophisch vorgeprägten ideologischen Schemata her zu beurteilen und gegebenenfalls regenerieren zu wollen, zeugten in den Jahren vor dem ersten Weltkrieg eine Fülle von Theorien, Programmatiken, „Ismen", Bewegungen, Bünden, Kulten etc. Zu den in ihnen leitmotivartig wirksamen Ideologemen gehörte neben der Annahme, die Rückkehr zu einer von Rationalität und Zweckdenken nicht blockierten Lebensursprünglichkeit vermöge unberührter Kräfte der „Innerlichkeit" betreiben zu können, auch der Topos des Gegensatzes von Kultur und Zivilisation. Während „Zivilisation" ausschließlich negativ gebraucht und zum Synonym für konstruiert-mechanisch, oberflächlich, seelenlos-abstrakt, liberalistisch-bindungslos und widernatürlich wurde, stand „Kultur" für alles organisch Gewachsene, Heile, Schöpferisch-Substantielle, Wesenhaft-Qualitative. In dieser lebensphilosophisch überanstrengten, ins Metaphysisch-Prinzipielle gesteigerten Form definierte sich jener schon im 18. Jahrhundert gebräuchliche Topos zumeist von „Gemeinschaft und Gesellschaft" her, wie ihn F. Tönnies entwickelte.

Tönnies beabsichtigte, einen auf unmittelbar-persönliche Bindung mit einem für alle gemeinsamen Zentrum gegründeten Wirtschafts- und Sozialtyp, dessen konkrete urkommunistische oder feudalistisch-patriarchalische Form er zum naturhaft-wesentlichen Zustand der „Gemeinschaft" verklärte, gegenüber einem auf Warenproduktion beruhenden, durch sachlich-unpersönliche Beziehungen ohne gemeinsame Mitte für die Beteiligten zusammengehaltenen Sozialtyp, positiv auszuzeichnen. In den Rahmen des letzteren, „Gesellschaft" genannt, mit Kapitalismus wie Sozialismus identifiziert und als gemeinschaftszerstörend bewertet, preßte Tönnies die ganze Fülle der von ihm mit Besorgnis registrierten kapitalistischen Entfremdungs- und Krisenphänomene, wobei er diese, wie alles „Zivilisatorische", zur Folgelast eines rational-zweckmäßig gerichteten Willens („Kürwille") psychologisierte und so, objektiv gesehen, jeder sachgerechten Kritik entzog. Auf Tönnies' aller Demokratie- und Klassenkampf„mechanik" abgeneigte, vertraut-natürliche „Gemeinschaft" gegen aggregathaft-artifizielle „Gesellschaft" kehrende Sozialvorstellungen berufen sich seither – direkt oder indirekt – nicht nur die meisten Varianten konservativer Kulturkritik, sondern auch eine Anzahl von bürgerlichen Reformbewegungen, die auf verschiedene Weise Tönnies' Verständnis von „Gemeinschaft" aufnehmen und weiterzubilden versuchen.

Man kann sagen, daß lebensphilosophisches Denken auf Kultur- und Wissenschaftskritik hinausläuft. Allerdings auf eine Kritik, die nicht den historischen Prozeß anzielt und diesen zu überschreiten versucht, sondern auf einen, der einen wie immer gearteten Krisenmythos zur Voraussetzung hat.[1] O. Spenglers Buch „Der Untergang des Abendlandes" ist ein signifikantes Beispiel eines solchen Krisenmythos. Spenglers sogenannte Kulturanthropologie löst Geschichte als Realitätszusammenhang auf. Sie bringt die geschichtlich-gesellschaftliche Bestimmtheit dessen zum Verschwinden, was von ihr mit apologetischen Metaphern wie „Starrheit", „Greisentum", „Versteinerung", „Erschöpfung" usw. umschrieben wird: die allgemeine Krise des Kapitalismus. Diese wird zum „natürlichen" Moment eines ebenso natürlichen organi-

[1] Vgl. A. Gedő, Philosophie der Krise, Berlin *und* Frankfurt am Main 1978.

schen Zyklus, zum genuinen Merkmal archetypischer Vorgänge naturalisiert und erhält solcherweise einen außergeschichtlichen Sinn. Keinen freilich, der aus der Gegenwart heraushelfen möchte, sondern einen, der zum Bleiben auffordert, zur Anpassung an das Unausweichliche, der rät, „das Notwendige zu tun oder nichts" und dem daher auch der „praktische Kommunismus mit seinem 'Klassenkampf'" nur als Gegenstand von Denunziationen in Betracht kommt. Spenglers Krisenmythologie vermittelte den apologetischen Imperativ, zeitgerecht und damit dem vermeintlich schicksalhaft Bestehenden angepaßt zu handeln.

Die Beispiele Tönnies und Spengler bleiben Grundlage, oft geheime, aller nachfolgenden lebensphilosophischen Kulturkritik. Diese läuft nicht auf eine Erhellung konkreter geschichtlich-gesellschaftlicher Zusammenhänge hinaus, sondern auf ihre Verdrängung. Geschichte wird von ihr mythologisiert und irrationalisiert. Sie ist kein Gegenstand von Wissenschaft und Erkenntnis, sondern Schicksal, dem sich die Menschen zu beugen haben. Lebensphilosophische Kulturkritik stößt nicht zum historischen Prozeß vor. Sie befindet sich im Abseits der Welt der Menschen, indem sie das Erbe von Aufklärung und Klassik verschüttet, zurücknimmt und destruiert. Wirkliche Geschichte findet jenseits lebensphilosophischen Denkens statt.

1983

Drei Anmerkungen zum Thema: 150 Jahre nach Hegel

Erstens: Vor 150 Jahren starb Hegel. Mit ihm starb, wie Heinrich Heine 1834 festhielt, „der größte Philosoph, den Deutschland seit Leibniz erzeugt" hatte. Und: „Unsere philosophische Revolution ist beendigt. Hegel hat ihren großen Kreis geschlossen."[1]

In der Tat schien die klassische Epoche bürgerlichen Denkens in Deutschland mit Hegel zu ihrem Ende gekommen. War sie aber auch zusammengebrochen? – wie man nach und seit der gescheiterten Revolution von 1848/49 immer wieder vernehmen konnte und kann. Mitnichten! – wenn die Hegelsche Philosophie nicht von ihrer Wirkung und die Wirkung nicht von der Hegelschen Philosophie getrennt werden.

Bereits 1857 fällt Rudolf Haym in seinen „Vorlesungen über Hegel und seine Zeit" den Schuldspruch, daß Hegel die Philosophie zur „Wissenschaftlichen Behausung des Geistes der preußischen Restauration" und zur „wissenschaftlich formulierten Rechtfertigung des Karlsbader Polizeisystems und der Demagogenverfolgung" benützt habe.[2] Durch solches Urteil entstand ein historisiertes und – in der Folge – ein unpolitisches Hegel-Bild, das von den verschiedenen und unterschiedlichsten bürgerlichen Hegel-Beschäftigungen – positiv oder negativ – in Anspruch genommen werden konnte. Erst in der Auseinandersetzung mit dem Marxismus, vor allem seit dem Ende des zweiten Weltkriegs, wird die bürgerliche Philosophie Hegel wieder als einen der größten und tiefsten Denker der bürgerlichen Gesellschaft begreifen lernen. Dann allerdings wird sie die Hegelsche Philosophie nicht als Höhepunkt eines ideologischen, weil philosophische Durchdringung eines gesellschaftlichen Prozesses fassen, der über sich selbst hin-

1 H. Heine, Werke in fünf Bänden, Berlin und Weimar 1976, Bd. 5, S. 143.

2 R. Haym, Hegel und seine Zeit, Berlin 1857, S. 359 ff.

ausweist und von der realen geschichtlichen Bewegung, nämlich durch den Marxismus und seine praktischen gesellschaftlichen Folgen, bereits aufgehoben und überholt worden ist, sondern als Moment gegen den historischen Prozeß und damit gegen den historischen Fortschritt. In der Masse der bürgerlichen Philosophie und Philosophiegeschichtsschreibung der Gegenwart kommt Hegel *gegen* oder *für*, auch: *statt Marx* zu stehen. Dabei ist der Hegel der gegenwärtigen bürgerlichen Philosophie eher *Hegel-Geschichte* als der historische Hegel – eine Hegelsche Philosophie in sich selbst, zum Teil hermeneutisch entmannt, das heißt: eine Hegelsche Philosophie ohne ihre Wirkungsgeschichte. Für die gegenwärtige bürgerliche Hegel-Interpretation gilt allgemein das, was Marx über die Lassalleschen Bemühungen um Hegel an Engels schrieb: „... der Bursche träumt sogar von einer neuen hegelschen Philosophie auf der 2ten Potenz, die er schreiben will."[3] Was bei Lassalle jedoch Anmaßung und Eitelkeit war, ist bei der gegenwärtigen bürgerlichen Hegel-Interpretation mangelnde Fähigkeit, den historischen Prozeß zu begreifen – Mangel an einer Eigenschaft also, die Hegel selber vorzüglich eigen war und der Beurteilung jeder Aussage über und zur Hegelschen Philosophie Maßstäbe setzt. Die bürgerliche Hegel-Beschäftigung der Gegenwart zeichnet sich, trotz ihrer Vielzahl und Vielgestaltigkeit, nicht durch eine besondere Nähe zu Hegel, sondern durch Hegel-Ferne aus.

Zweitens: In der unmittelbaren Gegenwart sind wir Zeugen einer ganz unerhörten Zunahme eines Interesses an Hegel im bürgerlichen Lager. In den bürgerlich-akademischen und schulphilosophischen Diskussionen über und um Hegel wird aber auch – im Unterschied zu den schon klassisch zu nennenden Analysen von Jean Hyppolite, Eric Weil oder Joachim Ritter – bisweilen schnell eine interpretatorische Erschöpfung deutlich. Erst unlängst wurde von durchaus nicht inkompetenter Seite Hegels „Beinah-Deutsch" moniert und auf ein „Pathos des Schockierens" befremdlich verwiesen.[4]

Es sind vor allem zwei Tendenzen des gegenwärtigen bürgerlichen Philosophiebetriebes (und seiner außenseiterischen Able-

[3] K. Marx/F. Engels, Werke, Bd. 30, Berlin 1964, S. 163.

[4] H.-G. Gadamer, „Gutes Deutsch", in: Deutsche Akademie für Sprache und Dichtkunst 1979, 2. Lieferung, Heidelberg 1980, S. 79.

ger), die als gravierende Überforderungen einen adäquaten Zugang zu Hegel verstellen: ein „modischer“ (s. erstens), wenngleich hilfloser Anti-Historismus und – damit zusammenhängend bzw. daraus hervorgehend oder sich darauf zurückziehend – eine Tendenz in der Philosophie, die Hegel schon 1801 kritikwürdig fand:

„Die Begründungs- und Ergründungstendenz, das Philosophieren vor der Philosophie hat nämlich endlich sich vollkommen aussprechen gewußt. Sie hat genau gefunden, um was es zu tun war; es ist die Verwandlung der Philosophie ins Formale des Erkennens, in Logik. – Wenn die Philosophie als Ganzes sich um die Realität der Erkenntnisse ihrer Form und ihrem Inhalte nach in sich selbst begründet, so kommt dagegen das Begründen und Ergründen in seinem Gedränge des Bewährens und Analysierens und des Weil und Inwiefern und Dann und Insoferne – weder aus sich heraus noch in die Philosophie hinein. Für die haltungslose Ängstlichkeit, die sich in ihrer Geschäftigkeit immer nur vermehrt, kommen alle Untersuchungen zu bald, und jeder Anfang ist ein Vorgreifen sowie jede Philosophie nur eine Vorübung. – [. . .] Der Angst, ins Wissen hineinzugeraten, bleibt nichts übrig, als an ihrer Liebe und ihrem Glauben und ihrer zielenden fixen Tendenz mit Analysieren, Methodisieren und Erzählen sich zu erwärmen.“[5]

Drittens: In den letzten Jahren ist in der facettenreichen Hegel-Literatur diejenige unterrepräsentiert, die auf ein strikt *geschichtliches Verständnis* der Hegelschen Philosophie (das ihre Wirkungsgeschichte einschließt) aus ist. Dies ist zu konstatieren trotz großer editorischer Bemühungen und ungeachtet der zahlreich stattfindenden Kongresse, Symposien usw.

Denn Hegels Größe besteht exemplarisch darin, das philosophische Denken zum Bewußtsein seiner geschichtlichen Bestimmtheit und das Denken über Geschichte zur Vernunft gebracht zu haben. Was Hegels Denken vor allem auszeichnete – „der enorme historische Sinn“[6] – war: „die Welt nicht als ein[en] Komplex von fertigen *Dingen,* . . . sondern als ein[en] Komplex von *Prozes-*

[5] G. W. F. Hegel, Werke in zwanzig Bänden, Frankfurt am Main 1969 ff., Bd. 2, S. 122 f.

[6] K. Marx/F. Engels, Werke, Bd. 13, Berlin 1964, S. 473.

sen"[7] zu betrachten. Hegel betonte in seiner Philosophie durchgängig die innere Notwendigkeit aller Veränderungen im Entwicklungsgang von Natur und Gesellschaft gemäß einer allen Werdeprozessen innewohnenden Weltvernunft.

Hegel war einer der wenigen und vielleicht der erste deutsche Denker, der zu einer in Übereinstimmung mit dem tatsächlichen Geschichtsprozeß (Französische Revolution und ihre Folgen) stehenden Einsicht kam und aus ihr die (geschichts-)*philosophischen* Konsequenzen zog.

In den Kämpfen um das „Erbe" Hegels stellen sich – vermittelt durch Ludwig Feuerbach, was oft übersehen wird – nur Marx und Engels in kritisch-konstruktiver Weise in den Umkreis der Stärken des Hegelschen Denkens, ohne deswegen zu Hegelianern zu werden. Sie überschreiten die Grenzen der Hegelschen Philosophie in allen wesentlichen Punkten. Der wesentliche Punkt in diesem Vorgang heißt *Materialismus.* Zugleich aber werden nur durch sie die fruchtbaren und fortwirkenden Einsichten Hegels in einem größeren perspektivischen, sprich: weltgeschichtlichen Zusammenhang – im Hegelschen Sinne – aufgehoben. Dies hervorzuheben, ist auch angesichts der Behauptung, die philosophierende Outsider von sich geben, wichtig, daß das Marxsche „Kapital" der Schlüssel zur Hegelschen Logik sei. Solche Behauptung wird weder Hegel noch Marx gerecht. Sie gehört in die philosophische Haute Couture.[8] Wie Marx und Engels (und später Lenin) die Hegelsche Philosophie immer angegangen sind, darüber hat im Jahre 1891 Engels unterrichtet, nämlich nicht „um die Paralogismen und faulen Kniffe zu entdecken, die ihm [Hegel] als Hebel der Konstruktion dienten. Das ist pure Schuljungenarbeit. Viel wichtiger ist, unter der unrichtigen Form und im erkünstelten Zusammenhang das Richtige und Geniale herauszufinden."[9]

Dies aber bedeutet vor allem und immer wieder, ein *materialistisches* Verständnis der Dialektik zu erarbeiten, das heißt: der wirklichen Dialektik, also der Dialektik der Wirklichkeit selber, auf die Spur zu kommen. So wächst aus dem Problem der Aufhebung der fruchtbaren Gedanken Hegels durch Marx, Engels und

[7] K. Marx/F. Engels, Werke, Bd. 21, Berlin 1962, S. 293.
[8] Vgl. Dialektik *1*, Köln 1980, .S 172 ff.
[9] K. Marx/F. Engels, Werke, Bd. 38, Berlin 1968, S. 204.

Lenin die Notwendigkeit der Verwirklichung der Philosophie (Marx: Thesen über Feuerbach). Dies aber ist mit und über Hegel hinaus kein bloß theoretischer Vorgang, sondern in diesem Prozeß des *Praktisch-Werdens der Philosophie* entwickelt sich durch den Marxismus ein neuer revolutionärer Imperativ zur bewußten Gestaltung des Geschichtsprozesses durch und für die Menschen.

1981

Deutscher Idealismus oder klassische deutsche Philosophie?

[. . .] Vielleicht darf ich – darüber hinaus bzw. daran anschließend – noch einmal auf das verweisen, um es zu unterstreichen, was von Sandkühler eben artikuliert wurde. *Erstens:* Ich möchte auch nicht den Begriff „klassische bürgerliche deutsche Philosophie" bloß an die Stelle des Begriffs „deutscher Idealismus" gesetzt wissen, weil a) beides nicht dasselbe ist, b) „deutscher Idealismus" auf alle Fälle fragwürdig und von der bürgerlichen Schulphilosophie viel zu sehr geistesgeschichtlich (von mir aus auch: hermeneutisch) strapaziert worden ist (von seinem präfaschistischen oder gar faschistischen Gebrauch sehe ich dabei ganz ab), c) „klassische bürgerliche deutsche Philosophie" dann bloß defensiv gesetzt würde.

Zweitens – in diesem Zusammenhang: Für mich sind das zweifelhafte Formulierungen, die tatsächlicher historischer Forschung nicht standhalten, wenn etwa gesagt wird, daß Schelling in diesem oder jenem Punkt Hegel antizipiert habe oder daß Schelling mit dieser oder jener Idee hinter Kant zurückgegangen sei und dergleichen mehr. Steht hinter solchen Formulierungen nicht so oder so das philosophiehistorische Vorurteil, das da „von Kant zu Hegel" lautet oder eben „deutscher Idealismus"? Die klassische bürgerliche deutsche Philosophie – das war doch nicht nur Kant, Fichte, Schelling, Hegel (und diese war auch nicht *nur* Idealismus), sondern dazu gehörte einiges mehr: die klassische bürgerliche deutsche Literatur, voran Herder, Goethe, Schiller, die – zumindest – deutsche Frühromantik, solche Gestalten wie Forster, Knebel, Campe, auch Reinhold, Bardili usw. Und ist denn nun wirklich – sagen wir – Schelling von Hegel ausgeschöpft, eingeholt und überholt worden? War Hegel in diesem Prozeß, den wir klassische bürgerliche deutsche Philosophie nennen, wirklich die absolute oder einsame Höhe? Ist so etwas überhaupt möglich in einer Epoche, die so voller gesellschaftlicher und geistiger Dynamik und auch Dramatik gewesen ist, die dazu bloß wenige Jahrzehnte andauerte und in bloß einem Jahrzehnt, um die Jahrhundertwende, kulminierte – zumindest von ihrer Wirkungsgeschichte her gesehen. Die Jahre um 1800 waren nun einmal die Schicksalsjahre der ideologischen Entwicklung im Deutschland der Zeit. Diese Epoche hat doch ideologiegeschichtlich etwas Singuläres an sich, vielleicht nur noch vergleichbar mit der klassischen griechischen Philosophie. Kann man also so herangehen, daß eines nach dem anderen kommt, dabei jeweils höherwertig fortschreitend? Sicher hat eine Entwicklung stattgefunden (und was für eine!), eben auch eine Höherentwicklung. Aber diese Höherentwicklung muß dialektisch (in sich widersprüchlich) gefaßt werden, weil der Gegenstand der historischen Untersuchung es auch war. Und ist eben bei dieser (dialektischen) Höherentwicklung nicht auch einiges auf der Strecke geblieben – und durchaus auch Thesen, die es wert sind, in und für die Gegenwart bedacht zu werden? An die klassische bürgerliche deutsche Philosophie (und nicht nur an diese) muß a) umfassender (sie muß vor allem als Prozeß und im untrennbaren Zusammenhang mit der Wissenschafts- und Kunstentwicklung gesehen werden), b) differenzierter herangegangen werden. Das vor allem auch deshalb, um das philosophiehistorische Klischee „von Kant zu Hegel" endgültig zu überwinden, wobei ja stillschweigend unterstellt wird, daß Hegel der Höhepunkt und der Umschlag zu Marx bedeutet.

Das Umgekehrte ist auch vorgekommen: Kant als Höhepunkt, von Fichte über Hegel zu Marx, dann Verfall. Neuerdings wird in diesem Zusammenhang gelegentlich Hegel durch Schelling ersetzt. Im ganzen gesehen, ist Fichte oder Schelling von Hegel durchaus nicht überholt, in manchen Problemstellungen auch nicht eingeholt. Für Kant gilt dasselbe. Und das gilt auch für all die anderen, die ich eben aufgezählt habe und auch nicht genannt habe.

1980

Theorie der Wissenschaftsgeschichte oder konkrete historische Forschung?

[. . .] Zwei Momente möchte ich noch hervorheben. Erstens: Das Symposium hat unterstrichen, daß die Quellen des wissenschaftlichen Sozialismus als ein Gegenstand wissenschaftshistorischer Forschung (und übrigens nicht nur diese) nicht nur disziplinär angegangen werden können. Die Geschichte, insbesondere die Ideologiegeschichte, ist nicht nach Wissenschaftsdisziplinen verlaufen. Die Geschichte hat sich überhaupt wenig nach Fakultäten, Instituten, Lehrstühlen, Wissenschaftsdisziplinen usw. gerichtet – und wird sich auch niemals danach richten. Deshalb ist die Forderung, die auf diesem Symposium oft erhoben worden ist, nämlich die Forderung nach interdisziplinärem Zusammenwirken, nach interdisziplinär und international ausgerichteter Forschung, eine unabdingbare Voraussetzung, um die Vorgeschichte des wissenschaftlichen Sozialismus zu erhellen. Diese Forderung ist mehr als nur zu beherzigen. In Abwandlung oder Ergänzung des Satzes von Hahn, daß die englische politische Ökonomie nicht nur englisch, sondern auch französisch redete, muß festgehalten werden, daß die klassische bürgerliche deutsche Philosophie nicht nur philosophisch schrieb, sondern zumindest auch politökonomisch, und daß der utopische Sozialismus und Kommunismus nicht nur gesellschaftskritisch, sondern ebensosehr philosophisch und politökonomisch dachte.

Das aber verweist – zweitens – auf den Punkt der konkreten Forschung, die gar nicht genug konkret sein kann. Es wurde bereits eine Reihe von Problemen aufgezeigt, die in Gestalt konkreter Forschung behandelt bzw. weiterbehandelt werden müssen. Dabei geht es sicher – jetzt und hier – nicht um einen Katalog von offenen Fragen. Ich halte die aufgezählten Probleme für wesentlich (wie etwa das einer durchgängigen Materialismus-Rezeption in der Entwicklungsgeschichte der klassischen bürgerlichen deutschen Philosophie) und möchte sie mit dem Hinweis auf konkrete Forschung, die im Kontext interdisziplinären Zusammenwirkens voranschreiten muß, unterstreichen.

In diesem Zusammenhang stelle ich mir die Frage: ist der Ruf nach einer Theorie und Methodologie der Wissenschaftsgeschichtsschreibung, gar einer solchen der Quellen des wissenschaftlichen Sozialismus, wirklich so notwendig? Bezeichnet das Fehlen einer solchen Theorie und Methodologie wirklich eine Schranke weiterer Forschung? Ich glaube: nein! Ich halte von einer Theorie und Methodologie oder gar Metatheorie der Wissenschaftsgeschichtsschreibung, wenn diese nicht im Zusammenhang mit umfassenden konkreten Forschungen zu realisieren versucht wird, nicht allzuviel. Was ich jedoch betonen möchte, ist, daß jede konkrete Forschung von methodologischen Reflexionen begleitet werden muß. Das ist, so meine ich, etwas anderes als die Forderung, eine Theorie und Methodologie der Wissenschaftsgeschichte zu entwickeln. Eine solche Forderung kann doch wohl nur sukzessive realisiert werden, vor allem aber doch nur aus der Bearbeitung des konkreten Stoffs hervorgehen – vorausgesetzt natürlich, daß man nicht die Absicht hat, dem Methodenmystizismus und Tatsachenfetischismus des alten und noch mehr des neuen Positivismus Konkurrenz zu machen.

Übrigens, vergleicht man einmal sogenannte Grundsatzartikel über historische Prozesse, Erscheinungen, Gestalten usw., die vor dem konkreten Forschungsprozeß und seinen Ergebnissen geschrieben worden sind, so ist auffallend, daß am Ende wenig von dem eingelöst worden ist, was zu Anfang versprochen wurde. Analoges gilt für die Diskussionen um das Erbe in der Philosophie, der politischen Ökonomie, des utopischen Sozialismus und Kommunismus usw. Muß solchen Forderungen nach Theorie, Methodologie usw. nicht etwas vorgeschaltet sein, was Hahn für die Periode, die wir hier diskutieren, in seinem Buch „Historiker und Klassen“ ansatzweise versucht und durchgeführt hat, nämlich das Bemühen, eine Geschichte der bürgerlichen Gesellschaft, der ganzen bürgerlichen Gesellschaft zu schreiben? – und das eben scheint mir aus den Grundprinzipien des Historischen Materialismus zu resultieren und ist auch mehr als bloß die Geschichte der Bourgeoisie und ihrer Ideologie. Mit anderen Worten und kürzer: wir verweisen auf den Gesichtspunkt der Totalität in der historischen Forschung, der nicht nur am Begriff der ökonomischen Gesellschaftsformation aufscheint.

Ich sage das auch noch aus einem anderen Grunde. Man muß sich bemühen, kein Spezialist des Allgemeinen zu werden oder ein Spezialist des Allgemeinen sein zu wollen. Vielmehr muß man den Spezialisten des Konkreten anstreben, ohne dabei, um bei Hegel zu bleiben, der Würde des Allgemeinen aus dem Wege zu gehen. Historische Forschung, insbesondere wissenschaftshistorische Forschung, ist nur möglich als konkrete oder Detailforschung, die der Würde des Allgemeinen verpflichtet ist.

Auch sollte, um dies noch am Rande anzumerken, man sich hüten, von bestimmten Organisationsformen an Universitäten, Akademien usw. auf den konkreten Forschungsprozeß zu schließen, für diesen daraus Prinzipien abzuleiten. Ein Institut für Wissenschaftsgeschichte ist kein Argument für oder gegen die Forderung nach einer Theorie und Methodologie der Wissenschaftsgeschichtsschreibung.

Noch einmal zu den Prinzipien der Wissenschaftsgeschichtsschreibung. Man muß natürlich sofort fragen, welche sind legitim und ergeben sich aus dem Verlauf der wirklichen Geschichte selber, und welche sind bloß hinformuliert, ohne damit konkrete Forschung verbunden zu haben, also ohne Detailkenntnis, ohne im Stoff zu stehen. Natürlich steht am Anfang eines Projekts immer eine allgemeine Vagheit und eine Konzeption für ein Buch ist immer umfangreicher als das Ergebnis, als das geschriebene Buch selber. Was ich sagen will, ist dies: Bei allen Prinzipien der Wissenschaftsgeschichtsschreibung darf die konkrete historische Forschung nicht vernachlässigt oder gar geringgeschätzt werden. Das um so mehr, als die konkrete historische Forschung nur allzuoft vernachlässigt wird, vernachlässigt worden ist. Dazu kommt, daß man sich gegenseitig aktiv zur Kenntnis nehmen muß, und zwar nicht nur Philosophen müssen sich gegenseitig zur Kenntnis nehmen, sondern sie müssen auch die historische, die politökonomische Forschung aufarbeiten. Dies gilt natürlich nicht nur für Philosophen. Und eben das fand ich an unserer Tagung so großartig, daß hier die Möglichkeit bestand, sich gegenseitig, gleichsam aus erster Hand und über die Disziplinen hinweg, zur Kenntnis zu nehmen. So wie wir in den letzten Tagen diskutiert haben, hat doch wohl jeder eine Fülle von Anregungen bekommen und mußte sich in diesem oder jenem Punkt korrigieren, auch wenn die Korrektur nicht immer gleich öffentlich artikuliert worden ist. Also: ich würde den Stil der Tagung, auch ihren interdisziplinären und internationalen Charakter, unbedingt beibehalten.

1977

Komplexe historische Betrachtungsweise

[. . .] Im Referat wurde von Sandkühler die Frage nach der Berechtigung der Bezeichnung „Deutscher Idealismus“ gestellt. Sie wurde von ihm mit Recht in Zweifel gezogen. Ich meine, daß „Deutscher Idealismus“ ein Vorurteil ist, das den Gang der wirklichen Ideologiengeschichte verzeichnet. Denn die klassische bürgerliche deutsche Philosophie war doch nicht nur Idealismus. In dieser ging der Materialismus quer durch den Idealismus und der Idealismus quer durch den Materialismus. Die Bezeichnung „Deutscher Idealismus“ schiebt zunächst einmal schon Feuerbach beiseite, der doch dazugehört. Diese reduziert den ganzen ideologischen Prozeß dann auf vier Namen, nämlich Kant, Fichte, Schelling und Hegel – und das in höchst unzulässiger Weise. Gehört aber der deutsche Jakobinismus, gehören Forster und Campe, und gehören etwa Jacobi und Hamann nicht zu dieser Entwicklung? Ich meine: unbedingt. Und was ist mit der klassischen bürgerlichen deutschen Literatur, zum Beispiel mit Goethe oder Herder? Weiter: Die Bezeichnung „Deutscher Idealismus“ verarmt die Systeme von Kant, Fichte, Schelling und Hegel. Was bleibt ob solcher Rede von Kants „Allgemeiner Naturgeschichte“ oder von seinem Erkenntnismaterialismus? Was bleibt bei solcher Rede von Schellings Naturphilosophie? Was ist dann mit dem Satz von Friedrich Engels, daß sich das Hegelsche System immer mehr mit materialistischem Inhalt gefüllt habe? Ein Vorgang, der eine Voraussetzung für das Anknüpfen von Marx und Engels an Hegel darstellt. Auch Fichte fällt aus dieser Problemstellung nicht heraus. Denn er setzt seiner Wissenschaftslehre die objektive Realität voraus.

Auch mit der Bezeichnung „französischer Materialismus“ ist es nicht so einfach. Das, was gemeinhin unter der Bezeichnung „französischer Materialismus“ läuft – das war doch nicht nur Materialismus. Ich erinnere an die Gesellschaftsauffassung des französischen Materialismus, die idealistisch war. Der französische Materialismus konnte gar nicht nur Materialismus sein, weil es vor Marx und Engels gar keinen konsequenten Materialismus gegeben hat, und zwar auf Grund jener gesellschaftlichen Bedingungen, die der französische Materialismus widerspiegelte. Der Materialismus des französischen Materialismus blieb auf die Natur eingeschränkt und wurde nicht auf die Gesellschaft ausgedehnt. Ich erinnere in diesem Zusammenhang auch an das Ding-an-sich-Problem, von dem immer gemeint wird, es komme nur bei Kant vor. Dem französischen Materialismus ist es ebenso eigen. Und ich glaube, Plechanow war der erste, der explizit darauf aufmerksam gemacht hat. Es mußte beim französischen Materialismus als einer Form bürgerlicher Ideologie vorkommen, weil es mit der Problematik der nicht möglichen rationalen Durchdringung der bürgerlichen Gesellschaft als Ganzes zusammenhängt.

Ich meine, daß wir in der historischen Forschung (und eigentlich nicht nur in dieser, von der im engeren Sinne erkenntnistheoretischen Fragestellung abgesehen) mit der schroffen und unhistorischen Gegenüberstellung, hier Materialismus, hier Idealismus, die dann möglichst noch national oder geographisch vollzogen wird: hier französischer Materialismus, hier deutscher Idealismus, nicht viel weiterkommen, vor allem nicht in der Wissenschaftsgeschichte. Es muß der ganze ideologische Prozeß in den Blick kommen, der den Prozeß der Herausbildung und Etablierung des Kapitalismus in den damals fortgeschrittensten europäischen Staaten widerspiegelt und diesen aktiv begleitet. In diesem Zusammenhang ist mehr auf die gesellschaftlichen Verhältnisse, Prozesse zu rekurrieren, die der Ausgangspunkt solchen Denkens sind, das mit französischer Materialismus oder klassischer bürgerlicher deutscher Philosophie bezeichnet wird, bzw. zu diesen/diesem unabdingbar gehören. Mit anderen Worten: Von der Problematik der Herausbildung der bürgerlichen Gesellschaft bzw. vom Prozeß des Übergangs vom Feudalismus zum Kapitalismus müssen diese ideologischen Gebilde angegangen werden, und zwar allein schon deshalb, um zunächst das festzuhalten, was sie primär sind: Erscheinungsformen bürgerlicher Ideologie.

In diesem Zusammenhang eine Bemerkung zum mechanischen

Materialismus. Der mechanische Materialismus war in der Tat die eigentliche Form bürgerlichen weltanschaulichen Denkens im 18. Jahrhundert, und zwar im Hinblick auf jene gesellschaftliche Entwicklung (einschließlich Wissenschaftsentwicklung), wie wir sie in dieser Zeit in Frankreich vorfinden. Auch das Selbstverständnis der französischen Materialisten läuft in diese Richtung. Es wurde bereits auf Helvétius verwiesen, der Materialismus und Aufklärung als Einheit ansah. Das hat nichts damit zu tun, daß es vor dem französischen Materialismus Denken gegeben hat, das in mechanisch-materialistischen Bahnen verlief. Sicher ist dabei an Descartes zu erinnern, aber auch an Bacon und vor allem an Galilei. Der mechanische Materialismus bildet sich im engsten Zusammenhang mit der Entwicklung der neuen Naturwissenschaft heraus. Wir finden ihn in mehr oder weniger ausgeprägter Form in dem Moment vor, wo bürgerliches Denken, bürgerliches Bewußtsein entstanden war. Und vielleicht ist der mechanische Materialismus in der Tat die eigentliche Form bürgerlichen Denkens in der Aufstiegsphase der Bourgeoisie. Ich würde jedenfalls diese These nicht so ohne weiteres von der Hand weisen.

Nebenbei: auch hier ist es so, der mechanische Materialismus dachte nicht nur mechanisch, unhistorisch, undialektisch. Es finden sich Spuren von historischem Denken und Momente dialektischen Denkens in ihm. Diesen Tatbestand bestreiten kann nur jemand, der vom Namen auf die Sache schließt, statt umgekehrt den Namen mit der Sache zu illustrieren, das heißt mit dem je konkreten Inhalt auszufüllen.

In dieser Richtung ist auch das Problem der Einheit der drei Quellen des wissenschaftlichen Sozialismus zu sehen. Die Zahl „drei" sollte dabei nicht überstrapaziert werden. Es gibt sicher mehr als nur drei Quellen im engeren Sinne, zum Beispiel die französische Revolutionsgeschichtsschreibung. Aber wenn man die klassische bürgerliche deutsche Philosophie als theoretische Quelle des wissenschaftlichen Sozialismus untersucht, so geht das konsequenterweise nicht ab, ohne die klassische bürgerliche politische Ökonomie und den utopischen Sozialismus und Kommunismus mit in die Betrachtung einzubeziehen. In einem Wort: ich rede hier einer komplexen, historisch relativierenden Betrachtungsweise das Wort. Es geht um die Berücksichtigung des Gesichtspunktes der Totalität bei historischen Untersuchungen. Das ist sicher sehr schwer durchzuführen und schließt subtile Einzeluntersuchungen ein bzw. setzt sie voraus. Aber man darf diese komplexe Betrachtungsweise nicht aus dem Blick verlieren, man muß sie zumindest als regulative Idee immer vor sich haben.

1977

Allgemeine historische Gesetze?

Erstens: Will das Einleitungsreferat [K. H. Tjaden, Geschichte als gesetzmäßige Entwicklung] eventuell auf die Feststellung hinaus, daß es zwar Gesetzmäßigkeiten, Gesetze in den einzelnen Gesellschaftsformationen und während der Übergänge von einer Formation zur anderen gibt, wohl aber nicht für die Geschichte der Menschheit, also keine *allgemeinen* historischen Gesetze, Gesetzmäßigkeiten? Dies wäre meines Erachtens eine Art modernistischer historischer Agnostizismus. Natürlich hat jede Gesellschaftsformation ihre spezifischen Gesetze. Doch kann damit nicht das Vorhandensein allgemeiner historischer Gesetzmäßigkeiten, Gesetze, und zwar gültig für die gesamte Geschichte, also für alle Gesellschaftsformationen, wenn auch mehr oder weniger, bestritten werden. Allgemeine historische Gesetze kommen in solchen Sätzen zum Ausdruck wie: die Geschichte wird von den Menschen selber gemacht, die bisherige Geschichte ist eine Geschichte von Klassenkämpfen, die Geschichte ist eine (gesetzmäßige) Abfolge von Gesellschaftsformationen, der Widerspruch von Produktivkräften und Produktionsverhältnissen ist wesentlich für das Fortschreiten (wir vermeiden absichtlich den Begriff „Fortschritt", um die Diskussion nicht zu komplizieren) des Geschichtsprozesses usw. – und sie zeigen sich auch darin, daß die allgemeine Tendenz des Geschichtsprozesses, also desjenigen Prozesses, den man überkommen als Geschichte der Menschheit bezeichnet, unumkehrbar ist, was – natürlich – Alternativen einschließt.

Zweitens, und dies hängt – soweit ich sehe – mit dem Anliegen unserer ersten Bemerkung eng zusammen: Die Aussage im Referat, daß man von Gesetzmäßigkeiten zwar nicht der Entwicklung der Menschheit, aber doch der Entwicklung der gesellschaftlichen Arbeit sprechen kann, scheint mir überzogen, und zwar a) weil diese auf eine Leugnung allgemeiner Gesetzmäßigkeiten, Gesetze der Geschichte hinausläuft und b) weil sie das allgemeine historische [gesellschaftliche] Gesetz, daß die Geschichte eine gesetzmäßige Abfolge von Gesellschaftsformationen ist, ersetzt durch die Entwicklung der gesellschaftlichen Arbeit.

Nachbemerkung: Über das letzte könnte man vielleicht hinwegsehen, wenn in mancher Literatur der Begriff „Arbeit", „gesellschaftliche Arbeit" nicht zur bestimmungslosen Reflexion heruntergebracht, zur bloßen Rede degradiert würde. Da ist nämlich dann Dialektik Arbeit, Reflexion Arbeit (ironisch könnte man sagen: für Leute, die noch nie in der Verlegenheit waren, einen Nagel so in die Wand zu klopfen, daß das Bild auch gerade zu hängen kommt), dann: Wissenschaft Arbeit, natürlich: allgemeine Arbeit (als wenn Wissenschaft nicht, zumindest auch – nach Marx jedenfalls – eine Erscheinungsform des gesellschaftlichen Bewußtseins wäre), Philosophie Arbeit oder Ausdruck (oder Arbeit) des gesellschaftlichen Gesamtarbeiters usw. usf. – es ist überhaupt nach dieser Literatur alles Arbeit und sonst Nichts, so wie für Schopenhauer alles Wille war und sonst Nichts, oder wie in einer bestimmten Philosophie alles Geist war bzw. ist. Und da wird dann nicht mehr gedacht bzw. wurde gedacht vom Standpunkt des Proletariats oder der Bourgeoisie oder des Feudaladels aus usw., sondern – natürlich – von dem des gesellschaftlichen Gesamtarbeiters, so als könne man diesen anfassen wie seinen Rock oder seinen Kugelschreiber. Durch solche Rede – so gut sie auch immer gemeint sein mag – wird die ganze Kompliziertheit des Geschichtsprozesses unterschlagen, tausend Jahre Geschichte werden zu einem Tag zusammengerafft. Dies mag wohl geistreich sein oder so angesehen werden, vor allem von solchen, denen das denkende Begreifen der Dialektik von Produktivkräften und Produktionsverhältnissen *und* die Dialektik *der* Produktivkräfte und *der* Produktionsverhältnisse, die dazu noch Menschen (Plural!) eingehen, und einiges mehr, das unbedingt dazugehört, vielleicht zu mühsam ist. Für den konkreten Geschichtsprozeß besagt solches gar nichts, für das Handeln der Klassen und der Menschen im Geschichtsprozeß auch nichts.

Wir möchten unsere Bemerkungen nicht dem Referat anlasten; doch sind wir durch dieses dazu angeregt worden.

1980

Würde des Allgemeinen

Ein Satz zur wiederholt erhobenen Forderung, uns doch mehr mit der Gegenwart zu beschäftigen. Ich frage: beschäftigen wir uns nicht mit der Gegenwart, indem wir uns mit der Geschichte beschäftigen? Und kann man nicht die Gegenwart nur durch die Geschichte erschließen, aufschließen. Das Umgekehrte gilt auch: Die Geschichte kann man nur durch die Gegenwart erschließen, aufschließen. Aber mir geht es jetzt nicht um diese Dialektik jeder historischen Forschung zu jeder Zeit, sondern – sozusagen aus gegebenem Anlaß – um etwas anderes, das ich vielleicht so, ohne jemandem nahetreten zu wollen, umschreiben darf: Historisches Desinteresse zorniger junger Männer führt nicht auf die, sondern weg von den Barrikaden.

Noch ein Wort zu den falschen Allgemeinheiten. Wenn damit Allgemeinheiten gemeint sind, die von einer bestimmten Wissenschaftstheorie hergeholt sind, dann sind das keine Allgemeinheiten, nicht einmal falsche, sondern Allgemeinplätze. Die Geschichte läßt sich nicht durch Allgemeinplätze vergewaltigen. Schelling bemerkt in seinen „Vorlesungen über die Methode des akademischen Studiums", daß die Geschichte nichts weniger ertrüge, als ihre Berührung durch unreine Hände. Und Schelling fährt fort: „Der pragmatische Zweck der Geschichte schließt von selbst die Universalität aus und fordert notwendig einen beschränkten Gegenstand . . . Die Vernunft aber ohne andere Zutat [bleibt] unbefriedigt."[1] Man kann gegen diesen Schelling sicher einiges einwenden, aber mir scheint doch auch einiges Richtige in diesem zu stecken. In der Geschichte (Geschichtsschreibung) muß man sich – hier stimme ich mit Lambrecht überein – vor allzuvielen, vor allem vor falschen Allgemeinheiten hüten. Eben das sind die

[1] F. W. J. Schelling, Vorlesungen über die Methode des akademischen Studiums, hg. von W. E. Ehrhardt, Hamburg 1974, S. 103.

unreinen Hände, die Schelling meint. Aber der Würde des Allgemeinen hat sich auch die Geschichte, die Geschichtsschreibung, nicht nur die Philosophie, zu versichern. Sicher, es hat *das* Bürgertum, *die* klassische bürgerliche Philosophie, *die* Französische Revolution usw. als solche nie gegeben. Solche Abstraktionen sind Hilfsmittel historischer Forschung, Überschriften, die durch das Konkrete der Geschichte zu konkretisieren sind. Und noch viel weniger hat es *die* gesellschaftliche Arbeit oder *den* gesellschaftlichen Gesamtarbeiter gegeben.

Richtig scheint mir der Hinweis auf die Technikgeschichte – oder besser: auf die Geschichte der Produktivkräfte zu sein. Wie ich überhaupt meine, wenn schon von materialistischer Dialektik bei Gelegenheit der Wissenschaftsgeschichte gesprochen wird, daß es sich dann vorrangig um die Relation Produktivkräfte – Produktionsverhältnisse handelt, handeln muß. Das scheint keine falsche Allgemeinheit zu sein, sondern eine notwendige, eine für die Wissenschaftsgeschichte konstitutive.

Wenn ich hier für eine möglichst umfassende Wissenschaftsgeschichte (-geschichtsschreibung) eintrete, dann meine ich das allerdings nicht so – und dies nur am Rande –, wie es von Herrn Lauermann in diesen drei Tagen wiederholt gefordert worden ist. Als endlicher Mensch vermag ich nur endliche Wissenschaft zu treiben. Mazzone hat schon deutlich gemacht, daß Wissenschaft in den Köpfen und nicht bloß in einem Kopf steckt.

1980

Zur Frage nach dem Subjekt der Geschichte

Die Frage nach dem Subjekt der Geschichte ist weitgehend identisch mit der von Vico das erstemal betont aufgeworfenen Frage: wer *macht* eigentlich Geschichte? Diese Frage beantwortete Marx bekanntlich mit dem inhaltsschweren Diktum: Die Menschen machen ihre Geschichte selbst. Das in diesem Satz verborgene theoretische Problem wurde erst mit dem Heraufkommen der kapitalistischen Produktionsweise erkannt. Es hängt mit dem Versuch zusammen, die Geschichte nicht mehr transzendent-theologisch zu erklären, sondern innerweltlich zu begründen. Deshalb hat das bürgerliche geschichtsphilosophische Denken, insbesondere des 18. und des ersten Drittels des 19. Jahrhunderts, Erfahrungen verarbeitet, Probleme aufgeworfen und Lösungen angeboten, die im 20. Jahrhundert durchaus noch bedenkenswert sind. Jedenfalls ging es der damaligen bürgerlichen Geschichtsphilosophie in dieser oder jener Form immer um die Totalität des Geschichtsprozesses, was sie primär von der spätbürgerlichen Geschichtsphilosophie, die ja in unseren Tagen allenthalben wieder in Mode kommt, unterscheidet. Denn dieser geht es mehr um „Popularsynthesen aus wissenschaftlichen Einzelinformationen", wie Habermas einmal richtig hervorgehoben hat, ohne dem Dilemma der „Weltbildresiduen" selber entgangen zu sein.

Das klassische bürgerliche Denken wurde von der Idee vom beständigen Fortschreiten des Menschengeschlechts zum Besseren vorangetrieben. Hegel interpretiert diese Idee dann als *dialektischen* Prozeß Weltgeschichte, den er in seiner Notwendigkeit begreifen will. Nur von hier aus ist der oft zitierte und nicht weniger oft mißverstandene Satz Hegels zu verstehen, daß die Weltgeschichte der Fortschritt im Bewußtsein der Freiheit ist. Denn Hegel fügt sofort hinzu, daß es sich um einen Fortschritt handele, den es in seiner Notwendigkeit zu erkennen gelte.

Als Vollzugsorgane des dialektischen Prozesses *Weltgeschichte* betrachtet Hegel – in Weiterführung des gesamten klassischen bürgerlichen geschichtsphilosophischen Denkens, insbesondere von Kant und Fichte – die Menschen, ihre Handlungen, Leidenschaften und Bedürfnisse. Von hier aus ist es dann durchaus nicht zufällig, daß für Hegel die Arbeit die Grundbedingung des menschlichen Lebens sowie jeder seiner Entwicklungsstufen darstellt.

In dieser Beziehung waren Kant und Fichte Hegel vorangegangen. Der theoretische Ansatz ihres geschichtsphilosophischen Denkens kann in dem Versuch gesehen werden, Mensch und Geschichte zu verbinden, die Menschen als Schöpfer der Geschichte nachzuweisen. Der wirkliche Hintergrund dieser Problematik ist der gesellschaftlich-historische Prozeß der Zeit. Die Herausbildung und Entwicklung der Dialektik innerhalb der klassischen bürgerlichen deutschen Philosophie ist nur in diesem Rahmen zu begreifen. Der Prozeß des Übergangs vom Feudalismus zum Kapitalismus ist in der Philosophie Kants dann gleichsam zum Zeugungsort der Dialektik geworden. Sein Höhepunkt, die Französische Revolution, wird durch Fichte zum Ort der Bewährung des bürgerlichen Subjekts im dialektisch aufgefaßten Geschichtsverlauf. Zugleich reflektiert Fichte mit seiner Philosophie das Versagen des bürgerlichen Subjekts – und damit der Bourgeoisie als Klasse – im gesellschaftlich-historischen Prozeß. Und der Ausgang dieses Prozesses, nämlich die Etablierung der Bourgeoisie als herrschende Klasse in der nachthermidorianischen Entwicklung, wird in der Philosophie Hegels zur eigentlichen Geburtsstunde der Dialektik vor Marx und Engels werden.

Wir erinnern nur an Kants Überzeugung, daß einzelne Menschen und selbst ganze Völker wenig daran denken, daß sie durch ihre widerstreitenden Aktionen an der Verwirklichung der Naturabsicht, die ihnen selber unbekannt ist, dennoch mitwirken. Oder an Fichtes Forderung, daß die gesamte Menschheit sich selbst in ihre eigene Hand nehmen müsse, um den Geschichtsprozeß im Sinne des Fortschreitens zu befördern.

Diese Gedankengänge Kants und Fichtes implizieren die Forderung nach Gesellschaftsgestaltung durch die Menschen und nur durch die Menschen. Was jedoch bei Kant und Fichte mehr Ahnung, Hoffnung und Forderung als Erkenntnis war, das durchzieht die Philosophie Hegels als tiefe Einsicht. Hegels Satz: „In der Tat aber was wir sind, sind wir zugleich geschichtlich“ unterstreicht das. Und wenn Hegel weiter sagt, daß der Mensch (die Menschen) eine Erbschaft und näher das Resultat der Arbeit ist, und zwar der Arbeit aller vergangenen Generationen des Menschengeschlechts, so läßt er ein geschichtsphilosophisches Motiv anklingen, daß Marx und Engels aufnehmen, dialektisch-materialistisch entfalten und in der Konfrontation mit der gesellschaftlichen Wirklichkeit auf seine materiellen Voraussetzungen zurückführen werden.

Davon zeugen schon relativ frühe Äußerungen von Marx und Engels, etwa die: „Wir reklamieren den Inhalt der Geschichte; aber wir sehen in der Geschichte nicht die Offenbarung 'Gottes', sondern des Menschen, und nur des Menschen.“

Freilich, hier wäre auf die Schranken des Hegelschen geschichtsphilosophischen Denkens zu verweisen. Bei näherem Zusehen ist es bei Hegel die Geschichte selber, die die Geschichte vollzieht oder ihr zugrunde liegt). Und Hegel sieht auch weitgehend von den Naturbedingungen der Geschichte ab. Doch soll das hier dahingestellt bleiben. Auf alle Fälle ist es nicht zufällig, daß Marx und Engels Hegels Geschichtsphilosophie nach zwei Seiten hin kritisieren. Sie lehnen Hegels idealistische Überhöhung der Geschichte gegenüber deren eigentlichen Gestaltern, den Menschen, ab. Im Gegensatz zu Hegel sehen sie in den die Geschichte machenden Menschen das eigentliche und alleinige Subjekt des Geschichtsprozesses und nicht in diesem selber. Und Marx und Engels kritisieren an Hegel seine Vernachlässigung des theoretischen und praktischen Verhaltens der Menschen zur Natur. Geschichte ist für Marx und Engels immer theoretische und praktische Aneignung (Erkenntnis und Umgestaltung) von Natur und Gesellschaft durch die Menschen in einem. Die produzierenden Menschen sind für Marx und Engels „die Lösung des Sphinxrätsels“, das Geschichte heißt.

Und allein hieraus erhellt der Sinn des Marxschen Diktums, das er *mit* Hegel und zugleich *gegen* diesen formuliert: die Menschen machen ihre Geschichte selbst. Denn Marx fügt hinzu: ... aber sie machen sie nicht aus freien Stücken, nicht unter selbst gewählten, sondern unter unmittelbar vorgefundenen, gegebenen und überlieferten Umständen.

Genau diese Einsicht in die Dialektik der Geschichte führt Marx, Engels und später Lenin zu jener Erkenntnis, von der aus theoretische Einsicht in praktisch-gesellschaftliche Realisierung umschlägt: zur Erkenntnis der welthistorischen Rolle des Proletariats und der Notwendigkeit der sozialistischen Revolution – jener Voraussetzungen dafür, daß die Menschen die Geschichte auch wirklich selbst machen, nämlich bewußt. Diese Erkenntnis bedeutet zugleich die Zurückführung der Hegelschen Philosophie der Geschichte auf den geschichtlichen Sollstand, der weder idealistische Überhöhungen noch subjektivistische Willkür und ebensowenig distanzierte Skepsis in Sachen der Geschichte verträgt.

Zugleich aber – und das muß noch hinzugefügt werden – impliziert diese Erkenntnis die Herausarbeitung der gesellschaftlichen Klassen als der eigentlichen Subjekte der Geschichte und des Klassenkampfes als des eigentlichen Inhalts der bisherigen Geschichte. Insofern ist die Frage nach dem Subjekt der Geschichte nicht unabhängig von der Frage nach den Klassen und dem Klassenkampf in der Geschichte zu beantworten.

1978

Schnellverfahren der ungereiften Erkenntnis: Typologie

In einigen Vorlagen wird der Begriff „Typologie" verwendet. Sandkühler spricht von einer typologischen Darstellung wissenschaftlicher Revolutionen bei Kant, Oiserman von der typologischen Erforschung der wissenschaftlichen Erkenntnis. Sicher ist damit Richtiges gemeint. Und der Kontext, in dem solches steht, unterstreicht das auch. Dennoch frage ich mich, ob solche Formulierungen absichtlich gewählt oder unreflektiert geschrieben worden sind. Auf alle Fälle machen mich solche Formulierungen betroffen. Insofern nämlich, als jede Art der Verwendung des Begriffs „Typologie" bei mir sofort Gedanken an die unglückselige Zeit deutscher Geistesgeschichtsschreibung wachruft ... – die übrigens L. Paul in seiner Vorlage ausgezeichnet attackiert.

Schon am Ursprung der deutschen Geistesgeschichtsschreibung, bei Diltheys Weltanschauungstypen, fand mit Hilfe der Typologie eine Reduktion der wirklichen Geschichte statt. Der Geschichts*prozeß* wird auf begriffliche Entsprechungen, die Typen, zusammengeschrumpft, mit ihrer Hilfe zurechtgebogen. Die Folge: historischer Relativismus, der lediglich durch den normativen Charakter der über der wirklichen Geschichte sich bewegenden Typen (Typologien) verschleiert wird. Werner Krauss meinte einmal, daß die Typologie ein Schnellverfahren der ungereiften Erkenntnis sei und mit jeder Stufe von Systemverwirrung paktieren könne. In der Tat. Typologisches Denken ist ein Ordnungsdenken, welches wirklicher Geschichte, dem Geschichts*prozeß*, entgegensteht. Es verführt dazu, vor den Schwierigkeiten historischer Forschung vorschnell zu kapitulieren.

Es ist besonders verführerisch in Sachen Philosophie-, Literatur- und Wissenschaftsgeschichte, weil die Oberfläche ihrer Entwicklung Typologien geradezu aufdrängt.

Natürlich bin ich überzeugt, daß das von mir eben Heraufbeschworene in den hier zur Rede stehenden Verwendungen des Begriffs „Typologie“ nicht gemeint ist. Allein, ich möchte auch schon beim bloßen Wortgebrauch von Typologie Bedenken anmelden – eben im Hinblick auf die deutsche Geistesgeschichte von Dilthey an abwärts. Was wurde in ihr nicht alles mit der Typologie gemacht und im Bewußtsein der bürgerlichen Klasse vor und zwischen den beiden Weltkriegen angerichtet. Weltanschauungstypen, Denktypen (Denkformen), Konstitutionstypen, Gangarttypen, Handschriftentypen, Tanztypen, literarische Typen usw., usf. Und mit all diesen Typen (bzw. Typologien) wurde dem Geschichtsprozeß die Maske vermeintlicher Ordnung aufgesetzt – selbstverständlich immer einer Ordnung, die von oben her gesehen wurde, um nicht zu sagen, von oben kam. Manchmal und etwas später hieß die Typologie auch Problemgeschichte. Jedenfalls führte die Typologie in der Geschichtsschreibung zu jenem verhängnisvollen Satz in einem Grundbuch der George-Schule, Ernst Bertrams „Nietzsche“: „Alles Gewesene ist nur ein Gleichnis“ – anders: Geschichte ist die *Legende.* Vielleicht bin ich als Schüler und Freund von Werner Krauss schon gegen bestimmte Wörter empfindlich. Doch gibt es eben auch Wörter, vor denen sich Geschichtsschreibung ob ihrer brüchigen Vergangenheit hüten sollte. Und dazu gehört für mich das Wort Typologie. Und was die Typologie als Instrument der Geschichtsschreibung angeht, so ist diese die letzte Grimasse, mit der das gefesselte Geschichtsbewußtsein seine Rache vollendet, wie Werner Krauss in seiner ironisch-tiefen, geschichtsbewußten wie Geschichte erleidenden Art festhielt. Spuren schrecken bekanntlich. Sie *sollten* auch schrecken.

1982

VII

Pflicht zur Vernunft

Halte deinen Geist wach: denn der geistige Schlaf ist ein Bruder des wirklichen Todes.
Pythagoras (6. Jh. v. u. Z.)

Wo am meisten Empfindung ist, ist größtes Märtyrertum.
Leonardo da Vinci (1452–1519)

Wer das Tiefste gedacht, liebt das Lebendigste.
Friedrich Hölderlin (1770–1843)

Sprecher der gesellschaftlich-historischen Dynamik

(Stellungnahme zu einer Umfrage der Zeitschrift „spectrum“)

spectrum: Wenn Sie – die vergangenen Jahre überdenkend – eine Leistung Ihres Instituts nennen sollten, die entweder für den Erkenntnisstand oder für die gesellschaftliche Praxis von besonders hohem Wert war, welche würden Sie dann anführen?

Von welchem Teilbereich Ihres Fachgebiets versprechen Sie sich in den nächsten 20 bis 30 Jahren den nachhaltigsten, vielleicht einen revolutionierenden Fortschritt?

Stellungnahme: Wenn ich die vergangenen Jahre überdenke und nach wissenschaftlichen Leistungen des Instituts befrage, die zugleich gesellschaftlich-praktische Bedeutung haben, so würde ich als eine solche Leistung die Erarbeitung des „Philosophischen Wörterbuchs“ nennen. Und dies aus mehreren Gründen:

1. Das „Philosophische Wörterbuch“ bringt nicht nur bestimmte Bereiche der marxistisch-leninistischen Philosophie, sondern ihre Gesamtheit zur Sprache. Es behandelt darüber hinaus – zumindest in seinen wesentlichen Abschnitten – das gesamte Gebiet der Philosophie und ihrer Geschichte. 2. Das „Philosophische Wörterbuch“ fand eine eindrucksvolle Verbreitung: 12 Auflagen seit 1964 (darunter zwei Neubearbeitungen und Erweiterungen – 1969 und 1974) mit über einer halben Million Exemplaren, mehrere Lizenznahmen in der BRD und in Berlin(West) mit nahezu 100 000 Exemplaren, in absehbarer Zeit wird eine Übersetzung in der ČSSR erscheinen, viele Artikel des Wörterbuches wirkten konzeptionsbildend und wurden im sozialistischen und kapitalistischen Ausland nachgedruckt, zum Wörterbuch erschienen über 100 Rezensionen. 3. Das „Philosophische Wörterbuch“ spielte bei der marxistisch-leninistischen Formierung des Zentralinstituts für Philosophie eine entscheidende Rolle. Viele der heute produktiven Mitarbeiter des Instituts haben sich durch ihre Mitarbeit am Wörterbuch qualifiziert. Die Arbeit am Wörterbuch stimulierte dar-

über hinaus die weiteren Forschungen des Instituts und entwickelte und festigte seine interdisziplinären Kooperationsbeziehungen mit zahlreichen marxistisch-leninistischen Philosophen und Einzelwissenschaftlern aus der DDR, aus den sozialistischen Ländern, vor allem aus der UdSSR, und auch aus dem kapitalistischen Ausland. Bestimmte Ergebnisse des Instituts, wie sie inzwischen in den „Schriften zur Philosophie und ihrer Geschichte", in der Reihe „Zur Kritik der bürgerlichen Ideologie" und in anderen Publikationsformen vorliegen, wären so, das heißt in ihrer Spezifik und Aussagekraft, nicht möglich gewesen ohne die vorangegangene Erarbeitung des Wörterbuchs.

Mit der Hervorhebung des „Philosophischen Wörterbuchs" werden andere Ergebnisse des Instituts nicht geringgeschätzt. Aber in der Vorgeschichte und Geschichte des Instituts, die ja nur 10 Jahre jünger als die unseres Staates, der DDR, ist, haben die Arbeiten am Wörterbuch formierend und mobilisierend gewirkt. Bei seiner Ausarbeitung, Überarbeitung und Erweiterung wurden jeweils Erfahrungen gesammelt, die das Institutskollektiv weder in wissenschaftlicher noch in leitungsmäßiger Hinsicht missen möchte.

Ihre zweite Frage ist so, wie sie diese gestellt haben, nur mit Einschränkung aussagekräftig beantwortbar. Es sei denn, man extrapoliert – in positivistischer Manier – einen erreichten Zustand (oder seine bloß eigene Meinung von den Dingen). Das würde bestimmten Umfragen von Tageszeitungen nahekommen. Auf die Einlösung der in diesen Umfragen gegebenen Versprechen wartet allerdings die Menschheit in der Regel vergeblich. Vielleicht kann Ihre Frage aus der Sichtweite *eines* Wissenschaftszweiges oder *einer* Forschungsrichtung einigermaßen beantwortet werden. Für die marxistisch-leninistische Philosophie, die es ja zuerst und vor allem mit dem gesellschaftlich-historischen Prozeß (einschließlich der Entwicklung von Wissenschaft und Technik) zu tun hat und Teil dieses Prozesses ist, ist das nicht möglich. Damit soll gesagt werden, daß der Philosoph der Sprecher (und Künder) der gesellschaftlich-historischen Dynamik ist und sein muß, um sich Gehör zu verschaffen, um überhaupt gehört zu werden, um verändernd und befördernd in die Läufe seiner Zeit einzugreifen. Doch darf er, was schon Friedrich Schiller wußte, nicht nur das Kind seiner Zeit oder nur ihr Zögling oder gar ihr Günstling sein. Noch viel weniger kann und darf er den Clown seiner Zeit spielen – was ja gelegentlich immer wieder vorkommen soll. In diesem Sinne ist die Frage nach nachhaltigen, vielleicht sogar revolutionierenden Fortschritten, wie Sie es formulieren, für das Gebiet der marxistisch-leninistischen Philosophie nur im Hinblick auf die revolutionären Prozesse unserer Epoche und ausgehend von diesen zu beantworten. Lenin erklärte auf dem VIII. Gesamtrussischen Sowjetkongreß 1920, daß sich in revolutionären Umwälzungen immer wieder „einer der tiefsten Gedanken des Marxismus" bewahrheite, „der zugleich außerordentlich einfach und verständlich ist. Je größer der Schwung, je größer das Ausmaß der geschichtlichen Aktionen, desto größer die Zahl der Menschen, die an diesen Aktionen teilnehmen, und umgekehrt, je tiefer die Umgestaltung, die wir vollbringen wollen, desto mehr muß man Interesse und bewußte Einstellung zu ihr wecken, muß man immer neue und neue Millionen und aber Millionen von dieser Notwendigkeit überzeugen."[1]

Entscheidende Fortschritte von der marxistisch-leninistischen Philosophie sind also dergestalt dort zu erwarten, wo sie bewußt und zielstrebig ihren Beitrag zur Weiterführung der sozialistischen Revolution leistet, wo sie mit Disziplin in den Geschichtsprozeß eingreift (nicht nur über diesen reflektiert), um „Interesse und bewußte Einstellung" zu diesem zu wecken, wo sie an den „geschichtlichen Aktionen" teilhat, wo sie ihre Interessen mit denen des historischen Subjekts unserer Epoche, der Arbeiterklasse, in Einklang bringt, kurz: überall dort, wo sie den weltrevolutionären Prozeß bewußt und zielstrebig befördert. Die Eule der Minerva beginnt für die marxistisch-leninistische Philosophie nicht mit der anbrechenden Dämmerung ihren Flug, sondern mit der Morgenröte unserer, ihrer Epoche. Der „zureichende Grund" oder die „produktive Einbildungskraft" der marxistisch-leninistischen Philosophie ist und bleibt der Schuß der Aurora. In seinem Donner ist sie angetreten, in diesem hat sie fortzuschreiten, diesen hat sie – und wird sie – mehren.

1979

[1] W. I. Lenin, Werke, Bd. 31, Berlin 1972, S. 494 f.

Pflicht zur Vernunft

(Einführungsworte zur Schlußsitzung des Internationalen Symposions „Philosophie der Geschichte – Geschichte der Philosophie“ der Internationalen Gesellschaft für dialektische Philosophie – Societas Hegeliana, Locarno, 30. 10.–1. 11. 1982)

Unser Symposion stand unter dem Thema der Geschichte, von der Schelling in seinen „Vorlesungen über die Methode des akademischen Studiums“ sagte: „Dennoch ist selbst unter dem Heiligsten nichts, das heiliger wäre als die Geschichte, dieser große Spiegel des Weltgeistes ...“ – und Schelling setzt hinzu: „nichts das weniger die Berührung unreiner Hände ertrüge“.[1]

Nun – ich glaube, daß unser Symposion die Geschichte mit reinen Händen berührt hat. So war es vorgesehen, und so ist es auch – wie ich meine – gekommen. Es war, bei allen Schwierigkeiten, die es auch gegeben hat (und was ginge in der Welt ohne Schwierigkeiten ab!) – es war ein guter Start der Internationalen Gesellschaft für dialektische Philosophie.

Man kann an unserem Symposion – im Guten wie im Schlechten – vieles für wichtig, anderes für nichtig halten. Das Wichtigste, scheint mir, war, daß es uneingeschränkt in jener Tradition stand, die kräftig mit Immanuel Kant anhob, um zu Fichte, Schelling, Hegel, Marx zu führen – also in einer Tradition stand, die, wie es kürzlich treffend formuliert worden ist, „auf das universale Denken verpflichtet ist“[2], oder anders, die die Frage nach dem Menschen zum Zentrum der Philosophie, jedes Philosophierens macht.

Denn die Frage nach dem Menschen ist nach Kant der „Zweck, der dem Menschen seine eigene Vernunft zur Pflicht macht“. Bei

[1] F. W. J. Schelling, Vorlesungen über die Methode des akademischen Studiums, hg. v. W. E. Ehrhardt, Hamburg 1974, S. 103.

[2] D. Henrich, Nuklearer Frieden, in: Für den Frieden – Aufgaben der Philosophie und der Wissenschaften, Köln 1982, S. 19 (Dialektik 4).

allen Unterschieden, vielleicht auch Gegensätzen, die uns in bestimmten Fragen trennen mögen – wir alle stehen dennoch, und jetzt wiederum mit und nach Kant, unter dem „Grundsatz der Gemeinschaft“[3].

Kants Fragen: Was kann ich wissen? Was darf ich tun? Was darf ich hoffen? – und schließlich: Was ist der Mensch? sind uns allen aufgegeben, verpflichten uns. Sie machen das unabdingbare Humanum der Philosophie aus. Denn Philosophie ist eine Angelegenheit der Menschheit, eine Sache der Menschen, aber auch für die Menschen.

Kein Individuum, keine Gruppe, kein Verein hat das Recht, Philosophie allein und ausschließlich für sich zu beanspruchen. In der Philosophie gibt es keine Besitzrechte, vor allem keine absoluten Besitzrechte. Wer solches dennoch tut oder versucht zu tun, der verwandelt Philosophie zu einem „Tummelplatz der Zanksucht und Geschmacklosigkeit“, wie es 1796 im „Genius der Zeit“ formuliert wurde.

„Universales Denken“, „Grundsatz der Gemeinschaft“, „Zweck, der den Menschen seine eigene Vernunft zur Pflicht macht“ – das waren, unter Absehung aller Partikularitäten, jene Tugenden, Werte, Prinzipien, Bestimmungen (oder wie immer man es nennen mag), die meines Erachtens unser Symposion ausgezeichnet haben. Sie sind so zugleich Impulse, die die weitere Arbeit der Internationalen Gesellschaft für dialektische Philosophie leiten werden.

Lassen Sie mich, bitte, noch zwei Bemerkungen anfügen:

Erstens, im Vorfeld und am Rande unseres Symposions ist kritisch vermerkt worden, daß das Programm des Symposions keine einheitliche Struktur zu erkennen gegeben hätte. Dies ist ein kritischer Hinweis, den ich zunächst akzeptiere. Aber dennoch möchte ich zu bedenken geben: Das Programm unseres Symposions hatte einen vielfältigen und zugleich einheitlichen, einen gefächerten und zugleich aufeinander aufbauenden, einen auseinanderstrebenden und zugleich einen zusammenführenden Charakter. Es mußte vielfältig sein, weil sein Thema, die Geschichte, vielfältig ist. Wenn ich dies sage, so meine ich nicht, daß in der Arbeit der

[3] I. Kant, Kritik der reinen Vernunft, A 211.

Gesellschaft in der Zukunft nicht eine straffere thematische Hand walten sollte.

Zweitens, und dies ist eine ganz persönliche Bemerkung: Für mich war unser Symposion nicht nur eine Stätte der Gelehrsamkeit, des Lernens, des Gebens und Nehmens von philosophischen und wissenschaftlichen Kenntnissen und Erkenntnissen, sondern auch und – für mich – primär eine Stätte der Begegnung, der Freundschaft, des Vertrauens und insofern geraffte Zeit der Erhabenheit, die – nach Spinoza – ebenso selten wie schwierig ist. Dafür möchte ich Ihnen allen von ganzem Herzen danken, besonders meinen langjährigen Freunden, dabei hoffend auf eine baldige und immer währende Wiederholung solch menschlicher Tage und Stunden, die uns allen in steter Erinnerung bleiben werden.

1982

Kühnheit – Bescheidenheit – Treue

Alexander Abusch zum 70. Geburtstag

Alexander Abusch kann zu seinem siebzigsten Geburtstag ein Werk und Wirken heimbringen, das – in einem Wort zusammengefaßt – *Bewunderung* hervorruft. Ob als marxistisch-leninistischer Theoretiker oder Politiker, als Kulturtheoretiker und Kulturpolitiker im weitesten Sinne in einem – ob als Literaturhistoriker und Schriftsteller, als Geschichtsschreiber, Kultur- und Ideologiekritiker oder als Philosoph ... immer laufen seine theoretischen Aussagen in praktisch-politische Aufforderungen aus. Sie sind Momente des ideologischen Klassenkampfes sowie ein artikuliertes und verwirklichtes, zugleich nach weiterer Umsetzung verlangendes Stück marxistisch-leninistischer Politik unserer Partei und unseres sozialistischen Staates.

Alexander Abuschs besonderes Anliegen ist es, kenntlich zu machen, „wie tief verwurzelt unser Kampf für den Humanismus" „im Erbe der deutschen Literatur und der Weltliteratur" ist. Seine Arbeiten sind in der Tat „Aussagen über unseren Kampf ... für die Verteidigung der humanistischen deutschen Kultur und ihre Höherführung zur Kultur des sozialistischen Humanismus". Ihre Merkmale sind: von den Prinzipien des Marxismus-Leninismus ausgehende *Kühnheit* der wissenschaftlichen Gedankenführung vereint mit *Bescheidenheit*, die dazu gehört, wenn gedankliche Kühnheit fruchtbar werden und überzeugen soll, *Treue* zur Sache der revolutionären Arbeiterklasse und ihrer Partei, dem Sozialismus. Und diese Paarung: Kühnheit, Bescheidenheit, Treue – wird in der Persönlichkeit Alexander Abusch zur *Tugend* (in antik-jakobinischer Bedeutung des Begriffs).

Alexander Abusch braucht dergestalt kein Lob, auch nicht zu seinem siebzigsten Geburtstag ... Sein Werk soll – wir halten uns absichtlich an Lessing – weniger gelobt als viel mehr gelesen, durchdacht, schöpferisch nachgeahmt und weitergeführt werden.

Das gilt besonders für uns Jüngere, denen verpflichtende Achtung ansteht. Wer das Glück hatte, unter unmittelbarer Anleitung von Alexander Abusch eine kulturpolitische Aufgabe unserer Partei durchzuführen, der konnte beobachten, daß seine Anleitung *weises Führen und verständnisvolles Ratgeben* ist. Er wurde sich dabei auch jenes Schatzes bewußt, den Alexander Abuschs theoretische Arbeiten darstellen – ein Schatz, den es im Sinne der Politik unserer marxistisch-leninistischen Partei zu bewahren und zu mehren gilt.

Daran mitzuarbeiten, versprechen wir dem Menschen, marxistisch-leninistischen Theoretiker und Kommunisten Alexander Abusch zu seinem siebzigsten Geburtstag. Wir wünschen ihm weiteres und noch lange währendes, erfolgreiches und glückliches Wirken.

14. Februar 1972

Fred Oelßner zum Siebzigsten

In einem der hervorragendsten, sicher zugleich aber auch dunkelsten Bücher der Ideologiengeschichte, nämlich in Hegels „Phänomenologie des Geistes", steht die Bemerkung, daß sich jedes Geheimnis in seiner Geschichte offenbart. In demselben Werk ist aber auch die Rede davon, daß in der Nacht alle Kühe schwarz sind. Mit der ersten Bemerkung zielt Hegel auf den historischen Prozeß und seine Gesetzmäßigkeiten; mit der zweiten verwirft er die Ereignisse des Tages, wie sie der profane Geschichtsschreiber sehen zu müssen glaubt.

Dennoch: Die beiden aus der „Phänomenologie des Geistes" herangezogenen Stellen artikulieren auf ganz spezifische Weise jenen großartigen historischen Sinn, von dem Marx, Engels und Lenin im Hinblick auf die Hegelsche Philosophie sprachen und wodurch diese unmittelbar zur materialistischen Geschichtsauffassung hinführte.

Was hat – so könnte gefragt werden – dieser Rückgriff auf Hegels „Phänomenologie des Geistes" mit Fred Oelßner zu tun? Die Antwort: Sehr viel! Wobei – eben in diesem Zusammenhang und aus dem Anlaß, der uns heute hier zusammengeführt hat – auch an jene geheimnisvollen wie ebenso tiefen Kapitel aus der „Phänomenologie" zu denken ist, die mit „Stoizismus", „Skeptizismus" und „unglückliches Bewußtsein" überschrieben sind.

Nun ist nicht beabsichtigt, Worte zum Feiertag am Dienstag zu reden. Wohl aber gilt es, den Bezug oder die Bezüge zum „historischen Prozeß" herzustellen. Und indem die Kategorie „historischer Prozeß" ausgesprochen wird, sind wir bei Fred Oelßner.

Mit „historischer Prozeß" ist jenes „unten, wo das Leben konkret ist" gemeint, weil es dort und nur dort entschieden wird, um noch einmal an Hegel zu erinnern.

Es geht also darum, den Bezug oder die Bezüge zum „historischen Prozeß", die wir bei der Persönlichkeit Fred Oelßners, in seinem Werk und Wirken, festzustellen glauben, besser: festhalten müssen, durch nur wenige Punkte, nämlich drei, hervorzuheben!

Vielleicht wird das im Hinblick auf den Sachverhalt, der ansteht, etwas verkürzt getan, vielleicht auch etwas zu apodiktisch, trotzdem wird es im Sinne des Wahren, das unteilbar und nach überlieferter philosophisch-humanistischer Tradition immer das Ganze ist, vollzogen.

Erstens: Da gibt es das Buch von Fred Oelßner aus den späten vierziger und frühen fünfziger Jahren „Der Marxismus der Gegenwart und seine Kritiker". Dieses Buch, auf das wir uns hier – stellvertretend für vieles – beziehen möchten, war im besten Sinne des Wortes – und wir sind uns des Gewichts und der Gewichtigkeit des Ausdrucks, den wir jetzt aussprechen, durchaus bewußt –, dieses Buch war im besten Sinne des Wortes ein *leninistisches Werk*. Es beginnt – und das verdient besonders hervorgehoben zu werden – zum Unterschied von manch anderer weitverbreiteten Darstellung des Marxismus aus der damaligen Zeit nicht mit der Darstellung der materialistischen Dialektik, sondern mit Ausführungen zum philosophischen Materialismus.

Ein Zufall? Wir meinen: nein! Wer sich bemüht, Marxist-Leninist zu sein, der kann eine Darstellung der Lehre von Marx, Engels und Lenin sowie der revolutionären internationalen Arbeiterbewegung nur mit der Ausführung des philosophischen Materialismus einleiten und zu Beginn festhalten – und das ist der erste Satz, den Fred Oelßner seiner eigentlichen Darstellung des Marxismus-Leninismus voranstellt: „Marx und Engels waren unbedingte Anhänger des philosophischen Materialismus."

Ein solcher Satz, mit Bewußtsein geschrieben, wiegt schwer und impliziert Konsequenzen, die von den Grundgesetzen der materialistischen Dialektik bis zur Strategie und Taktik des Proletariats und seiner Partei reichen. Fred Oelßner hat diese in seinem Buch von der ersten bis zur letzten Seite durchgehalten. Er hat diese durchgehalten in Anlehnung an Lenins Mahnung: „Der Streit darüber, was philosophischer Materialismus ist, weshalb die Abweichungen von ihm fehlerhaft, wodurch sie gefährlich und reaktionär sind, ist stets durch einen 'lebendigen realen Zusammenhang' mit der 'marxistischen gesellschaftlich politischen Strömung' verknüpft – sonst wäre diese nicht marxistisch, nicht gesellschaftlich politisch und keine Strömung. Die 'Realität' dieses Zusammenhangs leugnen können nur die beschränkten 'Realpolitiker' des Reformismus oder des Anarchismus."

Allein durch ein solches Vorgehen hat sich Fred Oelßner als würdiger Absolvent der „Roten Professur" erwiesen. Er hat sich damit auch würdig erwiesen eines Dozenten der „Roten Professur", dessen Namen ich hier mit Ehrfurcht nenne: Todor Pawlow.

Zweitens: Ein Abschnitt des Buches „Der Marxismus der Gegenwart und seine Kritiker", und zwar der dritte, ist der „Kritik und Verfälschung des Marxismus in der Gegenwart" gewidmet. Wiederum steht an der Spitze dieses Abschnitts die Verteidigung des philosophischen Materialismus gegenüber seinen bürgerlichen und revisionistischen Kritikern.

Aber mehr noch: Dieser Abschnitt beinhaltet einen Leitfaden marxistisch-leninistischer Kritik an den Verfälschungen des Marxismus-Leninismus durch bürgerliche, revisionistische und sozialdemokratische Gegner, der – mutatis mutandis – noch heute Gültigkeit hat. Insofern ist Oelßners damalige Abhandlung der Marxismus-Kritik vorbildlich zu nennen.

Oelßner schrieb: „Die erste Voraussetzung für die richtige Anwendung der Lehren des Marxismus-Leninismus auf die Gegenwartsprobleme ist die Reinhaltung dieser Lehren von allen Entstellungen und Verfälschungen ... Der theoretische Kampf gegen alle Entstellungen und Verfälschungen ist deshalb unabdingbarer Bestandteil des lebendigen Marxismus. Die Niederlagen der deutschen Arbeiterbewegung 1914, 1918 und 1933 sind nicht zuletzt darauf zurückzuführen, daß dieser theoretische Kampf vernachlässigt wurde ... Der Klassenkampf wird auf allen Gebieten und mit allen Mitteln geführt, auch ideologisch."

Besagen diese Sätze nicht etwas Selbstverständliches? Die Antwort: Ja und nein! Ja! – weil diese Sätze am „Manifest der Kommunistischen Partei" und an „Materialismus und Empiriokritizismus" orientiert sind; Nein! – weil die Entwicklung der internationalen Arbeiterbewegung die permanente Aktualität dieser Sätze im Positiven wie im Negativen ständig von neuem unterstreicht.

Drittens: Lassen Sie uns noch eine Besonderheit, besser: eigentlich Selbstverständlichkeit des Buches „Der Marxismus der Gegenwart und seine Kritiker" hervorheben, weil diese wiederum den leninistischen Charakter des Werkes aufscheinen läßt. Der siebente Abschnitt des Werkes behandelt die „Strategie und Taktik" des Proletariats. Und dieser Abschnitt hat zwei Unterabschnitte, wir betonen Unterabschnitte: „1. Die Bauernfrage", 2. – und darauf kommt es an – „Die nationale Frage". Die nationale Frage als der Klassenfrage untergeordnet, als Moment der Strategie und Taktik des Proletariats – das ist Leninismus nicht nur in Wort und Schrift oder in der Gliederung, sondern das ist Leninismus als Anleitung zum Handeln, also als Eingriff in den historischen Prozeß.

Damit sind wir zum Ausgangspunkt zurückgekehrt.

Fred! Du warst Dein ganzes Leben darauf aus, die „große Heerstraße der Geschichte zu gewinnen", wie Marx einmal sagte. Du hast, lieber Fred, Dich Dein ganzes Leben lang dem Gesetz unserer Epoche verschrieben: der Treue zur Arbeiterklasse und zu ihrer Partei. Dafür, lieber Fred, sei Dir gedankt, gedankt von einem Jüngeren, der zugleich auch seine Generation vertritt.

6. März 1973

Zum Gedenken an Georg Klaus

Dieses, unser heutiges Kolloquium, das von der Klasse Gesellschaftswissenschaften I und dem Zentralinstitut für Philosophie unserer Akademie getragen wird, ist dem Werk und Wirken von Georg Klaus gewidmet.

Georg Klaus wäre am 28. Dezember 1982 70 Jahre alt geworden, hätte ihn nicht der Tod 1974, noch nicht 62jährig, zu früh, allzu früh aus unserer Mitte gerissen.

Georg Klaus, seit 1961 Mitglied unserer Akademie, war zweifellos einer der produktivsten marxistisch-leninistischen Philosophen. Er hat vor allem in der Bearbeitung von Problemen des Verhältnisses von Philosophie und Einzelwissenschaften Bleibendes geleistet. Und dies in dreifacher Richtung. Durch die Ausarbeitung und Begründung von Problemlösungen. Durch die Zurückführung dieser Lösungen auf ihre weltanschaulichen Grundlagen bzw. den Aufbau dieser von jenen her. Schließlich durch die Formulierung von Aufgaben, die vor der marxistisch-leninistischen philosophischen Forschung stehen. Die von Georg Klaus in seinen Schriften vorgetragenen Ergebnisse waren so alles andere als bloße Reproduktion eines Identischen. Sie waren produktiv und vorwärtsweisend und setzten in ihrer Produktivität jeweils auch den Widerspruch.

Produktiv war Georg Klaus dergestalt im Anpacken und im Lösen von Problemen und – in diesem Prozeß der Erkenntnisgewinnung – in der Formulierung von weitergehenden Aufgaben, die zu lösen sind. Insofern sind die von Georg Klaus in seinen Schriften vorgetragenen Gedanken ein Denken, das nicht Vergangenheit, sondern nach wie vor Begleiter gegenwärtiger marxistisch-leninistischer philosophischer Forschung ist und bleibt. Dies von einem Wissenschaftler sagen zu können, ist viel, sehr viel.

Von Georg Klaus wird behauptet, daß er sich vor allem um

die philosophische Durchdringung von Fragen verdient gemacht habe, die von der Entwicklung der Kybernetik, der Semiotik, der Mathematik und der Logik, der Informationstheorie, der Systemtheorie und der Spieltheorie aufgeworfen worden seien. Diese Behauptung ist sicher richtig und soll von uns nicht bestritten werden. Doch muß in diesem Zusammenhang auch immer darauf hingewiesen werden, daß es Georg Klaus dabei stets zugleich um die philosophische Relevanz dieser Wissenschaftszweige gegangen ist. Und weiter: Georg Klaus ging es in eben diesem Zusammenhang zugleich auch immer um die exaktere Bestimmung philosophischer Kategorien, um die Bereicherung der marxistisch-leninistischen Philosophie und um die Beförderung des wissenschaftlichen Fortschritts, der in die sozialistische gesellschaftliche Entwicklung eingreift.

Daß Georg Klaus dabei Überzeichnungen und Vernachlässigungen – wir sagen bewußt nicht Fehler oder Irrtümer, also: daß Georg Klaus dabei auch Überzeichnungen und Vernachlässigungen unterlaufen sind, ist unerheblich. Nur wer nichts tut oder bloß Identisches in schlechter Unendlichkeit reproduziert, ist vor solchem geschützt. Allein, gibt es überhaupt eine geschützte Wissenschaft, gleichsam als geschütztes Warenzeichen? Wer solcher Täuschung unterliegt, mag ein guter oder angenehmer Mensch sein, ein Wissenschaftler ist er nicht. Wissenschaft, zumal Philosophie, findet nicht in der Etappe statt, sondern an der Front. Und Georg Klaus war bestrebt, sich immer Frontproblemen marxistisch-leninistischer philosophischer Forschung zu stellen.

Mit dieser Haltung von Georg Klaus hängt ein weiteres seiner Verdienste zusammen. Über die angegebenen fruchtbaren Ergebnisse hinaus war er – damit zusammenhängend – ein weltanschaulich streitbarer Philosoph. Seine Forschungen und sein Wirken kreisten immer wieder um Grundfragen der marxistisch-leninistischen Weltanschauung, ihrer Weiterentwicklung und Verteidigung. Wir erinnern in diesem Kontext an sein Buch „Jesuiten – Gott – Materie", an seine kleine – und, wie wir meinen, viel zu wenig beachtete – Schrift „Philosophie und Einzelwissenschaften", an seine zahlreichen Darlegungen von Grundproblemen des dialektischen und historischen Materialismus, schließlich – und diese

Aufzählung ist nicht vollständig – an seine mehrfachen Behandlungen der Friedensproblematik.

Lassen Sie mich an noch eine Seite des Werkes und des Wirkens von Georg Klaus am Anfang unseres Kolloquiums erinnern. 1960 verfaßte Georg Klaus (wir müssen hinzufügen: aus gegebenem Anlaß) einen Aufsatz „Sozialistische Arbeitsdisziplin in der Wissenschaft". Dieser Aufsatz ist von uns in den 1961 erschienenen Band „Wissenschaft und Politik" aufgenommen worden. Mit „uns" meinen wir die damalige Arbeitsgruppe für Philosophie unserer Akademie. Dieser Band war die erste öffentliche Regung dieser Arbeitsgruppe, damit der marxistisch-leninistischen Philosophie an unserer Akademie. In diesem Aufsatz formulierte Georg Klaus Anforderungen und Sachverhalte, die heute noch ihre volle Gültigkeit besitzen. Wir zitieren aus ihm nur einen kurzen Abschnitt. Georg Klaus schrieb damals: „Sozialistische Disziplin in der Wissenschaft verlangt selbstverständlich auch äußere Disziplin, gewissenhafte Beachtung der Institutsordnung, genaue Einhaltung eingegangener Verpflichtungen usw. Sie verlangt aber in erster Linie eine inhaltliche Disziplin. Sie verlangt Initiative aller, sie verlangt ständige Selbstkontrolle, ständige Überprüfung der eigenen Arbeit, sie verlangt das Hineinstellen der eigenen Arbeit in den Gesamtzusammenhang der Gesellschaft." Georg Klaus könnte diese Sätze auch heute noch als gültig formulieren. Wir weisen auf diesen Tatbestand hin, um zu unterstreichen, daß Georg Klaus immer bemüht war, der Effektivität der wissenschaftlichen Forschung, ihrer erhöhten Wirksamkeit im gesellschaftlichen und geistigen Leben der sozialistischen Gesellschaft zum Durchbruch zu verhelfen, ihren jeweiligen Platz in dieser zu bestimmen.

Übrigens lautet der Titel eines der letzten Produkte des heutigen Zentralinstitus für Philosophie, zu dessen Herausbildung Georg Klaus Wesentliches beigetragen hat, „Philosophie – Wissenschaft – Politik". Dieser Hinweis steht als ein äußeres Kennzeichen der Kontinuität in der Arbeit der marxistisch-leninistischen Philosophie an unserer Akademie von ihren Anfängen Ende der fünfziger Jahre bis in die Gegenwart hinein. Und dieser Hinweis steht auch als Merkmal dafür, daß das Zentralinstitut für Philosophie das Erbe von Georg Klaus bewahrt und fortsetzt.

Unser Kolloquium ist eines des Gedenkens, des Gedenkens

an Georg Klaus, unseren Freund und Kampfgefährten. Aber dieses Gedenken ist für uns nicht das Gedenken an eine Vergangenheit. Die Grundtendenz des Werkes und des Wirkens von Georg Klaus verbietet solches Vorgehen. Unser Kolloquium ist eines des produktiven Bedenkens, das Gegenwart heißt. Und insofern ist Georg Klaus hier und heute mit uns und unter uns, mit uns gehend auf dem Wege weiterer erfolgreicher und ertragsreicher Arbeit der marxistisch-leninistischen Philosophie. Das Werk und das Wirken von Georg Klaus ist aus der erfolgreichen Entwicklung der marxistisch-leninistischen Philosophie nicht hinwegzudenken.

Wir danken Ihnen, zugleich im Namen des Vorsitzenden der Klasse Gesellschaftswissenschaften I, unseres Mitglieds Helmut Koziolek, sehr herzlich für Ihre Teilnahme an diesem Kolloquium, das ansteht, Georg Klaus produktiv und als Gegenwart zu würdigen.

20. Januar 1983

Abschied von Radovan Richta

Liebe Manka! Sie alle, die Sie sich versammelt haben!

Wir nehmen Abschied von Radovan Richta, unserem Genossen, Freund und Vertrauten.

Wir schätzten Radovan als Wissenschaftler und Kommunisten, als standhaften proletarischen Internationalisten und treuen Marxisten-Leninisten. Aber wir schätzten auch *den* Menschen Radovan Richta, der voller Güte und Wärme, voller Zweifel und zugleich voller Hoffnung war. Radovan strahlte etwas aus, das warm und vertraulich, das – über alle Schwierigkeiten hinweg – zuversichtlich und hoffend machte. Wo Radovan war, da war Freundschaft, Vertrauen, Offenherzigkeit und Verläßlichkeit. Menschliche Kälte kannte Radovan nicht.

So stehen wir an Deinem Sarg, lieber Radovan, um von Dir für immer Abschied zu nehmen, um Dir die letzte Ehre zu erweisen. Dein Tod hat uns betroffen gemacht und auch getroffen. Wir sind seit jenem 21. Juli, an dem Du für immer von uns gegangen bist, ärmer geworden.

Wir versichern angesichts Deines Todes, Dein Werk und Wirken fortzusetzen, uns dabei Deiner stets erinnernd, und uns an Deinem Leben zu messen.

Wir – das sind die Institute für Philosophie und Wissenschaftstheorie der Akademie der Wissenschaften der DDR, – das sind das Kollektiv der Direktorenberatung der Institute für Philosophie der Akademien sozialistischer Länder und das Kollektiv des Wissenschaftlichen Rates der marxistisch-leninistischen Sommerschule für Philosophie „Todor Pawlow“ in Varna.

Wir – das ist die gemeinsame Forschungsgruppe „Zur Kritik der bürgerlichen Ideologie“ der Institute für Philosophie der Akademien der Wissenschaften der ČSSR und der DDR, – das ist die Internationale Gesellschaft für dialektische Philosophie – Societas Hegeliana.

Wir trauern mit Dir, liebe Manka, und mit der Akademie der Wissenschaften der ČSSR.

Radovan Richta war ein Mensch, dem vorzüglich etwas eigen war, was auf unserer Welt selten geworden ist und wohl auch immer selten war, nämlich Tugend. Tugend, von der Baltasar Gracián sagte – und mit dieser einfachen wie ebenso tiefen und weisen Einsicht wollen wir uns von Dir, lieber Radovan, verpflichtend verabschieden: „Die Fähigkeit und die Größe soll man nach der Tugend messen und nicht nach den Umständen des Glücks. Die Tugend allein ist sich selbst genug: sie macht den Menschen im Leben liebenswürdig und im Tode denkwürdig."

Ehre Deinem Andenken, lieber Radovan.

Prag, 2. August 1983

Hinweise

Der Denk-Einsatz der klassischen bürgerlichen deutschen Philosophie
Beitrag, Deutsche Zeitschrift für Philosophie, 3/1968 (erweitert).

Klassische bürgerliche und spätbürgerliche Philosophie
M. Buhr/R. Steigerwald, Verzicht auf Fortschritt, Geschichte, Erkenntnis und Wahrheit, Berlin 1981 und Frankfurt/Main 1981.

Charakter und Grundtendenzen der gegenwärtigen bürgerlichen Philosophie (Ideologie)
M. Buhr/R. Steigerwald, Verzicht auf Fortschritt, Geschichte, Erkenntnis und Wahrheit, Berlin 1981 und Frankfurt/Main 1981.

Zur Frage des Verhältnisses von Weltanschauung und Methodologie
Festvortrag, Wissenschaftliche Konferenz der Akademie der Wissenschaften der DDR anläßlich des 275. Akademiejubiläums, 9. Juli 1975 (überarbeitet).

Bemerkungen zum Ort und zur Funktion von Philosophie und Fachwissenschaften in der gegenwärtigen Welt
Plenarvortrag, 9. Session der Sommerschule für marxistisch-leninistische Philosophie „Todor Pawlow", 5.–10. Juni 1978, Varna.

Materialismus – Rationalität – Erkenntnis
Plenarvortrag, 16. Weltkongreß für Philosophie, August 1978, Düsseldorf.

Wissenschaftlichkeit – Parteilichkeit
W. Bahner u. a., Wissenschaftlichkeit – Objektivität – Parteilichkeit, Berlin 1981.

Oktoberrevolution – Grundanliegen der Menschheit
M. Buhr/M. Klein, Oktoberrevolution – Grundanliegen der Menschheit, Berlin 1967.

Was bedeutet mir Marx heute?
Äußerung zu einer Umfrage der Zeitschrift „tiede & edistys“, 2/1983, Helsinki.

Marxismus oder Marxismen?
Äußerungen zu Fragen von Markku Hongisto, Jukka Nykyri und Ilona Keski-Keturi für die Tageszeitung „Tiedonantaja“, 17. und 18. August 1983, Helsinki.

Anmerkungen zu Georg Lukács
Eröffnungsvortrag, Internationales Symposion „Georg Lukács und die bürgerliche Ideologie der Gegenwart“, 5. und 6. März 1985, Akademie der Wissenschaften der DDR, Berlin; Plenarvortrag, Internationale wissenschaftliche Konferenz „Rolle und Bedeutung von Georg Lukács in der Entwicklung der marxistischen Theorie im 20. Jahrhundert“, 17.–19. April 1985, Budapest (überarbeitet).

Der religiöse Ursprung und Charakter der Hoffnungsphilosophie Ernst Blochs
Beitrag, Deutsche Zeitschrift für Philosophie, 4/1958.

Kritische Bemerkungen zu Ernst Blochs Hauptwerk „Das Prinzip Hoffnung“
Beitrag, Deutsche Zeitschrift für Philosophie, 4/1960 (unwesentlich gekürzt).

Sieben Bemerkungen zur Philosophie Ernst Blochs
Vortrag, Wissenschaftliche Konferenz der Marx-Engels-Stiftung aus Anlaß des 100. Geburtstages von Ernst Bloch, 12. Juni 1985, Wuppertal; Vortrag, Wissenschaftliches Kolloquium „Ernst Bloch und die spätbürgerliche Philosophie“, 28. Juni 1985, Karl-Marx-Universität Leipzig (erweitert).

Wissenschaftsgeschichte – Philosophiegeschichte
Abendvortrag, V. Deutschlandsberger Symposion „Wissenschaft und Humanismus“, 11.–17. September 1983; Plenarvortrag, IV. Internationaler Leibniz-Kongreß, 14.–19. November 1983, Hannover (überarbeitet).

Warum Philosophiegeschichte?
Äußerung zur Umfrage „Warum und wozu Philosophie?“, Dialektik 1 – Beiträge zu Philosophie und Wissenschaften, Köln 1980.

Lebensphilosophie und Kulturkritik
Beitrag, Deutsche Zeitschrift für Philosophie, 7/1983.

Drei Anmerkungen zum Thema: 150 Jahre nach Hegel
Beitrag, Dialektik 2 – Beiträge zu Philosophie und Wissenschaften, Köln 1981.

Deutscher Idealismus oder klassische deutsche Philosophie?
Diskussionsbeitrag, 4. Bremer Symposion Wissenschaftsgeschichte, 23.–26. März 1980, Bremen. M. Hahn/H. J. Sandkühler (Hrsg.), Gesellschaftliche Bewegung und Naturprozeß, Köln 1981, S. 288 ff.

Theorie der Wissenschaftsgeschichte oder konkrete historische Forschung?
Diskussionsbeitrag, 2. Bremer Symposion Wissenschaftsgeschichte, 26.–29. Juni 1977, Bremen. M. Hahn/H. J. Sandkühler (Hrsg.), Bürgerliche Gesellschaft und theoretische Revolution, Köln 1978, S. 309 ff.

Komplexe historische Betrachtungsweise
Diskussionsbeitrag, 2. Bremer Symposion Wissenschaftsgeschichte, 26.–29. Juni 1977, Bremen. M. Hahn/H. J. Sandkühler (Hrsg.), Bürgerliche Gesellschaft und theoretische Revolution, Köln 1978, S. 275 ff.

Allgemeine historische Gesetze?
Diskussionsbeitrag, 4. Bremer Symposion Wissenschaftsgeschichte, 23.–26. März 1980, Bremen. M. Hahn/H. J. Sandkühler (Hrsg.), Gesellschaftliche Bewegung und Naturprozeß, Köln 1981, S. 288 f.

Würde des Allgemeinen
Diskussionsbeitrag, 4. Bremer Symposion Wissenschaftsgeschichte, 23.–26. März 1980, Bremen. M. Hahn/H. J. Sandkühler (Hrsg.), Gesellschaftliche Bewegung und Naturprozeß, Köln 1981, S. 309 f.

Zur Frage nach dem Subjekt der Geschichte
Diskussionsbeitrag, 3. Bremer Symposion Wissenschaftsgeschichte, 29. September bis 3. Oktober 1978, Bremen. M. Hahn/H. J. Sandkühler (Hrsg.), Subjekt der Geschichte, Köln 1980, S. 228 ff.

Schnellverfahren der ungereiften Erkenntnis: Typologie
Diskussionsbeitrag, 5. Bremer Symposion Wissenschaftsgeschichte, 4.–7. April 1982, Berlin. M. Hahn/H. J. Sandkühler (Hrsg.), Die Teilung der Vernunft, Köln 1982, S. 42 f.

Sprecher der gesellschaftlich-historischen Dynamik
Stellungnahme zur Umfrage der Zeitschrift „spectrum", 10/1979.

Pflicht zur Vernunft
Einführungsworte zur Schlußsitzung des Internationalen Symposions „Philosophie der Geschichte – Geschichte der Philosophie" der Internationalen Gesellschaft für dialektische Philosophie – Societas Hegeliana, 30. Oktober bis 1. November 1982, Locarno.

Kühnheit – Bescheidenheit – Treue
Alexander Abusch zum 70. Geburtstag, 14. Februar 1972.
Alexander Abusch – Bildnis eines Revolutionärs, Berlin und Weimar 1972, S. 127 f.

Fred Oelßner zum Siebzigsten
Beitrag, Wissenschaftliches Kolloquium der Akademie der Wissenschaften der DDR aus Anlaß des 70. Geburtstages von Fred Oelßner, 6. März 1973. Die Krise der heutigen bürgerlichen politischen Ökonomie, Berlin 1973, S. 23 ff. (Sitzungsberichte des Plenums und der Klassen der Akademie der Wissenschaften der DDR, 5/1973).

Zum Gedenken an Georg Klaus
Eröffnungsbeitrag, Wissenschaftliches Kolloquium zum Gedenken an Georg Klaus, 20. Januar 1983. Philosophie – Wissenschaft, Zum Wirken von Georg Klaus, Berlin 1984, S. 5 ff. (Sitzungsberichte der Akademie der Wissenschaften der DDR, 10tG/1983.)

Abschied von Radovan Richta
Worte am Grabe Radovan Richtas, 2. August 1983. Památce Radovana Richty, Praha 1983, S. 20 f.

Namenverzeichnis

Immanuel Kant

Rechtslehre, Schriften zur Rechtsphilosophie

Herausgegeben und mit einem Anhang versehen
von Hermann Klenner

Reihe: Philosophiehistorische Texte

1987. Ca. 560 Seiten – 12 cm × 19 cm
Leinen DDR ca. 42,– M; Ausland ca. 42,– DM
Bestell-Nr.: 754 558 5
Bestellwort: Kant, Rechtslehre 4075

Im Zentrum dieser Edition stehen die 1797 erschienenen „Metaphysischen Anfangsgründe der Rechtslehre", ergänzt durch weitere rechtsphilosophische Schriften, Briefe, Rezensionen, sowie durch Entwürfe und Notizen aus dem handschriftlichen Nachlaß.
Damit wird in bisher umfassendster Weise das rechtsphilosophische Denken Kants zugänglich gemacht. Ein Essay des Herausgebers über „Kants Rechtsphilosophie in der Zeit" führt auf dem modernen Stand marxistischer Kant-Forschung in das Studium der rechtstheoretischen Ideen Kants ein. Breit angelegte Anmerkungen, Zeittafel, Bibliographie, Sach- und Personenregister sind Bestandteil dieser Studienausgabe. Sie erschließen dem Leser eine Fülle rechts- und philosophiehistorischer, geschichtlicher und politischer Zusammenhänge.

Bestellungen richten Sie bitte an eine Buchhandlung

AKADEMIE VERLAG BERLIN
THEORIA CUM PRAXI
Deutsche Demokratische Republik
DDR-1086 Berlin, Leipziger Strasse 3-4 Postfach 1233

Kolibri 360 GmbH
Ferdinand-Jühlke-Straße 7
99095 Erfurt, Deutschland
produktsicherheit@kolibri360.de